T0239002

Lastannahmen – Beispiele

Peter Schmidt

Lastannahmen – Beispiele

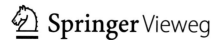

Peter Schmidt
Department Bauingenieurwesen
Universität Siegen
Siegen, Deutschland

ISBN 978-3-658-29527-1   ISBN 978-3-658-29528-8 (eBook)
https://doi.org/10.1007/978-3-658-29528-8

Die Deutsche Nationalbibliothek verzeichnet diese Publikation in der Deutschen Nationalbibliografie; detaillierte
bibliografische Daten sind im Internet über http://dnb.d-nb.de abrufbar.

Springer Vieweg

Lektorat/Planung: Ralf Harms
Springer Vieweg ist ein Imprint der eingetragenen Gesellschaft Springer Fachmedien Wiesbaden GmbH und ist
ein Teil von Springer Nature.
Die Anschrift der Gesellschaft ist: Abraham-Lincoln-Str. 46, 65189 Wiesbaden, Germany

Vorwort

Für die statische Berechnung eines Tragwerks sowie die Bemessung seiner Bauteile werden geeignete und abgesicherte Einwirkungen benötigt, die in Form von Kräften sowie Verformungen auf das Tragwerk angesetzt werden. Derartige Einwirkungen werden auch als Lastannahmen bezeichnet, um damit auszudrücken, dass es sich nicht um tatsächliche Größen handelt, sondern lediglich um angenommene Näherungswerte.

Geltendes Regelwerk für die anzusetzenden Einwirkungen auf Tragwerke ist im Wesentlichen die gleichnamige Normenreihe DIN EN 1991, die auch als Eurocode 1 bezeichnet wird. Daneben finden sich Angaben und Regeln zu Einwirkungen noch in einigen weiteren Normen und Vorschriften, wobei es sich hierbei meist um Regelwerke für Sonderbauwerke (z. B. Sendemasten und -türme) handelt.

Die Regelungen zur Ermittlung von Einwirkungen und Lastannahmen sind relativ komplex und werden in der genannten Norm nur theoretisch behandelt, jedoch nicht an Praxisbeispielen erläutert. Gleichzeitig existieren in der Fachliteratur nur vereinzelte Beiträge, die sich mit der Ermittlung von Einwirkungen befassen. Aus diesem Grund entstand die Überlegung, als Ergänzung zum bereits bestehenden Lehrbuch „Lastannahmen – Einwirkungen auf Tragwerke", das ebenfalls in diesem Verlag erschienen ist, eine umfangreiche Beispielsammlung herauszugeben, die die Ermittlung von Einwirkungen und Lastannahmen anschaulich und praxisorientiert erläutert.

Das vorliegende Werk enthält neben zahlreichen Beispielen mit ausführlichem Lösungsweg auch Aufgaben zum Selbststudium, bei denen nur das Endergebnis sowie wichtige Zwischenergebnisse angegeben sind. Die Rechenbeispiele sind jeweils in verschiedene Schwierigkeitsstufen eingeteilt, von Kategorie A (leicht) bis Kategorie C (schwierig). Zum Verständnis der Beispielrechnungen werden am Anfang jedes Kapitels die wesentlichen Grundlagen in kompakter Form angegeben. Dadurch ist es der Leserin oder dem Leser möglich, sämtliche Beispiele und Aufgaben auch ohne Norm oder anderer Literatur nachvollziehen zu können. Sämtliche Beispiele und Aufgaben können im Selbststudium erarbeitet werden oder als Vorlage bei der Bearbeitung konkreter Projekte in der Praxis dienen.

Ein derart umfangreiches Werk kann nicht vollkommen fehlerfrei sein. Für Rückmeldungen und Anregungen ist der Autor dankbar, damit Fehler und Verbesserungsvorschläge in einer späteren Auflage berücksichtigt werden können.

Für die sehr gute Zusammenarbeit und die wertvollen Hinweise danke ich dem Verlag, insbesondere Herrn Ralf Harms, der das Lektorat dieses Werks übernommen hat und Frau Barbara Gerlach, die für technische Betreuung zuständig war. Ein weiterer Dank geht an Frau Nandhini Shivaji aus Indien, die für die Herstellung dieses Buches einschließlich Einarbeitung der Korrekturen verantwortlich war.

Siegen, Deutschland   Peter Schmidt
April 2022

Inhaltsverzeichnis

1 Grundlagen 1
1.1 Einwirkungen und Lastannahmen 1
1.2 Begriffe 4
1.3 Modelle 4
1.4 Mechanische Grundlagen 7
    1.4.1 Kräfte 7
    1.4.2 Einheiten von Kräften 8
1.5 Umrechnung von Kräften und Lasten 9
Literatur 11

2 Sicherheitskonzept und Grundlagen der Tragwerksplanung 13
2.1 Allgemeines 13
2.2 Lernziele 13
2.3 Grundlagen 14
    2.3.1 Allgemeines 14
    2.3.2 Einwirkungen und Beanspruchungen 16
    2.3.3 Teilsicherheitsbeiwerte 19
    2.3.4 Kombinationsbeiwerte ψ für Hochbauten 19
    2.3.5 Bemessungswerte der Baustoffeigenschaften 19
    2.3.6 Grenzzustände der Tragfähigkeit (GZT) 22
    2.3.7 Grenzzustände der Gebrauchstauglichkeit (GZG) 25
    2.3.8 Besonderheiten 26
2.4 Beispiele 29
    2.4.1 Beispiel 1 – Einfeldträger (GZT – STR) 29
    2.4.2 Beispiel 2 – Maximale Biegemomente bei einem
           Einfeldträger mit Kragarm (GZT – STR) 30
    2.4.3 Beispiel 3 – Lagesicherheit bei einem Einfeldträger mit
           Kragarm (EQU) 34
    2.4.4 Beispiel 4 – Durchlaufträger (STR) 37
    2.4.5 Beispiel 5 – Einfeldträger mit Kragarm (GZG) 41
    2.4.6 Beispiel 6 – Eingespannte Stütze mit Anpralllast (GZT) 43

    2.4.7   Beispiel 7 – Hallenbinder mit Schnee im norddeutschen
            Tiefland 47

    2.4.8   Beispiel 8 – Bemessungswert der Biege- und
            Schubfestigkeit eines Brettschichtholzträgers 54

2.5   Aufgaben 56

    2.5.1   Aufgabe 1 (STR) 56

    2.5.2   Aufgabe 2 (EQU) 58

    2.5.3   Aufgabe 3 (STR) 60

    2.5.4   Aufgabe 4 (GZG) 63

Literatur 64

3   Eigenlasten 67

3.1   Allgemeines 67

3.2   Lernziele 68

3.3   Grundlagen 68

    3.3.1   Allgemeines 68

    3.3.2   Klassifikation von Eigenlasten 69

    3.3.3   Zusammenhänge zwischen Wichte, Flächenlast,
            Streckenlast und Einzellast 70

    3.3.4   Bezugsfläche und -länge von Eigenlasten 71

    3.3.5   Lastumrechnung bei geneigten Flächen und Längen 71

    3.3.6   Eigenlasten von inhomogenen Bauteilen und
            Querschnitten 71

    3.3.7   Rechenablauf 74

3.4   Beispiele 76

    3.4.1   Beispiel 3.1 – Eigenlast eines Sparrens 76

    3.4.2   Beispiel 3.2 – Eigenlast eines Plattenbalkens 77

    3.4.3   Beispiel 3.3 – Eigenlast einer Geschossdecke aus
            Stahlbeton 78

    3.4.4   Beispiel 3.4 – Eigenlast einer Außenwand aus
            Mauerwerk 80

    3.4.5   Beispiel 3.5 – Eigenlast einer Holzbalkendecke 81

    3.4.6   Beispiel 3.6 – Eigenlast eines Flachdachs (Warmdach) 83

    3.4.7   Beispiel 3.7 – Eigenlast einer Stützwand 85

    3.4.8   Beispiel 3.8 – Eigenlast eines Fachwerkträgers aus Stahl 86

    3.4.9   Beispiel 3.9 – Eigenlast eines Treppenlaufs aus Stahlbeton
            mit Naturwerksteinplatten 88

    3.4.10 Beispiel 3.10 – Eigenlast eines Dachquerschnitts
            in Holzbauweise 90

3.5   Aufgaben zum Selbststudium 93

    3.5.1   Aufgabe 1 93

    3.5.2   Aufgabe 2 94

	3.5.3	Aufgabe 3	94
	3.5.4	Aufgabe 4	95
	3.5.5	Aufgabe 5	96
	3.5.6	Aufgabe 6	97
3.6		Tabellen mit Wichten und Flächenlasten	98
Literatur			98

4 Nutzlasten im Hochbau ... 99

4.1		Allgemeines	99
4.2		Lernziele	99
4.3		Grundlagen	100
	4.3.1	Allgemeines	100
	4.3.2	Formelzeichen und Darstellung der Nutzlasten	100
	4.3.3	Lotrechte Nutzlasten für Decken, Treppen und Balkone	102
	4.3.4	Unbelastete leichte Trennwände	105
	4.3.5	Abminderung der Nutzlasten für die Lastweiterleitung auf sekundäre Tragglieder	106
	4.3.6	Abminderung der Nutzlasten aus mehreren Stockwerken für die Lastweiterleitung auf vertikale Tragglieder	108
	4.3.7	Dächer	109
	4.3.8	Parkhäuser und Flächen mit Fahrzeugverkehr	110
	4.3.9	Nicht vorwiegend ruhende Nutzlasten und Schwingbeiwerte	112
	4.3.10	Flächen für den Betrieb mit Gegengewichtsstaplern (Gabelstapler)	112
	4.3.11	Fahrzeugverkehr auf Hofkellerdecken und planmäßig befahrene Deckenflächen	114
	4.3.12	Nutzlasten auf Dachflächen für Hubschrauberlandeplätze	115
	4.3.13	Horizontale Nutzlasten auf Brüstungen und Geländer	115
4.4		Beispiele	116
	4.4.1	Beispiel 1 – Nutzlasten bei einem Einfamilienhaus	116
	4.4.2	Beispiel 2 – Nutzlasten bei einem Hochhaus	120
	4.4.3	Beispiel 3 – Abminderung der Nutzlasten für die Stützen eines Hochhauses	124
	4.4.4	Beispiel 4 – Nutzlasten auf der Decke in einem Lagerhaus	127
	4.4.5	Beispiel 5 – Nutzlasten für eine Dachterrasse	128
4.5		Aufgaben zum Selbststudium	129
	4.5.1	Aufgabe 1	129
	4.5.2	Aufgabe 2	130
	4.5.3	Aufgabe 3	133

4.5.4	Aufgabe 4	134
4.5.5	Aufgabe 5	135
Literatur		135

5 Windlasten 137

5.1	Allgemeines	137
5.2	Lernziele	137
5.3	Grundlagen	138
	5.3.1 Allgemeines	138
	5.3.2 Bemessungssituationen	139
	5.3.3 Erfassung der Windlasten und Vorzeichenregelung	139
	5.3.4 Windzonen, Basiswindgeschwindigkeit und Geschwindigkeitsdrücke	141
	5.3.5 Geländekategorien und Mischprofile	143
	5.3.6 Beurteilung der Schwingungsanfälligkeit von Bauwerken	144
	5.3.7 Verfahren zur Ermittlung des Böengeschwindigkeitsdrucks für nicht schwingungsanfällige Bauwerke	147
	5.3.8 Winddrücke	150
	5.3.9 Windkräfte	154
	5.3.10 Strukturbeiwert	155
5.4	Beispiele	157
	5.4.1 Beispiel 1 – Winddrücke bei einer Halle mit Flachdach	157
	5.4.2 Beispiel 2 – Winddrücke bei einer Halle mit Pultdach	161
	5.4.3 Beispiel 3 – Winddrücke bei einem Gebäude mit symmetrischem Satteldach	164
	5.4.4 Beispiel 4 – Winddrücke bei einem Gebäude mit Satteldach und Gaube	169
	5.4.5 Beispiel 5 – Windeinwirkungen bei einem frei stehenden Trogdach	177
	5.4.6 Beispiel 6 – Innendruck	182
	5.4.7 Beispiel 7 – Windeinwirkungen bei einem Kreiszylinder	187
	5.4.8 Beispiel 8 – Winddrücke bei einer frei stehenden Lärmschutzwand	195
	5.4.9 Beispiel 9 – Windkräfte bei einer Anzeigetafel	199
	5.4.10 Beispiel 10 – Windeinwirkungen bei einem Bürogebäude mit angrenzender Halle und Vordach	202
	5.4.11 Beispiel 11 – Winddrücke bei einem Tonnendach	209
	5.4.12 Beispiel 12 – Windkräfte bei einem Fachwerkträger	212
	5.4.13 Beispiel 13 – Windkräfte bei einem kugelförmigen Baukörper	215

5.4.14 Beispiel 14 – Winddrücke bei einem seitlich offenen
Baukörper.................................... 217
5.4.15 Beispiel 15 – Windkraft bei einer Flagge............... 228
5.4.16 Beispiel 16 – Winddrücke bei einer Halle mit L-förmigem
Grundriss.................................... 230
5.4.17 Beispiel 17 – Winddrücke bei einem Sheddach einer
Industriehalle................................ 235
5.4.18 Beispiel 18 – Strukturbeiwert für ein schwingungsanfälliges
Hochhaus................................... 240
5.4.19 Beispiel 19 – Windeinwirkungen bei einem
schwingungsanfälligen Schornstein.................. 244
5.4.20 Beispiel 20 – Windeinwirkungen bei einer Brücke........ 256
5.5 Aufgaben zum Selbststudium........................... 259
5.5.1 Aufgabe 1 – Winddrücke bei einer Halle mit Flachdach.... 259
5.5.2 Aufgabe 2 – Winddrücke bei einem Satteldach.......... 261
5.5.3 Aufgabe 3 – Windeinwirkungen bei einem kreisförmigen
Silo....................................... 263
5.5.4 Aufgabe 4 – Offenes Gebäude..................... 266
5.5.5 Aufgabe 5 – Innendruck bei einer Halle............... 268
Literatur.. 270

6 Schneelasten... 271
6.1 Allgemeines..................................... 271
6.2 Lernziele....................................... 271
6.3 Grundlagen..................................... 272
6.3.1 Begriffsdefinition und Regelwerke................... 272
6.3.2 Anwendungsbereich der DIN EN 1991-1-3............. 272
6.3.3 Klassifikation und Bemessungssituationen............. 273
6.3.4 Ablauf zur Bestimmung der Schneelast............... 274
6.3.5 Schneelast auf dem Boden........................ 275
6.3.6 Schneelast auf dem Dach......................... 277
6.3.7 Bezugsflächen und Umrechnung.................... 279
6.4 Beispiele....................................... 281
6.4.1 Berechnung der Schneelast auf dem Boden............. 281
6.4.2 Umrechnung der Schneelast in verschiedene
Bezugsflächen................................ 284
6.4.3 Flach- und Pultdächer........................... 285
6.4.4 Satteldächer.................................. 290
6.4.5 Aneinandergereihte Satteldächer und Scheddächer........ 294
6.4.6 Tonnendächer................................. 299
6.4.7 Dächer mit Solaranlagen......................... 301
6.4.8 Dächer mit großen Grundrissabmessungen............. 304

6.4.9   Höhensprünge an Dächern   306
6.4.10   Verwehungen an Aufbauten und Wänden   324
6.4.11   Schneeüberhang an der Traufe   327
6.4.12   Schneelasten auf Schneefanggitter   329
6.4.13   Weitere Dachformen und Sonderfälle   331
6.5   Aufgaben zum Selbststudium   341
Literatur   353

7   Silolasten   355
7.1   Allgemeines   355
7.2   Lernziele   355
7.3   Grundlagen   356
      7.3.1   Allgemeines   356
      7.3.2   Schlankheit   356
      7.3.3   Anwendungsvoraussetzungen   357
      7.3.4   Anforderungsklassen und Lastvergrößerungsfaktoren   359
      7.3.5   Bemessungssituationen für Schüttgüter und
               Schüttgutkennwerte   360
      7.3.6   Bemessungssituationen für verschiedene Silogeometrien   366
      7.3.7   Schlanke Silos – Lasten auf vertikale Silowände   366
      7.3.8   Trichterlasten   368
      7.3.9   Flüssigkeitsbehälter   375
7.4   Beispiele   377
      7.4.1   Beispiel 1 – Dickwandiger schlanker Silo (AAC 2)   377
      7.4.2   Beispiel 2 – Dünnwandiger schlanker Silo (ACC 2)   386
      7.4.3   Beispiel 3 – Dünnwandiger schlanker Silo (ACC 1)   397
      7.4.4   Beispiel 4 – Trichterlasten bei einem steilen Trichter   400
      7.4.5   Beispiel 5 – Lasten bei einem flach geneigten Trichter   406
      7.4.6   Beispiel 6 – Hydrostatischer Wasserdruck bei einem
               Schwimmbecken   413
7.5   Aufgaben zum Selbststudium   414
      7.5.1   Aufgabe 1   414
      7.5.2   Aufgabe 2   418
      7.5.3   Aufgabe 3   419
      7.5.4   Aufgabe 4   422
Literatur   424

8   Verkehrslasten auf Brücken   425
8.1   Allgemeines   425
8.2   Beispiel 1 – Verkehrslasten bei einer Straßenbrücke   425
8.3   Beispiel 2 – Verkehrslasten bei einer Fußgängerbrücke   431
Literatur   432

9   Anhang   433
  9.1   Lastumrechnungen   433
  9.2   Wichten und Flächenlasten für Baustoffe und Bauteile sowie
       Lagerstoffe   433
      9.2.1   Beton und Mörtel   433
      9.2.2   Mauerwerk   433
      9.2.3   Bauplatten und Planbauplatten aus unbewehrtem
             Porenbeton, Dach-, Wand- und Deckenplatten aus
             bewehrtem Beton   433
      9.2.4   Wandbauplatten aus Gips und Gipskartonplatten   434
      9.2.5   Putze ohne und mit Putzträgern   434
      9.2.6   Wichten für Metalle   434
      9.2.7   Holz und Holzwerkstoffe   434
      9.2.8   Fußboden- und Wandbeläge   434
      9.2.9   Sperr-, Dämm- und Füllstoffe   436
      9.2.10 Dachdeckungen   436
      9.2.11 Dach- und Bauwerksabdichtungen   436
      9.2.12 Weitere Baustoffe   436
      9.2.13 Baustoffe für Brücken   439
      9.2.14 Wichten und Böschungswinkel ausgewählter Lagerstoffe . . .   440
      9.2.15 Baustoffe als Lagerstoffe   441
      9.2.16 Gewerbliche und industrielle Lagerstoffe   441
  9.3   Lotrechte Nutzlasten im Hochbau   443
  9.4   Aerodynamische Druckbeiwerte und Kraftbeiwerte   447
      9.4.1   Allgemeines   447
      9.4.2   Vertikale Wände   447
      9.4.3   Flachdächer   447
      9.4.4   Pultdächer   451
      9.4.5   Satteldächer   451
      9.4.6   Walmdächer   457
      9.4.7   Scheddächer   457
      9.4.8   Trogdächer   465
      9.4.9   Gekrümmte Dächer   465
      9.4.10 Freistehende Dächer   467
      9.4.11 Vordächer   471
      9.4.12 Innendruck   479
      9.4.13 Anzeigetafeln   481
      9.4.14 Bauteile mit rechteckigem Querschnitt   482
      9.4.15 Bauteile mit kantigem Querschnitt   483
      9.4.16 Fachwerke   484
      9.4.17 Flaggen   485

9.4.18   Freistehende Wände   485

9.4.19   Kreiszylinder   487

9.4.20   Abminderungsfaktor zur Berücksichtigung der
         Schlankheit   491

9.5   Schneelast auf dem Boden   494

9.6   Formbeiwerte für die Ermittlung von Schneelasten   494

9.7   Schüttgutkennwerte für die Ermittlung von Silolasten   495

9.8   Bodenkenngrößen   498

9.8.1   Nichtbindige Böden   498

9.8.2   Bindige Böden   499

Stichwortverzeichnis   501

Grundlagen

1

Nachfolgend werden einige Grundlagen im Zusammenhang mit Einwirkungen und Lastannahmen erläutert, die zum Verständnis der folgenden Kapitel wichtig sind.

1.1 Einwirkungen und Lastannahmen

Einwirkungen können Kraftgrößen bzw. Kräfte (z. B. Eigenlasten, Nutzlasten, Schnee- und Windlasten) oder Verformungsgrößen (z. B. Setzungen, Temperaturänderungen) sein. Kraftgrößen beanspruchen das Tragwerk und seine Bauteile direkt und werden daher als direkte Einwirkungen bezeichnet. Dagegen werden Verformungsgrößen dem Tragwerk aufgezwungen und indirekte Einwirkungen genannt. Indirekte Einwirkungen führen nur bei statisch unbestimmten Systemen zu Schnittgrößen und somit zu Beanspruchungen (Abb. 1.1).

Eine Einteilung der Einwirkungen kann aufgrund ihres zeitlichen Auftretens während der Nutzungsdauer des Tragwerks vorgenommen werden. Üblicherweise werden

- ständige Einwirkungen,
- veränderliche Einwirkungen und
- außergewöhnliche Einwirkungen

unterschieden (Abb. 1.2). Außerdem existieren noch Einwirkungen infolge von Erdbeben, die zwar zu den außergewöhnlichen Einwirkungen gehören, aber dennoch separat behandelt werden (z. B. bei Bemessungssituationen). Für die Definition der verschiedenen Einwirkungen siehe Tab. 1.1.

Die o. g. Einteilung wird auch in den geltenden Normen (DIN EN 1990 [1] und DIN EN 1991 [2]) vorgenommen.

© Springer Fachmedien Wiesbaden GmbH, ein Teil von Springer Nature 2022
P. Schmidt, *Lastannahmen – Beispiele*,
https://doi.org/10.1007/978-3-658-29528-8_1

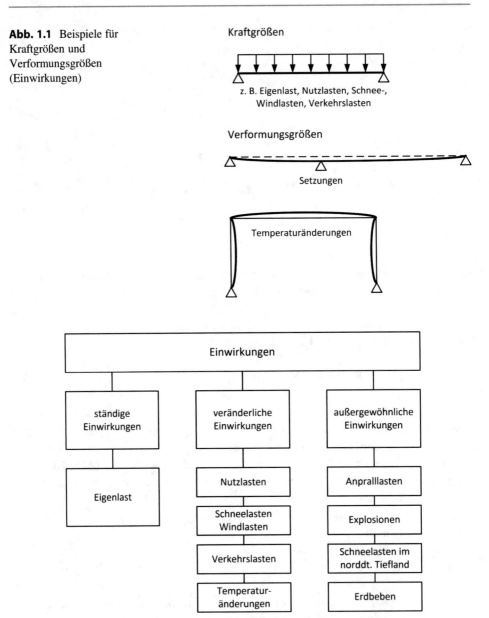

Abb. 1.1 Beispiele für Kraftgrößen und Verformungsgrößen (Einwirkungen)

Abb. 1.2 Schematische Übersicht über die verschiedenen Arten von Einwirkungen

Mit dem Begriff *Lastannahmen* werden hauptsächlich in der Praxis sowie in der Literatur ebenfalls Einwirkungen – insbesondere Kraftgrößen – bezeichnet. Dieser Begriff wird allerdings in den aktuellen Normen, in denen Einwirkungen geregelt sind (d. h. DIN EN 1990 und DIN EN 1991) nicht mehr verwendet. Ursache für die immer noch weite

Tab. 1.1 Einwirkungen

Einwirkung	Erläuterung	Beispiele	Formelzeichen
ständig	Einwirkungen, die während der gesamten Nutzungsdauer wirken und sich dabei zeitlich nicht oder nur unwesentlich ändern. Ggfs. vorhandene zeitliche Änderungen gegenüber dem Mittelwert können vernachlässigt werden.	Eigenlasten von Bauteilen des Tragwerks, von Installationen, Ausbauteilen und feststehenden Anlagen	g, G
veränderlich	Einwirkungen, deren zeitliche Größenänderung nicht vernachlässigt werden kann oder für die die Änderung nicht immer in der gleichen Richtung erfolgt.	Nutzlasten im Hochbau, Schnee- und Windlasten, Verkehrslasten auf Brücken, Temperatureinwirkungen.	q, Q
außergewöhnlich	Einwirkungen, die i. d. R. nur kurzzeitig wirken (Dauer im Sekundenbereich), aber von bedeutender Größenordnung ist. Außergewöhnliche Einwirkungen treten während der Nutzungsdauer des Tragwerks nur sehr selten auf.	Anpralllasten (z. B. Fahrzeuganprall), Explosionen (z. B. Staubexplosion in einem Silo), außergewöhnliche Schneelasten im norddeutschen Tiefland	A
Erdbeben	Einwirkungen infolge von plötzlichen, heftigen Bewegungen des Baugrunds während eines Erdbebens	-	A_E

Verbreitung des Begriffs Lastannahmen in der Praxis ist die Tatsache, dass der Titel der früheren Normenreihe DIN 1055 aus den 1970er- und 1980er-Jahren [3] „*Lastannahmen für Bauten*" lautete.

Mit dem Begriff *Lastannahmen* wird nach Auffassung des Autors besser ausgedrückt, dass es sich bei den anzusetzenden Lasten um Größen handelt, die nicht der Realität entsprechenden, sondern aufgrund von Annahmen (d. h. vereinfachten Lastmodellen) ermittelt und festgelegt werden. Siehe hierzu auch Abschn. 1.3. Nachteilig ist allerdings, dass Verformungsgrößen durch den Begriff Lastannahmen streng genommen nicht mit erfasst werden. Dies war ein wesentlicher Grund für die Vergabe des neuen Titels „*Einwirkungen auf Tragwerke*" bei der Neufassung der DIN 1055 ab 2002 [4].

1.2   Begriffe

Einige wichtige Begriffe im Zusammenhang mit Einwirkungen und ihre Definitionen sind in Tab. 1.2 zusammengestellt.

1.3   Modelle

Für die statische Berechnung eines Tragwerks ist es erforderlich, geeignete Annahmen zu treffen. Dies gilt sowohl für die Wahl geeigneter statischer Systeme als auch für die Annahme von Lasten und Einwirkungen, die das Tragwerk und seine Bauteile beanspruchen. Für die Ermittlung von Einwirkungen werden daher geeignete Modelle (Lastmodelle) verwendet, die folgende Vereinfachungen vornehmen:

1. **Vereinfachte Lastverteilungen:** Für die statische Berechnung und die Bemessung der Bauteile werden die tatsächlich wirkenden Lasten durch vereinfachte Lastansätze (Lastmodelle) berücksichtigt. Beispielsweise werden die Nutzlasten auf einer Decke durch eine gleichmäßig verteilte Belastung idealisiert, die feldweise so anzusetzen ist, dass sich die ungünstigste Wirkung ergibt. In Wirklichkeit sind die tatsächlichen Nutzlasten auf einer Decke aber sehr inhomogen zusammengesetzt. Ähnliches gilt für Schneelasten, bei denen ebenfalls stark vereinfachte Lastverteilungen angenommen werden, die mit der tatsächlichen Schneeverteilung i. d. R. nicht übereinstimmen (Abb. 1.3).
2. **Vereinfachungen bei zeitlich und räumlich veränderlichen Einwirkungen:** Einwirkungen, die zeitlich und räumlich veränderlich sind, d. h. nicht ständig, sondern nur zeitweise vorhanden sind bzw. sich auf dem Tragwerk bewegen, werden in vielen Fällen durch statische Lastansätze idealisiert. Als Beispiel seien Nutzlasten durch Fahrzeugverkehr in Parkhäusern genannt. Obwohl die tatsächlichen Lasten, die durch Fahrzeuge auf den Parkdecks und Zufahrtsrampen verursacht werden, sowohl zeitlich als auch räumlich veränderlich sind (ein Parkdeck wird nur zeitweise durch Fahrzeuge belastet; Fahrzeuge parken und fahren auf dem Parkdeck), werden für die statische Berechnung nur statisch wirkende Lasten angesetzt. Diese sind allerdings an ungünstigster Stelle auf der Decke anzunehmen.
3. **Vereinfachte Annahmen zur Berücksichtigung dynamischer Effekte:** Viele Lasten, die in der Realität dynamisch wirken, wie z. B. Verkehrslasten auf Brücken, aber auch Windlasten, werden vereinfachend durch statische Ersatzlasten idealisiert. Die dynamischen Wirkungen solcher Lasten werden berücksichtigt, indem die Lastwerte mit Hilfe eines Faktors vergrößert werden. Die sich auf diese Weise ergebenden statischen Ersatzlasten werden stellvertretend für die dynamischen Lasten angesetzt. Nur in besonderen Fällen wie z. B. bei schwingungsempfindlichen Tragwerken sind dynamische Untersuchungen erforderlich.
4. **Bestimmung der Einwirkungen mit einer ausreichenden Sicherheit:** Für die Bestimmung der zahlenmäßigen Größen von Lasten und Einwirkungen sind geeignete

Tab. 1.2 Begriffe im Zusammenhang mit Einwirkungen (Auswahl n. DIN EN 1990 [1])

Begriff	Definition	Beispiele/Anmerkungen
Einwirkung F	a) Eine Gruppe von Kräften (Lasten), die auf ein Tragwerk wirken (direkte Einwirkung). b) Eine Gruppe von aufgezwungenen Verformungen oder Beschleunigung, die auf ein Tragwerk wirken (indirekte Einwirkung)	a) Direkte Einwirkungen: Eigenlast, Nutzlasten, Schneelast, Windlasten, Verkehrslasten. b) Indirekte Einwirkungen: Verformungen durch Temperaturänderungen, Feuchtigkeitsänderungen, ungleiche Setzungen, Erdbeben
Auswirkung von Einwirkungen E	Beanspruchungen von Bauteilen oder Reaktionen des Tragwerks, die durch Einwirkungen verursacht werden.	Schnittgrößen (Momente, Querkräfte, Normalkräfte), Dehnungen, Durchbiegungen, Verdrehungen
freie Einwirkung	Einwirkung, die unterschiedliche räumliche Verteilung auf dem Tragwerk haben kann.	Nutzlasten, Verkehrslasten, Schnee- u. Windlasten
ortsfeste Einwirkung	Einwirkung, deren Verteilung auf dem Tragwerk (Größe und Richtung) eindeutig festgelegt ist.	Eigenlasten
statische Einwirkung	Einwirkung, die keine nennenswerte Beschleunigung des Tragwerks oder seiner Bauteile verursacht (vorwiegend ruhende Lasten).	Eigenlasten, Nutzlasten, Schneelasten, Windlasten
dynamische Einwirkung	Einwirkung, die eine nennenswerte Beschleunigung des Tragwerks oder seiner Bauteile verursacht (nicht vorwiegend ruhend)	stoßartig wirkende Lasten infolge von (rotierenden) Maschinen
charakteristischer Wert einer Einwirkung F_k	Wichtigster repräsentativer Wert einer Einwirkung. Der charakteristische Wert einer Einwirkung enthält noch keinen Teilsicherheitsbeiwert. Er wird aus der Grundgesamtheit einer Stichprobe mit statistischen Methoden ermittelt (z. B. als 98 %-Fraktilwert bei Schnee- und Windlasten).	Kennzeichnung mit dem Index „k"
Bemessungswert einer Einwirkung F_d	Wert der Einwirkung, der sich durch Multiplikation aus dem repräsentativen (charakteristischen) Wert der Einwirkung mit dem zugehörigen Teilsicherheitsbeiwert γ_F ergibt.	Kennzeichnung mit dem Index „d": „design" (Entwurf, Bemessung)

Tatsächliche Belastung

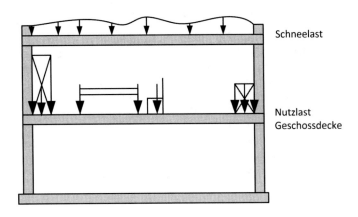

Lastmodelle

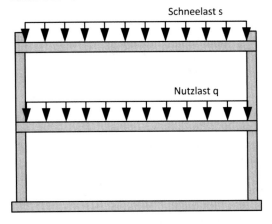

Abb. 1.3 Vereinfachende Annahme der Lastverteilungen bei Nutzlasten auf einer Decke und bei Schneelasten auf einem Dach

Methoden anzuwenden. Hierbei sind einerseits sicherheitsrelevante Aspekte zu berücksichtigen und andererseits wirtschaftliche Belange in ausreichender Weise zu beachten. Das Sicherheitskonzept der geltenden europäischen Normen (Eurocodes) berücksichtigt diese Forderungen, indem für die verschiedenen Einwirkungen eine Überschreitenswahrscheinlichkeit bzw. Wiederkehrperiode festgelegt wird. Die anzunehmenden Lasten entsprechen Fraktilwerten, die mit Hilfe stochastischer Verfahren aus statistischen Verteilungen ermittelt werden. Beispielsweise ist die Überschreitenswahrscheinlichkeit für die klimatischen Einwirkungen Schnee und Wind einheitlich mit 2 % festgelegt. Die Wiederkehrperiode beträgt damit 50 Jahre (= 1/0,02). Als charakteristische Lastwerte werden die 98 %-Fraktilen der zugehörigen Verteilungen zugrunde gelegt. Das bedeutet, dass die festgelegten Werte für Schnee- und Windlasten statistisch gesehen einmal in 50 Jahren auftreten oder überschritten werden können. Durch Multiplikation dieser charakteristischen Lastwerte mit einem Teilsicherheitsbeiwert wird die geforderte Sicherheit gewährleistet.

1.4 Mechanische Grundlagen

1.4.1 Kräfte

Eine Kraft ist eine Einwirkung, die einen Körper beschleunigt. Sie ergibt sich aus der Masse des Körpers m (in kg) multipliziert mit der Beschleunigung a (in m/s^2). Die Beziehung „Kraft = Masse × Beschleunigung" ist das Grundgesetz der Mechanik und wurde von *Newton*[1] entdeckt.

Als Einheit für die Kraft ergibt sich demnach kg m/s^2. Für den umständlichen Ausdruck kg m/s^2 wird die Maßeinheit Newton (N) verwendet, d. h. 1 Newton entspricht 1 kg m/s^2 (1 N = 1 kg m/s^2). Kräfte werden somit in N angegeben. Die Maßeinheit Newton (N) ist im internationalen Einheitensystem (SI) eine abgeleitete Größe, die aus der Basiseinheit Kilogramm (kg) abgeleitet wird.

Für die Berechnung einer Kraft bzw. Gewichtskraft gelten die Angaben und Gleichungen in Tab. 1.3.

Beispiel

Für ein Bauteil mit der Masse von $m = 100$ kg ist die Gewichtskraft zu bestimmen. Die Erdbeschleunigung ist näherungsweise mit $g = 10$ m/s^2 anzunehmen. ◄

Tab. 1.3 Berechnung einer Kraft bzw. Gewichtskraft

Kraft (allgemein): $F = m \cdot a$	F Kraft, in kg m/s^2 (N) m Masse, in kg a Beschleunigung, in m/s^2
Gewichtskraft: $F_G = m \cdot g$	F_G Gewichtskraft, in kg m/s^2 (N) m Masse, in kg g Erdbeschleunigung: $g = 9{,}81$ m/s^2; näherungsweise darf mit $g = 10$ m/s^2 gerechnet werden

Hinweis:
Bei der Berechnung der Gewichtskraft eines Körpers (z. B. Eigenlast eines Bauteils) ist anstelle der Beschleunigung a die Erdbeschleunigung g ($g = 9{,}81$ m/s^2) anzusetzen. Näherungsweise darf die Erdbeschleunigung mit $g = 10$ m/s^2 angenommen werden, da die anzusetzenden Kräfte im Bauwesen i. d. R. relativ groß sind und diese Näherung i. A. auf der sicheren Seite liegt (Gewichtskräfte werden etwas größer angesetzt als sie tatsächlich sind).

---

[1] Isaac Newton (1643 bis 1727) war ein englischer Naturforscher.

Nach Tab. 1.3 ergibt sich:

$$F_G = m \cdot g = 100 \cdot 10 = 1000 \text{ kg m/s}^2 = 1000 \text{ N} = 1 \text{ kN}$$

Einem Körper mit einer Masse von 100 kg ist somit eine Gewichtskraft von 1 kN zugeordnet. Aus dem Beispiel wird deutlich, dass sich aus der Masse in kg durch Multiplikation mit dem Faktor 10 näherungsweise die Gewichtskraft in N ergibt. Umgekehrt kann aus einer gegebenen Gewichtskraft in N durch Division durch 10 näherungsweise die Masse in kg berechnet werden.

1.4.2 Einheiten von Kräften

Da die Kräfte im Bauwesen i. d. R. große Zahlenwerte annehmen, verwendet man üblicherweise die nächst größeren Einheiten Kilo-Newton (1 kN = 1000 N) sowie Mega-Newton (1 MN = 1000 kN = 10^6 N). Für die Umrechnung siehe Tab. 1.4.

Tab. 1.4 Umrechnung von Einheiten für Kräfte und Lasten

Umrechnung von Einzellasten	$1 \text{ kg m/s}^2 = 1 \text{ N}$ $1000 \text{ N} = 10^3 \text{ N} = 1 \text{ kN}$ $1000 \text{ kN} = 10^3 \text{ kN} = 10^6 \text{ N} = 1 \text{ MN}$
Umrechnung von Streckenlasten	$1 \text{ N/mm} = 10^3 \text{ N/m} = 1 \text{ kN/m} = 10^{-3} \text{ MN/m}$ $1 \text{ N/m} = 10^{-3} \text{ N/mm} = 10^{-3} \text{ kN/m} = 10^{-6} \text{ MN/m}$ $1 \text{ kN/m} = 1 \text{ N/mm} = 10^3 \text{ N/m} = 10^{-3} \text{ MN/m}$ $1 \text{ MN/m} = 10^3 \text{ N/mm} = 10^6 \text{ N/m} = 10^3 \text{ kN/m}$
Umrechnung von Flächenlasten	$1 \text{ N/mm}^2 = 10^2 \text{ N/cm}^2 = 10^{-1} \text{ kN/cm}^2 = 10^3 \text{ kN/m}^2 = 1 \text{ MN/m}^2$ $1 \text{ kN/mm}^2 = 10^3 \text{ N/mm}^2 = 10^6 \text{ N/cm}^2 = 10^2 \text{ kN/cm}^2 = 10^6 \text{ kN/m}^2 = 10^3 \text{ MN/m}^2$ $1 \text{ kN/cm}^2 = 10 \text{ N/mm}^2 = 10^3 \text{ N/cm}^2 = 10^4 \text{ kN/m}^2 = 10^{-3} \text{ MN/m}^2 = 10 \text{ MN/m}^2$ $1 \text{ kN/m}^2 = 10^{-3} \text{ N/mm}^2 = 10^{-1} \text{ N/cm}^2 = 10^{-4} \text{ kN/cm}^2 = 10^{-7} \text{ MN/cm}^2 = 10^{-3} \text{ MN/m}^2$ $1 \text{ MN/cm}^2 = 10^4 \text{ N/mm}^2 = 10^6 \text{ N/cm}^2 = 10^3 \text{ kN/cm}^2 = 10^7 \text{ kN/m}^2 = 10^4 \text{ MN/m}^2$ $1 \text{ MN/m}^2 = 10^2 \text{ N/cm}^2 = 10^{-1} \text{ kN/cm}^2 = 10^3 \text{ kN/m}^2 = 10^{-4} \text{ MN/cm}^2$

Weitere Hinweise:
Die Einheit 1 N/m^2 wird auch mit der Einheit Pascal[a] (Pa) abgekürzt. Es gelten folgende Beziehungen:
$1 \text{ Pa} = 1 \text{ N/m}^2$
$1 \text{ kPa} = 1 \text{ kN/m}^2$
$1 \text{ MPa} = 1 \text{ MN/m}^2 = 1 \text{ N/mm}^2$

[a]Blaise Pascal (1623 bis 1662) war ein französischer Philosoph und Wissenschaftler

1.5 Umrechnung von Kräften und Lasten

Kräfte bzw. Lasten können in folgender Form angegeben werden (Abb. 1.4):

- Als Einzellast (in der Einheit kN),
- als Streckenlast (in der Einheit kN/m),
- als Flächenlast (in der Einheit kN/m^2) und
- als Volumenlast (in der Einheit kN/m^3).

Einwirkungen werden hauptsächlich als Volumenlasten (z. B. als Wichte von Bau- und Lagerstoffen) sowie als Flächenlasten (z. B. bei Nutzlasten, Schneelasten und Winddrücken) angegeben. Allerdings werden auch Einzellasten und Streckenlasten verwendet, wie

Abb. 1.4 Lastarten (Einzel-, Strecken-, Flächen- und Volumenlast)

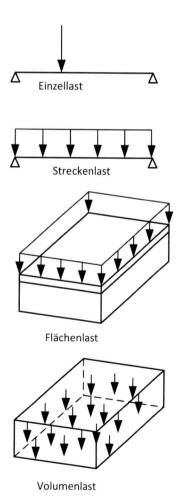

Einzellast

Streckenlast

Flächenlast

Volumenlast

Tab. 1.5 Umrechnung von Lasten

Aufgabe	Formel	Beispiele
Umrechnung in eine Flächenlast q	aus Wichte γ und Bauteildicke d: $q = \gamma \cdot d$	Eigenlast einer Stahlbetondecke: Dicke $d = 20$ cm, Wichte Stahlbeton $\gamma = 25$ kN/m³: $g = 0{,}20 \cdot 25 = 5{,}0$ kN/m²
Umrechnung in eine Streckenlast q'	a) aus Flächenlast q und Lasteinzugsbreite b: $q' = q \cdot b$	Belastung eines Holzbalkens einer Holzbalkendecke mit $q' = 3{,}5$ kN/m², Achsabstand $e = 62{,}5$ cm: $q' = 3{,}5 \cdot 0{,}625 = 2{,}19$ kN/m
	b) aus Volumenlast γ und Lasteinzugsfläche A: $q' = \gamma \cdot A$	Wichte $\gamma = 5$ kN/m³, Fläche $A = 10$ m² $q' = 5 \cdot 10 = 50$ kN/m
Umrechnung in eine Einzellast F	a) aus Streckenlast q' und Lasteinzugsbreite e: $F = q' \cdot e$	Auflagerkraft des Holzbalkens (s. o.) mit $q' = 2{,}19$ kN/m bei einer Lasteinzugsbreite von $e = l/2 = 3{,}0$ m: $F = 2{,}19 \cdot 3{,}0 = 6{,}57$ kN
	b) aus Flächenlast q und Lasteinzugsfläche A: $F = q \cdot A$	Gewichtskraft eines 10 m² großen Deckenfeldes der Stahlbetondecke (s. o.) mit $g = 5{,}0$ kN/m²: $F_G = 5{,}0 \cdot 10 = 50$ kN
	c) aus Volumenlast γ und Volumen V: $F = \gamma \cdot V$	Gewichtskraft eines Stahlbetonwürfels ($\gamma = 25$ kN/m³) mit der Kantenlänge von 1,5 m: $F_G = 25 \cdot 3{,}375 = 84{,}375$ kN mit: $V = 1{,}5^3 = 3{,}375$ m³
In den Formeln bedeuten: g, q Flächenlast (kN/m²) q' Streckenlast (kN/m) F Einzellast (kN) F_G Gewichtskraft als Einzellast (kN)	γ Wichte (kN/m³) d Bauteildicke (m) b, e Lasteinzugsbreite (m) A Lasteinzugsfläche (m²) V Volumen (m³)	

Weitere Beispiele siehe Kap. 3 (Eigenlasten) in diesem Werk.

z. B. die Menschlast (1 kN), die als Einzellast auf Dächern und Dachtragwerken angesetzt werden muss, sowie Verkehrslasten bei Eisenbahnbrücken, die als Einzellasten und Streckenlasten anzunehmen sind. Die Umrechnung von Lastarten erfolgt mit den Angaben in Tab. 1.5.

Literatur

1. DIN EN 1990:2021-09: Eurocode: Grundlagen der Tragwerksplanung; Beuth Verlag, Berlin
2. DIN EN 1991: Eurocode 1: Einwirkungen auf Tragwerke; Teile 1 bis 4: verschiedene Ausgabedaten; Beuth Verlag, Berlin
3. DIN 1055: Lastannahmen für Bauten; historische Normenreihe mit verschiedener Ausgabedaten; hier: vor 2002; Beuth Verlag, Berlin; Hinweis: Norm ist zurückgezogen
4. DIN 1055: Einwirkungen auf Tragwerke; historische Normenreihe als Nachfolgedokument zu 3.; ab 2002; Beuth Verlag, Berlin; Hinweis: Norm ist zurückgezogen, Nachfolgedokument ist DIN EN 1991

Sicherheitskonzept und Grundlagen der Tragwerksplanung

2

2.1 Allgemeines

Die Grundlagen der Tragwerksplanung sowie das Sicherheitskonzept sind in DIN EN 1990 [1] sowie dem zugehörige Nationalen Anhang DIN EN 1990/NA [2] geregelt. Außerdem ist die A1-Änderung des Nationalen Anhangs vom August 2012 [3] zu beachten.

Die wesentlichen Regeln der vorgenannten Normen sowie weiterführende Hintergrundinformationen sind im Lehrbuch *„Lastannahmen – Einwirkungen auf Tragwerke"* [4], Kap. 3 – Grundlagen der Tragwerksplanung, Sicherheitskonzept und Bemessungsregeln, angegeben und werden dort an einfachen Beispielen erläutert.

Das Ziel der nachfolgenden Kapitel ist es, die teilweise theoretischen und abstrakten Regelungen der Normen anhand von einigen ausgewählten Beispielen anschaulich zu erläutern. Dabei werden auch aktuelle Auslegungen des zuständigen Normenausschusses [5] berücksichtigt.

Zum Verständnis werden die wichtigsten Grundlagen zum Sicherheitskonzept und den Grundlagen der Tragwerksplanung nachfolgend in stichpunktartiger und/oder tabellarischer Kurzform angegeben. Für genauere Informationen und Hintergründe wird auf das o.g. Lehrbuch sowie auf die betreffenden Normen und Vorschriften verwiesen.

2.2 Lernziele

Es werden folgende Lernziele mit unterschiedlichen Schwierigkeitsgraden verfolgt:

1. Kenntnisse erlangen über die Grundlagen der Tragwerksplanung, das semiprobabilistische Sicherheitskonzept und die grundlegenden Bemessungsregeln nach DIN EN 1990 (Nachweiskonzept nach Grenzzuständen).

© Springer Fachmedien Wiesbaden GmbH, ein Teil von Springer Nature 2022
P. Schmidt, *Lastannahmen – Beispiele*,
https://doi.org/10.1007/978-3-658-29528-8_2

2. Sichere Beherrschung der Verfahren zur Bestimmung von Bemessungswerten und ihre Anwendung für die verschiedenen Bemessungssituationen und Grenzzustände.

3. Beherrschung der grundlegenden Kombinationsregeln von Einwirkungen für die verschiedenen Bemessungssituationen und Grenzzustände.

Beispiele und Aufgaben mit geringerem Schwierigkeitsgrad werden mit der Bezeichnung „*Kategorie (A)*", solche mit höherem Schwierigkeitsgrad mit „*Kategorie (B)*" gekennzeichnet. Die *Kategorie (C)* kennzeichnet Beispiele, für deren Lösung die Auslegungen des NABau zu DIN EN 1990 oder ingenieurmäßige Betrachtungen herangezogen werden müssen.

Neben ausführlichen Beispielen mit Lösungsweg werden am Ende des Kapitels auch einige Aufgaben mit Angabe des Endergebnisses zum Selbststudium angeboten.

2.3   Grundlagen

2.3.1   Allgemeines

Primäres Ziel des Entwurfs sowie der Bemessung, Konstruktion und Ausführung von Bauwerken ist es, eine ausreichende Zuverlässigkeit gegen Versagen sicherzustellen sowie die Nutzung für die vorgesehene Dauer zu gewährleisten. Dabei sind auch wirtschaftliche Aspekte angemessen zu berücksichtigen. Die hierfür relevanten Regeln sind in DIN EN 1990 „Grundlagen der Tragwerksplanung" [1] sowie im zugehörigen Nationalen Anhang (DIN EN 1990/NA [2]) festgelegt. DIN EN 1990 bildet die Grundlage für die Berechnung und Bemessung von Bauteilen des Tragwerks und ist zusammen mit DIN EN 1991 „Einwirkungen auf Tragwerke" [6] sowie den baustoffspezifischen Bemessungsnormen DIN EN 1992 bis DIN EN 1996 [7–11] und DIN EN 1999 [12] (für Beton, Stahl, Holz, Mauerwerk und Aluminium) anzuwenden. Zur Normenreihe gehören ebenfalls DIN EN 1997 „Entwurf, Berechnung und Bemessung in der Geotechnik" [13] sowie DIN EN 1998 „Auslegung von Bauwerken in Erdbebengebieten" [14]. Die Normenstruktur des als *Eurocode* bezeichneten Regelwerks ist im folgenden Diagramm dargestellt (Abb. 2.1).

Grenzzustände

Nach dem in DIN EN 1990 festgelegten Sicherheitskonzept gelten die Entwurfsanforderungen als erfüllt, wenn sogenannte Grenzzustände nicht überschritten werden sowie die geforderte Dauerhaftigkeit erfüllt wird. Es wird in

- Grenzzustände der *Tragfähigkeit* und
- Grenzzustände der *Gebrauchstauglichkeit*

unterschieden.

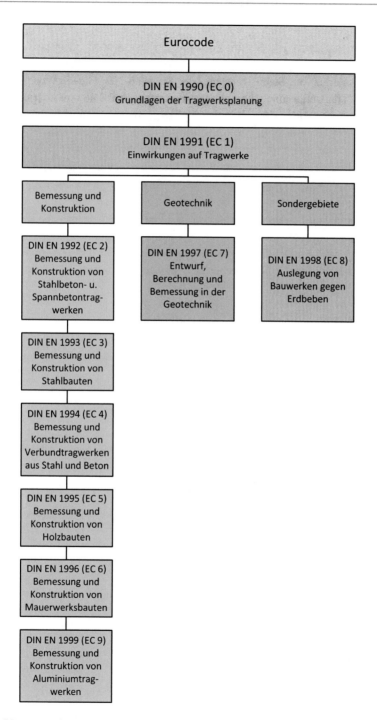

Abb. 2.1 Normenstruktur der DIN EN 1990 bis 1999 (Eurocode)

Ein Überschreiten von Grenzzuständen der Tragfähigkeit bedeutet, dass die Sicherheit von Menschen gefährdet ist, da ein Versagen des Tragwerks und seiner Bauteile zu befürchten ist. Beispiele für Grenzzustände der Tragfähigkeit sind der Bruch von tragenden Bauteilen, der Verlust der Standsicherheit oder des statischen Gleichgewichts sowie das Versagen des Tragwerks durch übermäßige Verformungen. Die Anforderungen an die Sicherheit gegen ein Überschreiten von Grenzzuständen der Tragfähigkeit sind daher entsprechend hoch angesetzt.

Ein Überschreiten von Grenzzuständen der Gebrauchstauglichkeit bedeutet dagegen, dass lediglich bestimmte Gebrauchsfunktionen eingeschränkt sind oder das Erscheinungsbild beeinträchtigt wird (z. B. durch zu starke Verformungen von Bauteilen, Schwingungen, Rissbildungen). Die Sicherheit gegen ein Überschreiten von Grenzzuständen der Gebrauchstauglichkeit beträgt eins ($\gamma = 1{,}0$), d. h. es existiert rechnerisch keine Reserve gegen das Erreichen dieses Zustands.

In der Praxis werden Tragfähigkeit, Gebrauchstauglichkeit und Dauerhaftigkeit eines Tragwerks mit den in Tab. 2.1 angegebenen Nachweisen erbracht.

2.3.2 Einwirkungen und Beanspruchungen

Einwirkungen sind auf das Tragwerk einwirkende Kraftgrößen (z. B. Eigenlasten, Nutzlasten, Schnee- und Windlasten) und Verformungsgrößen (z. B. Setzungen, Temperaturänderungen). Hinsichtlich ihres zeitlichen und räumlichen Auftretens wird folgende Unterscheidung vorgenommen:

Tab. 2.1 Nachweise der Tragfähigkeit, Gebrauchstauglichkeit und Dauerhaftigkeit nach DIN EN 1990

Nachweise der		
Tragfähigkeit (GZT)	Gebrauchstauglichkeit (GZG)	Dauerhaftigkeit
Versagen des Tragwerks und seiner Bauteile (Tragwerks-, Querschnittsversagen) (STR – structural)	Begrenzung von Verformungen und Durchbiegungen der Bauteile	Mindestwerte der Betondeckung
Lagesicherheit (EQU – equilibrium)	Begrenzung der Rissbreiten bei Bauteilen aus Stahlbeton	Maßnahmen des Holzschutzes bei Bauteilen aus Holz
Versagen des Baugrunds (GEO – geotechnical)	Begrenzung der Schwingungen bei Holzbalkendecken	Maßnahmen des Korrosionsschutzes bei Bauteilen aus Stahl
Versagen infolge Ermüdung (FAT – fatique)		Einhaltung der Regeln für Konstruktion und Bauausführung
Baulicher Brandschutz		

- **ständige Einwirkungen:** räumlich und/oder zeitlich unveränderliche Einwirkungen (wie z. B. Eigenlasten, Vorspannung); Kennzeichnung von Eigenlasten mit den Buchstaben „g" oder „G", Kennzeichnung von Einwirkungen durch Vorspannung mit „P";
- **veränderliche Einwirkungen:** räumlich und/oder zeitlich veränderliche Größen (z. B. Nutzlasten, Schnee- und Windlasten); Kennzeichnung mit „q" oder „Q";
- **außergewöhnliche Einwirkungen:** sehr selten auftretende Einwirkungen (wie z. B. Anpralllasten durch Fahrzeuge, Einwirkungen im Brandfall); Kennzeichnung mit „A";
- **Einwirkungen infolge von Erdbeben**; Kennzeichnung mit „A_E".

Für genauere Informationen zur Einteilung von Einwirkungen wird auf [4] sowie DIN EN 1991 [6] verwiesen.

Charakteristische Werte

Charakteristische Einwirkungen sind in der Normenreihe DIN EN 1991 „Einwirkungen auf Tragwerke" sowie in anderen Lastnormen festgelegt oder in bauaufsichtlichen Zulassungen definiert. Der charakteristische Wert ist der Wert, von dem angenommen wird, dass er mit einer vorgegebenen Wahrscheinlichkeit während der Nutzungsdauer des Tragwerks nicht überschritten wird. In der Regel wird ein oberer Wert (95 %- oder 98 %-Fraktilwert) verwendet, der in der Realität nur in seltenen Fällen überschritten wird. Beispielsweise wird für Schnee- und Windlasten der 98 %-Fraktilwert als charakteristischer Wert angegeben. Das bedeutet, dass dieser Wert statistisch gesehen nur in 2 % aller Fälle überschritten wird. Die Wiederkehrperiode beträgt demnach 50 Jahre (= 1,0/0,02). Für Eigenlasten (Wichten, Flächenlasten) wird i. d. R. der Mittelwert sowie je nach Auswirkung der obere und untere Wert als charakteristischer Wert festgelegt; genauere Angaben siehe Norm. Zur eindeutigen Kennzeichnung und zur Unterscheidung von Bemessungswerten werden charakteristische Werte mit dem Index „k" versehen (z. B. g_k, q_k).

Bemessungswerte von Einwirkungen

Bemessungswerte von Einwirkungen enthalten im Gegensatz zu den charakteristischen Werten eine Sicherheit in Form von Teilsicherheitsbeiwerten. Allgemein berechnet sich der Bemessungswert F_d mit folgender Gleichung:

$$F_d = \gamma_F \cdot F_{rep} \tag{2.1}$$

Darin bedeuten:

F_d Bemessungswert der Einwirkung

γ_F Teilsicherheitsbeiwert der betrachteten Einwirkung

F_{rep} repräsentativer Wert der Einwirkung; dies kann ein charakteristischer Wert F_k oder ein mit einem Kombinationsbeiwert multiplizierter charakteristischer Wert einer Einwirkung sein ($\psi_i \cdot \gamma_{F,i} \cdot F_k$); Kombinationsbeiwerte ψ nach Tab. 2.3

Hinweis: Das Formelzeichen „F" in Gl. (2.1) ist als Platzhalter zu verstehen und wird im konkreten Fall durch das für die entsprechende Einwirkung typischerweise verwendete Zeichen ersetzt (Beispiel: Bemessungswert einer ständigen Einwirkung als Flächen- oder Streckenlast: g_d; als Einzellast: G_d).

Bemessungswerte von Beanspruchungen

Beanspruchungen E sind Schnittgrößen, Spannungen, Dehnungen oder Durchbiegungen bzw. Verformungen, die durch Einwirkungen verursacht werden. Der Bemessungswert einer Beanspruchung E_d wird für eine bestimmte Einwirkungskombination aus den Bemessungswerten der Einwirkungen (F_d), den geometrischen Größen (a_d) und gegebenenfalls den Baustoffeigenschaften (X_d) allgemein wie folgt bestimmt:

$$E_d = E\left(F_{d,1}, F_{d,1}, \ldots a_{d,1}, a_{d,2}, \ldots X_{d,1}, X_{d,2} \ldots\right) \tag{2.2}$$

Bei linear-elastischer Berechnung des Tragwerks gilt das Superpositionsgesetz. Das bedeutet, dass der Bemessungswert einer Beanspruchung E_d durch Superposition der Bemessungswerte der unabhängigen Auswirkungen $E_{Fd,i}$ berechnet werden darf. In diesem Fall gilt:

$$E_d = E_{Fd,1}\left(a_{d,1}, a_{d,2}, \ldots X_{d,1}, X_{d,2} \ldots\right) + F_{d,2}\left(a_{d,1}, a_{d,2}, \ldots X_{d,1}, X_{d,2}, \ldots\right) + \ldots \tag{2.3}$$

Bemessungswerte von geometrischen Größen

Geometrische Größen werden durch charakteristische Werte oder im Fall von Imperfektionen unmittelbar durch ihre Bemessungswerte dargestellt. Die charakteristischen Werte entsprechen üblicherweise den bei der Tragwerksplanung als Mittelwerte festgelegten Maßen. Der Bemessungswert wird im Allgemeinen durch den Nennwert wiedergegeben. Es gilt:

$$a_d = a_{nom} \tag{2.4}$$

In Fällen, bei denen Abweichungen in den geometrischen Größen nicht zu vernachlässigende Auswirkungen auf die Tragwerkszuverlässigkeit haben, sollten die geometrischen Bemessungswerte wie folgt festgelegt werden:

$$a_d = a_{nom} + \Delta a \tag{2.5}$$

mit

$\Delta a \quad$ = ungünstige Abweichung vom charakteristischen Wert der geometrischen Größe

In den bauartspezifischen Bemessungsnormen (DIN EN 1992 usw.) können weitere Angaben enthalten sein.

2.3.3 Teilsicherheitsbeiwerte

Teilsicherheitsbeiwerte für Nachweise der Tragfähigkeit sind vom Nachweis (Lagesicherheit (EQU), Versagen des Tragwerks (STR), Versagen des Baugrundes (GEO)) und der Bemessungssituation abhängig (Tab. 2.2).

Es ist zu beachten, dass für ständige Einwirkungen (z. B. Eigenlasten) ein oberer und unterer Teilsicherheitsbeiwert angegeben wird. Der obere Wert wird angesetzt, wenn die Auswirkung destabilisierend (bei Nachweisen der Lagesicherheit – EQU) bzw. ungünstig ist (bei Nachweisen gegen Versagen des Tragwerks – STR). Dagegen wird der untere Wert verwendet, wenn die Auswirkung stabilisierend (EQU) bzw. günstig (STR) ist.

Für Nachweise der Gebrauchstauglichkeit wird i. d. R. mit charakteristischen Werten gearbeitet, sofern in den bauartspezifischen Bemessungsnormen nichts anderes angegeben ist, d. h. die Sicherheit beträgt im Regelfall eins. Für Brücken sind teilweise andere Teilsicherheitsbeiwerte anzusetzen, siehe hierzu DIN EN 1990 und DIN EN 1990/NA.

2.3.4 Kombinationsbeiwerte ψ für Hochbauten

Kombinationsbeiwerte ψ für Hochbauten sind im Nationalen Anhang (DIN EN 1990/NA) festgelegt (Tab. 2.3); für andere Bauwerke (z. B. Brücken) siehe Norm.

2.3.5 Bemessungswerte der Baustoffeigenschaften

Bemessungswerte der Baustoffeigenschaften ergeben sich aus den charakteristischen Werten durch Berücksichtigung eines baustoffabhängigen Teilsicherheitsbeiwerts sowie bei einigen Baustoffen (z. B. Holz) zusätzlich durch Einflüsse wie Lasteinwirkungsdauer, Feuchtigkeit und Temperatur. Bemessungswerte von Baustoffeigenschaften werden durch den Index d (*engl. = design*) gekennzeichnet.

Der Bemessungswert einer Baustoffeigenschaft X_d ergibt sich mit folgender Gleichung:

$$X_d = \eta \cdot \frac{X_k}{\gamma_M} \tag{2.6}$$

Darin bedeuten:

X_k charakteristischer Wert der Baustoffeigenschaft (Festigkeit, Steifigkeit, Rohdichte); siehe bauartspezifische Bemessungsnormen

γ_M Teilsicherheitsbeiwert für Baustoffeigenschaften; siehe bauartspezifische Bemessungsnormen

η Umrechnungsfaktor, der Einflüsse wie Lasteinwirkungsdauer, Feuchtigkeit, Temperatur berücksichtigt

Tab. 2.2 Teilsicherheitsbeiwerte für Einwirkungen im Grenzzustand der Tragfähigkeit (n. DIN EN 1990/NA Tab. NA.A.1.2 (A) bis (C))

Einwirkung	Auswirkung	Symbol	Bemessungssituationen ständig (P) vorübergehend (T)	außergewöhnlich (A) Erdbeben (E)
Lagesicherheit des Tragwerks (EQU) (Gruppe A)				
Ständige Einwirkungen: Eigenlast des Tragwerks und von nicht tragenden Bauteilen, ständige Einwirkungen, die vom Baugrund herrühren, Grundwasser und frei anstehendes Wasser	destabilisierend	$\gamma_{G,dst}$	1,10	1,00
	stabilisierend	$\gamma_{G,stb}$	0,90	0,95
Bei kleinen Schwankungen der ständigen Einwirkungen, wenn durch Kontrolle der Unter- bzw. Überschreitung von ständigen Lasten mit hinreichender Genauigkeit ausgeschlossen wird (wie z. B. beim Nachweis der Auftriebssicherheit)	destabilisierend	$\gamma_{G,dst}$	1,05	1,00
	stabilisierend	$\gamma_{G,stb}$	0,95	0,95
Ständige Einwirkungen für den kombinierten Nachweis der Lagesicherheit, der den Widerstand der Bauteile (z. B. Zugverankerungen) einschließt	destabilisierend	$\gamma_{G,dst}$	1,35	1,00
	stabilisierend	$\gamma_{G,stb}$	1,15	0,95
Veränderliche Einwirkungen	destabilisierend	γ_{Q}	1,50	1,00
Außergewöhnliche Einwirkungen	destabilisierend	γ_{A}	–	1,00
Versagen des Tragwerks, eines seiner Teile oder der Gründung durch Bruch oder übermäßige Verformung (STR / GEO) (Gruppe B)				
Unabhängige ständige Einwirkungen (siehe oben)	ungünstig [1],[2]	$\gamma_{G,sup}$	1,35	1,00
	günstig [1],[2]	$\gamma_{G,inf}$	1,00	1,00
Unabhängige veränderliche Einwirkungen	ungünstig [2],[3]	γ_{Q}	1,50	1,00
Außergewöhnliche Einwirkungen	ungünstig	γ_{A}	–	1,00
Versagen des Baugrundes durch Böschungs- oder Geländebruch (GEO) (Gruppe C)				
Unabhängige ständige Einwirkungen (s.o.)	ungünstig [4]	γ_{G}	1,00	1,00
	günstig [4]	γ_{G}	1,00	1,00
Unabhängige veränderliche Einwirkungen	ungünstig [5]	γ_{Q}	1,30	1,00

(Fortsetzung)

Tab. 2.2 (Fortsetzung)

Einwirkung	Auswirkung	Symbol	ständig (P) vorübergehend (T)	außergewöhnlich (A) Erdbeben (E)
			Bemessungssituationen	
Außergewöhnliche Einwirkungen	ungünstig	γ_A	–	1,00

1) Beim Nachweis gegen Versagen des Tragwerks (STR) werden alle charakteristischen Werte einer unabhängigen ständigen Einwirkung (d. h. die charakteristischen Werte aller ständigen Einwirkungen aus dem gleichen Ursprung) mit dem $\gamma_{G,sup}$ multipliziert, wenn die insgesamt resultierende Auswirkung auf die betrachtete Beanspruchung ungünstig ist, jedoch mit dem Faktor $\gamma_{G,inf}$, wenn die insgesamt resultierende Auswirkung günstig ist
2) Zur Wahl der Teilsicherheitsbeiwerte beim Nachweis von geotechnischen Grenzzuständen s. DIN 1054-101
3) Bei günstiger Auswirkung ist $\gamma_Q = 0$
4) Siehe Fußnote 1)
5) Siehe Fußnote 3)

Tab. 2.3 Kombinationsbeiwerte ψ (n. DIN EN 1990/NA, Tab. NA.A.1.1)

Einwirkung	ψ_0	ψ_1	ψ_2
Nutzlasten im Hochbau [1]			
- Kategorie A – Wohn- und Aufenthaltsräume	0,7	0,5	0,3
- Kategorie B – Büros	0,7	0,5	0,3
- Kategorie C – Versammlungsräume	0,7	0,7	0,6
- Kategorie D – Verkaufsräume	0,7	0,7	0,6
- Kategorie E – Lagerräume	1,0	0,9	0,8
Verkehrslasten			
- Kategorie F – Fahrzeuglast ≤ 30 kN	0,7	0,7	0,6
- Kategorie G – 30 kN $\leq$ Fahrzeuglast ≤ 160 kN	0,7	0,5	0,3
- Kategorie H – Dächer	0	0	0
Schnee- und Eislasten			
- Orte bis NN + 1000 m	0,5	0,2	0
- Orte über NN +1000 m	0,7	0,5	0,2
Windlasten	0,6	0,2	0
Temperatureinwirkungen (nicht Brand)	0,6	0,5	0
Baugrundsetzungen	1,0	1,0	1,0
Sonstige Einwirkungen [2,3]	0,8	0,7	0,5

1) Abminderungsbeiwerte für Nutzlasten in mehrgeschossigen Hochbauten siehe DIN EN 1991-1-1
2) Flüssigkeitsdruck ist im Allgemeinen als eine veränderliche Einwirkung zu behandeln, für die die ψ- Beiwerte standortbedingt festzulegen sind. Flüssigkeitsdruck, dessen Größe durch geometrische Verhältnisse begrenzt ist, darf als eine ständige Einwirkung behandelt werden, wobei alle ψ- Beiwerte gleich 1,0 zu setzen sind
3) ψ-Beiwerte für Maschinenlasten sind betriebsbedingt festzulegen

2.3.6   Grenzzustände der Tragfähigkeit (GZT)

Nachweise in den Grenzzuständen der Tragfähigkeit umfassen die Überprüfung der Lage-sicherheit (EQU), Nachweise gegen Versagen des Tragwerks und seiner Bauteile (STR) sowie geotechnische Nachweise (GEO). Es werden folgende Bemessungssituationen unterschieden:

- **Ständige Situationen (P)**, die den üblichen Nutzungsbedingungen des Tragwerks entsprechen;
- **vorübergehende Situationen (T)**, die zeitlich begrenzte Zustände (z. B. Bauzustände) beschreiben;
- **außergewöhnliche Situationen (A)**: z. B. Fahrzeuganprall, Explosionen;
- **Erdbeben (E)**: seismische Einwirkungen auf das Tragwerk.

Für Nachweise der Tragfähigkeit gelten die Teilsicherheitsbeiwerte nach Tab. 2.2.

Lagesicherheit (EQU)
Für den Nachweis der Lagesicherheit des Tragwerks (EQU) ist folgende Bedingung nachzuweisen:

$$E_{d,dst} \leq E_{d,stb} \qquad (2.7)$$

Darin bedeuten:

$E_{d,dst}$ Bemessungswert der Beanspruchung infolge der *destabilisierenden* Einwirkungen
$E_{d,stb}$ Bemessungswert der Beanspruchung infolge der *stabilisierenden* Einwirkungen

Wird die Lagesicherheit durch eine Verankerung (z. B. Zugverankerung) sichergestellt, gilt in der ständigen und/oder vorübergehenden Bemessungssituation folgende Gleichung. In diesem Fall ist außerdem das Versagen des Tragwerks nachzuweisen. Es gilt:

$$E_{d,anch} = E_{d,dst} - E_{d,stb} \qquad (2.8)$$

Darin bedeuten:

$E_{d,anch}$ Bemessungswert der Verankerungskraft
$E_{d,dst}$ Bemessungswert der Beanspruchung infolge der *destabilisierenden* Einwirkun-gen, ermittelt mit $\gamma_{G,dtb}$ bzw. γ_Q
$E_{d,stb}$ Bemessungswert der Beanspruchung infolge der *stabilisierenden* Einwirkungen (ohne $R_{d,anch}$), ermittelt mit $\gamma_{G,stb}$

Versagen des Tragwerks oder seiner Bauteile (STR)

Für den Nachweis gegen Versagen des Tragwerks oder seiner Bauteile ist folgender Nachweis zu führen:

$$E_d \leq R_d \tag{2.9}$$

Darin bedeuten:

E_d Bemessungswert der Beanspruchung, z. B. eine Schnittgröße oder Spannung, ermittelt für die maßgebende Lastfallkombination

R_d Bemessungswert des Tragwiderstandes, z. B. eine Festigkeit

Kombinationsregeln für Nachweise in den Grenzzuständen der Tragfähigkeit

Der Bemessungswert einer Beanspruchung E_d ergibt sich für Nachweise der Tragfähigkeit in Abhängigkeit der jeweiligen Bemessungssituation mit folgenden Gleichungen:

Ständige und vorübergehende Bemessungssituationen (Grundkombination):

$$E_d = E\left\{ \sum_{j \geq 1} \gamma_{G,j} \cdot G_{k,j} \oplus \gamma_P \cdot P \oplus \gamma_{Q,1} \cdot Q_{k,1} \oplus \sum_{i > 1} \gamma_{Q,i} \cdot \psi_{0,i} \cdot Q_{k,i} \right\} \tag{2.10}$$

Außergewöhnliche Bemessungssituationen:

$$E_{dA} = E\left\{ \sum_{j \geq 1} G_{k,j} \oplus P \oplus A_d \oplus \left(\psi_{1,1} \text{ oder } \psi_{2,1} \right) \cdot Q_{k,1} \oplus \sum_{i > 1} \psi_{2,i} \cdot Q_{k,i} \right\} \tag{2.11}$$

Erdbeben:

$$E_{dAE} = E\left\{ \sum_{j \geq 1} G_{k,j} \oplus P \oplus A_{Ed} \oplus \sum_{i \geq 1} \psi_{2,i} \cdot Q_{k,i} \right\} \tag{2.12}$$

Dabei ist:

$\oplus$ „ist zu kombinieren"

Σ „gemeinsame Auswirkung von"

G_k charakteristische Werte der ständigen Einwirkungen

P charakteristische Werte der Vorspannung

$Q_{k,1}$ charakteristische Werte der dominierenden (vorherrschenden) unabhängigen veränderlichen Einwirkung

$Q_{k,i}$ charakteristische Werte der weiteren unabhängigen (d. h. nicht vorherrschenden) veränderlichen Einwirkungen

A_d Bemessungswert einer außergewöhnlichen Einwirkung (z. B. Anpralllast, Explosion)

A_{Ed} Bemessungswert einer Einwirkung infolge von Erdbeben

γ_G Teilsicherheitsbeiwert einer ständigen Einwirkung G_k

$\gamma_{Q,1}$ Teilsicherheitsbeiwert für die dominierende (vorherrschende) veränderliche Einwirkung $Q_{k,1}$

$\gamma_{Q,i}$ Teilsicherheitsbeiwert für die weiteren veränderlichen Einwirkungen $Q_{k,i}$

γ_P Teilsicherheitsbeiwert einer unabhängigen Einwirkung infolge Vorspannung

Ψ Kombinationsbeiwert nach Tab. 2.3

Hinweis zu Gl. (2.11): Nach den Auslegungen zur DIN EN 1990 sind bei der Kombination in der außergewöhnlichen Bemessungssituation folgende Regelungen zu beachten:

- Im Allgemeinen gilt: $\psi_{1,1}$
- Im Besonderen (d. h. für Anprall, Explosionen, Erdbeben) gilt: $\psi_{2,1}$

Leiteinwirkung

Die dominierende (d. h. vorherrschende) unabhängige veränderliche Einwirkung $E_{Qk,1}$ (Leiteinwirkung) bei Vorhandensein mehrerer veränderlicher unabhängiger Einwirkungen ergibt sich bei linear-elastischer Schnittgrößenermittlung aus dem Extremwert (Maximum oder Minimum) der Ausdrücke in folgenden Gleichungen:

a) Ständige und vorübergehende Bemessungssituation (Grundkombination):

$$\text{extr.}\left[\gamma_{Q,i} \cdot \left(1 - \psi_{0,i}\right) \cdot E_{Qk,i}\right] \qquad (2.13)$$

b) Außergewöhnliche Bemessungssituation:

$$\text{extr.}\left[\left(\psi_{1,i} - \psi_{2,i} \cdot E_{Qk,i}\right)\right] \qquad (2.14)$$

Versagen des Baugrunds (GEO)

Für den Nachweis gegen Versagen oder übermäßige Verformung des Baugrunds, bei der die Festigkeit von Boden oder Fels wesentlich an der Tragsicherheit beteiligt ist, gelten die Regelungen der DIN EN 1997 i. V. mit DIN EN 1990.

Versagen durch Ermüdung (FAT)

Ein Versagen durch Ermüdung liegt vor, wenn das Tragwerk oder seine Teile z. B. durch wechselnde Belastungen beansprucht werden und ein Versagen durch Materialermüdung eintritt. Die Teilsicherheitsbeiwerte der Einwirkungen werden i. d. R. gleich eins gesetzt (γ_G, γ_Q = 1,0). Die für die Nachweise maßgebenden Kombinationen werden in DIN EN 1992 bis DIN EN 1999 angegeben.

Brandfall

Die Nachweise für den Brandfall sind mit dem in DIN EN 1991-1-2 angegebenen Rechenmodell zu führen.

2.3.7 Grenzzustände der Gebrauchstauglichkeit (GZG)

Nachweis

In den Grenzzuständen der Gebrauchstauglichkeit muss nachgewiesen werden, dass folgende Bedingung erfüllt ist:

$$E_d \leq C_d \tag{2.15}$$

Darin bedeuten:

E_d Bemessungswert der Beanspruchung (z. B. Verformung, Durchbiegung, Schwingung)
C_d Bemessungswert des Gebrauchstauglichkeitskriteriums (z. B. maximale Verformung, Durchbiegung, ertragbare Schwingung); C_d wird in den bauartspezifischen Bemessungsnormen angegeben

Im Grenzzustand der Gebrauchstauglichkeit werden folgende Bemessungssituationen unterschieden:

- **Charakteristische (seltene)** Situationen mit nicht umkehrbaren (bleibenden) Auswirkungen auf das Tragwerk;
- **häufige** Situationen mit umkehrbaren (nicht bleibenden) Auswirkungen auf das Tragwerk;
- **quasi-ständige** Situationen mit Langzeitauswirkungen auf das Tragwerk;
- **nicht-häufige** Situationen (Anwendung bei Brücken, siehe DIN EN 1990).

Kombinationsregeln für Einwirkungen in den Grenzzuständen der Gebrauchstauglichkeit

Für die genannten Bemessungssituationen gelten für den Nachweis in den Grenzzuständen der Gebrauchstauglichkeit folgende Kombinationsregeln:

Charakteristische (seltene) Bemessungssituation:

$$E_{d,char} = E\left\{\sum_{j\geq 1} G_{k,j} \oplus P_k \oplus Q_{k,1} \oplus \sum_{i>1} \psi_{0,i} \cdot Q_{k,i}\right\} \tag{2.16}$$

Häufige Bemessungssituation:

$$E_{d,frequ} = E\left\{\sum_{j\geq 1} G_{k,j} \oplus P_k \oplus \psi_{1,1} \cdot Q_{k,1} \oplus \sum_{i>1} \psi_{2,i} \cdot Q_{k,i}\right\} \tag{2.17}$$

Quasi-ständige Bemessungssituation:

$$E_{d,perm} = E\left\{\sum_{j\geq 1} G_{k,j} \oplus P_k \oplus \sum_{i\geq 1} \psi_{2,i} \cdot Q_{k,i}\right\} \tag{2.18}$$

Nicht-häufige Bemessungssituation: siehe DIN EN 1990
In den Gl. (2.16) bis (2.18) bedeuten:

$\oplus$ „ist zu kombinieren"

Σ „gemeinsame Auswirkung von"

G_k charakteristische Werte der ständigen Einwirkungen

P_k charakteristischer Wert der Vorspannung

$Q_{k,1}$ charakteristischer Wert der dominierenden (vorherrschenden) unabhängigen veränderlichen Einwirkung

$Q_{k,i}$ charakteristische Werte der weiteren (d. h. nicht vorherrschenden) unabhängigen veränderlichen Einwirkungen;

Ψ Kombinationsbeiwert nach Tab. 2.3

Für die Nachweise in den Grenzzuständen der Gebrauchstauglichkeit werden – sofern in den bauartspezifischen Bemessungsnormen nicht anders angegeben – die charakteristischen Werte der Einwirkungen angesetzt, d. h. die Teilsicherheitsbeiwerte sind gleich eins ($\gamma = 1{,}0$).

2.3.8 Besonderheiten

1. **Kombination einer nichtklimatischen Leiteinwirkung mit Schnee und Wind als Begleiteinwirkungen:**
   Bei einer Kombination einer nichtklimatischen Leiteinwirkung (Q) mit Schnee (S) und Wind (W) jeweils als Begleiteinwirkungen braucht bei Orten bis 1000 m über NN eine

der beiden Begleiteinwirkungen (d. h. Schnee oder Wind) nicht angesetzt zu werden (s. DIN EN 1990/NA, NDP zu A.1.2.1(1) Anmerkung 2 [2]).

Beispielsweise gilt:

- $E_d = G_d \oplus Q_d \oplus \psi \cdot S_d$ (Schnee als Begleiteinwirkung) oder
- $E_d = G_d \oplus Q_d \oplus \psi \cdot W_d$ (Wind als Begleiteinwirkung)

Ist jedoch eine der klimatischen Einwirkungen Leiteinwirkung (Wind oder Schnee), muss die jeweils andere als Begleiteinwirkung berücksichtigt werden. Beispielsweise gilt:

- $E_d = G_d \oplus S_d \oplus \psi \cdot Q_d \oplus \psi \cdot W_d$ (Schnee als Leiteinwirkung, Wind als eine Begleiteinwirkung) oder
- $E_d = G_d \oplus W_d \oplus \psi \cdot Q_d \oplus \psi \cdot S_d$ (Wind als Leiteinwirkung, Schnee als eine Begleiteinwirkung)

Diese Regelung gilt für Kombinationen in den Grenzzuständen der Tragfähigkeit und Gebrauchstauglichkeit.

2. **Kombination Wind/Schnee in den Windzonen III und IV:**
   Es sind folgende Fälle zu unterscheiden (s. DIN EN 1990/NA, NDP zu A.1.2.1 (1) Anmerkung 2 [2]):
   a) Bei Wind als Leiteinwirkung darf auf eine Kombination mit Schnee verzichtet werden.
   b) Bei Normalschnee als Leiteinwirkung ist Wind als Begleiteinwirkungen zu berücksichtigen.
   c) Bei Schnee als außergewöhnliche Einwirkung im Norddeutschen Tiefland darf auf Wind als Begleiteinwirkung verzichtet werden.

3. **Kombination Menschlast/Schnee:**
   Eine Kombination der Menschlast (Kategorie H, $Q_k = 1,0$ kN) mit Schneelasten ist nicht erforderlich. Dies gilt sowohl für den Fall, dass die Schneelast als auch die Menschlast die Leiteinwirkung ist (s. DIN EN 1991-1-1/NA, NDP zu 6.3.4.2, Tab. 6.10 [15]).

4. **Kombination Anlehnkräfte/Wind an Geländern und Absturzsicherungen**
   Für die Kombination von horizontalen Nutzlasten auf Geländer und Absturzsicherungen (Anlehnkräfte) (n. DIN EN 1991-1-1/NA, Tab. 6.12DE) mit Windlasten sind folgende Regeln zu beachten (s. Auslegungen des NABau zu DIN EN 1990+NA, lfd. Nr. 1 [5]):
   Ständige und vorübergehende Bemessungssituation:
   Entweder
- volle Anlehnlast und 60 % Windlast
   oder
- volle Windlast und 70 % Anlehnlast
   Der ungünstigere Wert ist maßgebend.

5. **Kombination Nutzlast/Schnee auf Balkonen und Dachterrassen**

Gemäß den Auslegungen des NABau zu DIN 1055-3[1] [16] ist eine Überlagerung von Nutzlasten der Kategorien Z (Balkone, Loggien, Laubengänge, Dachterrassen), H (Menschlast) und T (Treppen, Zugänge) nicht erforderlich.

6. **Kombinationen mit außergewöhnlichen Einwirkungen oder Erdbeben**

Bei außergewöhnlichen Bemessungssituationen (A) oder bei Erdbeben (E) sind für die Teilsicherheitsbeiwerte die Werte aus den mit „A/E" gekennzeichneten Spalten der Tab. NA.A.1.2(A) bis Tab. NA.A.1.2(C) zu verwenden (Tab. 2.2 in diesem Werk). Die Teilsicherheitsbeiwerte sind für sämtliche Einwirkungen und Versagensarten mit $\gamma = 1{,}0$ anzunehmen.

In außergewöhnlichen Bemessungssituationen sowie bei Erdbeben sind alle anderen Einwirkungen als Begleiteinwirkungen anzusetzen.

Für Fahrzeuganprall, Explosion oder Erdbeben darf als Kombinationsbeiwert in Gl. (2.11) $\psi_{2,1}$ (anstelle $\psi_{1,1}$) angesetzt werden. Siehe hierzu DIN EN 1990/NA, NDP zu A.1.3.2 [2].

7. **Schnee im norddeutschen Tiefland**

In Gemeinden, die der Tabelle „Zuordnung der Schneelastzonen nach Verwaltungs- grenzen (siehe www.dibt.de) mit der Fußnote *„Norddt. Tiefld."* (Norddeutsches Tief- land) gekennzeichnet sind, ist in den Schneelastzonen 1 und 2 zusätzlich zur ständigen und vorübergehenden Bemessungssituation auch die Bemessungssituation mit Schnee als außergewöhnliche Einwirkung zu untersuchen. Dabei ist der Bemessungswert der außergewöhnlichen Schneelast auf dem Boden s_{Ad} mit folgender Gleichung zu berechnen:

$$s_{Ad} = C_{esl} \cdot s_k = 2{,}3 \cdot s_k \qquad (2.19)$$

Darin ist:

s_{Ad} außergewöhnliche Schneelast auf dem Boden (Bemessungswert), in kN/m^2

C_{esl} Beiwert für außergewöhnliche Schneelasten im norddeutschen Tiefland; nach DIN EN 1991-1-3/NA, NDP zu 4.3(1) [17] ist für $C_{esl} = 2{,}3$ anzunehmen (dimensionslos)

s_k Schneelast auf dem Boden für den betreffenden Bauwerksstandort, in kN/m^2

Weitere Regeln:

- Die Berechnung der Schneelast auf dem Dach erfolgt auch in der außergewöhnlichen Bemessungssituation mit Hilfe der Formbeiwerte μ.

---

[1]Hinweis: Bei technischer Gleichwertigkeit dürfen die Auslegungen zu DIN 1055-3 auch für die aktuell gültige DIN EN 1991-1-1 angewendet werden.

- Die Teilsicherheitsbeiwerte in der außergewöhnlichen Bemessungssituation sind mit 1,0 anzunehmen.

2.4 Beispiele

2.4.1 Beispiel 1 – Einfeldträger (GZT – STR)

Kategorie (A)
Für einen Einfeldträger mit Gleichlast sind die Bemessungswerte der Einwirkungen sowie der maximalen Biegemomente (Feldmoment) für den Grenzzustand der Tragfähigkeit (GZT) in der ständigen Bemessungssituation für einen Nachweis gegen Versagen des Tragwerks (STR) zu berechnen (Abb. 2.2).

Randbedingungen

- Lastfall 1 (LF 1): $g_k = 4{,}5$ kN/m (Eigenlast als ständige Einwirkung)
- Lastfall 2 (LF 2): $q_k = 2{,}3$ kN/m (Nutzlast, Kategorie A)
- Stützweite $l = 5{,}0$ m

Lösung
Teilsicherheitsbeiwerte:

- ständige Einwirkung: $\gamma_{G,sup} = 1{,}35$ (ungünstig)
    Hinweis: die größte Beanspruchung ergibt sich, wenn die ständige Einwirkung ungünstig wirkt, daher wird hier $\gamma_{G,sup} = 1{,}35$ angesetzt
- veränderliche Einwirkung: $\gamma_Q = 1{,}5$

Kombinationsbeiwerte:

- Kombinationsbeiwerte sind hier nicht anzusetzen, da nur eine veränderliche Einwirkung vorhanden ist.

Lastfallkombinationen:

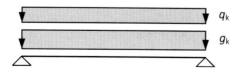

Abb. 2.2 Beispiel 1 – Einfeldträger

Es sind zwei Lastfallkombinationen (LK) zu unterscheiden:

- LK 1: Eigenlast (LF 1)
- LK 2: Eigenlast (LF 1) + Nutzlast (LF 2)

Bemessungswerte der Einwirkungen:

- LK 1: $g_d = \gamma_{G,sup} \cdot g_k = 1,35 \cdot 4,5 = 6,08$ kN/m
- LK 2: $r_d = \gamma_{G,sup} \cdot g_k + \gamma_Q \cdot q_k = 1,35 \cdot 4,5 + 1,5 \cdot 2,3 = 9,53$ kN/m

Bemessungswerte des maximalen Biegemomentes:

- LK 1: max $M_d = g_d \cdot l^2/8 = 6,08 \cdot 5,0^2/8 = 19,00$ kNm
- LK 2: max $M_d = r_d \cdot l^2/8 = 9,53 \cdot 5,0^2/8 = 29,78$ kNm

2.4.2 Beispiel 2 – Maximale Biegemomente bei einem Einfeldträger mit Kragarm (GZT – STR)

Kategorie (B)
Für einen Einfeldträger mit Kragarm sind die Bemessungswerte des maßgebenden Biegemomentes für den Nachweis gegen Versagen des Tragwerks (STR) in der ständigen Bemessungssituation (Grenzzustand der Tragfähigkeit – GZT) zu ermitteln (Abb. 2.3).

a) Gesucht sind die maßgebende Lastfallkombination sowie der Bemessungswert des Biegemomentes in Feld 1 (Feldmoment).
b) Gesucht sind die maßgebende Lastfallkombination sowie der Bemessungswert des Biegemomentes über dem Auflager B (Stützmoment).

Randbedingungen
Charakteristische Werte der Einwirkungen:

- LF 1: $g_k = 5,0$ kN/m (Eigenlast als ständige Einwirkung)
- LF 2: $q_k = 3,5$ kN/m (Nutzlast, Kategorie A)
- LF 3: $Q_k = 2,0$ kN (aus Schnee; Höhe des Bauwerksstandortes ≤ 1000 m ü. NN)

Teilsicherheitsbeiwerte:

- ständige Einwirkung: $\gamma_{G,sup} = 1,35$; $\gamma_{G,inf} = 1,00$
- veränderliche Einwirkung: $\gamma_Q = 1,5$

Statisches System u. charakt. Einwirkungen

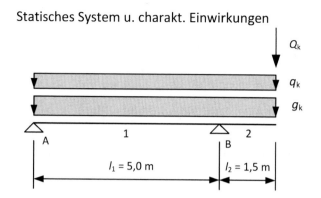

a) Versagen auf Biegung in Feld 1

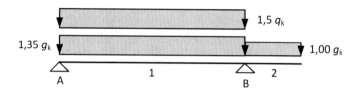

b) Versagen auf Biegung über dem Auflager B

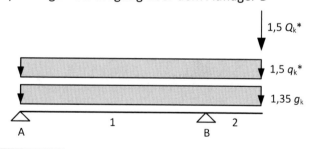

---

*: Hinweis: Da hier zwei veränderliche Einwirkungen auftreten, ist die Leiteinwirkung voll anzusetzen und die Begleiteinwirkung mit dem Kombinationsbeiwert Ψ_0 abzumindern.

Abb. 2.3 Beispiel 2 – Einfeldträger mit Kragarm (Versagen auf Biegung (STR))

Kombinationsbeiwerte:

Für Lastfallkombinationen in der ständigen Bemessungssituation sind die Kombinationsbeiwerte Ψ_0 anzunehmen. Es gelten folgende Werte

- Nutzlast Kategorie A: $\Psi_0 = 0{,}7$
- Schneelast (Bauwerksstandort ≤ 1000 m ü. NN): $\Psi_0 = 0{,}5$

a) **Versagen auf Biegung in Feld 1**

Maßgebende Lastfallkombination nach Abb. 2.3 (a):

$$E_{\mathrm{d}} = \gamma_{G,\mathrm{sup}} \cdot g_{\mathrm{k},1} \oplus \gamma_{G,\mathrm{inf}} \cdot g_{\mathrm{k},2} \oplus \gamma_Q \cdot q_{\mathrm{k}}$$

Das größte Biegemoment in Feld 1 ergibt sich, wenn der Bemessungswert der ständigen Einwirkung g im Feld 1 mit dem Teilsicherheitsbeiwert $\gamma_{G,\mathrm{sup}}$ und im Feld 2 (Kragarm) mit $\gamma_{G,\mathrm{inf}}$ ermittelt wird sowie die Nutzlast q im Feld 1 angesetzt wird. Es gilt:

- Feld 1: oberer Wert der Eigenlast, Nutzlast
- Feld 2: unterer Wert der Eigenlast

Bemessungswerte der Einwirkungen:

$$g_{1,\mathrm{d}} = \gamma_{G,\mathrm{sup}} \cdot g_{\mathrm{k}} = 1{,}35 \cdot 5{,}0 = 6{,}75 \ \mathrm{kN/m} \ (\text{Feld 1})$$

$$g_{2,\mathrm{d}} = \gamma_{G,\mathrm{inf}} \cdot g_{\mathrm{k}} = 1{,}00 \cdot 5{,}0 = 5{,}00 \ \mathrm{kN/m} \ (\text{Feld 2})$$

$$q_{1,\mathrm{d}} = \gamma_Q \cdot q_{\mathrm{k}} = 1{,}5 \cdot 3{,}5 = 5{,}25 \ \mathrm{kN/m} \ (\text{Feld 1})$$

Bemessungswert des Biegemomentes in Feld 1:

$$M_{1,\mathrm{d}} = g_{1,\mathrm{d}} \cdot l_1^2/8 - 0{,}5 \cdot g_{2,\mathrm{d}} \cdot l_2^2/2 + q_{\mathrm{d}} \cdot l_1^2/8$$
$$= 6{,}75 \cdot 5{,}0^2/8 - 0{,}5 \cdot 5{,}00 \cdot 1{,}5^2/2 + 5{,}25 \cdot 5{,}0^2/8 = 21{,}09 - 2{,}81 + 16{,}41$$
$$= 34{,}69 \ \mathrm{kNm}$$

b) **Versagen auf Biegung über dem Auflager B:**

Maßgebende Lastfallkombinationen (LK) nach Abb. 2.3 (b). Das betragsmäßig größte Stützmoment ergibt sich, wenn die ständige Einwirkung in beiden Feldern mit dem Teilsicherheitsbeiwert $\gamma_{G,\mathrm{sup}}$ angesetzt wird sowie Nutzlast q und die Einzellast Q aus Schnee angesetzt werden. Es sind zwei Fälle zu unterscheiden:

(1) $E_{\mathrm{d}} = \gamma_{G,\mathrm{sup}} \cdot g_{\mathrm{k}} \oplus \gamma_Q \cdot q_{\mathrm{k}} \oplus \Psi_{0,\mathrm{Schnee}} \cdot \gamma_Q \cdot Q_{\mathrm{k}}$
    (Nutzlast als Leiteinwirkung, Schneelast als Begleiteinwirkung)
    bzw.
(2) $E_{\mathrm{d}} = \gamma_{G,\mathrm{sup}} \cdot g_{\mathrm{k}} \oplus \gamma_Q \cdot Q_{\mathrm{k}} \oplus \Psi_{0,\mathrm{Nutzlast\,A}} \cdot \gamma_Q \cdot q_{\mathrm{k}}$
    (Schneelast als Leiteinwirkung, Nutzlast als Begleiteinwirkung)
    Die ungünstigere Kombination ist maßgebend.

Das bedeutet:

- Feld 1: oberer Wert der Eigenlast, Nutzlast
- Feld 2: oberer Wert der Eigenlast, Nutzlast, Einzellast aus Schnee

Bemessungswerte der Einwirkungen:

$$g_{1,d} = g_{2,d} = \gamma_{G,sup} \cdot g_k = 1{,}35 \cdot 5{,}0 = 6{,}75 \text{ kN/m (Feld 1 und 2)}$$

$$q_{1,d} = q_{2,d} = \gamma_Q \cdot q_k = 1{,}5 \cdot 3{,}5 = 5{,}25 \text{ kN/m (Feld 1 und 2)}$$

$$Q_d = \gamma_Q \cdot Q_k = 1{,}5 \cdot 2{,}0 = 3{,}0 \text{ kN (Feld 2)}$$

Bemessungswert des Biegemomentes über dem Auflager B:
LK 1: Ständige Einwirkung + Nutzlast + Einzellast abgemindert (g + q + Ψ_0 ·Q)
Die Nutzlast wird als vorherrschende veränderliche Einwirkung (Leiteinwirkung) angenommen, die Einzellast aus Schnee mit dem zugehörigen Kombinationsbeiwert Ψ_0 abgemindert.

$$\Psi_{0,Schnee} = 0{,}5$$
$$M_{B,d} = g_{2,d} \cdot l_2^2/2 + q_{2,d} \cdot l_2^2/2 + \Psi_{0,Schnee} \cdot Q_d \cdot l_2$$
$$= 6{,}75 \cdot 1{,}5^2/2 + 5{,}25 \cdot 1{,}5^2/2 + 0{,}5 \cdot 3{,}0 \cdot 1{,}5$$
$$= 7{,}59 + 5{,}91 + 2{,}25 = 15{,}75 \text{ kNm}$$

LK 2: Ständige Einwirkung + Einzellast voll + Nutzlast abgemindert (g + Q + Ψ_0 · q)
Die Einzellast wird als vorherrschende veränderliche Einwirkung (Leiteinwirkung) angenommen, die Nutzlast mit dem zugehörigen Kombinationsbeiwert Ψ_0 abgemindert.

$$\Psi_{0,Nutzlast,A} = 0{,}7$$
$$M_{B,d} = g_{2,d} \cdot l_2^2/2 + Q_d \cdot l_2 + \Psi_{0,Nutzlast\ A} \cdot q_{2,d} \cdot l_2^2/2$$
$$= 6{,}75 \cdot 1{,}5^2/2 + 3{,}0 \cdot 1{,}5 + 0{,}7 \cdot 5{,}25 \cdot 1{,}5^2/2$$
$$= 7{,}59 + 4{,}50 + 4{,}13 = 16{,}22 \text{ kNm (maßgebend)}$$

Andere Lastfall-Kombinationen (z. B. g, $g + q$, $g + Q$) werden hier nicht untersucht, da diese zu kleineren Bemessungswerten führen.

Hinweis: Bei Nachweisen von Bauteilen aus Holz nach DIN EN 1995 [10] sind auch Lastfälle zu untersuchen, die zu kleineren Beanspruchungen führen, da sich auf der Baustoffseite in Abhängigkeit von der Klasse der Lasteinwirkungsdauer unterschiedliche Bemessungswerte der Festigkeit ergeben.

Die vorherrschende veränderliche Einwirkung (Leiteinwirkung) kann in der Grundkombination (ständige u. vorübergehende Bemessungssituation) auch durch Auswertung des folgenden Ausdrucks direkt bestimmt werden:

$$\text{extr.} \left[\gamma_{Q,i} \cdot (1\text{-}\Psi_{0,i}) \cdot E_{Qk,i} \right]$$

Hier:

$$M(Q_k) = 1{,}5 \cdot (1 - 0{,}5) \cdot (1{,}5 \cdot 5{,}0 \cdot 1{,}5) = 8{,}44 \text{ kNm}$$
$$M(q_k) = 1{,}5 \cdot (1 - 0{,}7) \cdot \left(1{,}5 \cdot 3{,}5 \cdot 1{,}5^2/2 \right) = 2{,}66 \text{ kNm}$$

Leiteinwirkung ist die Einzellast Q_k (8,44 kNm > 2,66 kNm).

2.4.3 Beispiel 3 – Lagesicherheit bei einem Einfeldträger mit Kragarm (EQU)

Kategorie (B)
Für einen Einfeldträger mit Kragarm ist der Nachweis der Lagesicherheit (EQU) am Auflager A zu führen (Abb. 2.4).

Charakteristische Werte der Einwirkungen:

- $g_k = 5{,}0$ kN/m^2 (ständige Einwirkung)
- $G_k = 2{,}5$ kN/m (ständige Einwirkung aus Brüstung)
- $q_{k,1} = 1{,}5 + 0{,}8 = 2{,}3$ kN/m^2 (Nutzlast Kategorie A plus Trennwandzuschlag)
- $q_{k,2} = 4{,}0$ kN/m^2 (Nutzlast Kategorie Z)
- $Q_k = 1{,}0$ kN/m (lotrechte Belastung auf Brüstung; für die Lastfall-Kombination ist Q als sonstige veränderliche Einwirkung anzunehmen)

Maßgebende Lastfall-Kombination für den Nachweis der Lagesicherheit am Auflager A (Abb. 2.4):

(1) $E_d = \gamma_{G,stb} \cdot g_k \oplus \gamma_{G,dst} \cdot g_k \oplus \gamma_{G,dst} \cdot G_k \oplus \gamma_Q \cdot q_{k,2} \oplus \Psi_0 \cdot \gamma_Q \cdot Q_k$ (Nutzlast als Leiteinwirkung)
    bzw.
(2) $E_d = \gamma_{G,stb} \cdot g_k \oplus \gamma_{G,dst} \cdot g_k \oplus \gamma_{G,dst} \cdot G_k \oplus \gamma_Q \cdot Q_k \oplus \Psi_0 \cdot \gamma_Q \cdot q_{k,2}$ (Einzellast als Leiteinwirkung)

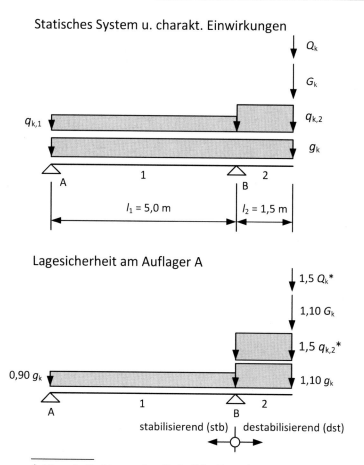

Abb. 2.4 Beispiel 3 – Nachweis der Lagesicherheit am Auflager A (EQU)

Es wird angenommen, dass die Nutzlast auf dem Kragarm $q_{k,2}$ die Leiteinwirkung darstellt. Die Einzellast Q_k am Kragarmende ist demnach die Begleiteinwirkung ($\psi_0 = 0{,}8$ für sonstige Einwirkungen nach Tab. 2.3).

Nachfolgend wird daher nur die Lastfall-Kombination (1) untersucht.

Bemessungswerte der Einwirkungen
stabilisierende Einwirkungen:

$$g_{d,stb} = \gamma_{G,stb} \cdot g_k = 0{,}90 \cdot 5{,}0 = 4{,}5 \text{ kN/m}^2$$

Hinweis: Für den Nachweis der Lagesicherheit am Auflager A spielt die Nutzlast im Feld 1 ($q_{k,1}$) keine Rolle, da sie als veränderliche Einwirkung nur als destabilisierende Belastung angesetzt werden darf, jedoch nicht stabilisierend.

destabilisierende Einwirkungen:

$$g_{d,dst} = \gamma_{G,dst} \cdot g_k = 1{,}10 \cdot 5{,}0 = 5{,}5 \text{ kN/m}^2$$

$$G_{d,dstb} = \gamma_{G,dst} \cdot G_k = 1{,}10 \cdot 2{,}5 = 2{,}75 \text{ kN/m}$$

$$q_d = \gamma_Q \cdot q_{k,2} = 1{,}5 \cdot 4{,}0 = 6{,}0 \text{ kN/m}^2$$

$$\psi_0 \cdot Q_d = \psi_0 \cdot \gamma_Q \cdot Q_k = 0{,}8 \cdot 1{,}5 \cdot 1{,}0 = 1{,}2 \text{ kN/m}$$

Bemessungswert der Auflagerkraft A infolge der stabilisierenden Einwirkungen:
Einzige stabilisierende Einwirkung ist die ständige Einwirkung im Feld 1:

$$A_{stb,d} = g_{d,stb} \cdot l_1/2 = 4{,}5 \cdot 5{,}0/2 = 11{,}25 \text{ kN/m (nach unten wirkend, drückend)}$$

Bemessungswert der Auflagerkraft A infolge der destabilisierenden Einwirkungen:
Aus ständiger Einwirkung (Flächenlast) im Feld 2:

$$A_d(g_d) = \text{-}g_{d,dst} \cdot l_2^2/(2l_1) = \text{-}5{,}5 \cdot 1{,}5^2/(2 \cdot 5{,}0) = \text{-}1{,}24 \text{ kN/m}$$

Aus ständiger Einwirkung (Einzellast) im Feld 2:

$$A_d(G_d) = \text{-}G_{d,dst} \cdot l_2/l_1 = \text{-}2{,}75 \cdot 1{,}5/5{,}0 = \text{-}0{,}83 \text{ kN/m}$$

Aus Nutzlast (Flächenlast) im Feld 2:

$$A_d(q_d) = \text{-}q_d \cdot l_2^2/(2l_1) = \text{-}6{,}0 \cdot 1{,}5^2/(2 \cdot 5{,}0) = \text{-}1{,}35 \text{ kN/m}$$

Aus Nutzlast (Einzellast) im Feld 2:

$$A_d(\psi_0 \cdot Q_d) = \text{-}\psi_0 \cdot Q_d \cdot l_2/l_1 = \text{-}0{,}8 \cdot 1{,}5 \cdot 1{,}5/5{,}0 = \text{-}0{,}36 \text{ kN/m}$$

Gesamte Auflagerkraft (Bemessungswert):

$$A_{d,dst} = \text{-}1{,}24 - 0{,}83\text{-}1{,}35\text{-}0{,}36 = \text{-}3{,}78 \text{ kN/m (nach oben wirkend, abhebend)}$$

Nachweis der Lagesicherheit:

$$E_{d,dst} \leq R_{d,stb}$$

$$=> E_{d,dst} = |A_{d,dst}| = 3,78 \text{ kN/m} < R_{d,stb} = A_{d,stb} = 11,25 \text{ kN/m}$$

Der Nachweis der Lagesicherheit ist erbracht. Der Träger kann auch bei voller Nutzlast auf dem Kragarm nicht vom Auflager A abheben.

2.4.4 Beispiel 4 – Durchlaufträger (STR)

Kategorie (B)

Für die Geschossdecke eines Bürogebäudes sind die maßgebenden Bemessungswerte und Lastfallkombinationen für folgende Nachweise der Tragfähigkeit (STR) zu ermitteln (Abb. 2.5):

a) Versagen auf Biegung über dem Auflager B
b) Versagen auf Schub am Auflager A
c) Versagen auf Biegung im Feld 2
d) Berechnung der Lastfallkombinationen a) bis c) mit ungünstig wirkender ständiger Einwirkung in allen Feldern

Charakteristische Einwirkungen

Ständige Einwirkung:

- $g_k = 5,0 \text{ kN/m}^2$ (Eigenlast der Stahlbetondecke)
- $\Delta g_k = 2,5 \text{ kN/m}^2$ (Ausbaulast)

Vereinfachend wird angenommen, dass die Eigenlast der Stahlbetondecke und die Ausbaulast nur gleichzeitig wirken, d. h. insgesamt als eine ständige Einwirkung aufzufassen sind. Damit ergibt sich als ständige Einwirkung folgender charakteristischer Wert:

$$g_k + \Delta g_k = 5,0 + 2,5 = 7,5 \text{ kN/m}^2$$

Nutzlasten:

- $q_k = 2,0 \text{ kN/m}^2$ (Nutzlast Kategorie B1)
- $\Delta q_k = 1,2 \text{ kN/m}^2$ (Trennwandzuschlag)

Die Nutzlast sowie der Trennwandzuschlag können nur gleichzeitig wirken. Damit ergibt sich als veränderliche Einwirkung folgender charakteristischer Wert:

System und Belastung

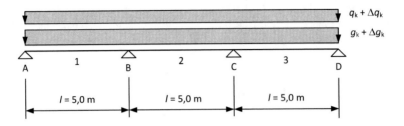

Nachweis gegen Versagen auf Biegung über dem Auflager B (STR)

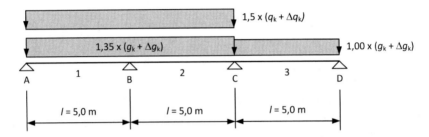

Nachweis gegen Versagen auf Querkraft am Auflager A (STR)

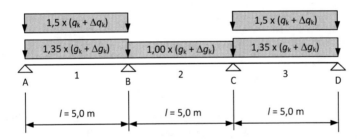

Nachweis gegen Versagen auf Biegung im Feld 2 (STR)

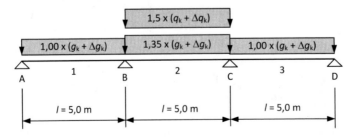

Abb. 2.5 Beispiel 4 – Nachweis gegen Versagen des Tragwerks bei einem Durchlaufträger (STR)

$$q_k + \Delta q_k = 2{,}0 + 1{,}2 = 3{,}2 \text{ kN/m}^2$$

a) Versagen auf Biegung über dem Auflager B:

Das betragsmäßig größte Biegemoment über dem Auflager B (M_B) ergibt sich für folgende Lastfall-Kombination:

- Ständige Einwirkung;
  Felder 1 und 2: $G_d = G_{d,sup,1,2} = \gamma_{G,sup} \cdot g_k = 1{,}35 \cdot 7{,}5 = 10{,}125 \text{ kN/m}^2$
  Feld 3: $G_d = G_{d,inf} = \gamma_{G,inf,3} \cdot g_k = 1{,}00 \cdot 7{,}5 = 7{,}5 \text{ kN/m}^2$
- Veränderliche Einwirkung (Nutzlast) gleichzeitig in den Feldern 1 und 2;
  hier: $Q_{d,1,2} = \gamma_Q \cdot q_k = 1{,}5 \cdot 3{,}2 = 4{,}8 \text{ kN/m}^2$

Maßgebende Lastfall-Kombination:

$$E_d = G_{d,sup,1} \oplus G_{d,sup,2} \oplus G_{d,inf,3} \oplus Q_{d,1} \oplus Q_{d,2}$$

Minimales Biegemoment über dem Auflager B:

$$M_{B,d} = \text{-}0{,}117 \cdot 10{,}125 \cdot 5{,}0^2 + 0{,}017 \cdot 7{,}50 \cdot 5{,}0^2 \qquad \text{(Eigenlast)}$$
$$-0{,}117 \cdot 4{,}80 \cdot 5{,}0^2 \qquad\qquad\qquad\qquad \text{(Nutzlast)}$$
$$= -40{,}47 \text{ kNm/m}$$

b) Nachweis gegen Versagen auf Schub am Auflager A:

Die maximale Auflagerkraft A ergibt sich für folgende Lastfall-Kombination:

- Ständige Einwirkung:
  Felder 1 und 3: $G_{d,sup,1,3} = \gamma_{G,sup} \cdot g_k = 10{,}125 \text{ kN/m}^2$ (ungünstig)
  Feld 2: $G_{d,inf,2} = \gamma_{G,inf} \cdot g_k = 7{,}5 \text{ kN/m}^2$ (günstig)
- Veränderliche Einwirkung (Nutzlast) gleichzeitig in den Feldern 1 und 2:
  $Q_{d,1,2} = \gamma_Q \cdot q_k = 4{,}8 \text{ kN/m}^2$

Die Nutzlasten in den Feldern 1 und 2 gelten nicht als unabhängige Lasten und stellen eine einzige veränderliche Einwirkung dar, die jedoch feldweise angesetzt werden kann. Eine Abminderung mit dem Kombinationsbeiwert Ψ_0 (z. B. volle Nutzlast in Feld 1 und Abminderung der Nutzlast in Feld 2) ist daher nicht zulässig.

Maßgebende Lastfall-Kombination:

$$E_\mathrm{d} = G_{\mathrm{d,sup},1} \oplus G_{\mathrm{d,sup},3} \oplus G_{\mathrm{d, inf},2} \oplus G_{\mathrm{d, inf},2} \oplus Q_{\mathrm{d},1} \oplus Q_{\mathrm{d},2}$$

Maximale Auflagerkraft bzw. Querkraft am Auflager A:

$$
\begin{aligned}
A_\mathrm{d} &= 0{,}40 \cdot 7{,}5 \cdot 5{,}0^2 + 0{,}45 \cdot (10,125 - 7,5) \cdot 5{,}0^2 \quad \text{(Eigenlast)} \\
&+ 0{,}45 \cdot 4{,}8 \cdot 5{,}0^2 \qquad\qquad\qquad\qquad\qquad\qquad \text{(Nutzlast)} \\
&= 158{,}53 \ \mathrm{kN/m}
\end{aligned}
$$

c) Versagen auf Biegung im Feld 2:

Das maximale Biegemoment in Feld 2 ergibt sich für folgende Lastfall-Kombination:

- Ständige Einwirkung:
    Felder 1 und 3: $G_{\mathrm{d,inf},1,3} = \gamma_{\mathrm{G,inf}} \cdot g_\mathrm{k} = 7{,}5 \ \mathrm{kN/m}^2$ (günstig)
    Feld 2: $G_{\mathrm{d,sup},2} = \gamma_{\mathrm{G,sup}} \cdot g_\mathrm{k} = 10{,}125 \ \mathrm{kN/m}^2$ (ungünstig)
- Veränderliche Einwirkung (Nutzlast) in Feld 2:
    $Q_{\mathrm{d, 2}} = \gamma_\mathrm{Q} \cdot q_\mathrm{k} = 4{,}8 \ \mathrm{kN/m}^2$

Maßgebende Lastfall-Kombination:

$$E_\mathrm{d} = G_{\mathrm{d, inf},1} \oplus G_{\mathrm{d,sup},2} \oplus G_{\mathrm{d, inf},3} \oplus Q_{\mathrm{d},2}$$

Maximales Biegemoment in Feld 2:

$$
\begin{aligned}
M_{2,\mathrm{d}} &= 0{,}025 \cdot 7{,}5 \cdot 5{,}0^2 + 0{,}075 \cdot (10,125 - 7,5) \cdot 5{,}0^2 \quad \text{(Eigenlast)} \\
&+ 0{,}075 \cdot 4{,}8 \cdot 5{,}0^2 \qquad\qquad\qquad\qquad\qquad\qquad \text{(Nutzlast)} \\
&= 18{,}61 \ \mathrm{kNm/m}
\end{aligned}
$$

d) Berechnung mit ungünstig wirkender Eigenlast in allen Feldern:

zu a) Minimales Biegemoment über dem Auflager B:

$$
\begin{aligned}
M_{\mathrm{B,d}} &= -0{,}10 \cdot 10{,}125 \cdot 5{,}0^2 \quad \text{(Eigenlast)} \\
&-0{,}117 \cdot 4{,}80 \cdot 5{,}0^2 \qquad \text{(Nutzlast)} \\
&= -39{,}35 \ \mathrm{kNm/m} \ (\mathit{-40{,}47 \ kNm/m})
\end{aligned}
$$

zu b) Maximale Auflagerkraft bzw. Querkraft am Auflager A:

$$A_d = 0{,}40 \cdot 10{,}125 \cdot 5{,}0^2 \quad \text{(Eigenlast)}$$
$$+0{,}45 \cdot 4{,}8 \cdot 5{,}0^2 \quad \text{(Nutzlast)}$$
$$= 155{,}25 \text{ kN/m } (158{,}53 \text{ kN/m})$$

zu c) Maximales Biegemoment in Feld 2:

$$M_{2,d} = 0{,}025 \cdot 10{,}125 \cdot 5{,}0^2 \quad \text{(Eigenlast)}$$
$$+0{,}075 \cdot 4{,}8 \cdot 5{,}0^2 \quad \text{(Nutzlast)}$$
$$= 15{,}33 \text{ kNm/m } (18{,}61 \text{ kNm/m})$$

Die Abweichungen zur genauen Berechnung *(Klammerwerte)* sind nur marginal.

Aus diesem Grund braucht nach DIN EN 1992-1-1/NA, 5.1.3 [18] bei einer linear-elastischen Berechnung nicht vorgespannter Durchlaufträger und -platten aus Stahlbeton der untere Wert der ständigen Einwirkung ($\gamma_{G,inf} \cdot g_k$), d. h. die günstig wirkende ständige Einwirkung, nicht berücksichtigt zu werden, sofern die Regeln für Mindestbewehrung eingehalten werden.

Ansonsten sind ständige Einwirkungen grundsätzlich so anzunehmen, dass sich die ungünstigste Beanspruchung ergibt. Das bedeutet, dass ständige Einwirkungen im Regelfall je nach ihrer Auswirkung entweder ungünstig oder günstig anzusetzen sind.

2.4.5 Beispiel 5 – Einfeldträger mit Kragarm (GZG)

Kategorie (B)
Für das System in Beispiel 2 ist das Biegemoment am Auflager B in der häufigen Bemessungssituation (Nachweis der Gebrauchstauglichkeit – GZG) zu berechnen (Abb. 2.6).

Randbedingungen
Charakteristische Werte der Einwirkungen:

- LF 1: $g_k = 5{,}0$ kN/m (Eigenlast als ständige Einwirkung)
- LF 2: $q_k = 3{,}5$ kN/m (Nutzlast, Kategorie A)
- LF 3: $Q_k = 2{,}0$ N (aus Schnee; Höhe des Bauwerksstandortes $\leq$ 1000 m ü. NN)

Statisches System u. charakt. Einwirkungen

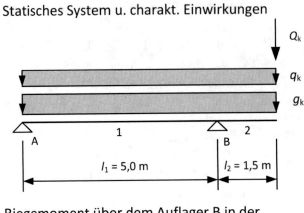

Biegemoment über dem Auflager B in der
häufigen Bemessungssituation

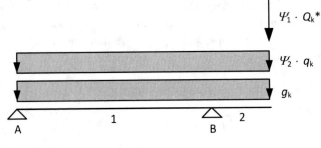

*: Hinweis: Q ist Leiteinwirkung.

Abb. 2.6 Beispiel 5 – Einfeldträger mit Kragarm in der häufigen Bemessungssituation

Lösung

Teilsicherheitsbeiwert:

Für Nachweise in den Grenzzuständen der Gebrauchstauglichkeit wird mit den charakteristischen Größen gerechnet, d. h. es werden keine Teilsicherheitsbeiwerte angesetzt bzw. $\gamma = 1{,}0$.

Maßgebende Lastfall-Kombination:

$$E_{d,\mathrm{frequ}} = E\left\{ \sum_{j\geq 1} G_{k,j} \oplus P_k \oplus \psi_{1,1} \cdot Q_{k,1} \oplus \sum_{i>1} \psi_{2,i} \cdot Q_{k,i} \right\}$$
$$= g_k \oplus \psi_{1,1} \cdot Q_{k,1} \oplus \psi_{2,i} \cdot q_{k,2}$$

Darin ist Q_k die Leiteinwirkung (s. 2.4.2).

Kombinationsbeiwerte (Tab. 2.3):

- Schneelast Q_k (Bauwerksstandort ≤ 1000 m ü. NN): $\Psi_1 = 0,2$
- Nutzlast Kategorie A: $\Psi_2 = 0,3$

Minimales Biegemoment am Auflager B in der häufigen Bemessungssituation:

$$\min M_B = -5,0 \cdot 1,5^2/2 - 0,2 \cdot 2,0 \cdot 1,5 - 0,3 \cdot 3,5 \cdot 1,5^2 = -8,59 \text{ kNm}$$

2.4.6 Beispiel 6 – Eingespannte Stütze mit Anpralllast (GZT)

(Kategorie C)

Für die abgebildete eingespannte Stütze sind die Bemessungswerte der Schnittgrößen (Einspannmoment, Normalkraft) für folgende Fälle zu berechnen (Abb. 2.7):

a) Ständige und vorübergehende Bemessungssituation
b) Außergewöhnliche Bemessungssituation

Randbedingungen
Belastung:

$G_k = 75$ kN (Eigenlast)

Abb. 2.7 Beispiel 6 – Eingespannte Stütze mit Anpralllast

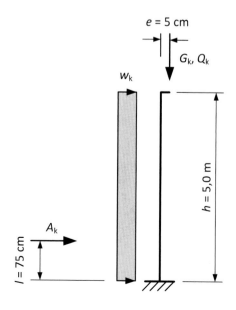

$Q_k = 50$ kN (Schneelast, Bauwerksstandort bis 1000 m ü. NN)

$w_k = 2,0$ kN/m (Windlast)

$A_k = 36$ kN (Anpralllast durch Gabelstapler)

Ausmitte am Stützenkopf: $e = 5$ cm

Linear-elastische Berechnung, d. h. es gilt das Superpositionsgesetz.

Charakteristische Schnittgrößen

Lastfall (LF) 1 – Eigenlast:

$$N_k = \text{-}75 \text{ kN (Druck)}$$
$$M_k = N_k \cdot e = 75 \cdot 0,05 = 3,75 \text{ kNm}$$

LF 2 – Schneelast:

$$N_k = \text{-}50 \text{ kN (Druck)}$$
$$M_k = N_k \cdot e = 50 \cdot 0,05 = 2,50 \text{ kNm}$$

LF 3 – Windlast:

$$M_k = w_k \cdot h^2/2 = 2,0 \cdot 5,0^2/2 = 25,0 \text{ kNm}$$

LF 4 – Anpralllast:

$$M_k = A_k \cdot l = 36 \cdot 0,75 = 27,0 \text{ kNm}$$

a) **Ständige bzw. vorübergehende Bemessungssituation:**

Es gilt folgende Kombinationsregel:

$$E_d = E\left\{ \sum_{j\geq 1}\gamma_{G,j} \cdot G_{k,j} \oplus \gamma_P \cdot P \oplus \gamma_{Q,1} \cdot Q_{k,1} \oplus \sum_{i>1}\gamma_{Q,i} \cdot \psi_{0,i} \cdot Q_{k,i} \right\}$$

Teilsicherheitsbeiwerte (Tab. 2.2):

$\gamma_G = 1,35$; $\gamma_Q = 1,5$

Kombinationsbeiwerte (Tab. 2.3):

Schnee: $\psi_{0,\text{Schnee}} = 0,5$
Wind: $\psi_{0,\text{Wind}} = 0,6$

Mögliche Lastkombinationen (LK):

LK	LF 1 Eigenlast	LF 2 Schneelast	LF 3 Windlast
A	X	–	–
B	X	X	–
C	X	–	X
D	X	Leiteinwirkung	Begleiteinwirkung $\psi_{0,\text{Wind}} \cdot w$
E	X	Begleiteinwirkung $\psi_{0,\text{Schnee}} \cdot s$	Leiteinwirkung

LK A (nur Eigenlast):

$N_d = -1,35 \cdot 75 = -101,25$ kN (minimale Druckkraft)
$M_d = 1,35 \cdot 3,75 = 5,06$ kNm (minimales Moment)

LK B (Eigenlast und Schneelast):

$N_d = -1,35 \cdot 75 - 1,5 \cdot 50 = -176,25$ kN (maximale Druckkraft)
$M_d = 1,35 \cdot 3,75 + 1,5 \cdot 2,5 = 8,81$ kNm

LK C (Eigenlast und Windlast):

$N_d = -101,25$ kN (wie LK A)
$M_d = 1,35 \cdot 3,75 + 1,5 \cdot 25,0 = 42,56$ kNm

LK D (Eigenlast, Schnee als Leiteinwirkung, Wind als Begleiteinwirkung):

$N_d = -1,35 \cdot 75 - 1,5 \cdot 50 = -176,25$ kN (maximale Druckkraft)
$M_d = 1,35 \cdot 3,75 + 1,5 \cdot 2,5 + 1,5 \cdot 0,6 \cdot 25,0 = 31,31$ kNm

LK E (Eigenlast, Wind als Leiteinwirkung, Schnee als Begleiteinwirkung):

$N_d = -1,35 \cdot 75 - 0 - 1,5 \cdot 0,5 \cdot 50 = -138,75$ kN
$M_d = 1,35 \cdot 3,75 + 1,5 \cdot 25,0 + 1,5 \cdot 0,5 \cdot 2,5 = 44,45$ kNm (maximales Moment)

b) Außergewöhnliche Bemessungssituation:

Die Anpralllast gilt als außergewöhnliche Einwirkung (A). Sie ist nur in einer außergewöhnlichen Bemessungssituation anzusetzen. Es gilt folgende Kombinationsregel:

$$E_{dA} = E\left\{\sum_{j\geq 1}G_{k,j} \oplus P \oplus A_d \oplus \left(\psi_{1,1} \text{ oder } \psi_{2,1}\right)\cdot Q_{k,1} \oplus \sum_{i>1}\psi_{2,i}\cdot Q_{k,i}\right\}$$

Teilsicherheitsbeiwert (Tab. 2.2):

$\gamma_A = 1{,}0$, d. h. es wird mit den charakteristischen Größen gerechnet

Kombinationsbeiwerte (Tab. 2.3):

Schnee: $\psi_1 = 0{,}2$, $\psi_2 = 0$
Wind: $\psi_1 = 0{,}2$, $\psi_2 = 0$

Hinweis: Bei Anpralllasten ist nach den Auslegungen des NABau zu DIN EN 1990 [5] der Kombinationsbeiwert $\psi_{2,1}$ anzusetzen.

Da die Kombinationsbeiwerte ψ_2 für Schnee und Wind jeweils gleich null sind ($\psi_2 = 0$), brauchen in diesem Beispiel weder Schnee noch Wind als Begleiteinwirkung angesetzt zu werden (beide sind jeweils null).

Die außergewöhnliche Bemessungssituation vereinfacht sich wie folgt:

$$E_{dA} = E\left\{\sum_{j\geq 1}G_{k,j} \oplus P \oplus A_d \oplus \psi_{2,1}\cdot Q_{k,1} \oplus \sum_{i>1}\psi_{2,i}\cdot Q_{k,i} = \sum_{j\geq 1}G_{k,j} \oplus A_d\right\}$$

Es ergibt sich damit nur eine Lastkombination (Eigenlast und Anpralllast). Die Lastkombination, bei der nur die Eigenlast wirkt, ist nicht maßgebend:

$N_d = - 75$ kN (minimale Druckkraft)
$M_d = 3{,}75$ kNm (minimales Moment)

Schnittgrößen:

$N_{dA} = G_k = 75$ kN (maximale Druckkraft)
$M_{dA} = 3{,}75 + 27{,}0 = 30{,}75$ kNm

In der außergewöhnlichen Bemessungssituation sind die Teilsicherheitsbeiwerte sowohl auf der Einwirkungsseite als auch auf der Baustoffseite null.

2.4.7 Beispiel 7 – Hallenbinder mit Schnee im norddeutschen Tiefland

(Kategorie C)

Für einen Hallenbinder einer Lagerhalle mit den Abmessungen 20 m x 60 m x 10 m sind die Lastkombinationen sowie die Bemessungswerte der Einwirkungen in der

a) ständigen/vorübergehenden Bemessungssituation und
b) außergewöhnlichen Bemessungssituation (Schneelast im norddeutschen Tiefland)

zu bestimmen (Abb. 2.8).

Randbedingungen

- Einfeldträger, Stützweite $l = 20{,}0$ m
- Brettschichtholzbinder $b/d = 16/160$ cm, GL 28h ($\gamma = 4{,}0$ kN/m^3), Achsabstand der Binder $e = 5{,}0$ m

Statisches System

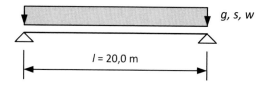

$l = 20{,}0$ m

Übersicht Halle

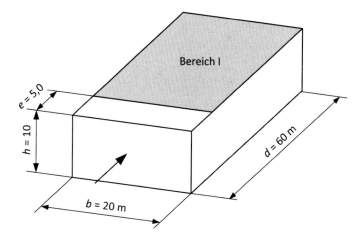

Abb. 2.8 Beispiel 7 – Hallenbinder mit Schnee im norddeutschen Tiefland

- Schneelastzone 2 (SLZ 2), Höhe des Bauwerkstandortes über NN: $A = 20$ m
- Der Standort befindet sich im norddeutschen Tiefland
- Windzone 2, Binnenland, Gebäudehöhe $h = 10$ m, Flachdach mit scharfkantiger Ausbildung der Traufe

Lösung

In den Schneelastzonen 1 und 2 (hier: SLZ 2) ist im norddeutschen Tiefland zusätzlich zur ständigen Bemessungssituation mit normalem Schnee auch die außergewöhnliche Bemessungssituation mit Schnee als außergewöhnliche Einwirkung zu untersuchen.

1) **Ermittlung der charakteristischen Werte der Lasten**

Eigenlast

- Brettschichtholzbinder : $0,16 \cdot 1,60 \cdot 4,0/5,0$ $=$ $0,21$ kN/m^2
- Dachdeckung und Dachaufbau : $=$ $0,35$ kN/m^2
- Sonstiges : $=$ $0,10$ kN/m^2
- Summe : g_k $=$ $0,66$ kN/m^2

je Binder:

$$g'_k = g_k \cdot e = 0,66 \cdot 5,0 = \mathbf{3,30 \ kN/m}$$

Schneelast

a) Ständige Bemessungssituation:

Schneelast auf dem Boden (Schneelastzone 2, $A = 20$ m ü. NN):

$$s_k = 0,25 + 1,91 \cdot \left(\frac{A + 140}{760}\right)^2 \geq 0,85 \ \text{kN/m}^2$$
$$= 0,25 + 1,91 \cdot \left(\frac{20 + 140}{760}\right)^2$$
$$= 0,33 \geq 0,85 \ \text{kN/m}^2 \ (\text{maßgebend})$$

Formbeiwert: hier Flachdach

$$\mu_1 = 0,8$$

Schneelast auf dem Dach:

$$s = \mu_1 \cdot s_k = 0{,}8 \cdot 0{,}85 = 0{,}68 \text{ kN/m}^2$$

je Binder:

$$s^{\cdot} = s \cdot e = 0{,}68 \cdot 5{,}0 = \mathbf{3,40 \text{ kN/m}}$$

b) Außergewöhnliche Bemessungssituation:

Im norddeutschen Tiefland ist zusätzlich zur ständigen Bemessungssituation die Schneelast s_{Ad} als außergewöhnliche Einwirkung zu berücksichtigen. Dabei sind die Teilsicherheitsbeiwerte auf der Einwirkungs- und Baustoffseite jeweils mit $\gamma_A = 1{,}0$ anzunehmen. Es gilt:

$$s_{Ad} = C_{esl} \cdot s_k = 2{,}3 \cdot 0{,}85 = 1{,}96 \text{ kN/m}^2$$

je Binder:

$$s^{\text{'}}_{Ad} = s_{Ad} \cdot e = 1{,}96 \cdot 5{,}0 = \mathbf{9,80 \text{ kN/m}} (\text{Bemessungswert})$$

Windlast

Randbedingungen:

- Windzone 2, Binnenland
- Gebäudehöhe $h = 10$ m < 25 m, d. h. das vereinfachte Verfahren zur Bestimmung des Böengeschwindigkeitsdruckes darf angewendet werden.
- Es wird nur die Anströmrichtung auf die Giebelwand ($b = 20$ m) untersucht, da sich hierbei für den leewärtigen Dachbereich (Bereich I) positive Winddrücke ergeben. Negative Winddrücke (Windsog) werden nicht untersucht, da diese entlastend wirken.

Böengeschwindigkeitsdruck für Windzone 2 und Binnenland sowie $h = 10$ m:

$$q_p = 0{,}65 \text{ kN/m}^2$$

Außendruckbeiwert Bereich I:

Lasteinzugsfläche je Binder: $\underline{A} = 5,0 \cdot 20,0 = 100 \text{ m}^2 > 10 \text{ m}^2$; maßgebend sind die Außendruckbeiwerte $c_{pe,10}$.

$$c_{pe,10} = +0,2$$

Winddruck:

$$w = c_{pe,10} \cdot q_p = 0,2 \cdot 0,65 = 0,13 \text{ kN/m}^2$$

je Binder:

$$\boldsymbol{w}^{\cdot} = w \cdot e = 0,13 \cdot 5,0 = \boldsymbol{0,65 \text{ kN/m}}$$

Sonstige Lasten
Weitere Lasten sind nicht vorhanden.

2) Lastkombinationen in der allgemeinen Bemessungssituation:

Es gilt folgende Kombinationsregel:

$$E_d = E\left\{\sum_{j\geq 1}\gamma_{G,j} \cdot G_{k,j} \oplus \gamma_P \cdot P \oplus \gamma_{Q,1} \cdot Q_{k,1} \oplus \sum_{i>1}\gamma_{Q,i} \cdot \psi_{0,i} \cdot Q_{k,i}\right\}$$

Teilsicherheitsbeiwerte (Tab. 2.2):

$\gamma_G = 1,35$ (ungünstig)
$\gamma_Q = 1,5$

Kombinationsbeiwerte (Tab. 2.3):

Schnee: $\psi_{0,Schnee} = 0,5$ (Bauwerksstandort < 1000 m über NN)
Wind: $\psi_{0,Wind} = 0,6$

In der allgemeinen Bemessungssituation sind folgende Lastkombinationen (LK) zu berücksichtigen:

LK	LF 1 Eigenlast	LF 2 Schneelast „normal"	LF 3 Windlast
A	X	–	–
B	X	X	–
C	X	–	X
D	X	Leiteinwirkung	Begleiteinwirkung $\psi_{0,\text{Wind}} \cdot w$
E	X	Begleiteinwirkung $\psi_{0,\text{Schnee}} \cdot s$	Leiteinwirkung

Nachfolgend werden die Bemessungswerte der Lasten je Binder angegeben.

LK A (nur Eigenlast):

Die Eigenlast wirkt ungünstig, daher ist als Teilsicherheitsbeiwert $\gamma_{g,\text{sup}} = 1,35$ anzusetzen.

$$g_d = \gamma_{g,\text{sup}} \cdot g'_k = 1,35 \cdot 3,30 = 4,46 \text{ kN/m}$$

LK B (Eigenlast und Schnee):

$$r_d = \gamma_{g,\text{sup}} \cdot g'_k + \gamma_Q \cdot s' = 1,35 \cdot 3,30 + 1,5 \cdot 3,40 = 9,56 \text{ kN/m}$$

LK C (Eigenlast und Wind):

$$r_d = \gamma_{g,\text{sup}} \cdot g'_k + \gamma_Q \cdot w' = 1,35 \cdot 3,30 + 1,5 \cdot 0,65 = 5,43 \text{ kN/m}$$

LK D (Eigenlast, Schnee als Leiteinwirkung, Wind als Begleiteinwirkung):

$$r_d = \gamma_{g,\text{sup}} \cdot g'_k + \gamma_Q \cdot s' + \gamma_Q \cdot \psi_{0,\text{Wind}} \cdot w' = 1,35 \cdot 3,30 + 1,5 \cdot 3,40 + 1,5 \cdot 0,6 \cdot 0,65$$
$$= 10,14 \text{ kN/m}$$

LK E (Eigenlast, Wind als Leiteinwirkung, Schnee als Begleiteinwirkung):

$$r_d = \gamma_{g,\text{sup}} \cdot g'_k + \gamma_Q \cdot w' + \gamma_Q \cdot \psi_{0,\text{Schnee}} \cdot s' = 1,35 \cdot 3,30 + 1,5 \cdot 0,65 + 1,5 \cdot 0,5 \cdot 3,40$$
$$= 7,98 \text{ kN/m}$$

Maßgebend ist LK D mit Schnee als Leiteinwirkung und Wind als Begleiteinwirkung (linear-elastisches Verhalten sei vorausgesetzt).

Nachweis der Biegespannung für LK D in der ständigen Bemessungssituation
Bemessungswert des maximalen Biegemomentes:

$$\max M_\mathrm{d} = r_\mathrm{d} \cdot l^2/8 = 10{,}14 \cdot 20{,}0^2/8 = 507{,}0 \text{ kNm}$$

Bemessungswert der Biegespannung:

$$\sigma_\mathrm{m,\,d} = \max M_\mathrm{d}/W_\mathrm{y} = 507{,}0 \cdot 10^3/68.267 = 7{,}42 \text{ N/mm}^2$$
$$\text{mit}: W_\mathrm{y} = 16 \cdot 160^2/6 = 68.267 \text{ cm}^3$$

Bemessungswert der Biegefestigkeit:

$$f_\mathrm{m,\,d} = k_\mathrm{mod} \cdot f_{m,\,\mathrm{k}}/\gamma_\mathrm{M} = 1{,}0 \cdot 28/1{,}3 = 21{,}54 \text{ N/mm}^2$$

mit:

$k_\mathrm{mod} = 1{,}0$
(Modifikationsbeiwert für Klasse der Lasteinwirkungsdauer kurz/sehr kurz für Wind als
    Einwirkung mit der kürzesten Dauer in der Lastkombination D und Nutzungsklasse
    1 n. DIN EN 1995-1-1, Tab. 3.1 [19] i. V. mit DIN EN 1995-1-1/NA [20])
$f_\mathrm{m,\,k} = 28 \text{ N/mm}^2$
(charakteristischer Wert der Biegefestigkeit für homogenes Brettschichtholz GL 28h
    n. DIN EN 14080, Tab. 5 [21])
$\gamma_\mathrm{M} = 1{,}3$
(Teilsicherheitsbeiwert für Holz n. DIN EN 1995-1-1, Tab. 2.3 [19])

Nachweis:

$$\sigma_\mathrm{m,\,d} = 7{,}42 < f_\mathrm{m,\,d} = 21{,}54 \text{ N/mm}^2$$

Ausnutzungsgrad Biegung:

$$\eta = 7{,}42/21{,}54 = \mathbf{0{,}34}$$

3) **Lastkombinationen in der außergewöhnlichen Bemessungssituation:**

In der außergewöhnlichen Bemessungssituation gilt folgende Lastkombination (s. Gl.
(2.11)):

$$E_{dA} = E\left\{\sum_{j\geq1}G_{k,j} \oplus P \oplus A_d \oplus \left(\psi_{1,1} \text{ oder } \psi_{2,1}\right) \cdot Q_{k,1} \oplus \sum_{i>1}\psi_{2,i} \cdot Q_{k,i}\right\}$$

mit:

$G_{k,j} = g'_k = 3{,}30$ kN/m (Eigenlast)

$P = 0$ (Vorspannung)

$A_d = s_{Ad} = 9{,}80$ kN/m (außergewöhnliche Schneelast im norddeutschen Tiefland)

$Q_{k,1} = w' = 0{,}65$ kN/m (Wind)

$\psi_{1,Wind} = 0{,}2$ (nach den Auslegungen des NABau zu DIN EN 1990, Nr. 6 [5] ist im Allgemeinen der Kombinationsbeiwert $\psi_{1,1}$ anzusetzen.

Alle Lasten beziehen sich auf einen Binder. Es ergibt sich folgende resultierende Belastung:

$$r_{Ad} = 3{,}30 + 9{,}80 + 0{,}2 \cdot 0{,}65 = 13{,}23 \text{ kN/m}$$

Nachweis der Biegespannung für die außergewöhnliche Bemessungssituation

Bemessungswert des maximalen Biegemomentes:

$$\max M_{Ad} = r_{Ad} \cdot l^2/8 = 13{,}23 \cdot 20{,}0^2/8 = 661{,}5 \text{ kNm}$$

Bemessungswert der Biegespannung:

$\sigma_{m, d} = \max M_{Ad}/W_y = 661{,}5 \cdot 10^3/68.267 = 9{,}69$ N/mm^2

mit : $W_y = 16 \cdot 160^2/6 = 68.267$ cm^3

Bemessungswert der Biegefestigkeit:

$f_{m, d} = k_{mod} \cdot f_{m, k}/\gamma_M = 1{,}0 \cdot 28/1{,}0 = 28{,}0$ N/mm^2

mit:

$k_{mod} = 1{,}0$ (s. o.)

$f_{m, k} = 28$ N/mm^2 (s. o.)

$\gamma_M = 1{,}0$

(Hinweis: der Teilsicherheitsbeiwert in der außergewöhnlichen Bemessungssituation ist gleich eins)

Nachweis:

$\sigma_{\mathrm{m, d}} = 9,69 < f_{\mathrm{m, d}} = 28,0 \ \mathrm{N/mm}^2$

Ausnutzungsgrad Biegung:

$\eta = 9,69/28,0 = \mathbf{0,35} \ (> 0,34 \ \textit{in der ständigen Bemessungssituation})$

Maßgebend für die Bemessung auf Biegung ist in diesem Fall die außergewöhnliche Bemessungssituation mit Schnee als außergewöhnliche Einwirkung im norddeutschen Tiefland.

2.4.8 Beispiel 8 – Bemessungswert der Biege- und Schubfestigkeit eines Brettschichtholzträgers

(Kategorie A)
Für einen Brettschichtholzträger der Festigkeitsklasse GL 24c sind folgende Bemessungswerte in der ständigen Bemessungssituation zu berechnen:

- Bemessungswert der Biegefestigkeit für KLED ständig
- Bemessungswert der Schubfestigkeit für KLED kurz

Randbedingungen und Erläuterungen
- Nutzungsklasse 1 (NKL 1)
- KLED: Klasse der Lasteinwirkungsdauer
- charakteristische Festigkeiten (n. DIN EN 14080, Tab. 4):
  – Biegefestigkeit $f_{\mathrm{m,k}} = 24 \ \mathrm{N/mm}^2$
  – Schubfestigkeit $f_{\mathrm{v,k}} = 3,5 \ \mathrm{N/mm}^2$

Lösung
Die Bemessungswerte für Festigkeiten berechnen sich mit Gl. (2.6). Dabei ist bei Bauteilen aus Holz für den Umrechnungsfaktor in Gl. (2.6) der Modifikationsbeiwert k_{mod} einzusetzen. Dieser ist abhängig von der Nutzungsklasse, die die zu erwartende Holzfeuchte angibt, und der Klasse der Lasteinwirkungsdauer. Die Gleichung (2.6) kann daher wie folgt geschrieben werden:

$$X_{\mathrm{d}} = \eta \cdot \frac{X_{\mathrm{k}}}{\gamma_{\mathrm{M}}}$$

$$=> f_{\mathrm{m,d}} = k_{\mathrm{mod}} \cdot \frac{f_{\mathrm{m,k}}}{\gamma_{\mathrm{M}}} \quad \text{(Biegefestigkeit)}$$

$$=> f_{v,\mathrm{d}} = k_{\mathrm{mod}} \cdot \frac{f_{v,\mathrm{k}}}{\gamma_{\mathrm{M}}} \quad \text{(Schubfestigkeit)}$$

Bemessungswert der Biegefestigkeit

$$f_{\mathrm{m,d}} = k_{\mathrm{mod}} \cdot \frac{f_{\mathrm{m,k}}}{\gamma_{\mathrm{M}}} = 0{,}6 \cdot \frac{24}{1{,}3} = 11{,}08 \ \mathrm{N/mm^2}$$

mit:

$k_{\mathrm{mod}} = 0{,}6$
für NKL 1 und KLED ständig (DIN EN 1995-1-1, Tab. 3.1 [19] i. V. mit DIN EN 1995-1-
    1/NA [20])
$f_{\mathrm{m,\,k}} = 24 \ \mathrm{N/mm^2}$
(charakteristischer Wert der Biegefestigkeit
$\gamma_{\mathrm{M}} = 1{,}3$
(Teilsicherheitsbeiwert für Holz n. DIN EN 1995-1-1, Tab. 2.3 [19])

Bemessungswert der Schubfestigkeit

$$f_{v,\mathrm{d}} = k_{\mathrm{mod}} \cdot \frac{f_{v,\mathrm{k}}}{\gamma_{\mathrm{M}}} = 0{,}9 \cdot \frac{3{,}5}{1{,}3} = 2{,}42 \ \mathrm{N/mm^2}$$

mit:

$k_{\mathrm{mod}} = 0{,}9$
für NKL 1 und KLED kurz (DIN EN 1995-1-1, Tab. 3.1 [19] i. V. mit DIN EN 1995-1-1/
    NA [20])
$f_{v,\,\mathrm{k}} = 3{,}5 \ \mathrm{N/mm^2}$
(charakteristischer Wert der Schubfestigkeit
$\gamma_{\mathrm{M}} = 1{,}3$ (s. o.)

2.5   Aufgaben

Nachfolgend werden einige Aufgaben mit wichtigen Zwischenergebnissen und Endergebnis zum Selbststudium angeboten.

2.5.1   Aufgabe 1 (STR)

Für einen Einfeldträger mit Kragarm sind die maßgebenden Lastkombinationen zu ermitteln sowie das zugehörige Biegemoment (Bemessungswert) für die ständige Bemessungssituation zu berechnen (Abb. 2.9). Es sind folgende Fälle zu untersuchen:

a) Versagen auf Biegung in Feld 1 (STR).
b) Versagen auf Biegung über dem Auflager B (STR).

Randbedingungen
Eigenlasten:

$g_{k,\,1} = 5{,}5$ kN/m (Feld 1)
$g_{k,\,2} = 4{,}5$ kN/m (Feld 2)

Nutzlast in Feld 1:

$q_{k,\,1} = 1{,}5 + 0{,}8 = 2{,}3$ kN/m (Nutzlast Kategorie A plus Trennwandzuschlag)

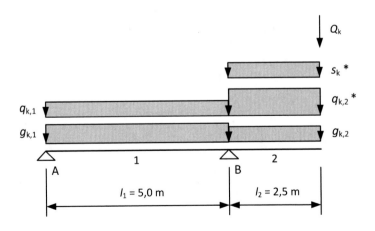

*): Nutzlasten der Kategorie Z und Schneelasten brauchen
nicht gleichzeitig angesetzt zu werden.

Abb. 2.9 Aufgabe 1 – Versagen der Tragfähigkeit (STR) bei einem Einfeldträger mit Kragarm

Nutzlast in Feld 2:

$q_{k,2} = 4,0$ kN/m (Nutzlast Kategorie Z, Balkon)
$Q_k = 3,5$ kN (aus Nutzlast Kategorie A)

Schneelast in Feld 2:

$s_k = 0,75$ kN/m (Schneelast für Bauwerksstandort ≤ 1000 m ü. NN; Hinweis: die Schneelast ist bereits mit einem Formbeiwert umgerechnet worden und bezieht sich auf das
Dach; es handelt sich nicht um die Schneelast auf dem Boden)

a) Versagen auf Biegung in Feld 1 (STR):

Das maximale Biegemoment in Feld 1 ergibt sich für folgende Lastkombination:

- maximale Eigenlast in Feld 1: $g_{1,d} = \gamma_{G,sup} \cdot g_{k,1} = 1,35 \cdot 5,5 = 7,43$ kN/m
- minimale Eigenlast in Feld 2: $g_{2,d} = \gamma_{G,inf} \cdot g_{k,2} = 1,00 \cdot 4,5 = 4,50$ kN/m
- Nutzlast in Feld 1: $q_{1,d} = \gamma_Q \cdot q_{k,1} = 1,5 \cdot 2,3 = 3,45$ kN/m

Die anderen Lasten auf dem Kragarm wirken entlastend und werden daher nicht angesetzt.
Maximales Biegemoment in Feld 1 (Bemessungswert):

$$\max M_{1,d} = 26,97 \text{ kNm}$$

b) Versagen auf Biegung über dem Auflager B (STR):

Das minimale Stützmoment über dem Auflager B ergibt sich bei voller Belastung des
Kragarms. Mögliche Lastkombinationen (LK) sind:

LK	g	$q_{k,2}$ *	s_k *	Q_k	Bemerkung
A	X	–	–	–	nicht maßgebend
B	X	X	–	–	
C	X	–	X	–	
D	X	–	–	X	
E	X	L	–	B	LK werden untersucht
F	X	–	L	B	
G	X	B	–	L	
H	X	–	B	L	

Erläuterungen:
X: Last wird angesetzt
L: Leiteinwirkung
B: Begleiteinwirkung (abgemindert mit Kombinationsbeiwert)
*): Nach den Auslegungen des NABau zu DIN EN 1990 brauchen Nutzlasten der Kategorie Z
(Balkon) und Schnee nicht gleichzeitig angesetzt zu werden.

Es werden nur die LK E bis H untersucht, da hierfür das betragsmäßig größte Stützmoment erwartet wird:

- LK E: min $M_{B,d} = -46{,}92$ kNm (maßgebend)
- LK F: min $M_{B,d} = -31{,}69$ kNm
- LK G: min $M_{B,d} = -45{,}23$ kNm
- LK H: min $M_{B,d} = -33{,}87$ kNm

2.5.2   Aufgabe 2 (EQU)

Für einen Einfeldträger mit Kragarm ist die Lagesicherheit am Auflager A zu überprüfen (Abb. 2.10).

Randbedingungen
- Statisches System und Abmessungen nach Abb. 2.10
- Eigenlast: Feld 1: $g_k = 5{,}5$ kN/m; Feld 2: $g_{k,2} = 4{,}5$ kN/m
- Nutzlast in Feld 1: $q_{k,1} = 2{,}3$ kN/m (Kategorie A)
- Nutzlast in Feld 2: $q_{k,2} = 4{,}0$ kN/m (Kategorie Z)
- Schneelast in Feld 2: $s_k = 0{,}75$ kN/m (Bauwerksstandort < 1000 m über NN)
- Nutzlast (Einzellast) in Feld 2: $Q_k = 3{,}5$ kN (Kategorie A)

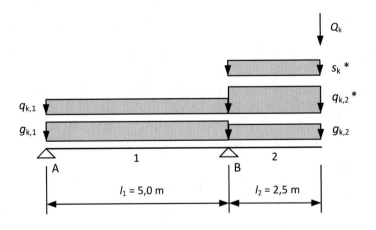

*): Nutzlasten der Kategorie Z und Schneelasten brauchen nicht gleichzeitig angesetzt zu werden.

Abb. 2.10 Aufgabe 2 – Überprüfung der Lagesicherheit bei einem Einfeldträger mit Kragarm

Stabilisierende Einwirkungen

$$g_{d, \text{stb}} = \gamma_{G, \text{stb}} \cdot g_{k, 1} = 0{,}90 \cdot 5{,}5 = 4{,}95 \text{ kN/m}$$

Destabilisierende Einwirkungen

$$g_{d, \text{dst}} = \gamma_{G, \text{dst}} \cdot g_{k, 2} = 1{,}10 \cdot 4{,}5 = 4{,}95 \text{ kN/m}$$
$$q_{2, d} = \gamma_{Q} \cdot q_{k, 2} = 1{,}5 \cdot 4{,}0 = 6{,}00 \text{ kN/m}$$
$$s_{d} = \gamma_{Q} \cdot s_{k} = 1{,}5 \cdot 0{,}75 = 1{,}125 \text{ kN/m}$$
$$Q_{d} = \gamma_{Q} \cdot Q_{k} = 1{,}5 \cdot 3{,}5 = 5{,}25 \text{ kN}$$

Nachfolgend wird nur die Lastkombination mit der Nutzlast auf dem Kragarm ($q_{k,2}$) als Leiteinwirkung betrachtet, da diese größer als die Schneelast und auch größer als die Einzellast (Q_k) ist. Da nach der Auslegung des NABau eine gleichzeitige Berücksichtigung der Nutzlast Kategorie Z mit einer Schneelast nicht erforderlich ist [16], ergibt sich nur folgende Lastkombination:

- Nutzlast (q) als Leiteinwirkung + Einzellast (Q) als Begleiteinwirkung

Bemessungswert der Auflagerkraft A infolge der stabilisierenden Einwirkungen
Aus Eigenlast in Feld 1:

$$A_{d, \text{stb}} = 12{,}375 \text{ kN (nach unten)}$$

Bemessungswert der Auflagerkraft A infolge der destabilisierenden Einwirkungen
Aus Eigenlast in Feld 2:

$$A_{d, \text{dst(g)}} = -g_{d, \text{dst}} \cdot l_2^2/(2l_1) = -4{,}95 \cdot 2{,}5^2/(2 \cdot 5{,}0) = -3{,}09 \text{ kN (abhebend)}$$

Aus Nutzlast (Leiteinwirkung) in Feld 2:

$$A_{d, \text{dst(q)}} = -q_d \cdot l_2^2/(2l_1) = -6{,}00 \cdot 2{,}5^2/(2 \cdot 5{,}0) = -3{,}75 \text{ kN (abhebend)}$$

Aus Einzellast (Begleiteinwirkung) in Feld 2:

$$A_{d, \text{dst(Q)}} = -\psi_0 \cdot Q_d \cdot l_2/l_1 = -0{,}7 \cdot 5{,}25 \cdot 2{,}5/5{,}0 = -1{,}84 \text{ kN (abhebend)}$$

Gesamt:

$$A_{d,dst} = -3,09 - 3,75 - 1,84 = -8,68 \text{ kN (abhebend)}$$

Nachweis der Lagesicherheit

$$E_{d,dst} = |A_{d,dst}| = 8,68 \text{ kN} < R_{d,stb} = = 12,375 \text{ kN}$$

Der Nachweis der Lagesicherheit ist erbracht.

2.5.3   Aufgabe 3 (STR)

Für den abgebildeten Zweifeldträger (Stahlbetondecke im Bereich eines Büros und einer Dachterrasse) sind in der allgemeinen Bemessungssituation die jeweils maßgebenden Lastkombinationen anzugeben sowie die Bemessungswerte der Schnittgrößen zu ermitteln (Abb. 2.11):

a) Versagen auf Biegung über dem Auflager B. Gesucht ist das maßgebende Biegemoment M_B (Bemessungswert).
b) Versagen auf Schub am Auflager C. Gesucht ist die maximale Auflagerkraft C (Bemessungswert).

Randbedingungen
- Eigenlast: $g_k = 6,0 \text{ kN/m}^2$
- Nutzlast in $q_{k,1} = 2,0 + 1,2 = 3,2 \text{ kN/m}^2$ (Kategorie B)
  Feld 1:

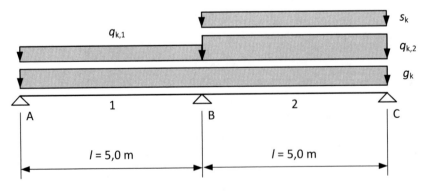

Abb. 2.11 Aufgabe 3 – Versagen des Tragwerks (STR) bei einem Zweifeldträger

- Nutzlast in $q_{k,2} = 40$ kN/m² (Kategorie Z)
  Feld 2:
- Schneelast in $s_k = 1,5$ kN/m² (charakteristischer Wert der Schneelast auf dem
  Feld 2:   Dach; Höhe des Bauwerksstandortes < 1000 m über NN)

Hinweise:

Nach den Auslegungen des NABau brauchen Nutzlasten der Kategorie Z nicht mit Schneelasten gleichzeitig angesetzt zu werden [16]. Das bedeutet in diesem Fall, dass in Feld 2 entweder die Nutzlast (Kategorie Z) oder die Schneelast anzusetzen ist, jedoch nicht beide gleichzeitig.

Die Nutzlasten der Kategorien B und Z sind als unabhängige Lastgruppen aufzufassen [5]. Das bedeutet, dass jeweils eine der beiden Nutzlasten die Leiteinwirkung, die andere die Begleiteinwirkung sein kann, wobei die Begleiteinwirkung mit dem Kombinationsbeiwert abgemindert werden darf. Andernfalls (bei Nutzlasten der gleichen Kategorie) wäre eine Abminderung der Nutzlast mit dem Kombinationsbeiwert nicht zulässig.

a) **Versagen auf Biegung über dem Auflager B:**

Bemessungswerte der Einwirkungen und Kombinationsbeiwerte:

- Eigenlast (ungünstig in beiden Feldern): $g_d = 1,35 \cdot 6,0 = 8,1$ kN/m²
- Nutzlast Feld 1: $q_{d,1} = 1,5 \cdot 3,2 = 4,8$ kN/m²; $\psi_0 = 0,7$ (Kat. B)
- Nutzlast Feld 2: $q_{d,2} = 1,5 \cdot 4,0 = 6,0$ kN/m²; $\psi_0 = 0,7$ (Kat. Z i. V. mit Kat. B)
- Schneelast in Feld 2: $s_d = 1,5 \cdot 1,5 = 2,25$ kN/m²; $\psi_0 = 0,5$

Lastkombinationen (LK):

Maßgebend sind nur Lastkombinationen, bei denen Nutzlasten in beiden Feldern (in diesem Fall keine Schneelast) oder die Nutzlast in Feld 1 und die Schneelast in Feld 2 angesetzt werden. Eine gleichzeitige Berücksichtigung der Nutzlast in Feld 2 und der Schneelast ist nicht erforderlich (s. o.). Es sind folgende Fälle möglich:

- LK A: Eigenlast + Nutzlast in Feld 1 (Leiteinwirkung) + Nutzlast in Feld 2 (Begleiteinwirkung)
- LK B: Eigenlast + Nutzlast in Feld 1 (Leiteinwirkung) + Schneelast in Feld 2 (Begleiteinwirkung)
- LK C: Eigenlast + Nutzlast in Feld 2 (Leiteinwirkung) + Nutzlast in Feld 1 (Begleiteinwirkung)

Weitere Lastkombinationen brauchen nicht untersucht zu werden (z. B. nur Eigenlast oder Eigenlast und eine Nutzlast), da sich hierfür ein geringeres Biegemoment über dem Auflager B ergibt.

LK A:

$$\min M_{\mathrm{B}} = -0{,}125 \cdot 8{,}1 \cdot 5{,}0^2 - 0{,}063 \cdot 4{,}8 \cdot 5{,}0^2 - 0{,}7 \cdot 0{,}063 \cdot 6{,}0 \cdot 5{,}0^2$$
$$= -39{,}49 \ \mathrm{kNm/m}$$

LK B:

$$\min M_{\mathrm{B}} = -0{,}125 \cdot 8{,}1 \cdot 5{,}0^2 - 0{,}063 \cdot 4{,}8 \cdot 5{,}0^2 - 0{,}5 \cdot 0{,}063 \cdot 2{,}25 \cdot 5{,}0^2$$
$$= -34{,}64 \ \mathrm{kNm/m}$$

LK C:

$$\min M_{\mathrm{B}} = -0{,}125 \cdot 8{,}1 \cdot 5{,}0^2 - 0{,}063 \cdot 6{,}0 \cdot 5{,}0^2 - 0{,}7 \cdot 0{,}063 \cdot 4{,}8 \cdot 5{,}0^2$$
$$= -\mathbf{40{,}05 \ kNm/m} (\text{maßgebend})$$

b) **Maximale Auflagerkraft C:**

Bemessungswerte der Einwirkungen:

- Eigenlast günstig in Feld 1: $g_{\mathrm{d}} = 1{,}00 \cdot 6{,}0 = 6{,}0 \ \mathrm{kN/m}^2$
- Eigenlast ungünstig in Feld 2: $g_{\mathrm{d}} = 1{,}35 \cdot 6{,}0 = 8{,}1 \ \mathrm{kN/m}^2$
- Nutzlast in Feld 2: $q_{\mathrm{d},2} = 1{,}5 \cdot 4{,}0 = 6{,}0 \ \mathrm{kN/m}^2$
- Schneelast in Feld 2: $s_{\mathrm{d}} = 1{,}5 \cdot 1{,}5 = 2{,}25 \ \mathrm{kN/m}^2$

Lastkombinationen (LK):
Eine gleichzeitige Berücksichtigung der Nutzlast in Feld 2 und der Schneelast ist nicht erforderlich (s. o.). Es sind daher nur folgende Fälle möglich:

- LK A: Eigenlast + Nutzlast in Feld 2
- LK B: Eigenlast + Schneelast in Feld 2

Weitere Lastkombinationen brauchen nicht untersucht zu werden, z. B. nur Eigenlast, da sich hierfür eine geringere Auflagerkraft C ergibt.
LK A:

$$\max C_{\mathrm{d}} = 0{,}438 \cdot 8{,}1 \cdot 5{,}0^2 + (-0{,}063) \cdot 6{,}0 \cdot 5{,}0^2 + 0{,}438 \cdot 6{,}0 \cdot 5{,}0^2 = 144{,}95 \ \mathrm{kN/m}$$

LK B:

$$\text{\textbf{max }} C_{\textbf{d}} = 0{,}438 \cdot 8{,}1 \cdot 5{,}0^2 + (-0{,}063) \cdot 6{,}0 \cdot 5{,}0^2 + 0{,}438 \cdot 2{,}25 \cdot 5{,}0^2$$
$$= \textbf{103,88 kN/m} \text{ (maßgebend)}$$

2.5.4 Aufgabe 4 (GZG)

Für einen Deckenbalken aus Brettschichtholz ist das maximale Biegemoment in der

a) seltenen Bemessungssituation und
b) quasi-ständigen Bemessungssituation

zu berechnen (Abb. 2.12).

Randbedingungen
- Eigenlast: $g_k = 1{,}5$ kN/m, $G_k = 5$ kN
- Nutzlast: $q_k = 1{,}25$ kN/m (Kategorie A); $\psi_0 = 0{,}7$, $\psi_2 = 0{,}3$
- Schneelast: $S_k = 4$ kN; $\psi_0 = 0{,}5$, $\psi_2 = 0$ (Bauwerksstandort < 1000 m über NN)

Charakteristische Werte des maximalen Biegemomentes

$M_k(g) = 6{,}75$ kNm
$M_k(G) = 7{,}50$ kNm
$M_k(q) = 5{,}625$ kNm
$M_k(S) = 6{,}00$ kNm

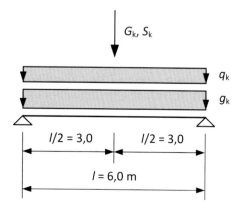

Abb. 2.12 Aufgabe 4 –
Nachweis der
Gebrauchstauglichkeit bei einem
Einfeldträger

a) Maximales Biegemoment in der seltenen Bemessungssituation:

Es gilt:

$$E_{d,char} = G_k + Q_{k,1} + \psi_{0,2} \cdot Q_{k,2}$$

Hier:

$$M_{d,char} = (6,75 + 7,50) + 6,00 + 0,7 \cdot 5,625 = \mathbf{24,19\ kNm} (\text{maßgebend})$$

$$M_{d,char} = (6,75 + 7,50) + 5,625 + 0,5 \cdot 6,00 = 22,88\ kNm$$

b) Maximales Biegemoment in der quasi-ständigen Bemessungssituation:

Es gilt:

$$E_{d,perm} = G_k + \sum \psi_{2,i} \cdot Q_{k,i}$$

Hier:

$$M_{d,perm} = (6,75 + 7,50) + 0,3 \cdot 5,625 + 0 \cdot 6,00 = \mathbf{15,94\ kNm}$$

Literatur

1. DIN EN 1990:2021-10: Eurocode: Grundlagen der Tragwerksplanung; Beuth Verlag, Berlin
2. DIN EN 1990/NA:2010-12: Nationaler Anhang – National festgelegte Parameter – Eurocode: Grundlagen der Tragwerksplanung; Beuth Verlag, Berlin
3. DIN EN 1990/NA/A1:2012-08: Nationaler Anhang – National festgelegte Parameter – Eurocode: Grundlagen der Tragwerksplanung; Änderung A1; Beuth Verlag, Berlin
4. Schmidt, P.: Lastannahmen – Einwirkungen auf Tragwerke; 1. Aufl. 2019; Springer Vieweg; Wiesbaden
5. Auslegungen des NA 005-51-01 AA zu DIN EN 1990:2010-12 und DIN EN 1990/NA:2010-12; Stand Februar 2020; Deutsches Institut für Normung e. V. (DIN), Berlin
6. DIN EN 1991: Einwirkungen auf Tragwerke; Teil 1 – Allgemeine Einwirkungen; Teil 2 – Verkehrslasten auf Brücken; Teil 3 – Einwirkungen auf Krane und Maschinen; Teil 4 – Einwirkungen auf Silos und Flüssigkeitsbehälter; Beuth Verlag, Berlin
7. DIN EN 1992: Eurocode 2: Bemessung und Konstruktion von Stahlbeton- und Spannbetontragwerken; Beuth Verlag, Berlin
8. DIN EN 1993: Eurocode 3: Bemessung und Konstruktion von Stahlbauten; Beuth Verlag, Berlin
9. DIN EN 1994: Eurocode 4: Bemessung und Konstruktion von Verbundtragwerken aus Stahl und Beton; Beuth Verlag, Berlin

10. DIN EN 1995: Eurocode 5: Bemessung und Konstruktion von Holzbauten; Beuth Verlag, Berlin

11. DIN EN 1996: Eurocode 6: Bemessung und Konstruktion von Mauerwerksbauten; Beuth Verlag, Berlin

12. DIN EN 1999: Eurocode 9: Bemessung und Konstruktion von Aluminiumtragwerken; Beuth Verlag, Berlin

13. DIN EN 1997: Eurocode 7: Entwurf, Berechnung und Bemessung in der Geotechnik; Beuth Verlag, Berlin

14. DIN EN 1998: Eurocode 8: Auslegung von Bauwerken gegen Erdbeben; Beuth Verlag, Berlin

15. DIN EN 1991-1-1/NA:2010-12: Nationaler Anhang – National festgelegte Parameter – Eurocode 1: Einwirkungen auf Tragwerke – Teil 1-1: Allgemeine Einwirkungen auf Tragwerke – Wichten, Eigengewicht und Nutzlasten im Hochbau; Beuth Verlag, Berlin

16. Auslegungen des NABau zu DIN 1055-3; Stand: 15.09.2008; Deutsches Institut für Normung e. V. (DIN), Berlin

17. DIN EN 1991-1-3/NA:2019-04: Nationaler Anhang – National festgelegte Parameter – Eurocode 1: Einwirkungen auf Tragwerke – Teil 1-3: Allgemeine Einwirkungen – Schneelasten

18. DIN EN 1992-1-1/NA:2013-04: Nationaler Anhang – National festgelegte Parameter – Eurocode 2: Bemessung und Konstruktion von Stahlbeton- und Spannbetontragwerken – Teil 1-1: Allgemeine Bemessungsregeln und Regeln für den Hochbau; Beuth Verlag, Berlin

19. DIN EN 1995-1-1:2010-12 + A2:2014-07: Eurocode 5: Bemessung und Konstruktion von Holzbauten – Teil 1-1: Allgemeines – Allgemeine Regeln und Regeln für den Hochbau; Beuth Verlag, Berlin

20. DIN EN 1995-1-1/NA:2013-08: Nationaler Anhang – National festgelegte Parameter – Eurocode 5: Bemessung und Konstruktion von Holzbauten – Teil 1-1: Allgemeines – Allgemeine Regeln für den Hochbau; Beuth Verlag, Berlin

21. DIN EN 14080:2013-09: Holzbauwerke – Brettschichtholz und Balkenschichtholz – Anforderungen; Beuth Verlag, Berlin

Eigenlasten

3.1 Allgemeines

Für die Bestimmung der Eigenlasten des Tragwerks und von nichttragenden Bauteilen sind DIN EN 1991-1-1 [1] sowie der zugehörige Nationale Anhang DIN EN 1991-1-1/NA [2] mit der A1-Änderung [3] zu beachten. Die charakteristischen Werte der Eigenlasten des Bauwerks sind aus den Wichten und Flächenlasten nach Anhang A der DIN EN 1991-1-1/NA zu ermitteln.

Die wesentlichen Regeln der vorgenannten Normen sowie weiterführende Hintergrundinformationen sind im Lehrbuch „*Lastannahmen – Einwirkungen auf Tragwerke*" [4], Kap. 4 – Wichten und Eigenlasten, angegeben und werden dort an einfachen Beispielen erläutert.

Für die Bestimmung von Eigenlasten von Baustoffen und Bauteilen, die nicht in den o.g. Normen aufgeführt oder geregelt sind, sind ggfs. auch entsprechende Angaben der Produkthersteller oder andere Informationsquellen heranzuziehen. Beispielhaft seien hier die Eigenlasten von Stahltrapezprofilen genannt, die üblicherweise von den jeweiligen Herstellern angegeben werden. Auch Eigenlasten für die Funktionsschichten und Vegetation einer Dachbegrünung finden sich nicht in DIN EN 1991-1-1+NA, sondern sind bspw. in der Dachbegrünungsrichtlinie [5] zu finden.

Bei der Verwendung externer Quellen für die Bestimmung von Eigenlasten ist stets darauf zu achten, welche Werte konkret angegeben werden. Beispielsweise sollte geprüft werden, ob die angegebenen Eigenlasten charakteristische Größen sind oder es sich bereits um Bemessungswerte handelt. Ggfs. sind Umrechnungen vorzunehmen, damit die Werte mit denen der Normenreihe DIN EN 1991 kompatibel sind und Kombinationen mit anderen Einwirkungen nach DIN EN 1990 [6] sowie DIN EN 1990/NA [7] durchgeführt werden können.

© Springer Fachmedien Wiesbaden GmbH, ein Teil von Springer Nature 2022
P. Schmidt, *Lastannahmen – Beispiele*,
https://doi.org/10.1007/978-3-658-29528-8_3

Ziel der nachfolgenden Kapitel ist es, die teilweise theoretisch-abstrakten Regelungen der Normen anhand von ausgewählten baupraktischen und teilweise auch komplexeren Beispielen anschaulich zu verdeutlichen. Dabei werden auch aktuelle Auslegungen des zuständigen Normenausschusses [8] berücksichtigt.

Zum Verständnis werden die wichtigsten Grundlagen, die für die Bestimmung von Wichten und Eigenlasten zu beachten sind, in stichpunktartiger und/oder tabellarischer Form angegeben. Für genauere Informationen und Hintergründe wird auf das o. g. Lehrbuch sowie auf die betreffenden Normen und Vorschriften verwiesen.

3.2 Lernziele

Es werden folgende Lernziele mit unterschiedlichen Schwierigkeitsgraden verfolgt:

1. Sichere Beherrschung der Rechenverfahren zur Bestimmung der Eigenlast von Bauteilen aus den Eingangsgrößen (Wichten, Flächenlasten) für die üblichen Standardfälle (d. h. homogen aufgebaute Bauteile aus Schichten mit konstanten Dicken). Siehe hierzu Beispiele mit der Kennzeichnung *„Kategorie (A)“*.
2. Grundlegende Kenntnisse, wie die Eigenlasten bei komplizierteren Bauteilen ermittelt werden (z. B. inhomogen aufgebaute Bauteile, auch mit variablen Schichtdicken und Abmessungen). Siehe hierzu Beispiele mit Kennzeichnung *„Kategorie (B)“*.
3. Fähigkeit, die in den Normen angegebenen Regeln auch auf nicht geregelte Sonderfälle zu übertragen und geeignete, ingenieurmäßige Lösungen für eine realitätsgenaue Ermittlung von Eigenlasten selbstständig zu erarbeiten (z. B. Eigenlasten von Treppen, Fachwerkträgern). Siehe hierzu Beispiele mit Kennzeichnung *„Kategorie (C)“*.

Neben ausführlichen Beispielen mit Lösungsweg werden auch Aufgaben mit Lösung für das Selbststudium angeboten.

3.3 Grundlagen

3.3.1 Allgemeines

Eigenlasten sind *Gewichtskräfte* von Bauteilen der Tragkonstruktion sowie des Ausbaus. Die Gewichtskraft F_G ergibt sich durch Multiplikation der Masse (z. B. des Bauteils) und der Erdbeschleunigung g. Im Bauingenieurwesen wird für die Erdbeschleunigung anstatt des genauen Wertes ($g = 9{,}81$ m/s^2) näherungsweise der aufgerundete Wert von $g \approx 10$ m/s^2 verwendet. Es gilt:

$$F_G = m \cdot g \qquad (3.1)$$

Darin bedeuten:

F_G Gewichtskraft, in N ($= kg \cdot m/s^2$)
m Masse, in kg
g Erdbeschleunigung $g = 9{,}81 \approx 10\ m/s^2$

Eigenlasten wirken lotrecht nach unten zum Erdmittelpunkt. Aufgrund der großen Kräfte, die bei statischen Berechnungen üblicherweise vorkommen, werden die nächst größeren Einheiten Kilo-Newton (1 kN = 1000 N) sowie Mega-Newton (1 MN = 1000 kN = 10^6 N) verwendet.

Weiterhin werden Eigenlasten neben der in (3.1) angegebenen Form als Einzellast üblicherweise auf das Volumen, eine Fläche oder eine Strecke bezogen. Damit ergeben sich folgende Möglichkeiten, Eigenlasten anzugeben:

• als Wichte oder Volumenlast in kN/m^3 (Formelzeichen: γ)
• als Flächenlast in kN/m^2 (Formelzeichen: g)
• als Streckenlast in kN/m (Formelzeichen: g)
• als Einzellast in kN (Formelzeichen: G)

Hinweise
Eine Masse von 1 kg führt zu einer Gewichtskraft von 10 N ($F_G = 1 \cdot 10 = 10$ N).
Eine Masse von 10 kg führt zu einer Gewichtskraft von 100 N ($F_G = 10 \cdot 10 = 100$ N).
Eine Masse von 100 kg führt zu einer Gewichtskraft von 1 kN ($F_G = 100 \cdot 10 = 1000$ N).
Eine Masse von 1000 kg (= 1 t) führt zu einer Gewichtskraft von 10 kN ($F_G = 1000 \cdot 10 = 10.000$ N = 10 kN)

3.3.2 Klassifikation von Eigenlasten

Eigenlasten von Bauteilen der Tragkonstruktion und des Ausbaus zählen nach DIN EN 1990 (1.5.3 und 4.1.1) in der Regel zu den ständigen ortsfesten Einwirkungen, d. h. sie wirken örtlich und zeitlich unveränderlich. Sie ändern sie ihre Größe während der Nutzungszeit nicht oder nur unwesentlich.

Eine Ausnahme bildet die Eigenlast von leichten Trennwänden, die unter bestimmten Voraussetzungen als Trennwandzuschlag Δg zur Nutzlast q zugeschlagen werden darf und dann als veränderliche Einwirkung gilt.

Eigenlasten von losen Kies- und Bodenschüttungen auf Dächern oder Decken sind nach DIN EN 1991-1/NA (siehe NCI zu 2.1(5)) als veränderliche Einwirkungen anzunehmen.

Hinweise: Eigenlasten zählen nicht zwangsläufig zu den ständigen Einwirkungen

Ausnahmen sind:

a) Unbelastete leichte Trennwände mit einer Wandlast bis 5 kN/m: => Die Eigenlast wird pauschal als Zuschlag zur Nutzlast angesetzt (Trennwandzuschlag) und gilt dann als veränderliche Einwirkung.

b) Lose Kies- und Bodenschüttungen auf Dächern oder Decken zählen zu den veränderlichen Einwirkungen.

3.3.3   Zusammenhänge zwischen Wichte, Flächenlast, Streckenlast und Einzellast

In DIN EN 1991-1-1 und DIN EN 1991-1-1/NA werden Eigenlasten von Baustoffen, Bauteilen und Lagerstoffen üblicherweise als Wichten (Volumenlasten) (in kN/m³) und Flächenlasten (in kN/m²) in Form von charakteristischen Werten angegeben (Kennzeichnung charakteristischer Werte mit den Index k, z. B. g_k für eine Flächenlast).

Für die weitere Verwendung – z. B. bei der Lastzusammenstellung in der statischen Berechnung und bei der Kombination mit anderen Einwirkungen – ist in den meisten Fällen eine Umrechnung erforderlich, z. B. Umrechnung von einer Wichte in eine Flächenlast, Umrechnung von einer Flächenlast in eine Streckenlast, usw. Die grundlegenden Zusammenhänge zwischen den Lastarten sowie die benötigten Umrechnungsformeln sind in Tab. 3.1 angegeben.

Tab. 3.1 Zusammenhänge zwischen den Kennwerten Wichte-Flächenlast-Streckenlast-Einzellast und zugehörige Umrechnungsformeln

gesuchte Lastart	Operator [1]	gegebene Last	Operator [2]	geometrische Größe
Flächenlast g (kN/m²)	=	Wichte γ (kN/m³)	x	Dicke d (m)
Streckenlast g^* (kN/m)	=	Flächenlast g (kN/m²)	x	Lasteinzugsbreite e (m)
Streckenlast g^* (kN/m)	=	Wichte γ (kN/m³)	x	Fläche A (m²)
Einzellast G (kN)	=	Streckenlast g^* (kN/m)	x	Lasteinzugsbreite e (m)
Einzellast G (kN)	=	Flächenlast g (kN/m²)	x	Fläche A (m²)
Einzellast G (kN)	=	Wichte γ (kN/m³)	x	Volumen V (m³)

[1] =: ist gleich
[2] x: multipliziert mit

3.3.4 Bezugsfläche und -länge von Eigenlasten

Bezugsfläche bei Flächenlasten

Eigenlasten von flächigen Bauteilen, die als Flächenlast angegeben werden, werden immer auf 1 m² Bauteilfläche bezogen. Dies gilt unabhängig davon, wie das Bauteil im Raum orientiert ist. Bei geneigten Bauteilen (z. B. Dächern) wird die Eigenlast auf 1 m² Bauteilfläche (z. B. Dachfläche) angegeben. Für die Superposition mit Lasten, die sich auf andere Bezugsflächen beziehen (wie z. B. die Schneelast, die auf die Grundfläche bezogen wird), ist daher zwingend eine Umrechnung erforderlich; siehe hierzu 3.3.5.

Bezugslänge bei Streckenlasten

Eigenlasten von stabförmigen Bauteilen, die als Streckenlast angegeben werden, werden auf 1 m Bauteillänge bezogen. Auch dies gilt unabhängig von der Neigung des Bauteils. Beispielsweise bezieht sich die Eigenlast eines Sparrens als Streckenlast immer auf 1 m tatsächlicher Sparrenlänge, unabhängig von der Orientierung im Raum. Für die Überlagerung mit Lasten, die sich auf andere Bezugslängen beziehen, ist eine Umrechnung mit einheitlichem Bezug erforderlich; siehe 3.3.5.

3.3.5 Lastumrechnung bei geneigten Flächen und Längen

Lasten von geneigten Bauteilen, die sich auf unterschiedliche Flächen oder Längen beziehen und/oder unterschiedlich orientiert sind, müssen in Werte mit einheitlichem Bezug umgerechnet werden, bevor sie superponiert, d. h. überlagert werden.

Beispielsweise bezieht sich die Eigenlast eines geneigten Daches auf die Dachfläche (Dfl.) und wirkt lotrecht nach unten. Die Schneelast dagegen, die ebenfalls lotrecht nach unten wirkt, wird auf die Grundfläche (Gfl.) des Daches bezogen, d. h. auf die in die horizontale Ebene projizierte Dachfläche. Die Windlast (als Flächenlast) wiederum wirkt grundsätzlich senkrecht zur Bauteiloberfläche und bezieht sich auf die Bauteiloberfläche (Abb. 3.1).

Für eine Überlagerung von Lasten, die sich auf unterschiedliche Flächen beziehen und/oder die eine unterschiedliche Richtung aufweisen, ist eine Umrechnung in einheitliche Bezugsgrößen erforderlich. Entsprechende Formeln für häufig vorkommende Fälle sind in Abb. 3.2. angegeben.

3.3.6 Eigenlasten von inhomogenen Bauteilen und Querschnitten

Bei inhomogenen Bauteilen, wie beispielsweise Holzbalkendecken und Dachbauteile mit abwechselnden Balken bzw. Sparren und Gefachen, wird die Eigenlast im Regelfall wie bei homogen aufgebauten Bauteilen als Flächenlast berechnet und auf einen Quadratmeter Fläche bezogen. Die Näherung ist für die meisten Fälle in der Baupraxis ausreichend genau. Die örtlich unterschiedlich hohen Eigenlasten, die sich aufgrund des inhomogenen

Eigenlast bezogen auf die Dachfläche ($g_{Dfl.}$):

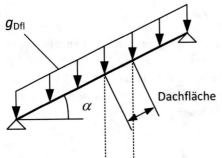

Eigenlast bezogen auf die Grundfläche ($g_{Gfl.}$):

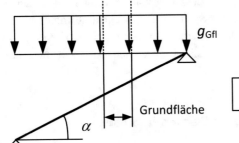

$$g_{Gfl} = g_{Dfl} / \cos \alpha$$

Zerlegung der Eigenlast in die Komponenten

senkrecht zur Dachfläche ($g_\perp$):   parallel zur Dachfläche ($g_{||}$):

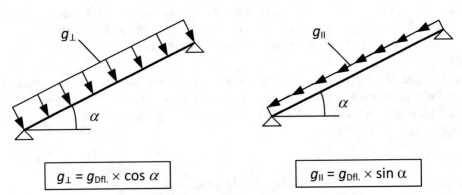

$$g_\perp = g_{Dfl.} \times \cos \alpha$$ $$g_{||} = g_{Dfl.} \times \sin \alpha$$

Beide Lastkomponenten ($g_\perp$ und $g_{||}$)
sind gleichzeitig anzusetzen.

Abb. 3.1 Bezugsfläche bzw. -länge von Eigenlasten

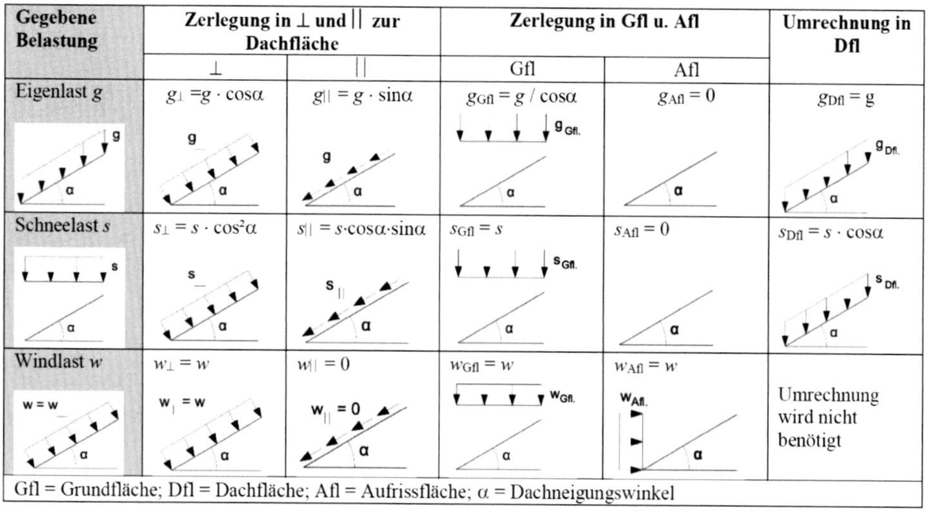

Gegebene Belastung	Zerlegung in ⊥ und ∥ zur Dachfläche		Zerlegung in Gfl u. Afl		Umrechnung in Dfl
	⊥	∥	Gfl	Afl	
Eigenlast g	$g_\perp = g \cdot \cos\alpha$	$g_\parallel = g \cdot \sin\alpha$	$g_{Gfl} = g / \cos\alpha$	$g_{Afl} = 0$	$g_{Dfl} = g$
Schneelast s	$s_\perp = s \cdot \cos^2\alpha$	$s_\parallel = s \cdot \cos\alpha \cdot \sin\alpha$	$s_{Gfl} = s$	$s_{Afl} = 0$	$s_{Dfl} = s \cdot \cos\alpha$
Windlast w	$w_\perp = w$	$w_\parallel = 0$	$w_{Gfl} = w$	$w_{Afl} = w$	Umrechnung wird nicht benötigt
Gfl = Grundfläche; Dfl = Dachfläche; Afl = Aufrissfläche; α = Dachneigungswinkel					

Abb. 3.2 Lastumrechnung bei geneigten Flächen und Längen

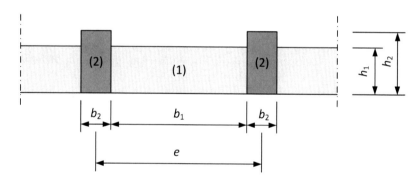

Abb. 3.3 Berechnung der Eigenlast für ein inhomogenes Bauteil

Bauteilaufbaus ergeben, werden entsprechend ihres Flächenanteils anteilig gemittelt. Für Bauteile, die in einer Raumrichtung inhomogen und regelmäßig aufgebaut sind, gilt folgende Gleichung (Abb. 3.3):

$$g_{Mittel} = \sum \frac{\gamma_i \cdot b_i \cdot h_i}{e} \qquad (3.2)$$

Darin bedeuten:

g_{Mittel}	mittlere Eigenlast des Bauteils, in kN/m^2
γ_i	Wichte des Bauteilquerschnittes, in kN/m^3
b_i	Breite des Bauteilquerschnittes, in m
h_i	Höhe des Bauteilquerschnittes, in m
e	Achsabstand, in m

Für dreidimensional aufgebaute inhomogene Bauteile mit regelmäßig wiederkehrenden Aufbauten kann sinngemäß verfahren werden.

Hinweis

Bei inhomogenen und regelmäßig aufgebauten Bauteilen werden die Eigenlasten der Bauteile flächenanteilig berücksichtigt. Die Gesamt-Eigenlast wird im Regelfall auf einen Quadratmeter Bauteilfläche bezogen.

3.3.7   Rechenablauf

Der Rechenablauf zur Ermittlung der charakteristischen Werte der Eigenlasten für Bauteile gestaltet sich wie folgt (Abb. 3.4):

1. **Bestimmung der charakteristischen Werte aus DIN EN 1991-1-1+NA (Rohdaten):** Aus DIN EN 1991-1-1/NA, Anhang A (Regelfall) bzw. geeigneten anderen Vorschriften oder Quellen (Sonderfall) wird der charakteristische Wert der Eigenlast als Wichte bzw. als Flächenlast für den Baustoff bzw. das Bauteil herausgesucht. Hinweis: Für einige Baustoffe (wie z. B. Metalle, Holz und Holzwerkstoffe, Mauerwerk) wird in DIN EN 1991-1-1 die Eigenlast i. d. R. als Wichte angegeben. Für Baustoffe, die üblicherweise flächig als Schicht eingebaut werden, wird dagegen die Flächenlast in kN/m^2 bezogen auf 1 cm Dicke (teilweise auch bezogen auf die üblicherweise verwendete Schichtdicke) angegeben.
2. **Umrechnung der Rohdaten in die gesuchte Eigenlast:** Mit Hilfe der Umrechnungsregeln (Tab. 3.1) werden aus den Eingangsgrößen (Rohdaten) die gesuchten Eigenlasten ermittelt (z. B. Wichte und Bauteildicke in Flächenlast). Bei mehrschichtigen Bauteilen, die aus unterschiedlichen Baustoffen bestehen, werden diese Rechenschritte für alle Schichten nacheinander durchgeführt.
3. **Inhomogene Bauteile:** Bei inhomogenen Bauteilen ist die Eigenlast nach den Regeln in 3.3.6 zu ermitteln.
4. **Berechnung der Gesamt-Eigenlast eines Bauteils:** Die nach Punkt 2 und ggfs. 3 ermittelten Lasten für die einzelnen Bauteilschichten werden aufsummiert, um die gesamte Eigenlast des Bauteils zu erhalten. Neben dem Zahlenergebnis ist unbedingt die Bezugsfläche (oder Bezugsgröße) mit anzugeben (z. B. bezogen auf die Dachfläche (Dfl.), Grundfläche (Gfl.)).
5. **Umrechnung:** Ggfs. ist die Flächenlast nach Punkt 4 in andere Lastarten (z. B. in eine Streckenlast) umzurechnen.

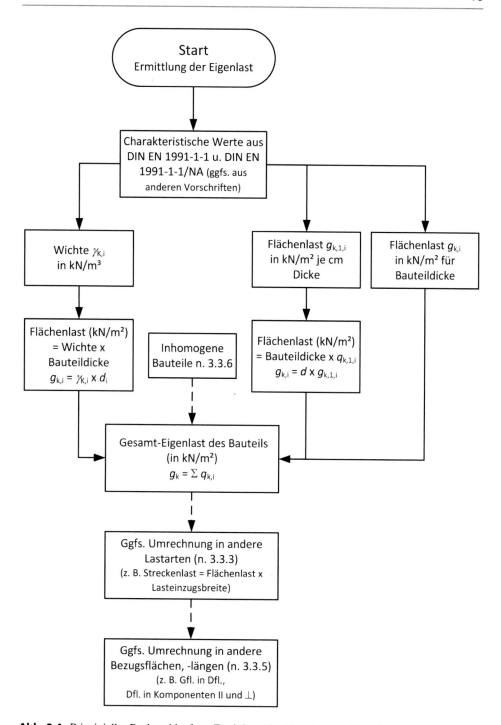

Abb. 3.4 Prinzipieller Rechenablauf zur Ermittlung der Eigenlast von Bauteilen

3.4   Beispiele

3.4.1   Beispiel 3.1 – Eigenlast eines Sparrens

Kategorie (A)
Für einen Sparren mit den Querschnittsabmessungen $b/h = 12/22$ cm aus Nadelholz der
Festigkeitsklasse C24 und einer Dachneigung von $\alpha = 25°$ ist die Eigenlast als Streckenlast
zu ermitteln (Abb. 3.5). Die Eigenlast ist als charakteristischer Wert bezogen auf die
Dachfläche (Dfl.) sowie bezogen auf die Grundfläche (Gfl.) anzugeben.

Lösung
Eigenlasten von Holz werden in DIN EN 1991-1-1/NA nur als Wichte in Abhängigkeit von
der Festigkeitsklasse angegeben. Der charakteristische Wert für die Wichte von Nadelholz
der Festigkeitsklasse C24 beträgt:

$$\gamma = 4{,}2 \text{ kN/m}^3$$

Umrechnung in eine Streckenlast mit den gegebenen Querschnittsabmessungen (bezogen
auf die Dachfläche):

Querschnitt: Eigenlast bezogen auf die Dachfläche (Dfl.):

Nadelholz C24

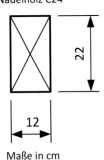

Maße in cm

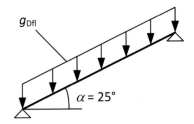

Eigenlast bezogen auf die Grundfläche (Gfl.):

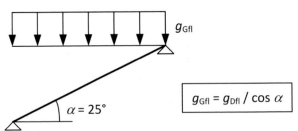

$$g_{Gfl} = g_{Dfl} / \cos \alpha$$

Abb. 3.5 Beispiel 3.1 – Eigenlast eines Sparrens

Streckenlast = Wichte x Querschnittsfläche

$$g_{\text{Dfl./k}} = \gamma \cdot b \cdot h = 4,2 \left[\text{kN/m}^3\right] \cdot 0,12 \, [\text{m}] \cdot 0,22 \, [\text{m}] = 0,11 \, \text{kN/m}$$

Diese Streckenlast bezieht sich auf die Dachfläche bzw. auf 1 m Sparrenlänge. Umrechnung der Streckenlast in einen Wert bezogen auf die Grundfläche:

$$g_{\text{Gfl./k}} = g_{\text{Dfl./k}} / \cos \alpha = 0,11 / \cos 25° = 0,11 / 0,9063 = 0,12 \, \text{kN/m}$$

Die angegebenen Eigenlasten sind charakteristische Werte (Index „k"), die noch keinen Teilsicherheitsbeiwert enthalten. Für die Bemessung ist noch der entsprechende Teilsicherheitsbeiwert (hier: Teilsicherheitsbeiwert für ständige Einwirkungen γ_G) zu berücksichtigen.

3.4.2 Beispiel 3.2 – Eigenlast eines Plattenbalkens

Kategorie (A)
Für den abgebildeten Plattenbalken aus Stahlbeton ist die Eigenlast als Streckenlast zu berechnen (Abb. 3.6)

Lösung
Wichte Stahlbeton: $\gamma = 25 \, \text{kN/m}^3$
   Querschnittsfläche des Plattenbalkens:

$$A = 2,00 \cdot 0,20 + 0,20 \cdot 0,30 = 0,46 \, \text{m}^2$$

Streckenlast (charakteristischer Wert):

$$g_k = \gamma \cdot A = 25 \cdot 0,46 = 11,5 \, \text{kN/m}$$

Abb. 3.6 Beispiel 3.2 –
Eigenlast eines Plattenbalkens

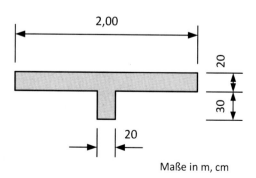

Maße in m, cm

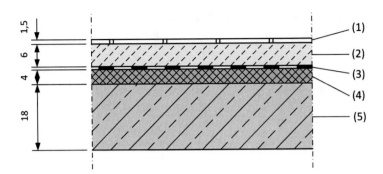

Abb. 3.7 Beispiel 3.3 – Eigenlast einer Geschossdecke aus Stahlbeton

Die Eigenlast des Plattenbalkens beträgt in Längsrichtung g_k = 11,5 kN/m (charakteristischer Wert).

3.4.3   Beispiel 3.3 – Eigenlast einer Geschossdecke aus Stahlbeton

Kategorie (A)
Für die abgebildete Geschossdecke aus Stahlbeton sollen die Eigenlasten (charakteristische Werte) ermittelt werden (Abb. 3.7):

a) Eigenlast der Gesamtkonstruktion als Flächenlast.
b) Ausbaulast als Flächenlast.
c) Eigenlast eines Deckenfeldes mit den Abmessungen 4,0 m × 5,0 m als Einzellast.

Aufbau der Geschossdecke
(1) 1,5 cm keramische Bodenfliesen
(2) 6 cm Zementestrich
(3) Trennlage (PE-Folie), 0,01 kN/m^2 je Lage
(4) 4 cm Trittschalldämmung, 0,01 kN/m^2 je cm Dicke
(5) 18 cm Stahlbeton

Lösung
a) *Eigenlast als Flächenlast:*

Die Eigenlast wird zweckmäßigerweise tabellarisch ermittelt.

Nr.	Bezeichnung/Berechnung	Flächenlast (kN/m²)
1	Keramische Bodenfliesen, $d = 1{,}5$ cm $0{,}22$ kN/m² je cm Dicke: $=> 1{,}5 \cdot 0{,}22 =$	0,33
2	Zementestrich, $d = 6$ cm $0{,}22$ kN/m² je cm Dicke: $=> 6 \cdot 0{,}22 =$	1,32
3	Trennlage (PE-Folie)	0,01
4	Trittschalldämmung, $d = 4$ cm $0{,}01$ kN/m² je cm Dicke: $=> 4 \cdot 0{,}01 =$	0,04
5	Stahlbetondecke, $d = 18$ cm $\gamma = 25$ kN/m³: $=> \gamma \cdot d = 25 \cdot 0{,}18$	4,50
	$g_\mathrm{k} =$	**6,20 kN/m²**

Der charakteristische Wert der Eigenlast der Geschossdecke als Flächenlast beträgt $g_\mathrm{k} = 6{,}20$ kN/m².

b) *Ausbaulast:*

Die Ausbaulast gibt die Summe der Eigenlasten aller Schichten an, die nicht zur tragenden Konstruktion gehören. Die Ausbaulast wird üblicherweise mit Δg gekennzeichnet. Hier bilden die Schichten (1), (2), (3) und (4) die Ausbaukonstruktion.

Ausbaulast:

$$\Delta g_\mathrm{k} = 0{,}33 + 1{,}32 + 0{,}01 + 0{,}04 = 1{,}70 \ \mathrm{kN/m^2}$$

Der charakteristische Wert der Ausbaulast beträgt $\Delta g_\mathrm{k} = 1{,}70$ kN/m².

c) *Eigenlast eines Deckenfeldes mit den Abmessungen 4,0 m × 5,0 m:*

Fläche des Deckenfeldes:

$$A = 4{,}0 \cdot 5{,}0 = 20{,}0 \ \mathrm{m^2}$$

Eigenlast als Einzellast:

$$G_\mathrm{k} = g_\mathrm{k} \cdot A = 6{,}20 \cdot 20{,}0 = 124 \ \mathrm{kN}.$$

Der charakteristische Wert der Eigenlast eines Deckenfeldes mit einer Fläche von 20 m² beträgt $G_\mathrm{k} = 124$ kN.

3.4.4   Beispiel 3.4 – Eigenlast einer Außenwand aus Mauerwerk

Kategorie (A)
Für die abgebildete Außenwand sind die Eigenlasten zu ermitteln (Abb. 3.8):

a) Eigenlast als Flächenlast (je m^2 Wandfläche).
b) Eigenlast als Streckenlast am Wandfuß (Wandhöhe: $h = 2{,}75$ m).

Aufbau der Außenwand
(1) Wärmedämmverbundsystem (WDVS) aus einem 15 mm dicke und bewehrten Ober-
     putz und Schaumkunststoff
(2) Wand aus Kalksandstein-Mauerwerk, Rohdichte 1,2 g/cm^3, $d = 24$ cm
(3) 1,5 cm Gipsputz

Abb. 3.8 Beispiel 3.4 –
Eigenlast einer Außenwand

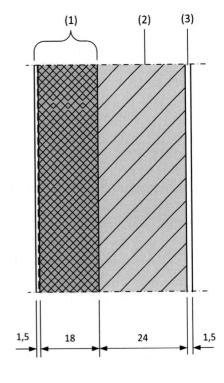

Lösung

a) *Eigenlast als Flächenlast:*

Die Eigenlast wird zweckmäßigerweise tabellarisch ermittelt.

Nr.	Bezeichnung/Berechnung	Flächenlast (kN/m^2)
1	Wärmedämmverbundsystem aus 15 mm dickem und bewehrten Oberputz und Schaumkunststoff	0,30
2	Wand aus Kalksandstein-Mauerwerk, Rohdichte 1,2 g/m^3, $d = 24$ cm, Dünnbettmörtel $\gamma = 13$ kN/m^3 :=> $\gamma \cdot d = 13 \cdot 0{,}24 =$	3,12
3	Gipsputz, $d = 1{,}5$ cm 0,18 kN/m^2 je 15 mm Dicke:	0,18
	$g_k =$	**3,60 kN/m^2**

Der charakteristische Wert der Eigenlast als Flächenlast beträgt $g_k = 3{,}60$ kN/m^2.

b) *Eigenlast als Streckenlast am Wandfuß:*

Bei einer Wandhöhe von $h = 2{,}75$ m ergibt sich:

$$g_k{}^* = g_k \cdot h = 3{,}60 \cdot 2{,}75 = 9{,}90 \text{ kN/m}$$

Der charakteristische Wert der Eigenlast der Wand als Streckenlast am Wandfuß beträgt $g_k^* = 9{,}9$ kN/m.

3.4.5 Beispiel 3.5 – Eigenlast einer Holzbalkendecke

Kategorie (B)
Für die abgebildete Holzbalkendecke ist die Eigenlast zu bestimmen (Abb. 3.9):

a) Eigenlast als Flächenlast.
b) Eigenlast, die als Streckenlast auf einen Holzbalken wirkt.

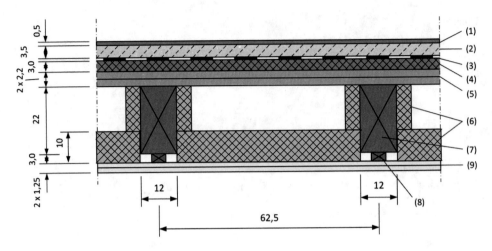

Abb. 3.9 Beispiel 3.5 – Eigenlast einer Holzbalkendecke

Aufbau der Holzbalkendecke

(1) Linoleum, $d = 0,5$ cm

(2) Gussasphaltestrich, $d = 3,5$ cm

(3) Trennlage, 0,01 kN/m^2

(4) Trittschalldämmung, $d = 3$ cm, 0,01 kN/m^2 je cm Dicke

(5) OSB-Platten, 2 Lagen (Holzfaserplatten), $d = 22$ mm je Lage

(6) Dämmstoff zur Verbesserung der Luftschalldämmung, 0,01 kN/m^2 je cm Dicke

(7) Balken aus Nadelholz, C 24, $b/d = 12/22$ cm, Achsabstand $e = 62,5$ cm

(8) Lattung aus Nadelholz, C 24, $b/d = 50/30$ mm, Achsabstand $e = 62,5$ cm

(9) Bekleidung aus 2 Lagen Gipskartonplatten, $d = 12,5$ mm je Lage

Lösung

a) *Eigenlast als Flächenlast:*

Die Eigenlast wird zweckmäßigerweise tabellarisch ermittelt.

Nr.	Bezeichnung/Berechnung	Flächenlast (kN/m^2)
1	Linoleum, $d = 0,5$ cm 0,13 kN/m^2 je cm Dicke: => 0,5 · 0,13 =	0,065
2	Gussasphaltestrich, $d = 3,5$ cm 0,23 kN/m^2 je cm Dicke: => 3,5 · 0,23 =	0,805
3	Trennlage	0,01

(Fortsetzung)

Nr.	Bezeichnung/Berechnung	Flächenlast (kN/m^2)
4	Trittschalldämmung, $d = 3{,}0$ cm 0,01 kN/m^2 je cm Dicke => $3{,}0 \cdot 0{,}01 =$	0,03
5	OSB-Platten (Holzfaserplatten), 2 Lagen, $d = 22$ mm je Lage $\gamma = 8$ kN/m^3: => $\gamma \cdot d = 8 \cdot 2 \cdot 0{,}022 =$	0,35
6	Dämmschicht, $d = 10$ cm, 0,01 kN/m^2 je cm Dicke Zur Vereinfachung wird angenommen, dass die Dämmschicht auch im Bereich der Balken durchgeht. Dadurch wird näherungsweise die Eigenlast der hochgestellten Dämmstoffstreifen an den Balken erfasst. => $10 \cdot 0{,}01 =$	0,10
7	Balken aus Nadelholz, C 24, $b/d = 12/22$ cm, Achsabstand $e = 62{,}5$ cm $\gamma = 4{,}2$ kN/m^3: => $\gamma \cdot d \cdot b/e = 4{,}2 \cdot 0{,}22 \cdot 0{,}12/0{,}625=$	0,18
8	Lattung aus Nadelholz, C 24, $b/d = 50/30$ mm, Achsabstand $e = 62{,}5$ cm $\gamma = 4{,}2$ kN/m^3: => $\gamma \cdot d \cdot b/e = 4{,}2 \cdot 0{,}050 \cdot 0{,}030/0{,}625=$	0,010
9	Bekleidung aus Gipskartonplatten, 2 Lagen, $d = 12{,}5$ mm (= 1,25 cm) je Lage 0,09 kN/m^2 je cm Dicke: => $2 \cdot 1{,}25 \cdot 0{,}09 =$	0,225
	$g_k =$	**1,81 kN/m^2**

Der charakteristische Wert der Eigenlast als Flächenlast beträgt $g_k = 1{,}81$ kN/m^2.

b) *Eigenlast als Streckenlast:*

$$g_k{}^* = g_k \cdot e = 1{,}81 \cdot 0{,}625 = 1{,}31 \text{ kN/m}^2$$

Auf einen Holzbalken wirkt eine Eigenlast in Höhe von $g_k{}^* = 1{,}31$ kN/m^2 (charakteristischer Wert).

3.4.6 Beispiel 3.6 – Eigenlast eines Flachdachs (Warmdach)

Kategorie (B)
Für das abgebildete Flachdach ist die Eigenlast als Flächenlast (charakteristischer Wert) zu ermitteln (Abb. 3.10). Weiterhin ist die Größe der ständigen Einwirkungen anzugeben.

Aufbau
(1) Schwerer Oberflächenschutz bestehend aus einer Kiesschicht (Körnung 16/32 mm), Dicke 5 cm
(2) Abdichtung aus Bitumen-Dachdichtungsbahnen, zweilagig
(3) Dampfdruckausgleichsschicht

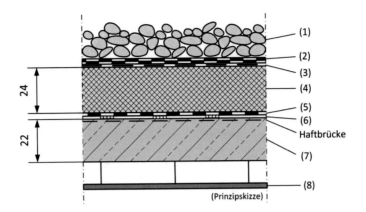

Abb. 3.10 Beispiel 3.6 – Eigenlast eines Flachdachs

(4) Wärmedämmschicht aus Polystyrol-Hartschaum (EPS), $d = 24$ cm, 0,01 kN/m^2 je cm
   Dicke
(5) Dampfsperre, eine Lage
(6) Ausgleichsschicht
(7) Stahlbetondecke, $d = 22$ cm
(8) Unterdecke aus Akustik-Elementen, 0,15 kN/m^2 einschließlich Befestigungs-
   konstruktion

Lösung

a) *Eigenlast insgesamt:*

Die Eigenlast insgesamt wird tabellarisch ermittelt.

Nr.	Bezeichnung/Berechnung	Flächenlast (kN/m^2)
1	Schwerer Oberflächenschutz bestehend aus einer Kiesschicht (Körnung 16/32 mm), $d = 5$ cm => 1,0 kN/m^2 je 5 cm Dicke	1,00
2	Abdichtung aus Bitumen-Dachdichtungsbahnen, zweilagig 0,06 kN/m^2 je Lage: => $2 \cdot 0,06 =$	0,12
3	Dampfdruckausgleichsschicht	0,03
4	Wärmedämmschicht, $d = 24$ cm, 0,01 kN/m^2 je cm Dicke: => $24 \cdot 0,01 =$	0,24
5	Dampfsperre, eine Lage	0,07
6	Ausgleichsschicht	0,03
7	Stahlbetondecke, $d = 22$ cm $\gamma = 25$ kN/m^3: $\gamma \cdot d = 25 \cdot 0,22=$	5,50

(Fortsetzung)

Nr.	Bezeichnung/Berechnung	Flächenlast (kN/m^2)
8	Unterdecke aus Akustikplatten, 0,15 kN/m^2 insgesamt	0,15
	$g_k + q_k =$	**7,14 kN/m^2**

Der charakteristische Wert der Eigenlast insgesamt (d. h. einschließlich der Eigenlast der Kiesschüttung) des Flachdachs als Flächenlast beträgt $g_k + q_k = 7{,}14$ kN/m^2.

Achtung: Die Kiesschüttung zählt **nicht** zu den ständigen Einwirkungen, sondern wird den veränderlichen Einwirkungen zugerechnet. Es ergibt sich somit für die **ständige Einwirkung** des Flachdachs folgender charakteristischer Wert:

$$g_k = 7{,}14 - 1{,}00 = 6{,}14 \ kN/m^2$$

Die Eigenlast der Kiesschüttung wird den veränderlichen Einwirkungen zugerechnet. Der charakteristische Wert beträgt:

$$q_k = 1{,}00 \ kN/m^2$$

3.4.7 Beispiel 3.7 – Eigenlast einer Stützwand

Kategorie (B)
Für die abgebildete Stützwand aus Stahlbeton ist die Eigenlast als Streckenlast in Wandlängsrichtung (senkrecht zur Blattebene) zu berechnen (Abb. 3.11).

Lösung
Querschnittsfläche:
   Wand: $A_W = (0{,}50 + 1{,}50)/2 \cdot 10{,}0 = 10{,}00$ m^2

Bodenplatte:

(1): $A_1 = 9{,}00 \cdot (1{,}00 + 1{,}50)/2 = 11{,}25$ m^2
(2): $A_2 = 1{,}50 \cdot 1{,}50 = 2{,}25$ m^2
(3): $A_3 = 1{,}50 \cdot (1{,}50 + 1{,}20)/2 = 2{,}03$ m^2

Summe:

$$A = A_W + A_1 + A_2 + A_3 = 10{,}00 + 11{,}25 + 2{,}25 + 2{,}03 = 25{,}53 \ m^2$$

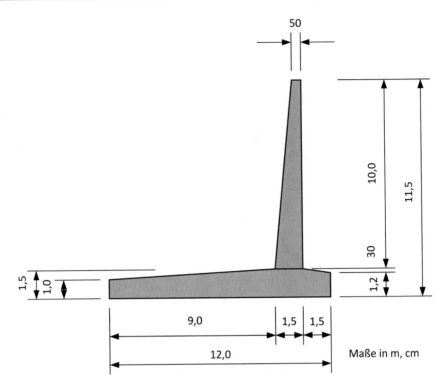

Abb. 3.11 Beispiel 3.7 – Eigenlast einer Stützwand

Wichte Stahlbeton:

$$\gamma = 25 \text{ kN/m}^3$$

Eigenlast als Streckenlast:

$$g_k = \gamma \cdot A = 25 \cdot 25{,}53 = 638{,}25 \text{ kN/m} \approx 640 \text{ kN/m} = 0{,}64 \text{ MN/m}$$

Der charakteristische Wert der Eigenlast der Stützwand als Streckenlast in Wandlängs-richtung (d. h. senkrecht zur Blattebene) beträgt $g_k = 640$ kN/m bzw. 0,64 MN/m.

3.4.8 Beispiel 3.8 – Eigenlast eines Fachwerkträgers aus Stahl

(Kategorie C)
Für den abgebildeten Fachwerkträger aus Stahl soll die Eigenlast berechnet werden (Abb. 3.12)

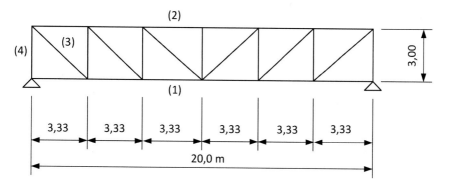

Abb. 3.12 Beispiel 3.8 – Eigenlast eines Fachwerkträgers

a) Eigenlast des gesamten Fachwerkträgers als Einzellast.
b) Eigenlast als Streckenlast.
c) Eigenlast als Knotenlasten.

Aufbau und Eigenlasten
- (1) Untergurt: 1/2 IPE 400, $g = 0{,}332$ kN/m
- (2) Obergurt: 1/2 IPE 500, $g = 0{,}453$ kN/m
- (3) Diagonalstäbe: $2 \times$ L 150×10, $g = 0{,}230$ kN/m je Winkel
- (4) Vertikalstäbe: $2 \times$ L $150 \times 90 \times 15$, $g = 0{,}266$ kN/m je Winkel
- Knotenbleche und Verbindungsmittel: pauschal 0,15 kN je Knotenpunkt

Lösung

a) *Eigenlast des gesamten Fachwerkträgers als Einzellast:*

Untergurt: $l = 20{,}0$ m, $g = 0{,}322$ kN/m

$$G = g \cdot l = 0{,}322 \cdot 20{,}0 = 6{,}64 \text{ kN}$$

Obergurt: $l = 20{,}0$ m, $g = 0{,}453$ kN/m

$$G = 0{,}453 \cdot 20{,}0 = 9{,}04 \text{ kN}$$

Diagonalstäbe: 6 Stück, $l = \sqrt{(3{,}33^2 + 3{,}00^2)} = 4{,}48$ m, $g = 2 \cdot 0{,}230 = 0{,}460$ kN/m

$$G = 6 \cdot 0{,}460 \cdot 4{,}48 = 12{,}37 \text{ kN}$$

Vertikalstäbe: 7 Stück, $l = 3,00$ m, $g = 2 \cdot 0,266 = 0,532$ kN/m

$$G = 7 \cdot 0,532 \cdot 3,00 = 11,17 \text{ kN}$$

Knotenbleche und Verbindungsmittel: pauschal 0,15 kN je Knotenpunkt, 14 Knotenpunkte

$$G = 14 \cdot 0,15 = 2,10 \text{ kN}$$

Gesamt:

$$G_k = 6,64 + 9,04 + 12,37 + 11,17 + 2,1 = 41,32 \text{ kN} \quad \text{(für den gesamten Träger)}$$

b) *Eigenlast als Steckenlast:*

$$g_k = G_k/l = 41,32/20,0 = 2,07 \text{ kN/m} \quad \text{(insgesamt, d. h. für den gesamten Träger)}$$

c) *Eigenlast als Knotenlasten*

Innenfelder: Einflusslänge: $l = 3,33$ m für zwei Knotenpunkte

$$G_k = g_k/l = 2,07/2 \cdot 3,33 = 3,45 \text{ kN}$$

Außenfelder:

$$G_k/2 = 1,73 \text{ kN}$$

Kontrolle:
Summe der Knotenlasten: $G_k = 4 \cdot 1,73 + 10 \cdot 3,45 = 41,42 \approx 41,32$ kN (s. o.)

3.4.9 Beispiel 3.9 – Eigenlast eines Treppenlaufs aus Stahlbeton mit Naturwerksteinplatten

(Kategorie C)
Für den abgebildeten Treppenlauf aus Stahlbeton mit Naturwerksteinplatten soll die Eigenlast berechnet werden (Abb. 3.13).

Aufbau
(1) Gipsputz an der Unterseite, $d = 15$ mm
(2) Platte aus Stahlbeton, $d = 18$ cm

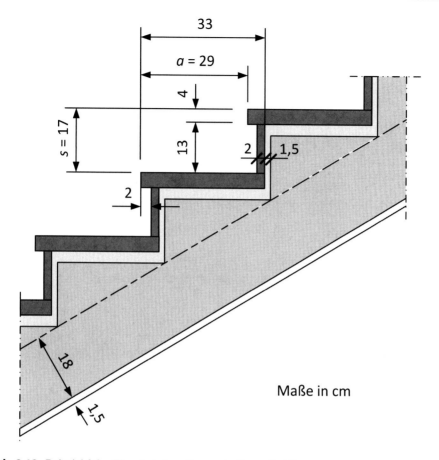

Abb. 3.13 Beispiel 3.9 – Eigenlast eines Treppenlaufs aus Stahlbeton

(3) Stufen aus unbewehrtem Beton, Steigung $s = 17$ cm
(4) Kalkzementmörtel Trittstufen, $d = 3$ cm, $\gamma = 22$ kN/m^3
(5) Belag Auftritt aus Naturwerksteinplatten, $d = 4$ cm, $\gamma = 30$ kN/m^3
(6) Kalkzementmörtel Setzstufen, $d = 1{,}5$ cm, $\gamma = 22$ kN/m^3
(7) Bekleidung Setzstufen aus Naturwerksteinplatten, $d = 2$ cm, $\gamma = 30$ kN/m^3

Geometrie
- Steigung: $s = 17$ cm
- Auftritt: $a = 29$ cm
- Schrittmaßregel ist eingehalten: $2\,s + a = 2 \cdot 17 + 29 = 63$ cm
- $\tan \alpha = s/a = 0{,}586 = \; > \alpha = 30{,}4°$

Lösung

Die Eigenlast wird auf die Grundfläche (Gfl.) bezogen. Die Berechnung erfolgt tabellarisch:

Nr.	Bezeichnung/Berechnung	Flächenlast bez. auf Gfl. (kN/m²)
1	Gipsputz, $d = 15$ mm, $0{,}18$ kN/m² $\Rightarrow 0{,}18/\cos 30{,}4° =$	0,21
2	Stahlbetonplatte, $d = 18$ cm, $\gamma = 25$ kN/m³ $\Rightarrow 25 \cdot 0{,}18/\cos 30{,}4° =$	5,22
3	Stufen aus unbewehrtem Beton, $\gamma = 24$ kN/m³ $\Rightarrow 1/2 \cdot 24 \cdot 0{,}17 =$	2,04
4	Trittstufen, $d = 4$ cm, $\gamma = 30$ kN/m³, Länge 33 cm, Überlappung 4 cm $\Rightarrow 30 \cdot 0{,}04 \cdot 33 \, (33 - 4) =$	1,37
5	Mörtel unter den Trittstufen, $d = 3$ cm, $\gamma = 22$ kN/m³ $\Rightarrow 22 \cdot 0{,}03 =$	0,66
6	Setzstufen aus Naturwerksteinplatten, $d = 2$ cm, $\gamma = 30$ kN/m³, $h = 13$ cm eine Setzstufe je Auftritt ($a = 29$ cm) $\Rightarrow 30 \cdot 0{,}02 \cdot 0{,}13 \, /0{,}29 =$	0,27
7	Mörtel unter den Setzstufen, $d = 1{,}5$ cm, $\gamma = 22$ kN/m³, $h = s = 17$ cm eine Schicht je Auftritt $\Rightarrow 22 \cdot 0{,}015 \cdot 0{,}17/0{,}29 =$	0,19
	$g_k =$	**9,96** $\approx$ **10,0 kN/m²** (bezogen auf Gfl.)

Der charakteristische Wert der Eigenlast des Treppenlaufs bezogen auf die Grundfläche beträgt $g_k = 10{,}0$ kN/m².

Hinweis

Die Eigenlast von Treppen sollte grundsätzlich als Wert angegeben werden, der sich auf die **Grundfläche** bezieht. Hintergrund: Die lotrechten Nutzlasten für Treppen sind ebenfalls auf die Grundfläche bezogen. Bei Angabe der Eigenlast auf die Grundfläche kann diese sofort mit der lotrechten Nutzlast überlagert werden.

3.4.10 Beispiel 3.10 – Eigenlast eines Dachquerschnitts in Holzbauweise

(Kategorie C)

Für den abgebildeten Dachquerschnitt eines Pfettendachs in Holzbauweise ist die Eigenlast bezogen auf die Dachfläche (Dfl.) und die Grundfläche (Gfl.) zu berechnen (Abb. 3.14).

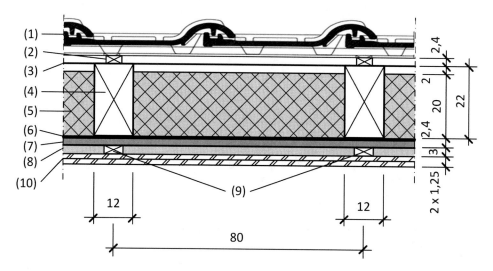

Abb. 3.14 Beispiel 3.10 – Eigenlast eines Dachquerschnitts in Holzbauweise

Die Dachneigung beträgt $\alpha = 40°$. Außerdem ist die auf einen Sparren wirkende Streckenlast zu berechnen; der Achsabstand der Sparren beträgt $e = 80$ cm.

Weitere Angaben

(1) Dachdeckung aus Dachsteinen aus Beton mit mehrfacher Fußverrippung und hoch liegendem Längsfalz (über 10 Stück/m²); die Dachsteine sollen mit einer Vermörtelung versehen werden.

(2) Konterlatten aus Nadelholz C 24, $b/h = 48/24$ mm, Achsabstand gleich Sparrenabstand ($e = 80$ cm)

(3) Unterspannbahn als Winddichtheitsschicht, 0,02 kN/m²

(4) Sparren aus Nadelholz C 24, $b/h = 12/22$ cm

(5) Wärmedämmung aus Mineralfaserdämmstoff als Zwischensparrendämmung, $d = 20$ cm, 0,01 kN/m² je cm Dicke

(6) Dampfsperre aus PE-Folie, 0,02 kN/m²

(7) OSB-Platten, $d = 24$ mm

(8) Untersparrendämmung aus Mineralfaserdämmstoff, $d = 30$ mm, 0,01 kN/m² je cm Dicke

(9) Lattung aus Nadelholz C 24, $b/h = 50/30$ mm, auf der Sparrenunterseite befestigt als Auflager für die raumseitige Bekleidung, Achsabstand gleich Sparrenabstand ($e = 80$ cm)

(10) Bekleidung aus Gipsbauplatten, zweilagig, $d = 2 \times 12{,}5$ mm

Lösung

Die Berechnung der Eigenlast (Dfl.) erfolgt tabellarisch:

Nr.	Bezeichnung/Berechnung	Flächenlast bez. auf Dfl. (kN/m^2)
1	Dachdeckung	0,55
	Vermörtelung	0,10
2	Konterlatten aus C 24, $b/h = 48/24$ mm, $e = 0,80$ m $\gamma = 4,2$ kN/m^3 => $4,2 \cdot 0,024 \cdot 0,048/0,80 =$	0,006
3	Unterspannbahn	0,020
4	Sparren aus Nadelholz C 24, $b/h = 12/22$ cm, $e = 0,80$ m $\gamma = 4,2$ kN/m^3 => $4,2 \cdot 0,22 \cdot 0,12/0,80 =$	0,139
5	Wärmedämmung aus Mineralfaserdämmstoff, $d = 20$ cm, 0,01 kN/m^2 je cm Dicke Näherungsweise wird die Dämmschicht als homogene, durchlaufende Schicht angenommen: => $20 \cdot 0,01 =$	0,20
6	Dampfsperre	0,02
7	OSB-Platten, $d = 24$ mm (es wird der Wert für Faserplatten, mittlere Dichte verwendet), $\gamma = 8$ kN/m^3 => $8 \cdot 0,024 =$	0,192
8	Untersparrendämmung aus Mineralfaserdämmstoff, $d = 30$ mm, 0,01 kN/m^2 je cm Dicke => $3 \cdot 0,01 =$	0,03
9	Lattung aus Nadelholz C 24, $b/h = 50/30$ mm, $e = 0,80$ m $\gamma = 4,2$ kN/m^3 => $4,2 \cdot 0,03 \cdot 0,05/0,80 =$	0,079
10	Bekleidung aus Gipsbauplatten, zweilagig, $d = 2 \times 12,5$ mm 0,09 kN/m^2 je cm Dicke => $2 \cdot 1,25 \cdot 0,09 =$	0,25
	$g_k =$	1,561 $\approx$ **1,56 kN/m^2 (Dfl.)**

Der charakteristische Wert der Eigenlast des Dachquerschnitts bezogen auf die Dachfläche (Dfl.) beträgt:

$$g_k = 1,56 \text{ kN/m}^2 (\text{Dfl.}).$$

Umrechnung in Grundfläche:

$$g_{k,Gfl.} = g_k / \cos \alpha = 1,56 / \cos 40° = 2,04 \ kN/m^2 (Gfl.)$$

Streckenlast, die auf einen Sparren wirkt (charakteristische Werte):

$$g'_{k,Dfl.} = 1,56 \cdot 0,80 = 1,25 \ kN/m \quad \text{(bezogen auf Dachfläche)}$$

$$g_{k',Gfl.} = 2,04 \cdot 0,80 = 1,63 \ kN/m \quad \text{(bezogen auf Grundfläche)}$$

3.5   Aufgaben zum Selbststudium

Nachfolgend sind einige Aufgaben zum Selbststudium zusammengestellt. Dabei werden in der Regel nur die Lösungen sowie wichtige Zwischenergebnisse angegeben.

3.5.1   Aufgabe 1

Für die nachfolgend beschriebene Kellerdecke in einem Mehrfamilienwohnhaus ist die Eigenlast als Flächenlast als charakteristischer Wert zu berechnen. Es sind die Gesamtlast sowie die Ausbaulast anzugeben.

Aufbau (von oben nach unten)
(1) Keramische Bodenfliesen, $d = 1$ cm
(2) Zementestrich als Heizestrich, Bauart A (Heizrohre liegen auf der Dämmschicht), $d = 8$ cm (Flächenlast wie Zementestrich)
(3) Trennlage
(4) Trittschalldämmung, $d = 4$ cm
(5) Stahlbetondecke, $d = 20$ cm
(6) Wärmedämmung aus Polystyrol-Hartschaumplatten (EPS), $d = 10$ cm

Lösung

gesamt: $g_k = 7,13 \ kN/m^2$
Ausbaulast: $\Delta g_k = 2,13 \ kN/m^2$

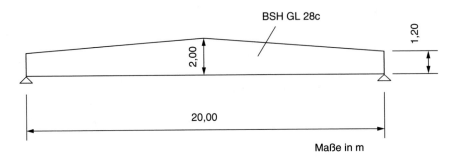

Abb. 3.15 Aufgabe 2 – Eigenlast eines Brettschichtholzträgers

3.5.2 Aufgabe 2

Für den abgebildeten satteldachförmigen Träger aus Brettschichtholz (Festigkeitsklasse GL 28c) einer Halle in Holzbauweise ist die Eigenlast als Streckenlast als charakteristischer Wert zu berechnen (Abb. 3.15). Querschnittsbreite $b = 18$ cm.

Welche Besonderheit ist beim Lastansatz zu beachten?

Lösung
Wichte Brettschichtholz GL 28c: $\gamma_k = 3{,}7$ kN/m^3
Auflager: $g_{k,A} = 0{,}80$ kN/m
First: $g_{k,F} = 1{,}33$ kN/m

Die Eigenlast ist als trapezförmige Streckenlast mit einem Maximalwert im First (1,33 kN/m) und Minimalwerten an den Auflagern (jeweils 0,80 kN/m) anzusetzen.

3.5.3 Aufgabe 3

Für die abgebildete Außenwand in Holztafelbauweise ist die Eigenlast als charakteristischer Wert zu berechnen (Angabe als Flächenlast) (Abb. 3.16).

Außerdem ist die Eigenlast als Streckenlast am Wandfuß zu ermitteln (Höhe der Wand 2,75 m).

Aufbau
(1) Gipskartonplatten n. DIN 18180, $d = 2 \times 12{,}5$ mm
(2) OSB-Platten, $d = 18$ mm (es ist die Wichte für Holzfaserplatten mittlerer Dichte zu verwenden)
(3) Dampfsperre bestehend aus einer Lage Kunststoffbahn, 15 mm Dicke, 0,01 kN/m^2 je Lage

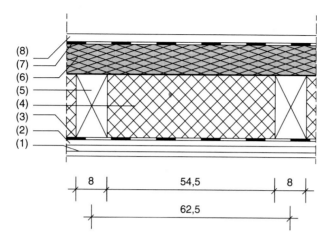

Abb. 3.16 Aufgabe 3 – Eigenlast einer Außenwand in Holztafelbauweise

(4) Wärmedämmung, $d = 16$ cm, 0,01 kN/m^2 je cm Dicke

(5) Holzstützen 6/16 cm, Nadelholz C 24

(6) Hartfaserplatte, $d = 10$ cm

(7) Kunststoffgewebe, 0,01 kN/m^2

(8) Außenputz (Kalkzementputz), $d = 1,5$ cm

Lösung

Flächenlast je Quadratmeter Wandfläche: $g_k = 1,935 \approx 1,95$ kN/m^2

Streckenlast am Wandfuß: $g_k{}^* = g_k \cdot h = 1,95 \cdot 2,75 = 5,36$ kN/m

3.5.4 Aufgabe 4

Für die abgebildete Treppe aus Stahlbeton in einem Industriebetrieb ist die Eigenlast als Flächenlast (charakt. Wert) bezogen auf die Grundfläche (Gfl.) zu berechnen (Abb. 3.17). Außerdem ist die Streckenlast (bezogen auf die Grundrissprojektion) anzugeben.

Aufbau

(1) Platte aus Stahlbeton, $d = 20$ cm

(2) Stufen aus unbewehrtem Beton, $s = 16$ cm, $a = 28$ cm

(3) Magnesiaestrich (einschichtig) n. DIN 18560-7, $d = 25$ mm

(4) Stahlwinkel n. DIN EN 10056, L 50 mm $\times$ 50 mm, $\times$ 5 mm, an den Vorderkanten der Stufen angeordnet, Eigenlast $g = 0,0377$ kN/m

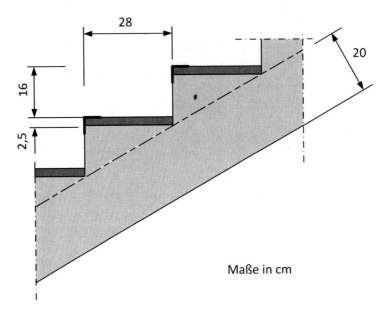

Abb. 3.17   Aufgabe 4 – Eigenlast einer Stahlbetontreppe

Breite der Treppe: $b = 1{,}50$ m (Gesamtmaß)

Lösung

(1) 5,75 kN/m² bez. auf Gfl.

(2) 1,92 kN/m² bez. auf Gfl.

(3) 0,55 kN/m² bez. auf Gfl.

(4) 0,164 kN/m² bez. auf Gfl.

gesamt: $g_k = 8{,}28 \approx 8{,}3$ kN/m² bez. auf Gfl.

$g_k{}^* = 8{,}3 \cdot 1{,}50 = 12{,}45$ kN/m

3.5.5   Aufgabe 5

Für die nachfolgend beschriebene Wohnungstrennwand ist der charakteristische Wert der Eigenlast als Flächenlast zu berechnen. Außerdem ist die Wandlast als Streckenlast anzugeben; Wandhöhe 3,00 m.

Aufbau

(1) Gipsputz, $d = 1,5$ cm

(2) Kalksandstein-Mauerwerk, $d = 30$ cm, Rohdichteklasse (RDK) 1,6, Normalmörtel

(3) Gipsputz, $d = 1,5$ cm

Lösung

Flächenlast: $g_k = 5,16$ kN/m²

Streckenlast am Wandfuß: $g_k^* = 15,48 \approx 15,5$ kN/m

3.5.6 Aufgabe 6

Für die abgebildete Zwischendecke eines Parkhauses mit Abdichtung n. DIN 18532 ist die Eigenlast als Flächenlast (charakteristischer Wert) zu berechnen (Abb. 3.18). Außerdem ist die Eigenlast je Balken als Streckenlast anzugeben.

Aufbau

(1) Nutzschicht aus Ortbeton n. DIN EN 206, unbewehrt, $d = 6$ cm

(2) Gussasphalt aus Gussasphaltstrichmörtel (AS) n. DIN EN 13813 der Härteklasse ASIC 40, $d = 3$ cm

(3) Abdichtungsschicht aus einer Polymerbitumen-Schweißbahn mit hochliegender Trägereinlage n. DIN EN 14695

(4) Aufbeton, $d = 2$ cm

(5) Plattenbalkendecke aus Stahlbeton, Platte: $d = 24$ cm, Plattenbalken, $b/d = 20$ bis 30 cm/60 cm, Achsabstand e = 2,5 m

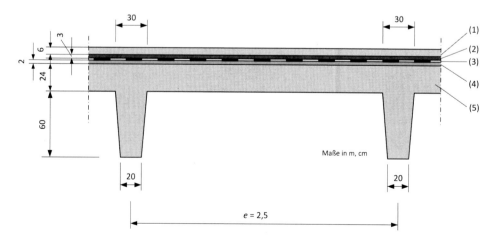

Abb. 3.18 Aufgabe 6 – Eigenlast einer Zwischendecke eines Parkhauses

Lösung

(1) 1,44 kN/m^2
(2) 0,69 kN/m^2
(3) 0,07 kN/m^2
(4) 0,48 kN/m^2
(5) Platte: 6,00 kN/m^2, Balken: 1,50 kN/m^2

Flächenlast: $g_k = 10,18 \approx 10,2$ kN/m^2
Streckenlast: $g_k{}^* = 25,5$ kN/m

3.6   Tabellen mit Wichten und Flächenlasten

Tabellen mit charakteristischen Werten für Wichten und Flächenlasten von Baustoffen und Bauteilen sowie Lagerstoffen befinden sich im Anhang (Kap. 9 in diesem Werk).

Literatur

1. DIN EN 1991-1-1:2010-12: Eurocode 1: Einwirkungen auf Tragwerke – Teil 1-1: Allgemeine Einwirkungen auf Tragwerke – Wichten, Eigengewicht und Nutzlasten im Hochbau; Beuth Verlag, Berlin
2. DIN EN 1991-1-1/NA:2010-12: Nationaler Anhang – National festgelegte Parameter – Eurocode 1: Einwirkungen auf Tragwerke – Teil 1-1: Allgemeine Einwirkungen auf Tragwerke – Wichten, Eigengewicht und Nutzlasten im Hochbau; Beuth Verlag, Berlin
3. Schmidt, Peter: Lastannahmen – Einwirkungen auf Tragwerke; 1. Aufl. 2019; Springer Vieweg; Wiesbaden
4. DIN EN 1991-1-1/NA/A1: Nationaler Anhang – National festgelegte Parameter – Eurocode 1: Einwirkungen auf Tragwerke – Teil 1-1: Allgemeine Einwirkungen auf Tragwerke – Wichten, Eigengewicht und Nutzlasten im Hochbau; Änderung A1; Beuth Verlag, Berlin
5. Richtlinie für die Planung, Ausführung und Pflege von Dachbegrünungen – Dachbegrünungs-richtlinie; Forschungsgesellschaft Landschaftsentwicklung e. V. FLL (Hrsg.); 2008; Bonn
6. DIN EN 1990:2010-12: Eurocode: Grundlagen der Tragwerksplanung; Beuth Verlag, Berlin
7. DIN EN 1990/NA:2010-12: Nationaler Anhang – National festgelegte Parameter – Eurocode: Grundlagen der Tragwerksplanung; Beuth Verlag, Berlin
8. Auslegungen des NA 005-51-01 AA zu DIN EN 1990:2010-12 und DIN EN 1990/NA:2010-12 – Stand 09. Dezember 2014; Deutsches Institut für Normung (DIN), Berlin

Nutzlasten im Hochbau

4

4.1 Allgemeines

Für die Bestimmung der anzusetzenden Nutzlasten im Hochbau sind DIN EN 1991-1-1 [1] sowie der zugehörige Nationale Anhang DIN EN 1991-1-1/NA [2] mit der A1-Änderung [3] zu beachten.

Die wesentlichen Regeln der vorgenannten Normen sowie weiterführende Hintergrundinformationen sind im Lehrbuch „*Lastannahmen – Einwirkungen auf Tragwerke*" [4], Kap. 5 – Nutzlasten im Hochbau, angegeben und werden dort an einfachen Beispielen erläutert.

Das Ziel der nachfolgenden Kapitel ist es, die teilweise theoretisch-abstrakten Regelungen der Normen anhand von ausgewählten baupraktischen und teilweise auch komplexeren Beispielen anschaulich zu verdeutlichen. Dabei werden auch aktuelle Auslegungen des zuständigen Normenausschusses [5, 8] berücksichtigt.

Zum Verständnis werden die wichtigsten Grundlagen, die für die Bestimmung der Nutzlasten im Hochbau zu beachten sind, in stichpunktartiger und/oder tabellarischer Form angegeben. Für genauere Informationen und Hintergründe wird auf das o. g. Lehrbuch sowie auf die betreffenden Normen und Vorschriften verwiesen.

4.2 Lernziele

Es werden folgende Lernziele mit unterschiedlichen Schwierigkeitsgraden verfolgt:

1. Sichere Beherrschung der Verfahren zur Bestimmung der Nutzlasten im Hochbau für die üblichen Standardfälle (d. h. Bestimmung vorwiegend ruhender Nutzlasten der Kategorien A bis E). Siehe hierzu Beispiele mit der Kennzeichnung **„Kategorie (A)"**.

© Springer Fachmedien Wiesbaden GmbH, ein Teil von Springer Nature 2022
P. Schmidt, *Lastannahmen – Beispiele*,
https://doi.org/10.1007/978-3-658-29528-8_4

2. Grundlegende Kenntnisse, wie die Nutzlasten bei komplexeren Anwendungsfällen zu bestimmen sind (z. B. Bestimmung von Nutzlasten der Kategorien F bis H, nicht vorwiegend ruhende Nutzlasten, Abminderung für die Lastweiterleitung). Siehe hierzu Beispiele mit Kennzeichnung „**Kategorie (B)**".

3. Fähigkeit, die in den Normen angegebenen Regeln auch auf nicht geregelte Sonderfälle zu übertragen und geeignete, ingenieurmäßige Lösungen für eine realitätsgenaue Ermittlung von Eigenlasten selbstständig zu erarbeiten. Siehe hierzu Beispiele mit Kennzeichnung „**Kategorie (C)**".

Neben ausführlichen Beispielen mit Lösungsweg werden auch Aufgaben mit Lösung für das Selbststudium angeboten.

4.3   Grundlagen

4.3.1   Allgemeines

Nutzlasten im Hochbau nach DIN EN 1991-1-1 werden als veränderliche und freie Einwirkungen im Sinne der DIN EN 1990 [6] eingestuft. Weiterhin sind Nutzlasten als quasi-ständige Einwirkungen anzusehen, d. h. dynamische Effekte werden durch eine äquivalente statische Ersatzeinwirkung erfasst.

Nach DIN EN 1991-1-1 werden vorwiegend ruhende und nicht vorwiegend ruhende Nutzlasten unterschieden. Zu den vorwiegend ruhenden Nutzlasten zählen Nutzlasten auf Decken, Treppen, Balkonen und Zugängen. Auch Nutzlasten für Parkhäuser und Flächen mit Fahrzeugverkehr sind vorwiegend ruhend. Dagegen sind Einwirkungen aus Gabelstaplerverkehr, Verkehrslasten auf befahrenen Hofkellerdecken und Hubschrauberlasten auf Dächern mit Landemöglichkeit als nicht vorwiegend ruhend anzunehmen (Abb. 4.1). Bei den nicht vorwiegend ruhenden Nutzlasten werden die die Zusatzbelastungen durch dynamische Effekte mit einem dynamischen Vergrößerungsfaktor (Schwingbeiwert) φ berücksichtigt.

Hinweis: Anpralllasten durch Fahrzeuge (z. B. in Parkhäusern) zählen nicht zu den Nutzlasten, sondern sind außergewöhnliche Einwirkungen. Diese sind in DIN EN 1991-1-7 [7] geregelt.

4.3.2   Formelzeichen und Darstellung der Nutzlasten

Die charakteristischen Werte der Nutzlasten im Hochbau werden mit den Formelzeichen q_k (für Flächenlasten und Streckenlasten) und Q_k (für Einzellasten) gekennzeichnet. Nutzlasten werden in folgender Form dargestellt (Abb. 4.2):

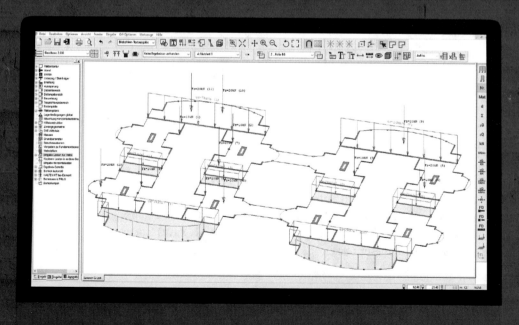

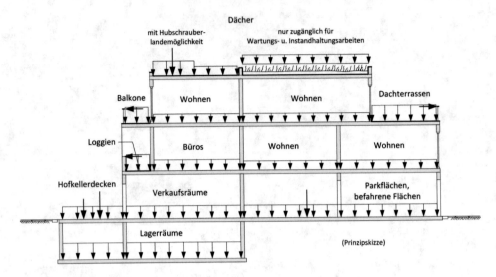

Abb. 4.1 Nutzlasten im Hochbau

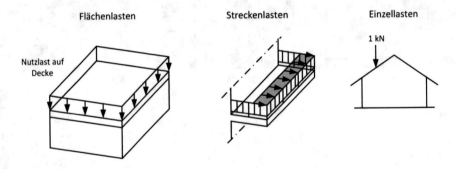

Abb. 4.2 Darstellung der Nutzlasten im Hochbau

- als Flächenlasten (q_k) (z. B. lotrechte Nutzlasten auf Decken, Treppen usw.);
- als Streckenlasten (q_k) (z. B. Horizontallast an einem Geländerholm);
- als Einzellasten Q_k (z. B. Menschlast in Höhe von 1 kN auf Dächern);
- als Kombination dieser Lasten

4.3.3 Lotrechte Nutzlasten für Decken, Treppen und Balkone

Lotrechte Nutzlasten für Decken, Treppen und Balkone sind in DIN EN 1991-1-1/NA festgelegt (s. Tab. 4.1).

Tab. 4.1 Lotrechte Nutzlasten für Decken, Treppen und Balkone (n. DIN EN 1991-1-1/NA, Tab. 6.1 DE)

Kategorie		Nutzung	Beispiele	Flächenlast q_k kN/m²	Einzellast $Q_k{}^{e)}$ kN
A	A1	Spitzböden	Für Wohnzwecke nicht geeigneter, aber zugänglicher Dachraum bis 1,80 m lichter Höhe	1,0	1,0
	A2	Wohn- und Aufenthalts-räume	Decken <u>mit ausreichender Querverteilung</u> der Lasten. Räume und Flure in Wohngebäuden, Bettenräume in Krankenhäusern, Hotelzimmer einschließlich zugehöriger Küchen und Bäder.	1,5	-
	A3		wie A2, aber <u>ohne ausreichende Querverteilung</u> der Lasten	2,0 c)	1,0
B	B1	Büroflächen, Arbeitsflächen, Flure	Flure in Bürogebäuden, Büroflächen, Arztpraxen ohne schweres Gerät, Stationsräume, Aufenthaltsräume einschl. der Flure, Kleinviehställe	2,0	2,0
	B2		Flure und Küchen in Krankenhäusern, Hotels, Altenheimen, Internaten usw.; Behandlungsräume in Krankenhäusern einschließlich Operationsräume ohne schweres Gerät; Kellerräume in Wohngebäuden	3,0	3,0
	B3		Alle Beispiele von B1 und B2, jedoch mit schwerem Gerät	5,0	4,0
C	C1	Räume, Versammlungs-räume und Flächen, die der Ansammlung von Personen dienen können (mit Ausnahme von unter A, B, D und E festgelegten Kategorien)	Flächen mit Tischen; z. B. Kindertagesstätten, Kinderkrippen, Schulräume, Cafés, Restaurants, Speisesäle, Lesesäle, Empfangsräume, Lehrerzimmer	3,0	4,0
	C2		Flächen mit fester Bestuhlung; z. B. Flächen in Kirchen, Theatern oder Kinos, Kongresssäle, Hörsäle, Wartesäle	4,0	4,0
	C3		Frei begehbare Flächen; z. B. Museumsflächen, Ausstellungsflächen, Eingangsbereiche in öffentlichen Gebäuden, Hotels, nicht befahrbare Hofkellerdecken sowie die zur Nutzungskategorie C1 bis C3 gehörigen Flure	5,0	4,0
	C4		Sport- und Spielflächen; z. B. Tanzsäle, Tanzschulen, Sporthallen, Gymnastik- und Kraftsporträume, Bühnen	5,0	7,0
	C5		Flächen für große Menschenansammlungen; z. B. in Gebäuden wie Konzertsäle, Terrassen und Eingangsbereiche sowie Tribünen mit fester Bestuhlung	5,0	4,0

(Fortsetzung)

Tab. 4.1 (Fortsetzung)

Kategorie		Nutzung	Beispiele	Flächenlast q_k kN/m²	Einzellast Q_k [e] kN
	C6		Flächen mit regelmäßiger Nutzung durch erhebliche Menschenansammlungen, Tribünen ohne feste Bestuhlung	7,5	10,0
D	D1	Verkaufsräume	Flächen von Verkaufsräumen bis 50 m² Grundfläche in Wohn-, Büro und vergleichbaren Gebäuden	2,0	2,0
	D2		Flächen in Einzelhandelsgeschäften und Warenhäusern	5,0	4,0
	D3		Flächen wie D2, jedoch mit erhöhten Einzellasten infolge hoher Lagerregale	5,0	7,0
E	E1.1	Lager, Fabriken und Werkstätten, Ställe, Lagerräume und Zugänge,	Flächen in Fabriken [a] und Werkstätten [a] mit leichtem Betrieb und Flächen in Großviehställen	5,0	4,0
	E1.2		Allgemeine Lagerflächen, einschließlich Bibliotheken	6,0 [b]	7,0
	E2.1		Flächen in Fabriken [a] und Werkstätten [a] mit mittlerem oder schwerem Betrieb	7,5 [b]	10,0
T	T1	Treppen und Treppenpodeste	Treppen und Treppenpodeste in Wohngebäuden, Bürogebäuden und von Arztpraxen ohne schweres Gerät	3,0	2,0
	T2		Alle Treppen und Treppenpodeste, die nicht in T1 oder T3 eingeordnet werden können	5,0	2,0
	T3		Zugänge und Treppen von Tribünen ohne feste Sitzplätze, die als Fluchtwege dienen	7,5	3,0
Z [d]		Zugänge, Balkone und Ähnliches	Dachterrassen, Laubengänge, Loggien usw., Balkone, Ausstiegspodeste	4,0	2,0

[a]Nutzlasten in Fabriken und Werkstätten gelten als vorwiegend ruhend. Im Einzelfall sind sich häufig wiederholende Lasten je nach Gegebenheit als nicht vorwiegend ruhende Lasten einzuordnen.

[b]Bei diesen Werten handelt es sich um Mindestwerte. In Fällen, in denen höhere Lasten vorherrschen, sind die höheren Lasten anzusetzen.

[c]Für die Weiterleitung der Lasten in Räumen mit Decken ohne ausreichende Querverteilung auf stützende Bauteile darf der angegebene Wert um 0,5 kN/m² abgemindert werden.

[d]Hinsichtlich der Einwirkungskombinationen sind die Einwirkungen der Nutzungskategorie des jeweiligen Gebäudes oder Gebäudeteils zuzuordnen.

[e]Falls der Nachweis der örtlichen Mindesttragfähigkeit erforderlich ist (z. B. bei Bauteilen ohne ausreichende Querverteilung der Lasten), ist er mit den charakteristischen Werten für die Einzellast Q_k ohne Überlagerung mit der Flächenlast q_k zu führen. Die Aufstandsfläche für Q_k umfasst ein Quadrat mit einer Seitenlänge von 50 mm.

Weitere Regeln

- Die in Tab. 4.1 angegebenen Lasten gelten als vorwiegend ruhend.
- Können Tragwerke durch Menschen zu Schwingungen angeregt werden, sind sie gegen die auftretenden Resonanzeffekte (= unkontrolliertes Aufschaukeln der Amplituden einer Schwingung) zu bemessen.
- Im Einzelfall sollten die charakteristischen Werte der lotrechten Nutzlasten nach Tab. 4.1 erhöht werden, wenn dies erforderlich sein sollte (z. B. bei Treppen und Balkonen in Abhängigkeit von ihrer Nutzung und den Abmessungen).
- Die in Tab. 4.1 angegebene Einzellast Q_k ist für örtliche Nachweise anzusetzen und ohne Zusammenwirken mit der gleichmäßig verteilten Last q_k zu verwenden (siehe hierzu auch die Fußnote e) in Tab. 4.1).
- Für Hochregale und Hebebühnen sollten die Einzellasten Q_k für den jeweiligen Einzelfall bestimmt werden, genauere Angaben siehe Norm.
- Die Einzellast Q_k ist an jedem Punkt des zu bemessenden Bauteils (Decke, Balkon, Treppe) anzusetzen. Als Aufstandsfläche ist ein Quadrat mit einer Kantenlänge von 50 mm anzunehmen.
- Bei Decken, die durch unterschiedliche Nutzungskategorien genutzt werden, ist für die Bemessung die jeweils ungünstigste Nutzungskategorie zu Grunde zu legen.
- Für die Lastweiterleitung auf sekundäre Tragglieder (Unterzüge, Stützen, Wände, Gründung) dürfen die lotrechten Nutzlasten abgemindert werden; siehe 4.3.5.

4.3.4 Unbelastete leichte Trennwände

Der Einfluss unbelasteter leichter Trennwände mit einer Wandlast von maximal 5 kN/m darf durch einen gleichmäßig verteilten Zuschlag zur lotrechten Nutzlast (Trennwandzuschlag) berücksichtigt werden. Ausgenommen von dieser Regelung sind Wände, die parallel zu den Balken von Decken ohne ausreichende Querverteilung angeordnet sind (z. B. bei Holzbalkendecken). Der Trennwandzuschlag Δq_k ist nach Tab. 4.2 anzusetzen.

Eigenlasten beweglicher Trennwände sind als Nutzlast zu behandeln.

Tab. 4.2 Trennwandzuschlag (n. DIN EN 1991-1-1/NA, 6.3.1.2)

Wandlast einschl. Putz	Trennwandzuschlag
≤ 3 kN/m	$\Delta q_k = 0{,}8$ kN/m^2
> 3 kN/m und ≤ 5 kN/m	$\Delta q_k = 1{,}2$ kN/m^2
> 5 kN/m	Wandlast ist als Linienlast auf der Decke anzusetzen; ein pauschaler Trennwandzuschlag ist nicht zulässig

Bei Nutzlasten ≥ 5 kN/m^2 braucht kein Trennwandzuschlag angesetzt zu werden.

4.3.5 Abminderung der Nutzlasten für die Lastweiterleitung auf sekundäre Tragglieder

Für die Lastweiterleitung auf sekundäre Tragglieder (z. B. Unterzüge, Stützen, Wände, Gründungen usw.) dürfen die lotrechten Nutzlasten unter bestimmten Voraussetzungen abgemindert werden. Die abgeminderte Nutzlast q_k' ergibt sich nach folgender Gleichung:

$$q_k' = \alpha_A \cdot q_k \tag{4.1}$$

Darin bedeuten:

α_A Abminderungsbeiwert nach Tab. 4.3 (dimensionslos)

q_k ursprüngliche Nutzlast nach Tab. 4.1 einschl. einem etwaig anzusetzenden Trennwandzuschlag, in kN/m^2

Tab. 4.3 Abminderungsbeiwert α_A (n. DIN EN 1991-1-1/NA, 6.3.1.2 (10))

Kategorie der lotrechten Nutzlast	Abminderungsbeiwert α_A
A, B und Z	$\alpha_A = 0{,}5 + \frac{10}{A} \leq 1{,}0$
C bis E1.1	$\alpha_A = 0{,}7 + \frac{10}{A} \leq 1{,}0$
E1.2, E2, T	Keine Abminderung zulässig!

In den Formeln bedeutet:
A: Lasteinzugsfläche des sekundären Traggliedes in m^2 (Abb. 4.3, 4.4 und 4.5)

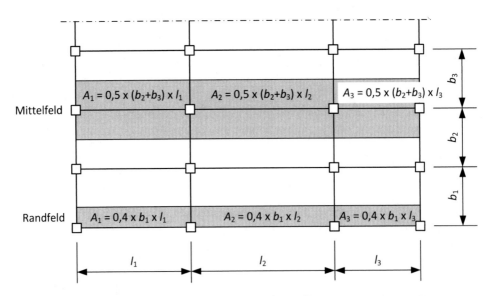

Abb. 4.3 Lasteinzugsflächen für die Ermittlung der Schnittgrößen von Mittel- und Randfeldern (hier $A_2 > A_1 > A_3$) (in Anlehnung an DIN EN 1991-1-1/NA, Bild NA.1)

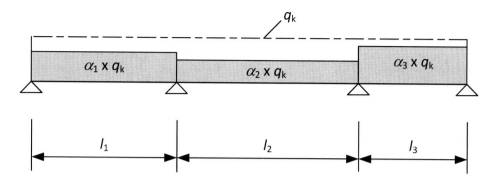

Abb. 4.4 Abminderung der Nutzlasten mit feldweise unterschiedlichen Werten α (hier $\alpha_3 > \alpha_1 > \alpha_2$) (in Anlehnung an DIN EN 1991-1-1/NA, Bild NA.2)

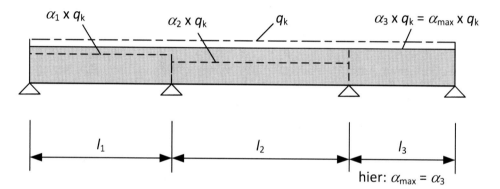

Abb. 4.5 Abminderung der Nutzlasten mit einheitlichen Werten (hier vereinfacht $\alpha_{max} = \alpha_3$) (in Anlehnung an DIN EN 1991-1-1/NA, Bild NA.3)

Regeln

- Sekundäres Tragglied ist immer das jeweils unmittelbar an das primäre (direkt belastete) Bauteil angrenzende Tragglied (z. B. der Unterzug einer Decke, die Stütze einer Decke).
- Die Abminderung der Nutzlast darf nur einmal durchgeführt werden, d. h. nur für das sekundäre Tragglied. Eine weitere Abminderung auf folgende Bauteile (tertiäre Tragglieder) ist nicht zulässig. Allerdings dürfen die lastabnehmenden Bauteile (z. B. Stützen, Wände) für die anfangs abgeminderte Nutzlast berechnet werden.
- Das direkt belastete Bauteil (Decke, Balkon) muss – auch in Teilbereichen – immer mit der vollen Nutzlast bemessen werden, eine Abminderung ist hier nicht zulässig.

4.3.6 Abminderung der Nutzlasten aus mehreren Stockwerken für die Lastweiterleitung auf vertikale Tragglieder

Nutzlasten der Kategorien A bis E sowie T und Z dürfen für die Lastweiterleitung auf vertikale Tragglieder mit dem Abminderungsbeiwert α_n abgemindert werden. Voraussetzung hierfür ist, dass die Nutzlasten aus mehreren Stockwerken für die Bemessung maßgebend sind. Die abgeminderte Nutzlast q_k' berechnet sich mit folgender Gleichung:

$$q_k' = \alpha_n \cdot q_k \qquad\qquad (4.2)$$

Darin bedeuten:

α_n Abminderungsbeiwert nach Tab. 4.4 (dimensionslos)

q_k ursprüngliche Nutzlast nach Tab. 4.1 einschl. einem etwaig anzusetzenden Trennwandzuschlag, in kN/m²

Bei der Anwendung der Abminderungsbeiwerte α_A und α_n sind folgende Regeln zu beachten (Abb. 4.6)

* Der Abminderungsbeiwert α_A darf für ein Bauteil nicht gleichzeitig mit dem Abminderungsbeiwert α_n angesetzt werden. Es darf aber der günstigere der beiden Werte verwendet werden.
* Wenn die Nutzlasten in Kombination mit anderen Einwirkungen mit dem Kombinationsbeiwert abgemindert werden, darf die Abminderung mit α_n nicht angesetzt werden.
* In mehrgeschossigen Gebäuden ist die Nutzlast aller Geschosse bei der Ermittlung der Einwirkungskombinationen insgesamt als unabhängige veränderliche Einwirkung anzusehen.

Tab. 4.4 Abminderungsbeiwert α_n (n. DIN EN 1991-1-1/NA, 6.3.1.2 (11))

Kategorie der lotrechten Nutzlast	Abminderungsbeiwert α_n
A bis D Z	$\alpha_n = 0{,}7 + 0{,}6/n$
E1.1, E1.2 E2.1 bis E2.5 T	$\alpha_n = 1{,}0$

In den Formeln bedeutet:
n: Die Anzahl der Stockwerke ($n > 2$) oberhalb der belasteten Stützen und Wände mit der gleichen Nutzungskategorie

Abb. 4.6 Anwendungsregeln für die Abminderungsbeiwerte α_A und α_n

4.3.7 Dächer

Nutzlasten für Dächer werden in Abhängigkeit von deren Zugänglichkeit in die folgenden Nutzungskategorien eingeteilt:

- Kategorie H: Dächer, die außer für Inspektionen, Wartungs- und Instandhaltungsarbeiten nicht zugänglich sind (z. B. übliche Flachdächer).
- Kategorie I: Zugängliche Dächer mit Nutzung nach den Kategorien A bis G (Hinweis: Kategorie A bis E nach 4.3.3; Kategorie F: Parkhäuser und Flächen mit Fahrzeugverkehr, s. 4.3.8; Kategorie G ist in Deutschland nicht anzuwenden); Beispiele: Dachterrassen, Parkdächer.
- Kategorie K: Zugängliche Dächer mit besonderer Nutzung (z. B. Dächer mit Hubschrauberlandeplatz; diese werden in die Kategorie HC eingestuft; siehe 4.3.12).

Nutzlasten der Kategorie H
Bei Dächern, die außer für Inspektion, Wartung und Instandsetzungsarbeiten nicht zugänglich sind, ist als Nutzlast eine lotrecht wirkende Einzellast Q_k („Menschlast") nach Tab. 4.5 an ungünstigster Stelle anzunehmen (Abb. 4.7).

Weitere Regeln
Ein eventuell erforderlicher Nachweis der örtlichen Mindesttragfähigkeit ist mit dem charakteristischen Wert für die Einzellast Q_k nach Tab. 4.1 zu führen. Die Aufstandsfläche ist mit 50 mm x 50 mm anzunehmen.

Für Begehungsstege, die Teil eines Fluchtweges sind, ist eine Nutzlast von 3,0 kN/m² anzusetzen.

Bei Dachlatten bei Sparrenabständen über 1,0 m sind zwei Einzellasten von jeweils 0,5 kN in den äußeren Viertelspunkten der Stützweite anzusetzen. Bei Sparrenabständen

Tab. 4.5 Nutzlasten für Dächer (n. DIN EN 1991-1-1/NA, Tab. 6.10DE)

Kategorie	Nutzung	Q_k kN
H	Nicht zugängliche Dächer (außer für Inspektion, Wartung und Instandsetzung)	1,0

Hinweis: Eine Überlagerung der Einzellast $Q_k = 1,0$ kN mit Schneelasten ist nicht erforderlich. Dies gilt unabhängig davon, ob die Schneelast oder die Nutzlast der Kategorie H die Leiteinwirkung darstellt

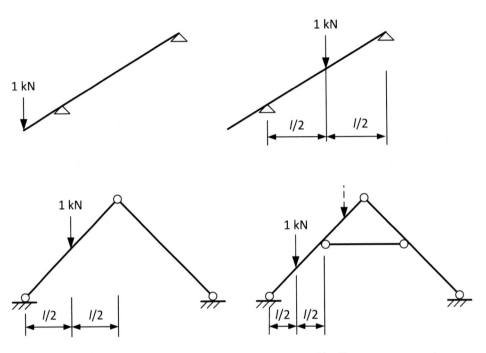

Abb. 4.7 Beispielhafte Laststellungen der Einzellast Q_k („Menschlast")

bis 1,0 m und Dachlatten mit üblichen Querschnittsabmessungen (mind. 40 mm x 60 mm) ist kein Nachweis erforderlich (Abb. 4.8).

Leichte Sprossen dürfen mit einer Einzellast von 0,5 kN in ungünstigster Stellung berechnet werden, wenn die Dächer nur mit Hilfe von Bohlen oder Leitern begehbar sind.

4.3.8 Parkhäuser und Flächen mit Fahrzeugverkehr

Lotrechte Nutzlasten für Parkhäuser und Flächen mit Fahrzeugverkehr (Kategorie F) gelten als vorwiegend ruhend. Für die Bemessung ist entweder eine gleichmäßig verteilte Last q_k oder eine Achslast Q_k an ungünstigster Stelle anzusetzen. Es werden unterschiedliche

Nutzlasten für Verkehrs- und Parkflächen (Kategorie F1) und Zufahrtsrampen (Kategorie F2) angegeben (Tab. 4.6).

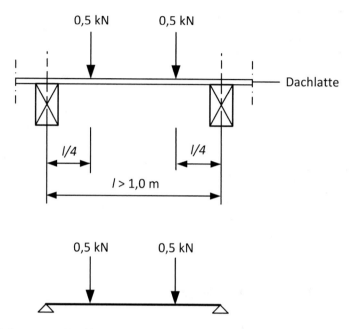

Abb. 4.8 Belastung von Dachlatten bei Sparrenabständen über 1,0 m

Tab. 4.6 Lotrechte Nutzlasten für Parkhäuser und Flächen mit Fahrzeugverkehr (n. DIN EN 1991-1-1/NA/A1, Tab. 6.8DE)

Kategorie	Nutzung	Flächenlast q_k kN/m²	oder	Achslast Q_k kN
F1	Verkehrs- und Parkflächen für leichte Fahrzeuge (Gesamtlast ≤ 30 kN)	3,0[b,c]		20,0[a]
F2	Zufahrtsrampen	5,0		20,0[a]

[a]In den Kategorien F1 und F2 können die Achslast ($Q_k = 20,0$ kN) oder die Radlasten (0,5 $Q_k = 10,0$ kN) für den Nachweis örtlicher Beanspruchungen (z. B. Querkraft am Auflager oder Durchstanzen unter einer Radlast) maßgebend werden. Für Q_k ist die Lastanordnung nach Abb. 4.9 mit einer quadratischen Aufstandsfläche von $a = 200$ mm anzunehmen

[b]Bei statischen Systemen, bei denen die Einflussfläche A_{EF} (in m²) eindeutig bestimmt werden kann, darf die Flächenlast mit folgenden Gleichungen abgemindert werden:

$2,2 + 35/A_{EF} \geq 2,5$ kN/m² bzw. $\leq 3,0$ kN/m²

[c]Für die Lastweiterleitung auf Stützen, Wände und Fundamente ist ein Wert von 2,5 kN/m² ausreichend

Hinweis: Für die oberste Decke von Parkdecks (Parkdächer) sind die o. a. Nutzlasten mit den Schneelasten zu kombinieren, wenn kein Dach über dem obersten Parkdeck vorhanden ist (Regelung in [8]).

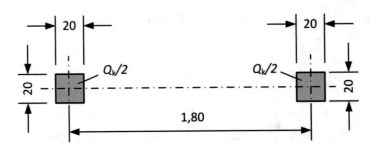

Nicht maßstäbliche Prinzipskizze
Maße in m, cm

Abb. 4.9 Abmessungen der Achslast bei Nutzlasten für Parkhäuser und Flächen mit Fahrzeugverkehr (n. DIN EN 1991-1-1, Abb. 6.2)

Für Hintergrundinformationen zur Festlegung der Nutzlasten in Parkhäusern – insbesondere die Untersuchungen zur Anpassung der Nutzlasten aufgrund zunehmender
Fahrzeuggewichte durch SUVs – wird auf die Beiträge [9] und [10] verwiesen.

4.3.9 Nicht vorwiegend ruhende Nutzlasten und Schwingbeiwerte

Nicht vorwiegend ruhende Nutzlasten sind:

- Einwirkungen infolge des Betriebs durch Gegengewichtsstapler (Gabelstapler).
- Einwirkungen infolge Fahrzeugverkehrs auf Hofkellerdecken sowie auf planmäßig
  befahrenen Deckenflächen.
- Einwirkungen auf Hubschrauberlandeplätzen.

Die dynamischen Effekte der nicht vorwiegend ruhenden Nutzlasten werden je nach Art
der Nutzlast dadurch berücksichtigt, dass der charakteristische Wert der Nutzlast mit einem
Schwingbeiwert φ multipliziert wird. Siehe hierzu Tab. 4.7. Der Schwingbeiwert φ ist mit
den Angaben in Tab. 4.8 zu bestimmen.

4.3.10 Flächen für den Betrieb mit Gegengewichtsstaplern (Gabelstapler)

Für Flächen mit Betrieb von Gabelstaplern sind die Nutzlasten nach Tab. 4.9 anzusetzen.

Es gelten folgende Regeln
Für die Bemessung von Decken mit dem Betrieb von Gabelstaplern (d. h. Decken in
Fabriken, Lagerräumen, Decken unter Höfen) sind die Lasten aus Gabelstaplerbetrieb an

Tab. 4.7 Ansatz des Schwingbeiwertes

Art der Nutzlast	Gleichmäßig verteilte Nutzlasten q_k	Einzellasten Q_k
Flächen für den Betrieb mit Gabelstaplern	OHNE Schwingbeiwert	MIT Schwingbeiwert
Flächen für Hubschrauberlandeplätze	OHNE Schwingbeiwert	MIT Schwingbeiwert
Flächen für Fahrzeugverkehr auf Hofkellerdecken	Ansatz des Schwingbeiwertes nach DIN 1072 [11]	

Tab. 4.8 Schwingbeiwerte φ

Allgemein[a]	Überschüttete Bauwerke	Flächen für Fahrzeugverkehr auf Hofkellerdecken
$\varphi = 1{,}4$	$\varphi = 1{,}4 - 0{,}1 \cdot h_{\ddot{u}} \geq 1{,}0$	φ nach DIN 1072 [11]
$h_{\ddot{u}}$ Überschüttungshöhe in m		

[a]Sofern kein genauerer Nachweis geführt wird

Tab. 4.9 Nutzlasten auf Flächen mit Betrieb von Gegengewichtsstaplern (n. DIN EN 1991-1-1/NA, Tab. 6.4DE u. DIN EN 1991-1-1, Tab. 6.6)

	Nutzungskategorie der befahrenen Fläche	Gabelstaplerklasse	Nutzlast[a] q_k kN/m^2	Achslast[b] Q_k kN
E2.2	Lagerflächen, die mit Gabelstaplern der Klasse FL1 befahren werden	FL1	12,5	26,0
E2.3	Lagerflächen, die mit Gabelstaplern der Kategorie FL2 befahren werden	FL2	15,0	40,0
E2.4	Lagerflächen, die mit Gabelstaplern der Kategorie FL3 befahren werden	FL3	17,5	63,0
E2.5	Lagerflächen, die mit Gabelstaplern der Klassen FL4 bis FL6 befahren werden	FL4	20,0	90,0
		FL5		140,0
		FL6		170,0

[a]Die gleichmäßig verteilte Nutzlast q_k ist OHNE Schwingbeiwert anzusetzen
[b]Die Achslast Q_k ist MIT dem Schwingbeiwert φ zu multiplizieren. Sofern kein genauerer Nachweis geführt wird ist $\varphi = 1{,}4$ anzunehmen. Für überschüttete Bauwerke ist $\varphi = 1{,}4 - 0{,}1\, h_{\ddot{u}} \geq 1{,}0$. darin ist $h_{\ddot{u}}$ die Überschüttungshöhe in m

ungünstigster Stelle anzusetzen. Dazu ist auf der Decke in Abhängigkeit von der Nutzungs-kategorie und der Gabelstaplerklasse eine Achslast Q_k (mit dem Schwingbeiwert multipliziert) nach Tab. 4.9 anzusetzen. Die Achslast Q_k besteht aus zwei gleich großen Radlasten ($Q_k/2$), Abmessungen nach Abb. 4.10. Ringsherum ist die gleichmäßig verteilte

Abb. 4.10 Abmessungen und
Aufstandsflächen von
Gabelstaplern (n. DIN EN 1991-
1-1, Abb. 6.1)

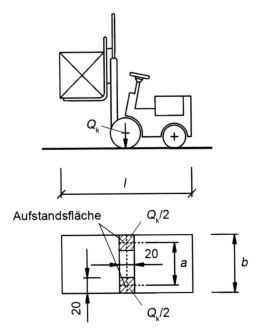

Maße in cm

Nutzlast q_k (ohne Schwingbeiwert) (Tab. 4.9) – gleichzeitig mit der Achslast wirkend – anzunehmen.

Die gleichmäßig verteilte Last q_k ist außerdem in ungünstigster Zusammenwirkung, d. h. auch feldweise veränderlich, anzusetzen, sofern die Nutzung als Lagerfläche nicht ungünstigere Ergebnisse liefert.

Bei Decken, die sowohl von Gabelstaplern als auch von Fahrzeugen der Kategorie F oder von Fahrzeugen nach 4.3.11 (Fahrzeugverkehr auf Hofkellerdecken) befahren werden, ist die jeweils ungünstiger wirkende Nutzlast anzusetzen.

Horizontallasten aus Anfahren und Bremsen sind mit 30 % der lotrechten Achslast Q_k anzunehmen (d. h. $Q_{H,k} = 0,30 \cdot Q_k$).

4.3.11 Fahrzeugverkehr auf Hofkellerdecken und planmäßig befahrene Deckenflächen

Hofkellerdecken und andere Decken, die planmäßig von Fahrzeugen befahren werden, sind für die Lasten der Brückenklassen 16/16 bis 30/30 nach DIN 1072 [11] zu bemessen.

Hofkellerdecken, die nur im Brandfall von Feuerwehrfahrzeugen befahren werden, sind für die Brückenklasse 16/16 nach DIN 1072:1985-12, Tabelle 12 zu berechnen. Dabei ist jedoch nur ein Einzelfahrzeug in ungünstigster Stellung anzusetzen; auf den umliegenden Flächen ist die gleichmäßig verteilte Last der Hauptspur anzunehmen. Der nach DIN 1072 geforderte Nachweis für eine einzelne Achslast von 110 kN darf entfallen. Die Nutzlast darf als vorwiegend ruhend eingestuft werden. Siehe hierzu [3] (dort Abschn. 5.6.3 sowie Tab. 5.3).

4.3.12 Nutzlasten auf Dachflächen für Hubschrauberlandeplätze

Für Hubschrauberlandeplätze auf Dachflächen der Kategorie K sind in Abhängigkeit vom zulässigen Abfluggewicht des Hubschraubers die Nutzlasten nach Tab. 4.10 anzusetzen (Abb. 4.11).

4.3.13 Horizontale Nutzlasten auf Brüstungen und Geländer

Als Horizontallasten infolge von Personen auf Brüstungen, Geländer und andere Konstruktionen, die als Absperrung dienen, sind die Nutzlasten q_k nach Tab. 4.11 anzusetzen. Siehe hierzu auch Abb. 4.12.

Tab. 4.10 Nutzlasten auf auf Dachflächen der Kategorie K mit Hubschrauberlandemöglichkeit (n. DIN EN 1991-1-1/NA, Tab. 6.11DE)

Kategorie	Zulässiges Abfluggewicht t	Hubschrauber-Regellast Q_k kN	Seitenlängen einer quadratischen Aufstandsfläche cm
HC1	3,0	30,0	20
HC2	6,0	60	30
HC3	12,0	120	30

Hinweise:
Die Einzellast Q_k darf auf eine quadratische Aufstandsfläche verteilt werden (Seitenlängen siehe letzte Spalte)
Die Einzellast Q_k ist mit dem Schwingbeiwert φ nach Tab. 4.8 zu multiplizieren
In der Ebene der Start- und Landefläche einschließlich des umgebenden Sicherheitsstreifens ist eine horizontale Nutzlast Q_k an der für den untersuchten Querschnitt des Bauteils ungünstigsten Stelle anzunehmen. Die horizontale Nutzlast entspricht dem Wert Q_k (ohne Erhöhung durch den Schwingbeiwert)
Außerdem sind die Bauteile für eine gleichmäßig verteilte Nutzlast in Höhe von 5,0 kN/m² mit Volllast der einzelnen Felder in ungünstigster Zusammenwirkung – feldweise veränderlich – zu berechnen. Der ungünstigste Wert ist maßgebend

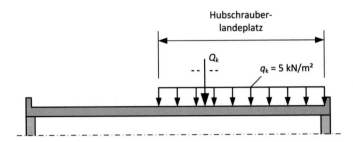

Abb. 4.11 Nutzlasten auf Dachflächen der Kategorie K mit Hubschrauberlandemöglichkeit (HC)

Tab. 4.11 Horizontale Nutzlasten auf Brüstungen und Geländer (n. DIN EN 1991-1-1+NA, Tab. 6.12DE)

Zeile	Belastete Fläche nach Kategorie	Horizontale Nutzlast q_k kN/m	
		in Absturzrichtung	entgegen der Absturzrichtung
1	A^d, $B1^d$, H, $F1^b$ bis $F4^b$, T1, Z^a	0,5	0,5
2	B2, B3, C1 bis C4, D, $E1.1^c$, $E1.2^c$, $E2.1^c$ bis $E2.5^c$, $FL1^b$ bis $FL6^b$, HC, T2, Z^a	1,0	0,5
3	C5, C6, T3	2,0	1,0

[a]Für Kategorie Z ist die Zuordnung in Zeile 1 bzw. Zeile 2 entsprechend der zugehörigen maßgeblichen Nutzungskategorie nach Tab. 5.6 vorzunehmen

[b]Anprall wird durch konstruktive Maßnahmen ausgeschlossen

[c]Bei Flächen der Kategorie E1.1, E1.2, E2.1 bis E2.5, die nur zu Kontroll- und Wartungszwecken begangen werden, sind die Lasten in Abstimmung mit dem Bauherrn festzulegen, jedoch mindestens 0,5 kN/m

[d]Nach den Auslegungen des Normenausschusses Bauwesen (NABau) im DIN sind horizontale Nutzlasten infolge von Personen auf Brüstungen, Geländer und andere Konstruktionen für Treppen- und Treppenpodeste der Kategorien A und B1 mit 0,5 kN/m einzuordnen, auch wenn sie Teil der Rettungswege sind [8]

4.4 Beispiele

4.4.1 Beispiel 1 – Nutzlasten bei einem Einfamilienhaus

Kategorie (A)

Für das abgebildete Einfamilienhaus in Massivbauweise sind folgende Nutzlasten zu bestimmen (Abb. 4.13):

1. Lotrechte Nutzlasten für die Geschossdecken.
2. Lotrechte Nutzlast für die Treppe.

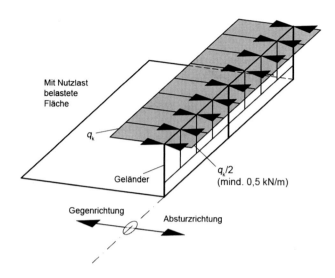

Abb. 4.12 Horizontale Nutzlasten auf Brüstungen und Geländern

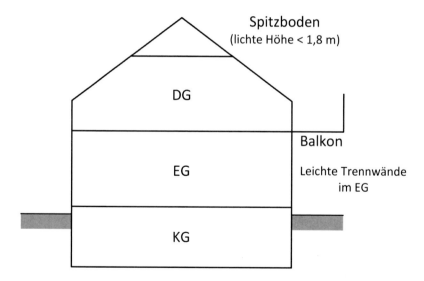

Abb. 4.13 Beispiel 1 – Lotrechte Nutzlasten bei einem Einfamilienhaus

3. Lotrechte Nutzlast für den Balkon.
4. Horizontale Nutzlast am Geländerholm des Balkongeländers.

Nutzung

• Dachboden: Lichte Höhe < 1,80 m

- Dachgeschoss: Wohnen
- Erdgeschoss: Wohnen
- Kellergeschoss: Heizung, HWR, Abstellräume

Weitere Randbedingungen
- Im Erdgeschoss sind unbelastete leichte Trennwände vorgesehen (Aufbau: Kalksandstein, Rohdichteklasse 0,7, d. h. Rohdichte bis 700 kg/m³, mit Normalmörtel, $d = 11,5$ bzw. 17,5 cm, beidseitig mit Gipsputz, $d = 1,5$ cm).
- Kellerdecke: Stahlbeton (Halbfertigteileelemente mit Ortbetonergänzung)
- Decke über dem EG: wie Kellerdecke
- Decke über dem DG: Holzbalkendecke

Lösung
1. **Lotrechte Nutzlasten für die Geschossdecken:**
   Überprüfung, ob ein Trennwandzuschlag angesetzt werden darf oder die Eigenlasten der Trennwände im Erdgeschoss als Linienlasten auf der Kellerdecke anzusetzen sind. Dazu ist die Wandlast zu berechnen.

Wandlast
Höhe der Wände: $h = 2,635$ m

a) *Wände aus Kalksandstein mit einer Dicke von $d = 17,5$ cm und einer Wichte von 18 kN/m³:*
   Gipsputz: 0,18 kN/m² für 15 mm Dicke: $2 \cdot 0,18 = 0,36$ kN/m²
   Wand: Wichte: 18 kN/m³: $0,175 \cdot 18 = 3,15$ kN/m²
   Summe: $g_k = 3,51$ kN/m²
   Wandlast: $g_k{}^* = g_k \cdot h = 3,51 \cdot 2,635 = 9,24$ kN/m > 5 kN/m
   Für die Wände mit einer Dicke von 17,5 cm darf ersatzweise kein Trennwandzuschlag angesetzt werden. Vielmehr ist die Eigenlast der Wände auf der Decke durch Linienlasten zu berücksichtigen.
b) Wände aus Kalksandstein mit $d = 11,5$ cm und einer Wichte von 7 kN/m³:
   Gipsputz: 0,18 kN/m² für 15 mm Dicke: $2 \cdot 0,18 = 0,36$ kN/m²
   Wand: Wichte: 7 kN/m³: $0,115 \cdot 7 = 0,81$ kN/m²
   Summe: $g_k = 1,17$ kN/m²
   Wandlast: $g_k{}^* = g_k \cdot h = 1,17 \cdot 2,635 = 3,08$ kN/m
   $> 3,0$ kN/m und < 5 kN/m
   Die Eigenlast der Trennwände mit einer Dicke von d = 11,5 cm (Wichte 7 kN/m³) darf ersatzweise durch einen Trennwandzuschlag berücksichtigt werden. Der Trennwandzuschlag ist zur Nutzlast, die in den betreffenden Bereichen wirkt, hinzuzurechnen. Für Wandlasten $> 3,0$ kN/m und ≤ 5 kN/m beträgt der Trennwandzuschlag (Tab. 4.2):
   $\Delta q_k = 1,2$ kN/m²

Lotrechte Nutzlasten

Auf den Geschossdecken sind folgende lotrechte Nutzlasten anzusetzen:

Bereich	Nutzung	Kategorie	$q_k{}^a$ kN/m²	$Q_k{}^b$ kN	Bemerkung
Decke unter dem Spitzboden	Spitzboden mit einer Höhe von < 1,80 m	A1	1,0	-	-
Decke unter dem Dachgeschoss	Wohnen Decke mit ausreichender Querverteilung der Lasten	A2	1,5	-	-
Decke unter dem Erdgeschoss (Kellerdecke)	Wohnen Decke mit ausreichender Querverteilung der Lasten	A2	(1,5 + 1,2) = 2,7	-	Bereiche mit leichten Trennwänden mit einer Wandlast > 3,0 kN/m und ≤ 5,0 kN/m
		A2	1,5	-	Bereiche mit Trennwänden mit einer Wandlast > 5,0 kN/m. Die Eigenlast der Trennwände ist als Linienlast auf der Decke anzusetzen.
Bodenplatte	Kellerräume	B2	3,0	3,0	-

[a]Nutzlast einschließlich eines etwaigen Trennwandzuschlages
[b]Die Einzellast Q_k ist nur für den Nachweis der örtlichen Mindesttragfähigkeit anzusetzen und ist nicht mit der Flächenlast q_k zu überlagern.

2. **Lotrechte Nutzlast für die Treppe**

   Es handelt sich um eine Treppe in Wohngebäuden. Diese wird der Kategorie T1 zugeordnet:

   $q_k = 3,0$ kN/m² (bezogen auf die Grundfläche)

   $Q_k = 2,0$ kN

   Hinweis: Die Einzellast Q_k ist nur für den Nachweis der örtlichen Mindesttragfähigkeit anzusetzen und ist nicht mit der Flächenlast q_k zu überlagern.

3. **Lotrechte Nutzlast für den Balkon**

   Der Balkon ist der Kategorie Z zugeordnet. Als Nutzlasten sind folgende Werte anzunehmen:

$q_k = 4,0 \text{ kN/m}^2$

$Q_k = 2,0 \text{ kN}$

Hinweis: Die Einzellast Q_k ist nur für den Nachweis der örtlichen Mindesttragfähigkeit anzusetzen und ist nicht mit der Flächenlast q_k zu überlagern.

4. **Horizontale Nutzlast am Balkongeländer**

Am Balkongeländer ist in Holmhöhe eine horizontale Linienlast in Absturzrichtung sowie in Gegenrichtung anzusetzen. Die Größe ist abhängig von der Kategorie der belasteten Fläche, die an den Balkon grenzt. Im vorliegenden Fall ist die belastete Fläche der Kategorie A zugeordnet (Wohnen). Es ergeben sich folgende horizontale Nutzlasten:

- in Absturzrichtung: $q_k = 0,5 \text{ kN/m}$
- in Gegenrichtung: $q_k = 0,5 \text{ kN/m}$ (maßgebend ist der Mindestwert)

4.4.2 Beispiel 2 – Nutzlasten bei einem Hochhaus

Kategorie (B)

Für das abgebildete Hochhaus in Skelettbauweise sind folgende Aufgaben zu bearbeiten (Abb. 4.14):

a) Ermittlung der Schneelast auf dem Dach. Das Dach wird nur zu Instandhaltungsmaßnahmen begangen.

b) Ermittlung der Nutzlasten (Flächenlasten) einschließlich Trennwandzuschlag für die Geschossdecken.

c) Berechnung der abgeminderten Nutzlast q_k' für den Unterzug (Pos. 2) nach dem Verfahren „Lastweiterleitung auf sekundäre Tragglieder".

Randbedingungen

- Bauwerksstandort: Dortmund (SLZ 1), Höhe über NN: $A = 90 \text{ m}$
- Nutzung:
  - Dach: Nur begehbar für Instandhaltung
  - 10. OG: Wohnen
  - 2. bis 9. OG: Büros
  - 1. OG: Arztpraxen ohne schweres Gerät
  - EG: Verkaufsräume (Einzelhandelsgeschäfte ohne hohe Lagerregale)
  - 1. u. 2. UG: Tiefgarage (Park- u. Verkehrsflächen mit Lasteinzugsflächen $\leq 20 \text{ m}^2$, Rampe)
- Bei den Decken handelt es sich um solche mit ausreichender Querverteilung der Lasten.
- In den Geschossen 1 bis 10 sind unbelastete leichte Trennwände vorgesehen; max. Wandlast 5,0 kN/m.

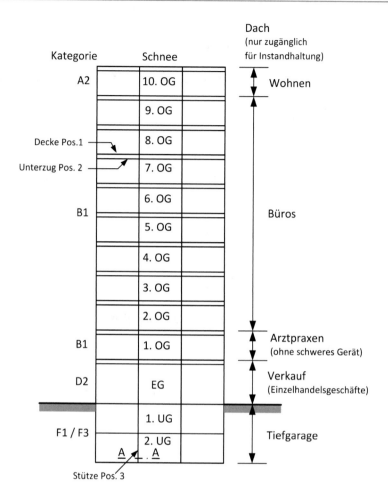

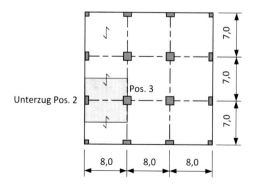

Abb. 4.14 Beispiel 2 – Nutzlasten bei einem Hochhaus

Lösung

a) Ermittlung der Schneelast auf dem Dach:

Auf dem Dach ist nur die Schneelast anzusetzen, da es nur zu üblichen Instandhaltungs-maßnahmen begangen wird. Nutzlasten sind nicht anzunehmen.
Schneelast auf dem Boden:

$$s_k = 0,19 + 0,91 \cdot \left(\frac{A + 140}{760}\right)^2 = 0,19 + 0,91 \cdot \left(\frac{90 + 140}{760}\right)^2 = 0,27 < 0,65 \text{ kN/m}^2$$

Maßgebend ist der Sockelbetrag.
Schneelast auf dem Dach:

$$s = \mu_1 \cdot s_k = 0,8 \cdot 0,65 = 0,52 \text{ kN/m}^2$$

Darin ist $\mu_1 (= 0,8)$ der Formbeiwert für Flachdächer.

b) Nutzlasten einschließlich der Trennwandzuschläge für die Geschossdecken:

Die Ermittlung der Nutzlasten auf den Geschossdecken erfolgt tabellarisch.
Trennwandzuschlag: $\Delta q_k = 1,2 \text{ kN/m}^2$ (für Wandlasten bis 5 kN/m)

Geschoss	Nutzung	Kategorie	Nutzlast q_k kN/m^2	Trennwand-zuschlag Δq_k kN/m^2	Summe $q_k + \Delta q_k$ kN/m^2	Bemerkung
10. OG	Wohnen	A2	1,5	1,2	2,7	-
2. bis 9. OG	Büros	B1	2,0	1,2	3,2	-
1. OG	Arztpraxen (ohne schweres Gerät)	B1	2,0	1,2	3,2	-
EG	Verkaufsräume	D2	5,0	0	5,0	-
1. u. 2. UG	Park- u. Verkehrs-flächen	F1	3,5	0	3,5	oder Achslast 2 x Q_k = 20 kN
	Zufahrtsrampe	F3	5,0	0	5,0	oder Achslast 2 x Q_k = 20 kN

c) **Berechnung der abgeminderten Nutzlast $q_k{}'$ für den Unterzug (Pos. 2) nach dem Verfahren „Lastweiterleitung auf sekundäre Tragglieder":**

Der Unterzug gilt als sekundäres Tragglied, da er Lasten aus der Decke aufnimmt. Die Bemessung des Unterzuges darf daher mit einer abgeminderten Nutzlast $q_k{}'$ vorgenommen werden. Grund: Es ist weniger wahrscheinlich, dass auf der gesamten Lasteinzugsfläche des Unterzuges zur gleichen Zeit die volle Nutzlast wirkt.

Achtung: Die Decke ist das primäre Tragglied und muss stets für die volle Nutzlast bemessen werden. Eine Abminderung der Nutzlast ist nicht zulässig.

Die Abminderung der Nutzlast ist abhängig von der Lasteinzugsfläche A und der Kategorie der Nutzlast auf der Decke.

Lasteinzugsfläche für den Unterzug Pos. 2: $A = 7{,}0 \cdot 8{,}0 = 56{,}0 \ \text{m}^2$

Abminderungsbeiwert α_A:

- Nutzlast Kategorie A und B (1. bis 9. OG): $\alpha_A = 0{,}5 + 10/A = 0{,}5 + 10/56{,}0 = 0{,}68 < 1{,}0$
- Nutzlast Kategorie D (EG): $\alpha_A = 0{,}7 + 10/A = 0{,}7 + 10/56{,}0 = 0{,}88 < 1{,}0$
- Nutzlast Kategorie F (1. u. 2. UG): Eine Abminderung ist nicht zulässig.

Abgeminderte Nutzlasten $q_k{}'$ für den Unterzug Pos. 2:

Geschoss	Nutzung	Kategorie	Volle Nutzlast $q_k + \Delta q_k$ kN/m	Abminderungs-beiwert α_A	Abgeminderte Nutzlast $q_k' = \alpha_A \cdot q_k$ kN/m²
10. OG	Wohnen	A2	2,7	0,68	1,84
2. bis 9. OG	Büro	B1	3,2	0,68	2,18
1. OG	Arztpraxen (ohne schweres Gerät)	B1	3,2	0,68	2,18
EG	Verkauf	D2	5,0	0,88	4,40
1. u. 2. UG	Park- u. Verkehrs-flächen	F1	3,5	eine Abminderung ist nicht zulässig	
1. u. 2. UG	Zufahrtsrampe	F3	5,0		

4.4.3 Beispiel 3 – Abminderung der Nutzlasten für die Stützen eines Hochhauses

Kategorie (B u. C)
Für das in Beispiel 2 behandelte Hochhaus ist die gesamte Nutzlast für die Stütze (Pos. 3), die sich im Schnitt A-A (Oberkante Bodenplatte) ergibt, zu ermitteln (Abb. 4.14). Es sind folgende Situationen zu untersuchen:

a) Berechnung der Summe der Nutzlast für die Stütze (Pos. 3) aus allen Geschossen ohne jegliche Abminderung.

b) Berechnung der Summe der Nutzlast für die Stütze (Pos. 3) unter Berücksichtigung der Möglichkeit der Abminderung nach dem Verfahren „Lastweiterleitung auf sekundäre Tragglieder".

c) Berechnung der Summe der Nutzlast für die Stütze (Pos. 3) unter Berücksichtigung der Möglichkeit der Abminderung nach dem Verfahren „Lastweiterleitung auf vertikale Tragglieder".

Randbedingungen

- Lasteinzugsfläche der Stütze Pos. 3: $A = 1{,}100 \cdot 8{,}0 \cdot 7{,}0 = 61{,}6$ m² (Faktor 1,100 wegen Durchlaufwirkung der Innenstütze).
- Die Schneelast soll bei der Berechnung Summe der Stützenlast nicht berücksichtigt werden.
- Eine Abminderung mit den Kombinationsbeiwerten wird nicht vorgenommen, da eine gleichzeitige Anwendung von Kombinationsbeiwerten ψ und Abminderungsbeiwerten α nicht zulässig ist.

a) **Gesamte Nutzlast aus allen Geschossdecken ohne Abminderung:**

Die Berechnung erfolgt tabellarisch (s. folgende Tabelle).

Geschoss	Nutzung	Kate-gorie	Nutzlast q_k kN/m²	Trennwand-zuschlag Δq_k kN/m²	Summe $q_k + \Delta q_k$ kN/m²	Lasteinzugs-fläche A m²	Nutzlast Q_k kN
10. OG	Wohnen	A2	1,5	1,2	2,7	61,6	166
9. OG	Büros	B1	2,0	1,2	3,2	61,6	197
8. OG	Büros	B1	2,0	1,2	3,2	61,6	197
7. OG	Büros	B1	2,0	1,2	3,2	61,6	197
6. OG	Büros	B1	2,0	1,2	3,2	61,6	197
5. OG	Büros	B1	2,0	1,2	3,2	61,6	197
4. OG	Büros	B1	2,0	1,2	3,2	61,6	197
3. OG	Büros	B1	2,0	1,2	3,2	61,6	197
2. OG	Büros	B1	2,0	1,2	3,2	61,6	197

(Fortsetzung)

Geschoss	Nutzung	Kate-gorie	Nutzlast q_k kN/m^2	Trennwand-zuschlag Δq_k kN/m^2	Summe $q_k + \Delta q_k$ kN/m^2	Lasteinzugs-fläche A m^2	Nutzlast Q_k kN
1. OG	Arztpraxen (ohne schweres Gerät)	B1	2,0	1,2	3,2	61,6	197
EG	Verkauf-sräume	D2	5,0	0	5,0	61,6	308
1. UG	Park- u. Verkehrs-flächen	F1	3,5	0	3,5	61,6	216
2. UG	Park- u. Verkehrs-flächen	F1	3,5	0	3,5	61,6	216
					Summe:	$Q_{k,ges} =$	2679

In den Untergeschossen (1. u. 2. UG) wird die Flächenlast für Park- und Verkehrsflächen angesetzt.

Die Summe der Nutzlasten aus allen Geschossen beträgt $Q_k = 2679,6$ kN.

b) Berechnung der Summe der Nutzlast für die Stütze (Pos. 3) unter Berücksichtigung der Möglichkeit der Abminderung nach dem Verfahren „Lastweiterleitung auf sekundäre Tragglieder":

Die Berechnung erfolgt tabellarisch. Für die Ermittlung der abgeminderten Nutzlasten siehe Beispiel 2.

Geschoss	Nutzung	Kategorie	Volle Nutzlast $q_k + \Delta q_k$ kN/m^2	Abminderungs-beiwert α_A	Abgeminderte Nutzlast $q'_k = \alpha_A \cdot q_k$ kN/m^2	Lasteinzugs-fläche A m^2	Nutzlast Q_k kN
10. OG	Wohnen	A2	2,7	0,66	1,79	61,6	110,16
9. OG	Büro	B1	3,2	0,66	2,12	61,6	130,56
8. OG	Büro	B1	3,2	0,66	2,12	61,6	130,56
7. OG	Büro	B1	3,2	0,66	2,12	61,6	130,56
6. OG	Büro	B1	3,2	0,66	2,12	61,6	130,56
5. OG	Büro	B1	3,2	0,66	2,12	61,6	130,56
4. OG	Büro	B1	3,2	0,66	2,12	61,6	130,56
3. OG	Büro	B1	3,2	0,66	2,12	61,6	130,56
2. OG	Büro	B1	3,2	0,66	2,12	61,6	130,56
1. OG	Arztpraxen (ohne schweres Gerät)	B1	3,2	0,66	2,12	61,6	130,56
EG	Verkauf	D2	5,0	0,86	4,31	61,6	265,60
1. UG	Park- u. Verkehrs-flächen	F1	3,5	1,0	3,50	61,6	215,60
2. UG	Park- u. Verkehrs-flächen	F1	3,5	1,0	3,50	61,6	215,60
					Summe:	$Q_{k,ges} =$	1982,00

In den Untergeschossen (1. u. 2. UG) wird die Flächenlast für Park- und Verkehrsflächen angesetzt.

Die Summe der Nutzlasten aus allen Geschossen beträgt unter Berücksichtigung der Abminderung beim Verfahren der Lastweiterleitung auf sekundäre Tragglieder $Q_k = 1982{,}0$ kN.

Zum Vergleich: Die volle Nutzlast (ohne Abminderung) beträgt 2679,6 kN. Die Abminderung führt demnach zu einer Verringerung der Nutzlasten für die Stütze von (2679,6 − 1982,0 =) **697,6 kN**. Dies entspricht eine Minderung von ca. 26 %.

c) Berechnung der Summe der Nutzlast für die Stütze (Pos. 3) unter Berücksichtigung der Möglichkeit der Abminderung nach dem Verfahren „Lastweiterleitung auf vertikale Tragglieder":

Die Berechnung erfolgt tabellarisch (s. folgende Tabelle).

Geschoss	Nutzung	Kategorie	Volle Nutzlast $q_k + \Delta q_k$ kN/m²	Anzahl der Geschosse mit gleicher Kategorie n	Abminderungs-beiwert α_N	Abgeminderte Nutzlast $q_k' = \alpha_N \cdot q_k$ kN/m²	Lasteinzugs-fläche A m²	Nutzlast Q_k kN
10. OG	Wohnen	A2	2,7	1	1,00	2,70	61,6	166,32
9. OG	Büro	B1	3,2	9	0,77	2,45	61,6	151,13
8. OG	Büro	B1	3,2	8	0,78	2,48	61,6	152,77
7. OG	Büro	B1	3,2	7	0,79	2,51	61,6	154,88
6. OG	Büro	B1	3,2	6	0,80	2,56	61,6	157,70
5. OG	Büro	B1	3,2	5	0,82	2,62	61,6	161,64
4. OG	Büro	B1	3,2	4	0,85	2,72	61,6	167,55
3. OG	Büro	B1	3,2	3	0,90	2,88	61,6	177,41
2. OG	Büro	B1	3,2	2	1,00	3,20	61,6	197,12
1. OG	Arztpraxen (ohne schweres Gerät)	B1	3,2	1	1,00	3,20	61,6	197,12
EG	Verkauf	D2	5,0	1	1,00	5,00	61,6	308,00
1. UG	Park- u. Verkehrs-flächen	F1	3,5	2	1,00	3,50	61,6	215,60
2. UG	Park- u. Verkehrs-flächen	F1	3,5	1	1,00	3,50	61,6	215,60
						Summe:	$Q_{k,ges} =$	2422,83

In den Untergeschossen (1. u. 2. UG) wird die Flächenlast für Park- und Verkehrsflächen angesetzt.

Die Summe der Nutzlasten aus allen Geschossen beträgt unter Berücksichtigung der Abminderung beim Verfahren der Lastweiterleitung auf vertikale Tragglieder $Q_k = 2422.8$ kN.

Zum Vergleich: Die volle Nutzlast (ohne Abminderung) beträgt 2679,6 kN. Die Abminderung führt demnach zu einer Verringerung der Nutzlasten für die Stütze von (2679,6 − 2422,8 =) 256,8 kN. Dies entspricht eine Minderung von ca. 10 %.

Fazit

Das Verfahren der Abminderung der Nutzlasten auf sekundäre Tragglieder ist in diesem Fall günstiger, da hier die Nutzlasten für die Stütze deutlich geringer sind als nach dem Verfahren der Abminderung für Lastweiterleitung für vertikale Tragglieder. Dies ist im Wesentlichen dadurch begründet, dass die Lasteinzugsfläche der Stützen relativ groß ist. während die Anzahl der Geschosse mit gleicher Nutzungskategorie (hier $n = 9$ Geschosse) gering ausfällt. Die Situation würde sich ändern, wenn das Hochhaus deutlich mehr Geschosse mit gleicher Nutzungskategorie aufweisen würde.

4.4.4 Beispiel 4 – Nutzlasten auf der Decke in einem Lagerhaus

Kategorie (B)
Für die Kellerdecke eines Lagerhauses sind die Nutzlasten zu bestimmen (Abb. 4.15).

Randbedingungen
- Die Decke wird von Gabelstaplern der Klasse FL2 befahren.
- Die Decke ist der Nutzungskategorie E2.3 zuzuordnen.

Lösung
Es sind folgende Nutzlasten anzusetzen:

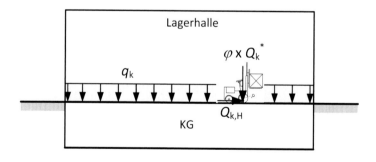

*: an ungünstigster
Stelle auf der Decke

Abb. 4.15 Beispiel 4 – Nutzlasten auf der Decke eines Lagerhauses mit Gabelstaplerbetrieb

Flächenlast

$$q_k = 15,0 \text{ kN/m}^2$$

Die Flächenlast braucht nicht mit dem Schwingbeiwert erhöht zu werden.

Achslast

$$Q_k = 40 \text{ kN}$$

Die Achslast ist mit dem Schwingbeiwert zu erhöhen.

Schwingbeiwert: $\varphi = 1,4$
Erhöhte Achslast: $\varphi \cdot Q_k = 1,4 \cdot 40 = 56 \text{ kN}$

Die Achslast ist an ungünstigster Stelle auf der Decke anzusetzen. Ringsherum ist die Flächenlast gleichzeitig anzunehmen.

Lasten aus Anfahren und Bremsen
Horizontallasten aus Anfahren und Bremsen sind mit 30 % der Achslast in Höhe der Fahrbahnoberkante anzusetzen.

$$Q_{k,H} = 0,30 \cdot (1,4 \cdot 40) = 16,8 \text{ kN}$$

4.4.5   Beispiel 5 – Nutzlasten für eine Dachterrasse

Kategorie (A)
Für die Dachterrasse eines Restaurants (Hotel) sind die Nutzlasten zu bestimmen (Abb. 4.16).

Lösung
Dachterrassen sind der Nutzungskategorie Z zugeordnet. Es sind folgende Nutzlasten anzunehmen:

- Flächenlast: $q_k = 4,0 \text{ kN/m}^2$
- Einzellast (für örtliche Nachweise): $Q_k = 2,0 \text{ kN}$ (an ungünstigster Stelle)

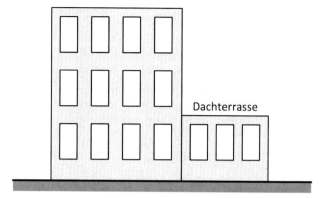

Abb. 4.16 Beispiel 5 – Nutzlasten auf der Dachterrasse eines Hotels

4.5   Aufgaben zum Selbststudium

Nachfolgend sind einige Aufgaben zum Selbststudium zusammengestellt. Dabei werden in der Regel nur die Lösungen sowie ggfs. wichtige Zwischenergebnisse angegeben.

4.5.1   Aufgabe 1

Für ein Einfamilienhaus in Holzbauweise sind folgende Nutzlasten zu bestimmen (Abb. 4.17):

1. Nutzlast auf der Kellerdecke (Stahlbetondecke, mit ausreichender Querverteilung der Lasten); Nutzung Erdgeschoss: Wohnen.
2. Nutzlast auf der Decke über dem Erdgeschoss (Holzbalkendecke); Nutzung Dachgeschoss: Wohnen.
3. Nutzlast auf der Kehlbalkenlage; Nutzung: Spitzboden (lichte Höhe < 1,80 m).
4. Nutzlast aus der Holzbalkendecke für die Lastweiterleitung auf die Wände.
5. Nutzlast auf der Loggia.
6. Nutzlast auf der Treppe.

Es sind keine Nutzlasten für unbelastete leichte Trennwände zu berücksichtigen.

Lösung

1. Kellerdecke: Nutzungskategorie A2: $q_k = 1,5$ kN/m^2 (keine Einzellast für örtliche Nachweise)

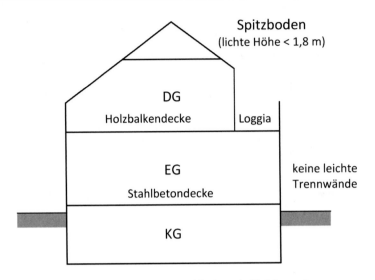

Abb. 4.17 Aufgabe 1 – Nutzlasten für ein Einfamilienhaus in Holzbauweise

2. Decke über dem EG (Holzbalkendecke): A3: $q_k = 2,0$ kN/m^2; $Q_k = 1,0$ kN (für örtliche Nachweise)
3. Kehlbalkenlage: A1: $q_k = 1,0$ kN/m2; $Q_k = 1,0$ kN (für örtliche Nachweise)
4. Nutzlast für die Lastweiterleitung: $q_k = 2,0 - 0,5 = 1,5$ kN/m^2
5. Loggia: Z: $q_k = 4,0$ kN/m^2; $Q_k = 2,0$ kN (für örtliche Nachweise)
6. Treppe: T1: $q_k = 3,0$ kN/m^2; $Q_k = 2,0$ kN (für örtliche Nachweise)

4.5.2 Aufgabe 2

Für ein Hochhaus sind folgende Nutzlasten zu bestimmen (Abb. 4.18):

1. Nutzlasten auf den Geschossdecken.
2. Nutzlast auf der Dachterrasse; diese grenzt an ein Restaurant.
3. Nutzlast sowie Schneelast auf der restlichen Dachfläche; Bauwerksstandort: Frankfurt a. M., Höhe über NN: 115 m.
4. Abgeminderte Nutzlast für die Lastweiterleitung auf vertikale Tragglieder (hier Stützen).

Randbedingungen

- Untergeschoss: Tiefgarage (Lasteinzugsflächen ≤ 20 m^2)
- Erdgeschoss: Verkaufsräume (Einzelhandelsgeschäfte)

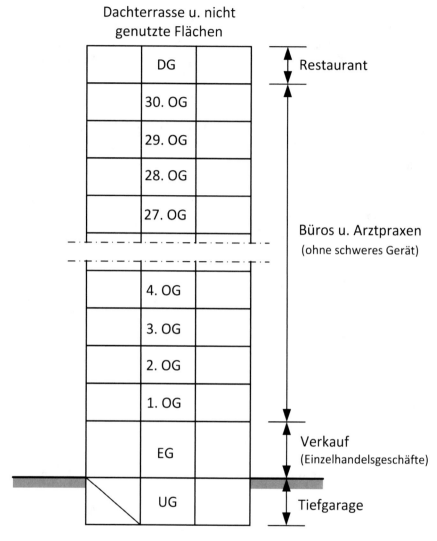

Abb. 4.18 Aufgabe 2 – Nutzlasten für ein Hochhaus

- Obergeschosse: 1. bis 30. OG: Büros sowie Arztpraxen (ohne schweres Gerät); Trennwandzuschlag ist anzusetzen (Wandlast 4 kN/m)
- Dachgeschoss: Restaurant; Trennwandzuschlag ist anzusetzen (Wandlast 3 kN/m)
- Dach: Dachterrasse sowie nicht genutzte Dachflächen

Lösung

1. **Nutzlasten auf den Geschossdecken:**

   A. Decken und Bodenplatte unter Verkehrs- und Parkflächen der Tiefgarage: Nutzungskategorie F1: $q_k = 3,5$ kN/m^2 oder 2 x $Q_k = 20$ kN; Zufahrtsrampe: Nutzungskategorie F3: $q_k = 5,0$ kN/m^2 oder 2 x $Q_k = 20$ kN

   B. Decke unter EG: Nutzungskategorie D2: $q_k = 5,0$ kN/m^2, $Q_k = 4,0$ kN(für örtliche Nachweise).

   C. Decken unter dem 1. OG bis 30. OG: Nutzungskategorie B1: $q_k = 2,0$ kN/m^2, $\Delta q_k = 1,2$ kN/m^2 (für Wandlasten > 3 kN/m und ≤ 5 kN/m), $Q_k = 2,0$ kN (für örtliche Nachweise),

   D. Decke unter dem Dachgeschoss (31. OG): Nutzungskategorie C1: $q_k = 3,0$ kN/m^2, $\Delta q_k = 0,8$ kN/m^2 (für Wandlasten ≤ 3 kN/m), $Q_k = 4,0$ kN (für örtliche Nachweise)

2. **Nutzlasten auf der Dachterrasse:**

   A. Lotrechte Nutzlast: Nutzungskategorie Z: $q_k = 4,0$ kN/m^2, $Q_k = 2,0$ kN (für örtliche Nachweise)

   B. Horizontale Nutzlast am Geländer: Die Dachterrasse grenzt an eine Fläche der Kategorie C1. Damit sind folgende Horizontallasten am Geländerholm anzusetzen:
   - in Absturzrichtung: $q_k = 1,0$ kN/m
   - in Gegenrichtung: $q_k/2 = 0,5$ kN/m

3. **Nutzlast sowie Schneelast auf der restlichen Dachfläche:**

   A. Nutzlast: Nutzungskategorie H (Menschlast) $Q_k = 1,0$ kN (an ungünstigster Stelle)

   B. Schneelast: Schneelastzone 1:
   $$s_k = 0,19 + 0,91 \text{ x } ((115 + 140)/760)^2 = 0,29 \geq 0,65 \text{ kN/m}^2 \text{ (maßgebend ist der}$$
   Sockelbetrag)
   $$s = 0,8 \text{ x } s_k = 0,8 \text{ x } 0,65 = 0,52 \text{ kN/m}^2$$

   C. Hinweis: Die Menschlast braucht nicht mit der Schneelast gleichzeitig angesetzt zu werden.

4. **Abgeminderte Nutzlast aus den Geschossdecken für die Lastweiterleitung auf die vertikalen Tragglieder:**

   In den Geschossen 1 bis 30 gilt jeweils die gleiche Nutzungskategorie B1. Exemplarisch wird die Nutzlast für ausgewählte Stellen berechnet.

   Nutzlast an der Schnittstelle zwischen EG und 1. OG:

   $n = 30$ (Geschosse – 1. OG bis 30. OG – mit der gleichen Nutzungskategorie B1)

   $\alpha_n = 0,7 + 0,6/n = 0,7 + 0,6/30 = 0,72$

   $q_k' = \alpha_n \cdot q_k = 0,72 \cdot (2,0 + 1,2) = 2,30$ kN/m^2 (statt 3, 2 kN/m^2)

   Hinweis: Die abgeminderte Nutzlast darf nur für die Bemessung der vertikalen Tragglieder verwendet werden. Die Geschossdecke selbst ist immer für die volle Nutzlast (3,20 kN/m^2) zu berechnen.

   Nutzlast an der Schnittstelle zwischen 10. OG und 11.OG:

$n = 30 - 10 = 20$ (Geschosse – 11. OG bis 30. OG – mit der gleichen Nutzungs-kategorie B1)

$\alpha_n = 0{,}7 + 0{,}6/20 = 0{,}73$

$q_k{}' = 0{,}73 \cdot 3{,}2 = 2{,}34 \text{ kN/m}^2$

Nutzlast an der Schnittstelle zwischen 20. OG und 21.OG:

$n = 30 - 20 = 10$ (Geschosse – 21. OG bis 30. OG – mit der gleichen Nutzungs-kategorie B1)

$\alpha_n = 0{,}7 + 0{,}6/10 = 0{,}76$

$q_k{}' = 0{,}76 \cdot 3{,}2 = 2{,}43 \text{ kN/m}^2$

Nutzlast an der Schnittstelle zwischen 25. OG und 26.OG:

$n = 30 - 25 = 5$ (Geschosse – 26. OG bis 30. OG – mit der gleichen Nutzungskategorie B1)

$\alpha_n = 0{,}7 + 0{,}6/5 = 0{,}82$

$q_k{}' = 0{,}82 \cdot 3{,}2 = 2{,}62 \text{ kN/m}^2$

Nutzlast an der Schnittstelle zwischen 27. OG und 28.OG:

$n = 30 - 27 = 3 > 2$ (Geschosse – 28. OG bis 30. OG – mit der gleichen Nutzungs-kategorie B1)

$\alpha_n = 0{,}7 + 0{,}6/3 = 0{,}90$

$q_k{}' = 0{,}90 \cdot 3{,}2 = 2{,}88 \text{ kN/m}^2$

Nutzlast an der Schnittstelle zwischen 28. OG und 29.OG sowie 29. OG und 30. OG:

$n = 30 - 28 = 2 > 2$ (Geschosse – 28. OG bis 30. OG – mit der gleichen Nutzungs-kategorie B1)

Keine Abminderung möglich, da $n = 2$

$q_k = 3{,}20 \text{ kN/m}^2$

4.5.3 Aufgabe 3

Für eine Geschossdecke aus Stahlbeton (mit ausreichender Querverteilung der Lasten) in einem Warenhaus (Nutzungskategorie D2) sind folgende Nutzlasten zu bestimmen:

1. Nutzlasten auf der Geschossdecke (für die Bemessung der Decke)
2. Nutzlasten für die Unterzüge unterhalb der betrachteten Decke (Lasteinzugsfläche jeweils $A = 20 \text{ m}^2$).

Lösung

1. **Nutzlasten auf der Geschossdecke:**

   $q_k = 5{,}0 \text{ kN/m}^2$, $Q_k = 4{,}0 \text{ kN}$ (für örtliche Nachweise)

2. **Nutzlasten für die Unterzüge:**
   Die Nutzlast darf abgemindert werden, da der Unterzug ein sekundäres Tragglied ist:
   Für die Nutzungskategorie D2 berechnet sich der Abminderungsbeiwert mit folgender Gleichung:

$$\alpha_A = 0{,}7 + 10/A = 0{,}7 + 10/20 = 0{,}75$$

Abgeminderte Nutzlast: $q_k' = 0{,}75 \cdot 5{,}0 = 3{,}75 \ \text{kN/m}^2$

4.5.4 Aufgabe 4

Für eine Schule sind folgende Nutzlasten zu bestimmen:

1. Nutzlasten in den Klassenräumen, auf den Fluren, im Lehrerzimmer, im Bereich der Sanitäranlagen.
2. Nutzlasten im Eingangsbereich.
3. Nutzlasten auf der Geschossdecke in der Bibliothek.
4. Nutzlasten auf der Geschossdecke in den Hörsälen mit fester Bestuhlung (Chemieräume).
5. Nutzlasten auf den Treppen.
6. Nutzlasten in der Aula.
7. Nutzlasten in der Turnhalle.

Lösung
1. Nutzlasten auf den Geschossdecken:
   - Klassenräume und Lehrerzimmer: C1, $q_k = 3{,}0 \ \text{kN/m}^2$, $Q_k = 4{,}0 \ \text{kN}$ (nur für örtliche Nachweise).
   - Flure: C3, $q_k = 5{,}0 \ \text{kN/m}^2$, $Q_k = 4{,}0 \ \text{kN}$ (nur für örtliche Nachweise).
   - Sanitäranlagen: B2 (analog „Flure in Internaten"), $q_k = 3{,}0 \ \text{kN/m}^2$, $Q_k = 3{,}0 \ \text{kN}$ (nur für örtliche Nachweise).
2. Nutzlasten im Eingangsbereich (Foyer): C3 (Eingangsbereich in einem öffentlichen Gebäude), $q_k = 5{,}0 \ \text{kN/m}^2$, $Q_k = 4{,}0 \ \text{kN}$ (nur für örtliche Nachweise).
3. Nutzlasten in der Bibliothek: E1.2 (allgemeine Lagerfläche, einschl. Bibliotheken), $q_k = 6{,}0 \ \text{kN/m}^2$ (Mindestwert, dieser wird hier angenommen), $Q_k = 7{,}0 \ \text{kN}$ (nur für örtliche Nachweise).
4. Nutzlasten in den Hörsälen: C2 (Flächen mit fester Bestuhlung): $q_k = 4{,}0 \ \text{kN/m}^2$, $Q_k = 4{,}0 \ \text{kN}$ (nur für örtliche Nachweise).
5. Nutzlasten auf den Treppen: T2, $q_k = 5{,}0 \ \text{kN/m}^2$, $Q_k = 2{,}0 \ \text{kN}$ (nur für örtliche Nachweise).

6. Nutzlasten in der Aula: C5 (Flächen für große Menschenansammlungen), $q_k = 5{,}0$ kN/m², $Q_k = 4{,}0$ kN (nur für örtliche Nachweise); Bühne: C4, $q_k = 5{,}0$ kN/m², $Q_k = 7{,}0$ kN (nur für örtliche Nachweise).
7. Nutzlasten in der Turnhalle: C4 (Sport- und Spielflächen), $q_k = 5{,}0$ kN/m², $Q_k = 7{,}0$ kN (nur für örtliche Nachweise).

4.5.5 Aufgabe 5

Für einen Baumarkt sind folgende Nutzlasten zu bestimmen:

1. Nutzlasten im Verkaufsraum (ohne Gabelstaplerverkehr, jedoch mit erhöhten Einzellasten infolge hoher Lagerregale).
2. Nutzlasten im Lager (hier Gabelstaplerverkehr mit Staplern der Klasse FL2).
3. Nutzlasten im Verwaltungstrakt (Büros, Flure, Treppen). Es sind keine leichten Trennwände vorhanden bzw. geplant.

Lösung

1. Nutzlasten im Verkaufsraum: D3, $q_k = 5{,}0$ kN/m², $Q_k = 7{,}0$ kN (nur für örtliche Nachweise).
2. Nutzlasten im Lager: E2.3, $q_k = 15{,}0$ kN/m², ringsherum zusätzlich eine Achslast (mit dem Schwingbeiwert φ multipliziert) an ungünstigster Stelle: $\varphi \cdot Q_k = 1{,}4 \cdot 40 = 56$ kN.
3. Nutzlasten im Verwaltungstrakt:
   - Büros, Flure: B1, $q_k = 2{,}0$ kN/m², $Q_k = 2{,}0$ kN (nur für örtliche Nachweise).
   - Treppen: T1 (Treppen in Bürogebäuden), $q_k = 3{,}0$ kN/m², $Q_k = 2{,}0$ kN (nur für örtliche Nachweise).

Literatur

1. DIN EN 1991-1-1:2010-12: Eurocode 1: Einwirkungen auf Tragwerke – Teil 1-1: Allgemeine Einwirkungen auf Tragwerke – Wichten, Eigengewicht und Nutzlasten im Hochbau; Beuth Verlag, Berlin
2. DIN EN 1991-1-1/NA:2010-12: Nationaler Anhang – National festgelegte Parameter – Eurocode 1: Einwirkungen auf Tragwerke – Teil 1-1: Allgemeine Einwirkungen auf Tragwerke – Wichten, Eigengewicht und Nutzlasten im Hochbau; Beuth Verlag, Berlin
3. DIN EN 1991-1-1/NA/A1: Nationaler Anhang – National festgelegte Parameter – Eurocode 1: Einwirkungen auf Tragwerke – Teil 1-1: Allgemeine Einwirkungen auf Tragwerke – Wichten, Eigengewicht und Nutzlasten im Hochbau; Änderung A1; Beuth Verlag, Berlin
4. Schmidt, Peter: Lastannahmen – Einwirkungen auf Tragwerke; 1. Aufl. 2019; Springer Vieweg; Wiesbaden
5. Auslegungen zu DIN EN 1990/DIN EN 1990/NA; Stand: Dezember 2014; Normenausschuss Bauwesen (NaBau) im DIN, Berlin

6. DIN EN 1990:2010-12: Eurocode: Grundlagen der Tragwerksplanung; Beuth Verlag, Berlin

7. DIN EN 1991-1-7:2010-12: Eurocode 1: Einwirkungen auf Tragwerke – Teil 1-7: Allgemeine Einwirkungen – Außergewöhnliche Einwirkungen; Beuth Verlag, Berlin

8. Auslegungen zu DIN 1055-3 (Eigen- und Nutzlasten); Stand: Oktober 2008; Normenausschuss Bauwesen (NaBau) im DIN, Berlin

9. Fingerloos, F., Grünberg J.: Die Parkhauslasten in DIN 1055-3; Beton- und Stahlbetonbau 103 (2008), Heft 3; Ernst & Sohn, Verlag für Architektur und technische Wissenschaften

10. Schmidt, H., Heimann, M.: Anpassung der Parkhauslasten nach DIN 1055-3 an die aktuelle Entwicklung gestiegener Fahrzeuggewichte; Bauingenieur 12 (2010); Springer VDI-Verlag

11. DIN 1072:1985-12: Straßen- und Wegbrücken – Lastannahmen; Hinweis: Dokument wurde für zu errichtende Straßenbrücken inzwischen zurückgezogen, ist in Teilbereichen (z. B. Lastannahmen für Hofkellerdecken) aber noch anzuwenden; Beuth Verlag, Berlin

Windlasten

5

5.1 Allgemeines

Für die Bestimmung der Windlasten auf Gebäude gelten DIN EN 1991-1-4 [1] sowie der zugehörige Nationale Anhang DIN EN 1991-1-4/NA [2].

Die wesentlichen Regeln der vorgenannten Normen sowie weiterführende Hintergrundinformationen sind im Lehrbuch „*Lastannahmen – Einwirkungen auf Tragwerke*" [3], Kap. 6 – Windlasten, angegeben und werden dort an einfachen Beispielen erläutert.

Das Ziel der nachfolgenden Kapitel ist es, die teilweise theoretisch-abstrakten Regelungen der Normen anhand von ausgewählten baupraktischen und teilweise auch komplexeren Beispielen anschaulich zu verdeutlichen. Dabei werden auch aktuelle Auslegungen des zuständigen Normenausschusses [4, 5] berücksichtigt.

Zum Verständnis werden die wichtigsten Grundlagen, die für die Bestimmung der Windlasten zu beachten sind, in stichpunktartiger und/oder tabellarischer Form angegeben. Für genauere Informationen und Hintergründe wird auf das o. g. Lehrbuch sowie auf die betreffenden Normen und Vorschriften verwiesen.

5.2 Lernziele

Es werden folgende Lernziele mit unterschiedlichen Schwierigkeitsgraden verfolgt:

1. Sichere Beherrschung der Verfahren zur Bestimmung der Windlasten für nicht schwingungsanfällige Bauwerke für die üblichen Standardfälle (d. h. Bestimmung von Winddrücken für einfache Baukörper und ihre Flächen). Siehe hierzu Beispiele mit der Kennzeichnung „**Kategorie (A)**".

2. Grundlegende Kenntnisse, wie die Windlasten bei komplexeren Anwendungsfällen
   zu bestimmen sind (z. B. Bestimmung von Windlasten für schwingungsanfällige Tragwerke und kompliziertere Baukörper). Siehe hierzu Beispiele mit Kennzeichnung
   „Kategorie (B)".
3. Fähigkeit, die in den Normen angegebenen Regeln auch auf nicht geregelte Sonderfälle
   zu übertragen und geeignete, ingenieurmäßige Lösungen für eine realitätsgenaue Ermittlung von Eigenlasten selbstständig zu erarbeiten (z. B. Bestimmung von Windlasten
   für geometrisch komplexere Baukörper). Siehe hierzu Beispiele mit Kennzeichnung
   „Kategorie (C)".

Neben ausführlichen Beispielen mit Lösungsweg werden auch Aufgaben mit Endergebnis
für das Selbststudium angeboten.

5.3   Grundlagen

Nachfolgend wird die grundlegende Vorgehensweise bei der Ermittlung von Windlasten
(Winddrücke, Windkräfte) auf Bauwerke nach DIN EN 1991-1-4 erläutert. Dabei wird die
Situation in Deutschland unter Berücksichtigung der DIN EN 1991-1-4/NA behandelt, für
andere europäische Länder wird auf die jeweiligen länderspezifischen Nationalen Anhänge
verwiesen. Aufgrund des großen Umfangs der Norm können hier nur Auszüge wiedergegeben werden. Das gilt insbesondere für die aerodynamischen Beiwerte (Druck- und
Kraftbeiwerte), die nur im Zusammenhang mit den hier behandelten Beispielen angegeben
werden. Für weitere Informationen bzw. für die vollständigen Tabellen mit den aerodynamischen Beiwerten wird auf die Norm [1, 2] sowie auf das o. a. Lehrbuch [3] verwiesen.

5.3.1   Allgemeines

Unter dem Begriff *Wind* wird die natürliche Luftbewegung verstanden, die sich aufgrund
von Luftdruckunterschieden in der Atmosphäre einstellt. Bei der Anströmung der in
Bewegung gesetzten Luft auf Bauwerke entstehen Beanspruchungen, die als Windlasten
bzw. Windeinwirkungen bezeichnet werden. In der Norm wird einheitlich der Begriff
Windlasten verwendet; dies wird im Folgenden auch so gehandhabt. Windlasten gehören
wie Schneelasten und Temperatureinwirkungen zu den klimatologischen Einwirkungen.
Sie werden nach DIN EN 1991-1-4 als *veränderliche* und *freie* Einwirkungen im Sinne der
DIN EN 1990 [6] in Verbindung mit DIN EN 1990/NA [7, 8] eingestuft. Das bedeutet, dass
Windlasten zeitlich und räumlich sowie hinsichtlich ihrer Größe veränderlich sind (ver-
änderliche Einwirkungen) und unabhängig vom Vorhandensein anderer Einwirkungen
eigenständig auftreten können (freie Einwirkungen).
  Die Norm [1] gilt i. V. mit dem Nationalen Anhang [2] für Bauwerke mit einer Höhe bis
300 m sowie für Brücken mit einer Spannweite bis 200 m. Bei Brücken müssen zusätzlich

die Abgrenzungskriterien hinsichtlich dynamischer Wirkungen erfüllt sein, nähere Angaben siehe Norm. Mit diesem Anwendungsbereich werden die meisten Bauwerke in Deutschland erfasst, sodass nur in Einzelfällen Sonderregelungen getroffen werden müssen. DIN EN 1991-1-4+NA enthält keine Hinweise oder Regelungen zur Berücksichtigung von örtlichen Effekten auf die Windcharakteristik wie z. B. Inversionswetterlagen oder Wirbelstürme. Die Norm gilt auch nicht für die Ermittlung von Windlasten auf Fachwerkmaste und Türme mit nicht parallelen Eckstielen, abgespannte Masten und abgespannte Kamine; siehe hierzu DIN EN 1993-3-1/NA [9]. Außerdem liefert DIN EN 1991-1-4+NA keine Hinweise zu Torsionsschwingungen, die z. B. bei hohen Gebäuden mit zentralem Kern auftreten können und böenerregten Schwingungen an Brückenüberbauten sowie bei Hänge- und Schrägseilbrücken.

5.3.2 Bemessungssituationen

Die maßgebenden Windlasten sind für die verschiedenen Bemessungssituationen nach DIN EN 1990, 3.2 für jeden belasteten Bereich zu ermitteln. Die Folgen anderer Einwirkungen (z. B. bei Schnee, Eisansatz, Verkehr) sind zu berücksichtigen, wenn sie sich auf die Bezugsfläche sowie die aerodynamischen Beiwerte erheblich auswirken und dadurch die Windlast ungünstig beeinflussen. Können Veränderungen des Bauwerks (z. B. bei Bauzuständen) die Windlasten beeinflussen, sind diese Effekte bei der Ermittlung der Windlasten entsprechend zu berücksichtigen. Fenster und Türen sind im Grenzzustand der Tragfähigkeit in der ständigen Bemessungssituation als geschlossen anzunehmen, sofern sie nicht betriebsbedingt geöffnet werden müssen (z. B. die Ausfahrtstore Feuerwache). Der Lastfall mit geöffneten Fenstern oder Türen bzw. Toren ist als außergewöhnliche Bemessungssituation i. S. der DIN EN 1990 zu behandeln. Bei ermüdungsempfindlichen Bauwerken oder Bauteilen sind entsprechende Beanspruchungen infolge Windlasten zu untersuchen.

5.3.3 Erfassung der Windlasten und Vorzeichenregelung

Windlasten werden durch eine vereinfachte Anordnung von *Winddrücken* (Flächenlast als Druck oder Sog in kN/m^2) oder *Windkräften* (Einzellast in kN) erfasst, wobei deren Wirkung äquivalent zu den maximalen Wirkungen des natürlichen turbulenten Windes ist.

5.3.3.1 Winddrücke
Winddrücke wirken auf den Außenflächen des angeströmten Baukörpers (Außendruck) und sind bei Durchlässigkeit der äußeren Hülle auch auf den Innenflächen anzusetzen (Innendruck). Bei Baukörpern, die an einer oder mehreren Seiten offen sind oder planmäßige Öffnungen aufweisen, können Winddrücke auch direkt auf die Innenflächen wirken (Innendruck).

Abb. 5.1 Vorzeichenregelung   Druck = positiv   Sog = negativ
bei Winddrücken
(Flächenlasten)

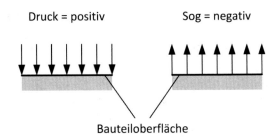

Bauteiloberfläche

Die Idealisierung der Windbeanspruchung durch Flächenlasten (Winddrücke) ist dann erforderlich, wenn die lokale Verteilung der Windlasten auf Bauteile von Interesse ist, um z. B. unmittelbar vom Wind beanspruchte Bauteile der Gebäudehülle (Dach-, Wand-, Fassadenelemente, Befestigungen o. Ä.) zu dimensionieren. Auch für mittelbar belastete Bauteile, wie Verbände, Dachkonstruktionen und Hallenrahmen ist die Windbeanspruchung als Flächenlast (Winddruck) auf die Gebäudehülle anzusetzen. Der Begriff „Winddruck" wird stellvertretend für Druck- u. Sogbelastung verwendet. Es gilt folgende Vorzeichenregelung: Bei Druckbeanspruchung ist der Winddruck positiv (positiver Druck), bei Sogbeanspruchung negativ (negativer Druck) (Abb. 5.1). Der Winddruck wirkt immer senkrecht zur betrachteten Bauteiloberfläche; dies gilt auch bei schräg angeströmten Flächen. Sofern der Wind an größeren Flächen eines Baukörpers vorbeistreichen kann, kann es erforderlich sein, auch die Reibungskräfte parallel zur angeströmten Bauteiloberfläche zu berücksichtigen; siehe Norm bzw. Lehrbuch.

Für die Ermittlung von Winddrücken werden Druckbeiwerte benötigt. Für Winddrücke, die auf die Außenflächen von Baukörperm wirken (Außendrücke), werden Außendruckbeiwerte c_{pe} verwendet. Winddrücke, die bei durchlässiger Gebäudehülle und/oder planmäßigen Öffnungen auf die Innenflächen wirken (Innendruck), werden mithilfe von Innendruckbeiwerten c_{pi} ermittelt.

5.3.3.2 Windkräfte

Windkräfte sind Einzellasten (Dimension: kN), die als resultierende Kraft für das gesamte Bauwerk oder für einzelne Abschnitte ermittelt werden. Windkräfte können entweder mithilfe von Kraftbeiwerten c_f ermittelt oder durch vektorielle Addition und Integration aus den Winddrücken bestimmt werden. Windkräfte werden benötigt, um beispielsweise die gesamte Windbelastung auf einen Baukörper oder Baukörperabschnitte zu bestimmen. Außerdem ist die (abschnittsweise) Berechnung von Windkräften erforderlich, um Windeinwirkungen bei schwingungsanfälligen Bauwerken bestimmen zu können.

Die nach DIN EN 1991-1-4+NA ermittelten Windlasten (Winddrücke und Windkräfte) sind charakteristische Werte, die mit der Basiswindgeschwindigkeit oder dem zugehörigen Geschwindigkeitsdruck berechnet werden. Die Basiswerte sind charakteristische Größen mit einer jährlichen Überschreitenswahrscheinlichkeit von 2 % (98 %-Fraktile). Dies entspricht statistisch einer mittleren Wiederkehrperiode von 50 Jahren.

5.3.4 Windzonen, Basiswindgeschwindigkeit und Geschwindigkeitsdrücke

Deutschland ist nach DIN EN 1991-1-4/NA in vier Windzonen (1 bis 4) eingeteilt, um die regional unterschiedlichen Windgeschwindigkeiten und die daraus resultierenden unterschiedlichen Windbeanspruchungen zu berücksichtigen (Abb. 5.2). Die Karte dient nur der Übersicht; eine genaue Zuordnung der Verwaltungsgrenzen von Landkreisen und kreisfreien Städten zu den Windzonen in Form einer Excel-Tabelle kann im Internet unter www. dibt.de heruntergeladen werden. Grundwerte der Basiswindgeschwindigkeit $v_{b,0}$ und die zugehörigen Basisgeschwindigkeitsdrücke $q_{b,0}$ sind in Tab. 5.1 angegeben. Die Werte

Hinweis: Für die genaue Zuordnung der Windzonen zu den Verwaltungsgrenzen siehe www.dibt.de.

Abb. 5.2 Windzonenkarte für Deutschland (n. DIN EN 1991-1-4/NA, Bild NA.A.1)

Tab. 5.1 Grundwerte der Basiswindgeschwindigkeit $v_{b,0}$ und Basisgeschwindigkeitsdrücken $q_{b,0}$ (n. DIN EN 1991-1-4/NA, Anhang NA.A)

Windzone	Basiswindgeschwindigkeit $v_{b,0}$ m/s	Basisgeschwindigkeitsdruck $q_{b,0}$ kN/m^2
1	22,5	0,32
2	25,0	0,39
3	27,5	0,47
4	30,0	0,56

Hinweis: Mittelwerte in 10 m Höhe im ebenen, offenen Gelände für einen Zeitraum von 10 Minuten bei einer jährlichen Überschreitenswahrscheinlichkeit von 2 % (98 %-Fraktile)

gelten in einer Höhe von 10 m im ebenen, offenen Gelände über einen Zeitraum von 10 Minuten.

Aus dem Grundwert der Basiswindgeschwindigkeit $v_{b,0}$ sowie dem Richtungsfaktor c_{dir} und dem Jahreszeitenbeiwert c_{season} ermittelt sich die Basiswindgeschwindigkeit mit folgender Gleichung:

$$v_b = c_{dir} \times c_{season} \times v_{b,0} \tag{5.1}$$

Darin bedeuten:

v_b Basiswindgeschwindigkeit in m/s

c_{dir} Richtungsfaktor; nach DIN EN 1991-1-4/NA ist $c_{dir} = 1,0$, d. h. ist die Windlast ist unabhängig von der Himmelsrichtung mit dem vollen Rechenwert des Geschwindigkeitsdrucks zu berechnen. Eine genauere Berücksichtigung des Einflusses der Windrichtung ist zulässig, wenn ausreichend gesicherte Erkenntnisse vorliegen.

c_{season} Jahreszeitenbeiwert; nach DIN EN 1991-1-4/NA ist $c_{season} = 1,0$

$v_{b,0}$ Grundwert der Basiswindgeschwindigkeit nach Tab. 5.1

Hinweis: Da gemäß Nationalem Anhang für Deutschland der Richtungsfaktor sowie der Jahreszeitenbeiwert jeweils mit 1,0 angesetzt werden entspricht die Basiswindgeschwindigkeit v_b dem Grundwert der Basiswindgeschindigkeit $v_{b,0}$, d. h. es gilt:

$$v_b = v_{b,0} \tag{5.2}$$

Aus der Basiswindgeschwindigkeit v_b und der Dichte der Luft ρ berechnet sich der Basisgeschwindigkeitsdruck q_b mit folgender Gleichung:

$$q_b = 0,5 \cdot \rho \cdot v_b^2 \cdot 10^{-3} \tag{5.3}$$

Darin bedeuten:

q_b Basisgeschwindigkeitsdruck in kN/m^2
ρ Dichte der Luft in kg/m^3 ($\rho = 1{,}25$ kg/m^3 bei einem Luftdruck von 1013 hPa und $T = 10\,°C$ in Meereshöhe)
v_b Basiswindgeschwindigkeit in m/s

Für die Berechnung der Windlasten bei nicht schwingungsanfälligen Bauwerken und Bauteilen wird der Böen- oder Spitzengeschwindigkeitsdruck q_p benötigt. Dieser ergibt sich aus der Windgeschwindigkeit in einer Windbö (Mittelwert während einer Böendauer von zwei bis vier Sekunden) und kann je nach vorliegender Geländekategorie ungefähr 1,1-mal (Geländekategorie IV) bis 2,6-mal (Geländekategorie I) so groß wie der Basisgeschwindigkeitsdruck q_b werden.

Beispiel
Es ist der Basisgeschwindigkeitsdruck für eine Windgeschwindigkeit von $v = 25$ m/s zu berechnen.

Lösung:
Nach Gl. (5.3) ist:

$$q_b = 0{,}5 \cdot \rho \cdot v_b{}^2 \cdot 10^{-3} = 0{,}5 \cdot 1{,}25 \cdot 25^2 \cdot 10^{-3} = 0{,}39 \text{ kN/m}^2 \text{ (Windzone 2)}$$

5.3.5 Geländekategorien und Mischprofile

Der Grundwert der Basiswindgeschwindigkeit sowie der Böengeschwindigkeitsdruck sind abhängig von der Bodenrauigkeit und der Topografie. Es werden vier Geländekategorien und zwei Mischprofile unterschieden (Abb. 5.3):

- **Geländekategorie I:** Offene See; Seen mit mindestens 5 km freier Fläche in Windrichtung; glattes flaches Land ohne Hindernisse.
- **Geländekategorie II:** Gelände mit Hecken, einzelnen Gehöften, Häusern oder Bäumen, z. B. landwirtschaftliches Gebiet.
- **Geländekategorie III:** Vorstädte, Industrie- und Gewerbegebiete; Wälder.
- **Geländekategorie IV:** Stadtgebiete, bei denen mindestens 15 % der Fläche mit Gebäuden bebaut sind, deren mittlere Höhe 15 m überschreitet.
- **Mischprofil Küste:** Übergangsbereich zwischen Geländekategorie I und II.
- **Mischprofil Binnenland:** Übergangsbereich zwischen Geländekategorie II und III.

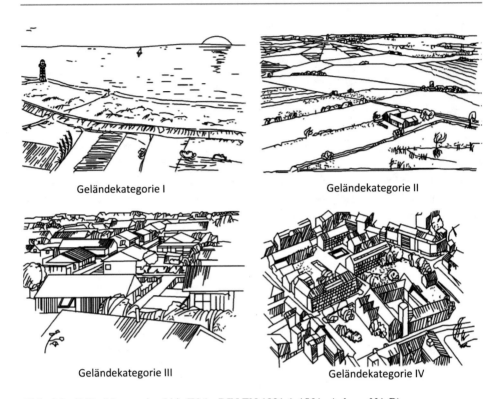

Geländekategorie I

Geländekategorie II

Geländekategorie III

Geländekategorie IV

Abb. 5.3 Geländekategorien I bis IV (n. DIN EN 1991-1-4/NA, Anhang NA.B)

Vereinfachend kann in küstennahen Gebieten sowie auf den Inseln der Nord- und Ostsee die Geländekategorie I, im Binnenland die Geländekategorie II zu Grunde gelegt werden.

Die angegebenen Böengeschwindigkeitsdrücke gelten für ebenes Gelände. Bei exponierten Lagen des Bauwerkstandortes kann eine Erhöhung erforderlich sein (DIN EN 1991-1-4/NA, Anhang NA.B); bei Standorten über 800 m NN ist der Wert um 10 % je 100 Höhenmeter zu erhöhen (Faktor $= 0,2 + H_s/1000$, Meereshöhe H_s in m; DIN EN 1991-1-4/NA, Anhang NA.A). Für Kamm- und Gipfellagen der Mittelgebirge sowie für Bauwerksstandorte, die über $H_s = 1100$ m liegen, sind besondere Überlegungen erforderlich.

5.3.6　Beurteilung der Schwingungsanfälligkeit von Bauwerken

Bei ausreichend steifen, nicht schwingungsanfälligen Tragwerken wird die Windbeanspruchung durch eine statische Ersatzlast erfasst, bei schwingungsanfälligen Konstruktionen durch eine um den Strukturbeiwert vergrößerte statische Ersatzlast.

Als nicht schwingungsanfällig gelten Bauwerke, wenn die Verformungen unter Wind-einwirkungen durch Böenresonanz um nicht mehr als 10 % vergrößert werden. Diese Forderung gilt als erfüllt

• bei üblichen Wohn-, Büro- und Industriegebäuden mit einer Höhe bis zu 25 m sowie bei Bauwerken, die in Form und Konstruktion ähnlich sind;
• bei Bauwerken, die als Kragträger wirken, falls das Kriterium nach folgender Gleichung eingehalten ist:

$$\frac{x_s}{h} \leq \frac{\delta}{\left(\sqrt{\frac{h_{ref}}{h} \cdot \frac{h+b}{b}} + 0,125 \cdot \sqrt{\frac{h}{h_{ref}}}\right)^2} \tag{5.4}$$

Darin bedeuten:

x_s Kopfpunktverschiebung (in m) unter der Eigenlast, die in Windrichtung wirkend angesetzt wird

δ bzw. δ_s, logarithmisches Dämpfungsdekrement (dimensionslos) n. DIN 1991-1-4, Anhang F; Näherungswerte n. Tab. 5.2

h Höhe des Bauwerks in m

Tab. 5.2 Näherungswerte für das logarithmische Dämpfungsdekrement δ_s für ausgewählte Bauwerke (n. DIN EN 1991-1-4, Tab. F.2)

Bauwerk	Details	Log. Dämpfungsdekrement δ_s
Gebäude in Stahlbetonbauweise	-	0,10
Gebäude in Stahlbauweise	-	0,05
Gebäude in Mischbauweise (Stahl und Beton)	-	0,08
Türme und Schornsteine aus Stahlbeton	-	0,03
Stahlschornsteine (geschweißt)	ohne außen liegende Wärmedämmung	0,012
	mit außen liegender Wärmedämmung	0,020
Stahlschornsteine mit einem Innenrohr und mit außen liegender Wärmedämmung[1]	$h/b < 18$	0,020
	$20 \leq h/b < 26$	0,040
	$h/b \geq 26$	0,014
Türme in Stahlfachwerkbauweise und Stahlbrücken	geschweißt	0,02
	vorgespannte Schrauben	0,03
	rohe Schrauben	0,05

Weitere Werte siehe DIN EN 1991-1-4, Tab. F.2

[1]Zwischenwerte dürfen linear interpoliert werden; h: Höhe, b: Breite quer zur Anströmrichtung

h_{ref} Bezugshöhe, $h_{ref} = 25$ m

b Breite des Bauwerks quer zur Anströmrichtung in m

Beispiel

Es ist zu überprüfen, ob das nachfolgend beschriebene Gebäude in Stahlbetonbauweise schwingungsanfällig ist. Randbedingungen:

- Abmessungen: $h = 200$ m, $b \times d = 30 \times 30$ m
- $n = 50$ Geschosse
- Eigenlast je Geschoss: 10 kN/m²; $N_G = 10{,}0 \times 30 \times 30 = 9000$ kN $= 9{,}00$ MN
- Aussteifung: $I_x = I_y = 400$ m⁴ (je zwei Aussteifungswände $b/d = 0{,}3/20{,}0$ m in x- und y- Richtung
- E-Modul: $E = 29000$ MN/m²

Lösung:

Kopfpunktverschiebung unter Eigenlast in Windrichtung:

$$g = n \cdot N_G/h = 50 \cdot 9{,}00/200 = 2{,}25 \text{ MN/m}$$

$$x_s = g \cdot h^4/(8 \cdot E \cdot I) = 2{,}25 \cdot 200^4/(8 \cdot 29000 \cdot 400) = 38{,}8 \text{ m}$$

Überprüfung der Bedingung nach Gl. (5.4):

$$\frac{x_s}{h} = \frac{38{,}8}{200} = 0{,}194 \leq \frac{\delta}{\left(\sqrt{\frac{h_{ref}}{h} \cdot \frac{h+b}{b}} + 0{,}125 \cdot \sqrt{\frac{h}{h_{ref}}}\right)^2} = \frac{0{,}100}{\left(\sqrt{\frac{25}{200} \cdot \frac{200+30}{30}} + 0{,}125 \cdot \sqrt{\frac{200}{25}}\right)^2}$$

$$= 0{,}056$$

Die Bedingung ist nicht erfüllt, d. h. das Gebäude ist schwingungsanfällig.

Es soll ermittelt werden, welche Steifigkeit in x- und y-Richtung erforderlich ist, damit das Gebäude als nicht schwingungsanfällig gilt. Es gilt:

Maximale Kopfpunktverschiebung:

$$x_s \leq 0{,}056 \, h = 0{,}056 \cdot 200 = 11{,}2 \text{ m}$$

Erforderliche Steifigkeit:

$$I_x = I_y = g \cdot h^4/(8 \cdot E \cdot x_s) = 2{,}25 \cdot 200^4/(8 \cdot 29000 \cdot 11{,}2) = 1385 \text{ m}^4$$

Dafür sind beispielsweise jeweils 4 Wände mit den Abmessungen 0,3 m × 25 m erforderlich.

$$I_x = I_y = 4 \cdot 0,3 \cdot 25^3/12 = 1562,5 \text{ m}^4 > 1385 \text{ m}^4$$

5.3.7 Verfahren zur Ermittlung des Böengeschwindigkeitsdrucks für nicht schwingungsanfällige Bauwerke

Für nicht schwingungsanfällige Bauwerke existieren nach DIN EN 1991-1-4/NA drei Verfahren zur Ermittlung des Böengeschwindigkeitsdruckes:

1. Vereinfachtes Verfahren für Bauwerke geringer Höhe bis 25 m (Abschn. 5.3.7.1).
2. Genaues Verfahren für Bauwerke bis 300 m Höhe mit Berücksichtigung der Bodenrauigkeit durch Annahme von Mischprofilen (Regelfall) (Abschn. 5.3.7.2).
3. Genaues Verfahren für Bauwerke bis 300 m Höhe mit genauer Berücksichtigung der Bodenrauigkeit durch Annahme von Geländekategorien (Abschn. 5.3.7.3).

5.3.7.1 Vereinfachtes Verfahren für Bauwerke bis 25 m Höhe
Bei Bauwerken bis 25 m Höhe darf der Böengeschwindigkeitsdruck vereinfachend nach Tab. 5.3 konstant über die gesamte Bauwerkshöhe angesetzt werden. Der

Tab. 5.3 Böengeschwindigkeitsdrücke q_p nach dem vereinfachten Verfahren für Bauwerke bis 25 m Höhe

Windzone	Beschreibung	Böengeschwindigkeitsdruck q_p in kN/m² in Abhängigkeit von der Bauwerkshöhe h		
		$h \leq 10$ m	10 m $< h \leq 18$ m	18 m $< h \leq 25$ m
1	Binnenland	0,50	0,65	0,75
2	Binnenland	0,65	0,80	0,90
	Küste und Inseln der Ostsee	0,85	1,00	1,10
3	Binnenland	0,80	0,95	1,10
	Küste und Inseln der Ostsee	1,05	1,20	1,30
4	Binnenland	0,95	1,15	1,30
	Küste der Nord- und Ostsee sowie Inseln der Ostsee	1,25	1,40	1,55
	Inseln der Nordsee	1,40	Verfahren nicht anwendbar	

Hinweise:
Zur Küste zählt ein 5 km breiter Streifen, der entlang der Küste verläuft und landeinwärts gerichtet ist. Im Bereich von Flussmündungen (z. B. Ems, Weser, Elbe) sind ggfs. besondere Festlegungen zu treffen

Auf den Inseln der Nordsee ist der Böengeschwindigkeitsdruck für Bauwerke über 10 m Höhe nach dem Regelverfahren oder dem genaueren Verfahren zu bestimmen

Böengeschwindigkeitsdruck ergibt sich für die Bauwerkshöhe, eine Abstufung über die Bauwerkshöhe ist nicht vorgesehen. Für höhere Bauwerke sowie für Bauwerke auf den Inseln der Nordsee mit mehr als 10 m Höhe ist der Böengeschwindigkeitsdruck nach Abschn. 5.3.7.2 zu berechnen.

5.3.7.2 Höhenabhängiger Böengeschwindigkeitsdruck im Regelfall

Für Bauwerke mit einer Höhe über 25 m über Grund ist bei der Berechnung des Böengeschwindigkeitsdruckes der Einfluss der Bodenrauigkeit genauer zu erfassen. Als Regelfall sieht DIN EN 1991-1-4/NA die höhenabhängige Berechnung des Böengeschwindigkeitsdruckes für drei unterschiedliche Windprofile vor (Binnenland, Küste, Inseln der Nordsee) vor (Tab. 5.4).

Die Profile der mittleren Windgeschwindigkeit, der Turbulenzintensität und der Böengeschwindigkeit in ebenem Gelände sind für die beiden Mischprofile (Binnenland und Küste) in Tab. 5.5 angegeben.

Beispiel

Für ein Bauwerk mit einer Höhe von $h = 75$ m sind folgende Daten zu berechnen: a) Böengeschwindigkeitsdruck, b) Böengeschwindigkeit, c) mittlere Windgeschwindigkeit, d) Turbulenzintensität. Standort: Windzone 3, Küste.

Basisgeschwindigkeitsdruck: $q_b = q_{b,0} = 0,47$ kN/m² (Windzone 3)
Basiswindgeschwindigkeit: $v_b = v_{b,0} = 27,5$ m/s (Windzone 3)

Tab. 5.4 Höhenabhängiger Böengeschwindigkeitsdruck für Bauwerke über 25 m Höhe sowie im Regelfall

Windprofil	Höhe über Grund bzw. Bezugshöhe z	Böengeschwindigkeitsdruck q_p kN/m²
Binnenland(Mischprofil der Geländekategorien I und II)	$z \leq 7$ m	$q_p(z) = 1,5 \cdot q_b$
	7 m $< z \leq 50$ m	$q_p(z) = 1,7 \cdot q_b \cdot (z/10)^{0,37}$
	50 m $< z \leq 300$ m	$q_p(z) = 2,1 \cdot q_b \cdot (z/10)^{0,24}$
Küste(Mischprofil der Geländekategorien II und III)	$z \leq 4$ m	$q_p(z) = 1,8 \cdot q_b$
	4 m $< z \leq 50$ m	$q_p(z) = 2,3 \cdot q_b \cdot (z/10)^{0,27}$
	50 m $< z \leq 300$ m	$q_p(z) = 2,6 \cdot q_b \cdot (z/10)^{0,19}$
Inseln der Nordsee (Geländekategorie I)	$z \leq 2$ m	$q_p(z) = 1,1$ kN/m²
	2 m $< z \leq 300$ m	$q_p(z) = 1,5 \cdot (z/10)^{0,19}$

Erläuterungen:
z Höhe über Grund bzw. Bezugshöhe in m
q_b Basisgeschwindigkeitsdruck n. Tab. 5.1; es gelten folgende Werte: Windzone 1: $q_b = 0,32$ kN/m²; Windzone 2: $q_b = 0,39$ kN/m²; Windzone 3: $q_b = 0,47$ kN/m²; Windzone 4: $q_b = 0,56$ kN/m²

Tab. 5.5 Profile der mittleren Windgeschwindigkeit, der Turbulenzintensität und der Böengeschwindigkeit (n. DIN EN 1991-1-4/NA, Tab. NA.B.4)

Kriterium	Binnenland	Küste
Mindesthöhe z_{min}	7,0 m	4,0 m
Mittlere Windgeschwindigkeit v_m (in m/s) für 50 m $< z \leq 300$ m	$v_m = 1{,}00 \cdot v_b \cdot (z/10)^{0,16}$	$v_m = 1{,}18 \cdot v_b \cdot (z/10)^{0,12}$
v_m (in m/s) für $z_{min} < z \leq 50$ m	$v_m = 0{,}86 \cdot v_b \cdot (z/10)^{0,25}$	$v_m = 1{,}10 \cdot v_b \cdot (z/10)^{0,165}$
v_m (in m/s) für $z < z_{min}$	$v_m = 0{,}79 \cdot v_b$	$v_m = 0{,}95 \cdot v_b$
Turbulenzintensität I_v für 50 m $< z \leq 300$ m	$I_v = 0{,}19 \cdot (z/10)^{-0,16}$	$I_v = 0{,}14 \cdot (z/10)^{-0,12}$
I_v für $z_{min} < z \leq 50$ m	$I_v = 0{,}22 \cdot (z/10)^{-0,25}$	$I_v = 0{,}15 \cdot (z/10)^{-0,165}$
I_v für $z < z_{min}$	$I_v = 0{,}22$	$I_v = 0{,}17$
Böengeschwindigkeit v_p (in m/s) für 50 m $< z \leq 300$ m	$v_p = 1{,}45 \cdot v_b \cdot (z/10)^{0,120}$	$v_p = 1{,}61 \cdot v_b \cdot (z/10)^{0,095}$
v_p (in m/s) für $z_{min} < z \leq 50$ m	$v_p = 1{,}31 \cdot v_b \cdot (z/10)^{0,185}$	$v_p = 1{,}51 \cdot v_b \cdot (z/10)^{0,135}$
v_p (in m/s) für $z < z_{min}$	$v_p = 1{,}23$	$v_p = 1{,}33$

Erläuterung:

v_b: Basiswindgeschwindigkeit (= $v_{b,0}$) n. Tab. 5.1; es gelten folgende Werte: Windzone 1: $v_b =$ 22,5 m/s; Windzone 2: $v_b = 25{,}0$ m/s; Windzone 3: $v_b = 27{,}5$ m/s; Windzone 4: $v_b = 30{,}0$ m/s

a) Böengeschwindigkeitsdruck:

$$q_p(z) = 2{,}6 \cdot q_b \cdot (z/10)^{0,19} = 2{,}6 \cdot 0{,}47 \cdot (75/10)^{0,19} = 1{,}79 \text{ kN/m}^2 (\text{in 75 m Höhe})$$

b) Böengeschwindigkeit:

$$v_p = 1{,}61 \cdot v_b \cdot (z/10)^{0,095} = 1{,}61 \cdot 27{,}5 \cdot (75/10)^{0,095} = 53{,}6 \text{ m/s (in 75 m Höhe)}$$

c) Mittlere Windgeschwindigkeit:

$$v_m = 1{,}10 \cdot v_b \cdot (z/10)^{0,165} = 1{,}10 \cdot 27{,}5 \cdot (75/10)^{0,165} = 42{,}2 \text{ m/s (in 75 m Höhe)}$$

d) Turbulenzintensität:

$$I_v = 0{,}14 \cdot (z/10)^{-0,12} = 0{,}14 \cdot (75/10)^{-0,12} = 0{,}110 \text{ (in 75 m Höhe)}$$

5.3.7.3 Genauere Erfassung der Bodenrauigkeit

Abweichend vom Regelverfahren nach 5.3.7.2 darf der Einfluss der Bodenrauigkeit genauer erfasst werden, indem eine der Geländekategorien I bis IV angenommen wird. Hierbei sind allerdings einige Regelungen zu beachten, die unter Umständen zu ungünstigeren Werten als nach dem Regelverfahren führen. Insbesondere ist zu beachten, dass Wälder nur mit Geländekategorie II bewertet werden dürfen (da diese ggfs. einem Sturm nicht standhalten können). Außerdem müssen Veränderungen der Windströmung, die stromab von einem Wechsel der Bodenrauigkeit verursacht werden, berücksichtigt werden. Im Zweifel ist immer die glattere Geländekategorie anzunehmen.

Die Profile der Kenndaten (mittlere Windgeschwindigkeit, Turbulenzintensität, Böengeschwindigkeitsdruck und Böengeschwindigkeit) sind für die vier Geländekategorien in Tab. 5.6 angegeben.

Beispiel

Für eine Halle mit einer Höhe von 50 m ist der Böengeschwindigkeitsdruck für $z = 50$ m zu berechnen. Standorte: a) Windzone 4, Geländekategorie I; b) Windzone 1, Geländekategorie II

Lösung:

a) Windzone 4, Geländekategorie I (GK I):
   Basisgeschwindigkeitsdruck: $q_b = 0{,}56$ kN/m^2 (für Windzone 4)
   Böengeschwindigkeitsdruck: $q_p = 2{,}6 \cdot q_b \cdot (z/10)^{0,19} = 2{,}6 \cdot 0{,}56 \cdot (50/10)^{0,19} = 1{,}98$
   kN/m^2 (für GK I)
b) Windzone 1, Geländekategorie II (GK II)
   Basisgeschwindigkeitsdruck: $q_b = 0{,}32$ kN/m^2 (für Windzone 1)
   Böengeschwindigkeitsdruck: $q_p = 2{,}1 \cdot q_b \cdot (z/10)^{0,24} = 2{,}1 \cdot 0{,}32 \cdot (50/10)^{0,24} = 0{,}99$
   kN/m^2 (für GK II)

5.3.8 Winddrücke

Der Winddruck auf Außenflächen (Außendruck) bzw. auf Innenflächen (Innendruck) eines Bauwerks berechnet sich nach Tab. 5.7. Der Innendruck ist abhängig von der Größe und Lage der Öffnungen in der Außenhaut und wirkt auf alle Raumabschlüsse eines Innenraums gleichzeitig und mit gleichem Vorzeichen. Die Nettodruckbelastung infolge Winddrucks ergibt sich als Resultierende von Außen- und Innendruck. Der Innendruck darf jedoch nicht entlastend angesetzt werden (konservative Regelung). Beispiele für die Überlagerung von Außen- und Innendruck sind in Abb. 5.4 dargestellt.

Tab. 5.6 Profile der mittleren Windgeschwindigkeit, der Turbulenzintensität, des Böengeschwindigkeitsdruckes und der Böengeschwindigkeit (n. DIN EN 1991-1-4/NA, Tab NA.B.2)

Kriterium	Geländekategorie			
	I	II	III	IV
Mindesthöhe z_{min}	2,0 m	4,0 m	8,0 m	16,0 m
Mittlere Windgeschwindigkeit v_m (in m/s) für $z > z_{min}$	$v_m = 1{,}18 \cdot v_b \cdot (z/10)^{0{,}12}$	$v_m = 1{,}00 \cdot v_b \cdot (z/10)^{0{,}16}$	$v_m = 0{,}77 \cdot v_b \cdot (z/10)^{0{,}22}$	$v_m = 0{,}56 \cdot v_b \cdot (z/10)^{0{,}30}$
v_m (in m/s) für $z \leq z_{min}$	$v_m = 0{,}97 \cdot v_b$	$v_m = 0{,}86 \cdot v_b$	$v_m = 0{,}73 \cdot v_b$	$v_m = 0{,}64 \cdot v_b$
Turbulenzintensität I_v für $z > z_{min}$	$I_v = 0{,}14 \cdot (z/10)^{-0{,}12}$	$I_v = 0{,}19 \cdot (z/10)^{-0{,}16}$	$I_v = 0{,}28 \cdot (z/10)^{-0{,}22}$	$I_v = 0{,}43 \cdot (z/10)^{-0{,}30}$
I_v für $z \leq z_{min}$	$I_v = 0{,}17$	$I_v = 0{,}2$	$I_v = 0{,}29$	$I_v = 0{,}37$
Böengeschwindigkeitsdruck q_p (in kN/m²) für $z > z_{min}$	$q_p = 2{,}6 \cdot q_b \cdot (z/10)^{0{,}19}$	$q_p = 2{,}1 \cdot q_b \cdot (z/10)^{0{,}24}$	$q_p = 1{,}6 \cdot q_b \cdot (z/10)^{0{,}31}$	$q_p = 1{,}1 \cdot q_b \cdot (z/10)^{0{,}40}$
q_p (in m/s) für $z \leq z_{min}$	$q_p = 1{,}9 \cdot q_b$	$q_p = 1{,}7 \cdot q_b$	$q_p = 1{,}5 \cdot q_b$	$q_p = 1{,}3 \cdot q_b$
Böengeschwindigkeit v_p (in m/s) für $z > z_{min}$	$v_p = 1{,}61 \cdot v_b \cdot (z/10)^{0{,}095}$	$v_p = 1{,}45 \cdot v_b \cdot (z/10)^{0{,}120}$	$v_p = 1{,}27 \cdot v_b \cdot (z/10)^{0{,}155}$	$v_p = 1{,}05 \cdot v_b \cdot (z/10)^{0{,}200}$
v_p (in m/s) für $z \leq z_{min}$	$v_p = 1{,}38 \cdot v_b$	$v_p = 1{,}30 \cdot v_b$	$v_p = 1{,}23 \cdot v_b$	$v_p = 1{,}15 \cdot v_b$

v_b: Basiswindgeschwindigkeit n. Tab. 5.1

q_b: Basisgeschwindigkeitsdruck n. Tab. 5.1

Tab. 5.7 Winddrücke auf Oberflächen (Außen- und Innendruck)

Winddruck	Formel	Erläuterung	
Außendruck (in kN/m²)	$w_e = c_{pe} \cdot q_p(z_e)$	c_{pe}	Außendruckbeiwert (abh. v. Bauteil, Lasteinzugsfläche u. Bereich) (dimensionslos)
		z_e	Bezugshöhe (in m)
Innendruck (in kN/m²)	$w_i = c_{pi} \cdot q_p(z_i)$	c_{pi}	Innendruckbeiwert (abh. von der Größe und Lage der Öffnungen in der Gebäudehülle) (dimensionslos)
		z_i	Bezugshöhe (in m)

q_p Böengeschwindigkeitsdruck für die Bezugshöhe z_e bzw. z_i (in kN/m²)

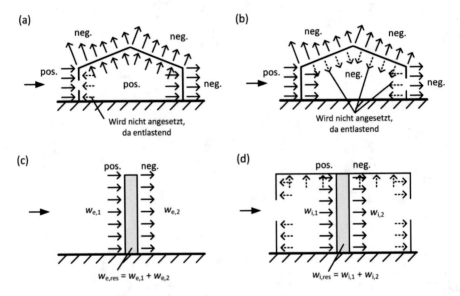

Abb. 5.4 Beispiele für die Überlagerung von Außen- und Innendruck

5.3.8.1 Außendruck

Die Außendruckbeiwerte c_{pe} sind abhängig vom Bauteil (z. B. Dach, Wand), dem betrachteten Bereich auf dem Bauteil sowie der Lasteinflussfläche A. In der Norm sind Außendruckbeiwerte für Lasteinflussflächen von $A = 1$ m² ($c_{pe,1}$) und $A > 10$ m² ($c_{pe,10}$) für verschiedene Bauteile und Anströmrichtungen tabellarisch angegeben. Zwischenwerte bei Lasteinflussflächen von mehr als 1 m² bis 10 m² sind mit folgender Gleichung zu ermitteln:

$$c_{pe} = c_{pe,1} - \left(c_{pe,1} - c_{pe,10}\right) \cdot \log A \tag{5.5}$$

Darin bedeuten:

$c_{pe,1}$ Außendruckbeiwert für Lasteinflussflächen bis 1 m²
$c_{pe,10}$ Außendruckbeiwert für Lasteinflussflächen über 10 m²
A Lasteinflussfläche in m²

Es gelten folgende Regeln:

- Außendruckbeiwerte $c_{pe,10}$ sind für die Bemessung des gesamten Tragwerks einschließlich der Gründung und der Aussteifungskonstruktion anzunehmen.
- Außendruckbeiwerte $c_{pe,1}$ dienen dem Entwurf kleiner Bauteile und deren Verankerungen wie z. B. Dachziegel oder Fassadenplatten einschl. der Befestigungsmittel.
- Bei Dachüberständen kann für den Unterseitendruck der Wert der anschließenden Wandfläche angenommen werden. Auf der Oberseite darf der Wert der anschließenden Dachfläche angesetzt werden.
- Die Außendruckbeiwerte gelten nicht für hinterlüftete Wand- und Dachflächen.

5.3.8.2 Innendruck

Innendruck ist nur zu berücksichtigen, wenn er ungünstig wirkt. Innen- und Außendruck sind gleichzeitig anzunehmen (Überlagerung nach Abb. 5.4). Der Innendruck ist auf alle Raumabschlüsse gleichzeitig und mit gleichem Vorzeichen anzusetzen. Bei Außenwänden mit einer Grundundichtigkeit von $\leq 1\%$ braucht der Innendruck nicht berücksichtigt zu werden, wenn die Öffnungen über die Außenwände gleichmäßig verteilt sind. Für Innendruckbeiwerte c_{pi} wird auf die Norm (DIN EN 1991-1-4) verwiesen. Bei einer Öffnungsfläche > 30 % an mindestens zwei Seiten eines Gebäudes (Fassade oder Dach) gelten diese Seiten als offen. Die Windlast ist in diesem Fall wie für frei stehende Dächer bzw. Wände zu berechnen.

Fenster oder Türen dürfen im Grenzzustand der Tragfähigkeit (GZT) in der ständigen Bemessungssituation als geschlossen angesehen werden, sofern sie nicht bei einem Sturm betriebsbedingt geöffnet werden müssen (z. B. Ausfahrtstore von Gebäuden mit Rettungsdiensten). Der Lastfall mit geöffneten Fenstern oder Türen gilt als außergewöhnliche Bemessungssituation; sie ist insbesondere bei Gebäuden mit großen Innenwänden zu überprüfen, die bei Öffnungen in der Gebäudehülle die gesamte Windlast abtragen müssen.

Die Bezugshöhe z_i für den Innendruck ist gleich Bezugshöhe z_e für den Außendruck der Seitenflächen mit Öffnungen; der größte Wert ist maßgebend. Bei offenen Silos, Schornsteinen und belüfteten Tanks gilt: Bezugshöhe z_i = Höhe des Bauwerks h.

5.3.8.3 Druckbeiwerte

Druckbeiwerte sind für folgende Bauteile in der Norm (DIN EN 1991-1-4) angegeben:

- Vertikale Wände von Gebäuden mit rechteckigem Grundriss
- Flachdächer
- Pultdächer
- Sattel- und Trogdächer
- Walmdächer
- Scheddächer
- Gekrümmte Dächer und Kuppeln
- Mehrschalige Wand- und Dachflächen

- Freistehende Dächer
- Kreiszylinder
- Freistehende Wände und Brüstungen
- Innendruck

Für die Druckbeiwerte wird auf die Norm verwiesen; für ausgewählte Bauteile und Baukörper sind Druckbeiwerte im Anhang in diesem Werk angegeben (siehe Kap. 9).

5.3.9 Windkräfte

Die Gesamtwindkraft, die auf ein Bauwerk oder ein Bauteil einwirkt, kann wie folgt berechnet werden:

- aus Kräften ermittelt mit Kraftbeiwerten (Abschn. 5.3.9.1),
- aus Kräften ermittelt mit Winddrücken und Reibungsbeiwerten (Abschn. 5.3.9.2).

5.3.9.1 Windkräfte aus Kraftbeiwerten

Die auf ein Bauwerk einwirkende Gesamtwindkraft F_w kann mit

$$F_w = c_s\, c_d \cdot c_f \cdot q_p(z_e) \cdot A_{ref} \tag{5.6}$$

oder durch vektorielle Addition der auf die einzelnen Bauteilabschnitte wirkenden Windkräfte

$$F_{w,j} = c_s\, c_d \cdot \Sigma\Big(c_f \cdot q_p(z_e) \cdot A_{ref}\Big) \tag{5.7}$$

berechnet werden.
  In den Gl. (5.6) und (5.7) bedeuten:

$c_s\, c_d$ Strukturbeiwert (dimensionslos); für nicht schwingungsanfällige Bauwerke ist $c_s\, c_d = 1{,}0$; für schwingungsanfällige Bauwerke siehe 5.3.10

c_f Kraftbeiwert für einen Baukörper oder Baukörperabschnitt (dimensionslos)

$q_p(z_e)$ Böengeschwindigkeitsdruck in der Bezugshöhe z_e in kN/m^2

A_{ref} Bezugsfläche für einen Baukörper oder Baukörperabschnitt in m^2

5.3.9.2 Windkräfte aus Winddrücken

Alternativ zu der Ermittlung von Windkräften aus Kraftbeiwerten nach 5.3.9.1 kann die Windkraft F_w auch mit Winddrücken und Reibungsbeiwerten durch vektorielle Addition der Kräfte $F_{w,e}$ (Kraft aus dem Außenwinddruck), $F_{w,i}$ (Kraft aus dem Innenwinddruck) und $F_{fr,j}$ (Reibungskraft) berechnet werden. Es gilt:

Kraft aus dem Außenwinddruck:

$$F_{w,e} = c_s\, c_d \cdot \Sigma(w_e \cdot A_{ref}) \tag{5.8}$$

Kraft aus dem Innenwinddruck:

$$F_{w,i} = c_s\, c_d \cdot \Sigma(w_i \cdot A_{ref}) \tag{5.9}$$

Reibungskraft:

$$F_{fr,j} = c_{fr,j} \cdot q_p(z_e) \cdot A_{fr,j} \tag{5.10}$$

In den Gleichungen (5.8) bis (5.10) bedeuten:

w_e	Außenwinddruck auf einen Körperabschnitt in der Höhe z_e in kN/m^2
w_i	Innenwinddruck auf einen Körperabschnitt in der Höhe z_i in kN/m^2
A_{ref}	Bezugsfläche des Körperabschnitts in m^2
c_{fr}	Reibungsbeiwert der Oberfläche; glatt (Stahl, glatter Beton): $c_{fr} = 0{,}01$; rau (rauer Beton): $c_{fr} = 0{,}02$; sehr rau (gewellt, gerippt, gefaltet): $c_{fr} = 0{,}04$; weitere Reibungsbeiwerte s. Norm
A_{fr}	Außenfläche, die parallel vom Wind angeströmt wird

5.3.10 Strukturbeiwert

Der Strukturbeiwert $c_s\, c_d$ berücksichtigt,

1. dass Spitzenwinddrücke nicht gleichmäßig auf der gesamten Bauteiloberfläche auftreten (Anteil c_s) und
2. die dynamische Überhöhung resonanzartiger Schwingungen infolge der Windturbulenz (Anteil c_d).

Für nicht schwingungsanfällige Bauwerke ist der Strukturbeiwert $c_s\, c_d = 1{,}0$. Bei schwingungsanfälligen Bauwerken ist der Strukturbeiwert nach dem Verfahren in DIN EN 1991-1-4/NA.C zu berechnen. Bei der Anwendung dieses Verfahrens sind folgende Regeln zu beachten:

1. Die Baukörperform entspricht einer der in der folgenden Abbildung dargestellten Formen (Abb. 5.5).

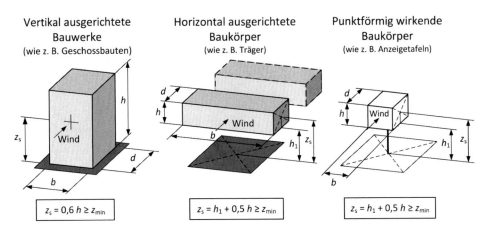

Vertikal ausgerichtete Bauwerke (wie z. B. Geschossbauten)	Horizontal ausgerichtete Baukörper (wie z. B. Träger)	Punktförmig wirkende Baukörper (wie z. B. Anzeigetafeln)
$z_s = 0,6\,h \geq z_{min}$	$z_s = h_1 + 0,5\,h \geq z_{min}$	$z_s = h_1 + 0,5\,h \geq z_{min}$

Abb. 5.5 Zulässige Baukörperformen mit Bezugshöhe z_s, wenn das Verfahren zur Bestimmung des Strukturbeiwertes nach DIN EN 1991-1-4/NA, Anhang NA.C angewendet werden soll

2. Beanspruchungen quer zur Windrichtung werden nicht separat erfasst, sie sind i. A. durch die um den Strukturbeiwert erhöhte Windkraft abgegolten. Ausgenommen hiervon sind Fälle, bei denen die Schwingungsanfälligkeit in Querrichtung größer ist als in Anströmrichtung oder bei wirbelerregten Schwingungen.

3. Das Verfahren gilt für vertikale Kragsysteme unter Berücksichtigung der Grundbiegeschwingungsform und darf näherungsweise auch für horizontale Tragsysteme mit ähnlicher Schwingungsform (z. B. Einfeldträger) angewendet werden. Die Grundbiegeschwingungsform in Windrichtung ist maßgebend und diese Schwingungsform führt zu Verformungen in nur einer Richtung.

4. Es wird linear-elastisches Tragverhalten vorausgesetzt.

5. Das Verfahren darf nur in Zusammenhang mit Windkräften angewendet werden, es gilt nicht für Winddrücke.

6. Für durchlaufende Systeme (z. B. abgespannte Masten, seilverspannte Brücken) darf das Verfahren nicht angewendet werden.

Der Strukturbeiwert hängt von folgenden Größen ab und berechnet sich für die Bezugshöhe z_s (n. Abb. 5.5) mit Gl. (5.11):

- Böengrundanteil (B^2):
  Der Böengrundanteil berücksichtigt die Abminderung des effektiven Winddrucks auf großen Lasteinzugsflächen.
- Resonanzanteil (R^2):
  Der Resonanzanteil erfasst die resonanzartige, dynamische Vergrößerung einer Schwingungsform des Bauwerks infolge Turbulenz.

- Turbulenzintensität (I_v):
  Die Turbulenzintensität wird durch die Bodenrauigkeit des Geländes beeinflusst (s. Tab. 5.5 und 5.6).
- Spitzenbeiwert als Verhältnis von Größtwert und Standardabweichung des veränderlichen Teils der Bauwerksantwort (k_p)

$$c_s c_d = \frac{1 + 2 \cdot k_p \cdot I_v(z_s) \cdot \sqrt{B^2 + R^2}}{1 + 6 \cdot I_v(z_s)} \tag{5.11}$$

Für die Ermittlung der einzelnen Anteile wird auf die Norm (DIN EN 1991-1-4/NA, Anhang NA.C) sowie auf einige Beispiele in Abschn. 5.4 verwiesen.

5.4 Beispiele

5.4.1 Beispiel 1 – Winddrücke bei einer Halle mit Flachdach

Kategorie (A)
Für das abgebildete Gebäude mit Flachdach (Abb. 5.6) sind die Winddrücke $w_{e,10}$ für den Lastfall „Wind von links" für das Dach und die Wände zu ermitteln.

Randbedingungen
- Standort: Windzone 2, Binnenland.
- Gebäudehöhe $h = 12$ m, mit Attika 12,6 m
- Grundrissabmessungen: $b = 40$ m, $d = 20$ m
- Ausbildung der Traufe: mit Attika
- Der Böengeschwindigkeitsdruck ist mit dem vereinfachten Verfahren zu ermitteln.
- Es wird angenommen, dass die Lasteinzugsflächen > 10 m^2 sind, d. h. die Winddrücke werden mit den Außendruckbeiwerten $c_{pe,10}$ ermittelt.
- Das Gebäude sei allseitig geschlossen, d. h. Innendruck ist nicht anzusetzen.
- Das Gebäude ist nicht schwingungsanfällig.

Lösung
Böengeschwindigkeitsdruck: Nach dem vereinfachten Verfahren ergibt sich für Windzone 2, Binnenland und $h = 12{,}6$ m > 10 m und < 18 m (Tab. 5.3):

$$q_p = 0{,}80 \text{ kN/m}^2$$

Zum Vergleich: Nach dem Verfahren im Regelfall ergibt sich folgender Wert (Tab. 5.4):

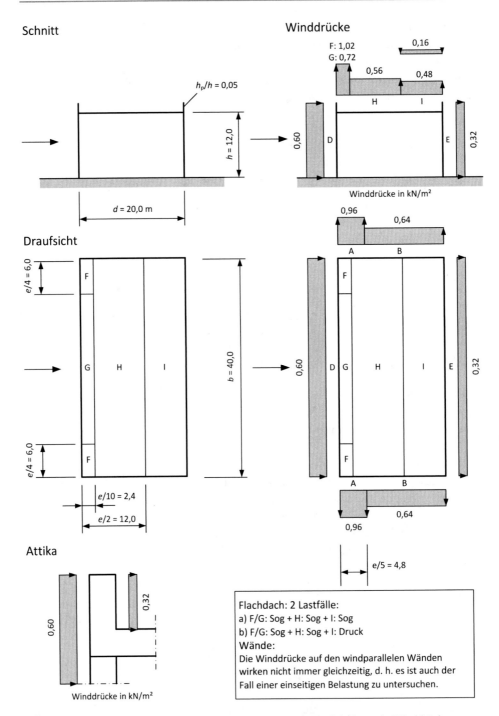

Abb. 5.6 Beispiel 1 – Ansicht und Draufsicht der Halle mit Flachdach sowie Winddrücke

$$q_{\mathrm{p}}(z) = 1{,}7\, q_{\mathrm{b}}(z/10)^{0{,}37} = 1{,}7 \times 0{,}39 \times (12{,}6/10)^{0{,}37} = 0{,}72\,\mathrm{kN/m}^2$$

mit einer Bezugshöhe von: $z = z_{\mathrm{e}} = h + h_{\mathrm{p}} = 12{,}6$ m, $q_{\mathrm{b}} = 0{,}37$ kN/m^2 für Windzone 2.

Hinweis: Das Verfahren im Regelfall ist hier etwas günstiger. Für die weitere Berechnung wird hier mit dem Böengeschwindigkeitsdruck nach dem vereinfachten Verfahren ($q_{\mathrm{p}} = 0{,}80$ kN/m^2) gerechnet.

Hilfswert e:

$$e = b = 40{,}0\ \mathrm{m}\ \mathrm{bzw.}\ e = 2\,h = 2 \times 12 = \underline{24{,}0\ \mathrm{m}}\ \text{(der kleinere Wert ist maßgebend)}$$

a) *Winddrücke auf dem Flachdach:*

Einteilung des Flachdachs in Bereiche:

- Bereich F: Breite: $e/4 = 24{,}0/4 = 6{,}0$ m, Tiefe: $e/10 = 24{,}0/10 = 2{,}4$ m
- Bereich G: Tiefe: $e/10 = 24{,}0/10 = 2{,}4$ m (zwischen den Bereichen F)
- Bereich H: Grenze zu Bereich I bei $e/2$: $e/2 = 24{,}0/2 = 12{,}0$ m
- Bereich I: Restbereich des Flachdachs, d. h. auf einer Tiefe von $d - e/2 = 20{,}0 - 12{,}0 = 8{,}0$ m

Winddrücke:

$$w_{\mathrm{e},10} = c_{\mathrm{pe},10} \times q_{\mathrm{p}}$$

Die Außendruckbeiwerte sind abhängig vom Verhältnis h_{p}/h (Tab. 6.28 in [3]).

Traufbereich mit Attika: $h_{\mathrm{p}}/h = 0{,}05$

Die Berechnung erfolgt tabellarisch, s. folgende Tabelle.

Bereich	$c_{\mathrm{pe},10}$ (−)	$w_{\mathrm{e},10}$ (kN/m^2)	Bemerkung
F	−1,4	−1,12	Sog
G	−0,9	−0,72	Sog
H	−0,7	−0,56	Sog
I	+0,2	+0,16	Druck
	−0,6	−0,48	Sog

Im Bereich I herrschen entweder Druck oder Sog, d. h. es sind zwei Lastfälle zu untersuchen:

- LF 1: F Sog, G Sog, H Sog, I Sog
    und
- LF 2: F Sog, G Sog, H Sog, I Druck

Siehe hierzu auch die Auslegung zur DIN EN 1991-1-4, Nr. 39 [4]. Danach können bei Flachdächern bei annähernd senkrechter Anströmung auf die Traufe im luvseitigen Bereich des Daches Windsogbeanspruchungen (negative Drücke) und gleichzeitig im Leebereich positive Winddrücke auftreten. Das bedeutet, dass die Sogbeanspruchungen im Luvbereich auch mit den Druckbeanspuchungen in Lee gemeinsam anzusetzen sind.

b) *Winddrücke auf die Wandflächen:*

Der Hilfswert e bleibt gleich ($e = 24,0$ m). Hinweis: Bei anderer Anströmrichtung würde sich e ändern.
   Einteilung der Wände in Bereiche:

- Bereich A: Breite: $e/5 = 24,0/5 = 4,8$ m
- Bereich B: Grenze zu C bei $e = 24,0$ m $> d = 20$ m, d. h. es existiert hier kein Bereich C. Die windparallelen Wände weisen lediglich die Bereiche A und B auf.

Die Außendruckbeiwerte hängen vom Verhältnis h/d ab (Tab. 6.27 in [3]). Es ergibt sich:

$$h/d = 12,6/20 = 0,63 < 1,0 \text{ und} > 0,25$$

Das heißt, die Außendruckbeiwerte sind zu interpolieren.
   Die Berechnung erfolgt tabellarisch, s. folgende Tabelle.

Bereich	Lage	$c_{pe,10}$ (−)	$w_{e,10}$ (kN/m^2)	Bemerkung
A	windparallele Wände	−1,2	−0,96	Sog
B		−0,8	−0,64	Sog
C		−0,5	−0,40	*Sog (Hinweis: Bereich C existiert hier nicht)*
D	Luv	+0,75[*]	+0,60	Druck
E	Lee	−0,40[*]	−0,32	Sog

Hinweis: Luv: die dem Wind zugewandte Seite, Lee: die vom Wind abgewandte Seite
[*]Interpolierte Werte für $h/d = 0,63$

   Interpolation für $h/d = 0,63$:

- Bereich D: $c_{pe,10} = (0,7 - 0,8)/(0,25 - 1,0) \times (0,63 - 0,25) + 0,7 = +0,75$
- Bereich E: $c_{pe,10} = (-0,3 - (-0,5))/(0,25 - 1,0) \times (0,63 - 0,25) + (-0,30) = -0,40$

Eine Staffelung des Geschwindigkeitsdrucks bei Bereich D (Luvwand) wird nicht vorgenommen, da $h = 12{,}6$ m $< b = 20$ m ist. Es wird der volle Geschwindigkeitsdruck angesetzt.

Hinweis: Die Winddrücke der windparallelen Wände (Bereiche A und B) sind beidseitig sowie auch einseitig, d. h. nur auf einer Längsseite der Halle, anzusetzen. Der ungünstigere Lastfall ist für die Bemessung maßgebend (s. Auslegungen zur DIN EN 1991-1-4, Nr. 50 [4]).

Attika
Die Attika wird auf der Luvseite durch Winddruck (Bereich D: $+0{,}60$ kN/m^2) und auf der Leeseite durch Windsog (Bereich E: $-0{,}32$ kN/m^2) beansprucht, d. h, der resultierende Winddruck beträgt $c_{p,res} = 0{,}60 + 0{,}32 = 0{,}92$ kN/m^2.

Darstellung der Winddrücke
Die Winddrücke sind in Abb. 5.6 dargestellt.

5.4.2 Beispiel 2 – Winddrücke bei einer Halle mit Pultdach

Kategorie (A)
Für das abgebildete Gebäude mit Pultdach (Abb. 5.7) sind folgende Punkte zu bearbeiten:

a) Ermitteln Sie für das Pultdach die Winddrücke $w_{e,10}$.

Randbedingungen
- Windzone 3, Küste
- Anströmrichtung: siehe Abbildung ($\theta = 0°$).
- Gebäudehöhe: $h = 15$ m ($=$ Bezugshöhe z_e)

Abb. 5.7 Beispiel 2 – Gebäude
mit Pultdach

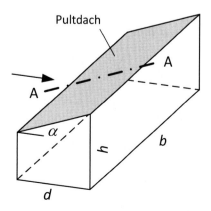

- Breite der Halle: $b = 40$ m
- Tiefe der Halle: $d = 20$ m
- Dachneigung: $\alpha = 15°$
- Bei der Ermittlung der Winddrücke sind nur die Außendruckbeiwerte $c_{pe,10}$ zu verwenden (Lasteinzugsflächen > 10 m²).
- Das Gebäude ist nicht schwingungsanfällig.

b) Stellen Sie die Winddruckverteilungen auf dem Dach für den Schnitt A-A maßstäblich dar.

  Geben Sie dabei auch die Abmessungen (nur die Breiten entlang des Schnittes A-A) der jeweiligen Bereiche an (hierfür den Hilfswert e berechnen!)

Lösung

a) *Winddrücke für die Dachfläche*

Böengeschwindigkeitsdruck: $q_p = 1,20$ kN/m² (für Windzone 3, Küste, $h = 15$ m)

Die Ermittlung der Winddrücke $w_{e,10}$ erfolgt tabellarisch:

Bereich	$c_{pe,10}$ (−)	$w_{e,10}$ (kN/m²)	Bemerkung
F	−0,90	$(−0,90) \times 1,20 = −1,08$	Sog
F	+0,20	+0,24	Druck
G	−0,80	−0,96	Sog
G	+0,20	+0,24	Druck
H	−0,30	−0,36	Sog
H	+0,20	+0,24	Druck

  Es treten entweder nur Druck- oder Sogbeanspruchungen auf der Dachfläche auf, d. h. es sind zwei Lastfälle (Druck und Sog) getrennt zu untersuchen. Eine Mischung von Winddrücken mit unterschiedlichen Vorzeichen ist nicht zulässig.

b) *Darstellung der Winddrücke*

Hilfswert e:

$$e = b = 4,0 \text{ m oder } e = 2\,b = 2 \times 15 = \underline{30 \text{ m}} \text{ (der kleinere Wert ist maßgebend)}$$

Breite des Streifens mit den Bereichen F und G: entlang dem luvwärtigen Dachrand: $e/10 = 30/10 = 3,0$ m. Der Restbereich des Daches wird dem Bereich H zugeordnet.
  Darstellung der Winddrücke siehe Abb. 5.8.

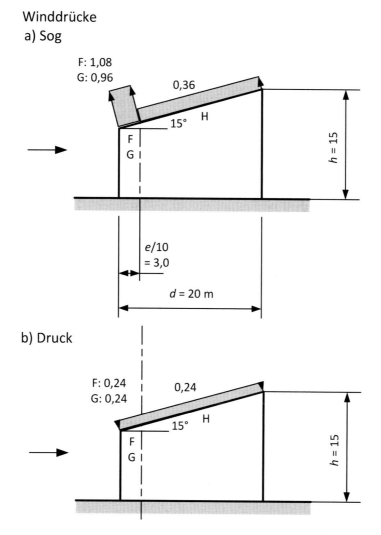

Abb. 5.8 Beispiel 2 – Pultdach: Darstellung der Winddrücke

5.4.3 Beispiel 3 – Winddrücke bei einem Gebäude mit symmetrischem Satteldach

Kategorie (A)

Für ein Gebäude mit symmetrischem Satteldach (Dachneigung $\alpha = 30°$) sind die Winddrücke für die Anströmrichtungen ($\theta = 0°/180°$) zu ermitteln (Abb. 5.9).

Randbedingungen

- Windzone 2, Binnenland
- Grundriss-Abmessungen des Baukörpers: 10 m $\times$ 12 m
- Höhe: $h = 8{,}0$ m (Firsthöhe)
- Dachneigungswinkel: 30°
- Der Böengeschwindigkeitsdruck q_p ist mit dem vereinfachten Verfahren zu ermitteln; das Gebäude ist nicht schwingungsanfällig.
- Es wird eine Lasteinzugsfläche von > 10 m^2 angenommen.
- Innendruck ist nicht anzusetzen, da die Gebäudehülle keine Öffnungen aufweist und dicht ist.

Gesucht

a) Es sind die Winddrücke $w_{e,10}$ für die Dachflächen zu ermitteln. Außerdem sind die Abmessungen der Bereiche anzugeben.

b) Alle zu berücksichtigenden Lastfälle sind anzugeben und zeichnerisch darzustellen.

c) Für die Dachüberstände an den Traufen sind die Winddrücke $w_{e,10}$ zu ermitteln. Es wird ein Dachüberstand von 1,0 m angenommen.

Lösung

a) *Winddrücke $w_{e,10}$ für die Dachflächen und Abmessungen der Bereiche:*

Böengeschwindigkeitsdruck: $q_p = 0{,}65$ kN/m^2 (für Windzone 2, Binnenland, $h = 8{,}0$ m < 10 m).

Ansicht

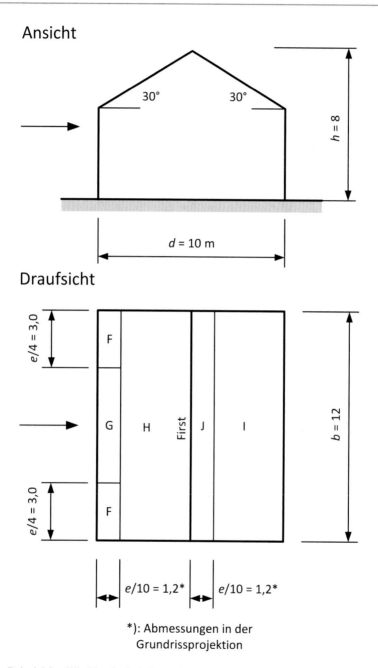

Draufsicht

*): Abmessungen in der
Grundrissprojektion

Abb. 5.9 Beispiel 3 – Winddrücke bei einem Gebäude mit symmetrischem Satteldach und Einteilung der Bereiche auf den Dachflächen

Die Ermittlung der Winddrücke $w_{e,10}$ erfolgt tabellarisch (s. folgende Tabelle).
Anströmung mit $\theta = 0°$ und $\theta = 180°$:

Bereich	$c_{pe,10}$ (−)	$w_{e,10}$ (kN/m^2)	Bemerkung
F	−0,5	(−0,5) x 0,65 = −0,325 = −0,33	Sog
	+0,7	(+0,7) x 0,65 = +0,455 = +0,46	Druck
G	−0,5	−0,33	Sog
	+0,7	+0,46	Druck
H	−0,2	−0,13	Sog
	+0,4	+0,26	Druck
First			
J	−0,5	−0,33	Sog
	+0,0	0	„Druck"
I	−0,4	−0,26	Sog
	+0,0	0	„Druck"

Abmessungen der Bereiche

Für die Ermittlung der Abmessungen der Bereiche F bis J wird der Hilfswert e benötigt
(Abb. 5.9).

$e = b = 12,0$ m bzw. $e = 2\,h = 2 \times 8,0 = 16,0$ m (der kleinere Wert ist maßgebend)

Hier: $e = 12,0$ m
Tiefe der Bereiche F, G und J: $e/10 = 12,0/10 = 1,2$ m (in Anströmrichtung)
Breite der Bereiche F: $e/4 = 12,0/4 = 3,0$ m (quer zur Anströmrichtung)
Zu beachten:

1. Die Abmessungen beziehen sich grundsätzlich auf die Grundrissprojektion des Daches.
2. Die Abmessungen der Randbereiche F und G gelten ab Außenkante des Baukörpers
   (Schnittpunkt zwischen Außenwand und Dachfläche), nicht jedoch ab Dachrand.

b) *Lastfälle*

Es sind vier voneinander unabhängige Lastfälle (LF) zu untersuchen (Abb. 5.10):

Lastfall	Dachfläche Luv (alle Bereiche)	Dachfläche Lee (alle Bereiche)
LF 1	Sog	Sog
LF 2	Druck	Sog
LF 3	Sog	„Druck" bzw. 0
LF 4	Druck	„Druck" bzw. 0

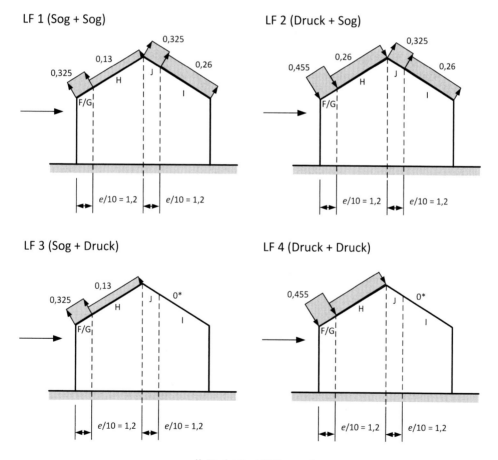

*): Druck entspricht hier $w_e = 0$.

Abb. 5.10 Beispiel 3 – Satteldach: Winddrücke für die vier zu untersuchenden Lastfälle (hier: Darstellung der Winddrücke ohne Dachüberstände)

c) *Winddrücke im Bereich der Dachüberstände:*

Im Bereich der Dachüberstände wirken Winddrücke sowohl auf der Ober- als auch auf der Unterseite der Dachfläche. Nach DIN EN 1991-1-4 gilt dabei folgende konservative Regelung (Abb. 5.11):

- **Oberseite**: Der Winddruck auf der Oberseite entspricht dem Winddruck der angrenzenden Dachfläche. Hier: Die Winddrücke der Bereiche F und G (Luvseite) bzw. I (Leeseite) werden auch im Bereich des Dachüberstandes auf der Oberseite angesetzt.
- **Unterseite**: Der Winddruck auf der Unterseite entspricht dem Winddruck der angrenzenden Wandfläche. Hier: Die Winddrücke der luvwärtigen Wand (Bereich D) bzw. der leewärtigen Wand (Bereich E) werden auf der Unterseite des Dachüberstandes angesetzt.

Winddrücke im Bereich der Dachüberstände bei dem hier betrachteten Beispiel
Für den Unterseitendruck werden die Winddrücke der Wandflächen benötigt. Vereinfachend werden folgende Außendruckbeierte angenommen:

- Luvwärtige Wand: $c_{pe,10} = +0,8$ (Druck)
- Leewärtige Wand: $c_{pe,10} = -0,5$ (Sog)

Damit ergeben sich folgende Winddrücke, die auf der Unterseite der Dachüberstände anzusetzen sind:

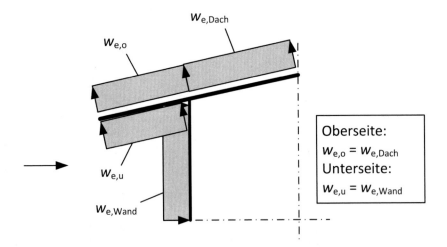

Abb. 5.11 Winddrücke im Bereich von Dachüberständen

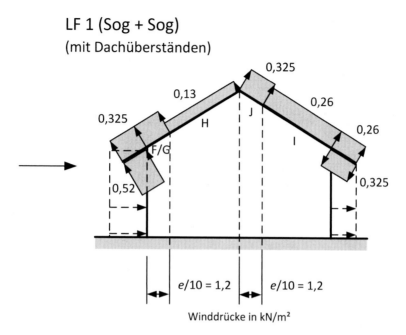

LF 1 (Sog + Sog)
(mit Dachüberständen)

Winddrücke in kN/m²

Abb. 5.12 Beispiel 3 – Satteldach: Winddrücke für den LF 1 bei einem Dach mit Dachüberständen

- Luvwärtige Wand: $w_e = c_{pe,10} \times q_p = 0{,}80 \times 0{,}65 = +0{,}52$ kN/m² (Druck; wirkt nach oben)
- Leewärtige Wand: $w_e = c_{pe,10} \times q_p = (-0{,}50 \times 0{,}65 = -0{,}325 = -0{,}33$ kN/m² (Sog; wirkt nach unten)

Auf der Oberseite des Dachüberstands werden die Winddrücke der angrenzenden Dachfläche angesetzt.

Exemplarisch werden die Winddrücke für den Lastfall 1 (Sog + Sog) angegeben (Abb. 5.12). Für die anderen Lastfälle ist analog vorzugehen.

5.4.4 Beispiel 4 – Winddrücke bei einem Gebäude mit Satteldach und Gaube

Kategorie (B)
Für ein Gebäude mit Satteldach und Gaube sind die Winddrücke für die Anströmrichtungen ($\theta = 0°$ und $180°$ sowie $\theta = 90°$) zu ermitteln (Abb. 5.13).

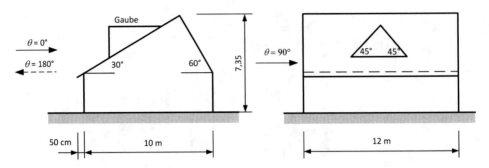

Abb. 5.13 Beispiel 4 – Winddrücke bei einem Gebäude mit Satteldach und Gaube; hier: Abmessungen

Randbedingungen

- Windzone 2, Binnenland
- Grundriss-Abmessungen des Baukörpers: 10 m × 12 m
- Höhe: $h = 7,35$ m (Firsthöhe)
- Dachneigungswinkel Hauptdach: 30° und 60°
- Dachneigungswinkel der Gaube: 45°
- Der Böengeschwindigkeitsdruck q_p ist mit dem vereinfachten Verfahren zu ermitteln; das Gebäude ist nicht schwingungsanfällig.
- Innendruck ist nicht anzusetzen, da die Gebäudehülle keine Öffnungen aufweist und dicht ist.

Gesucht

a) Es sind die Winddrücke $w_{e,10}$ für die Dachflächen des Hauptdaches zu bestimmen.

b) Für die Randsparren am Ortgang des Hauptdaches sind die Winddrücke $w_{e,A}$ für die tatsächliche Lasteinzugsfläche A zu ermitteln. Sparrenabstand 80 cm.

c) Für die Dachflächen der Gaube sind die Winddrücke zu bestimmen. Dabei sind die tatsächlichen Lasteinzugsflächen der Sparren zu berücksichtigen.

d) Die Winddrücke für Hauptdach und Gaube zusammen sind anzugeben.

Lösung

a) *Winddrücke $w_{e,10}$ für die Dachflächen des Hauptdaches:*

Böengeschwindigkeitsdruck: $q_p = 0,65$ kN/m^2 (für Windzone 2, Binnenland, $h = 7,35$ m < 10 m).

Hauptdach

Zunächst werden die Winddrücke unter der Annahme berechnet, dass keine Gaube vorhanden ist. Außerdem wird eine Lasteinzugsfläche von > 10 m² angenommen, d. h. für die Berechnung der Winddrücke werden die $c_{pe,10}$-Werte verwendet. Die Ermittlung der Winddrücke $w_{e,10}$ erfolgt tabellarisch (s. folgende Tabellen).

Anströmung mit $\theta = 0°$ und $\theta = 180°$:

Bereich	Dachneigung	$c_{pe,10}$ (−)	$w_{e,10}$ (kN/m²)	Bemerkung
Anströmrichtung $\theta = 0°$ (Anströmung auf Dachfläche mit Dachneigung $\alpha_1 = 30°$)				
F	30°	−0,5	(−0,5) x 0,65 = −0,33	Sog
		+0,7	(+0,7) x 0,65 = +0,46	Druck
G	30°	−0,5	−0,33	Sog
		+0,7	+0,46	Druck
H	30°	−0,2	−0,13	Sog
		+0,4	+0,26	Druck
First				
J	60°	−0,3	−0,20	Sog
I	60°	−0,2	−0,13	Sog
Anströmrichtung $\theta = 180°$ (Anströmung auf Dachfläche mit $\alpha_2 = 60°$)				
F	60°	+0,7	(+0,7) x 0,65 = +0,46	Druck
G	60°	+0,7	+0,46	Druck
H	60°	+0,7	+0,46	Druck
First				
J	30°	−0,5	(−0,5) x 0,65 = −0,33	Sog
		+0,0	+0	keine Belastung
I	30°	−0,4	−0,26	Sog
		+0,0	+0	keine Belastung

Anströmung mit $\theta = 90°$ (Anströmung auf Giebelwand):

Bereich	Dachneigung	$c_{pe,10}$ (−)	$w_{e,10}$ (kN/m²)	Bemerkung
F	30°	−1,1	(−1,1) x 0,65 = −0,72	Sog
G	30°	−1,4	−0,91	Sog
H	30°	−0,8	−0,52	Sog
I	30°	−0,5	−0,33	Sog
First				
F	60°	−1,1	−0,72	Sog
G	60°	−1,2	−0,78	Sog
H	60°	−0,8	−0,52	Sog
I	60°	−0,5	−0,33	Sog

Es sind folgende Lastfälle zu unterscheiden:

Anströmung $\theta = 0°$ (Anströmung auf Dachfläche mit Dachneigung $\alpha_1 = 30°$)			
	Dachfläche in Luv	Dachfläche in Lee	Bemerkung
LF 1	Sog	Sog	alle Bereiche
LF 2	Druck	Sog	alle Bereiche
Anströmung $\theta = 180°$ (Anströmung auf Dachfläche mit Dachneigung $\alpha_2 = 60°$)			
LF 3	Druck	Sog	alle Bereiche
LF 4	Druck	+0 (keine Belastung)	alle Bereiche
Anströmung mit $\theta = 90°$ (Anströmung auf Giebelwand)			
LF 5	Sog	Sog	alle Bereiche

Anmerkung: Es ist auf der betrachteten Dachfläche (Luv oder Lee) in allen Bereichen entweder Druck oder Sog anzunehmen. Eine Mischung, d. h. Winddrücke in Bereichen auf einer Dachfläche mit unterschiedlichem Vorzeichen, ist nicht vorgesehen.

Darstellung der Einteilung der Dachflächen in Bereiche siehe Abb. 5.14.

b) *Winddrücke der Randsparren des Hauptdaches am Ortgang:*

Es wird der zweite Randsparren von außen betrachtet. Der äußere Randsparren (direkt entlang des Ortgangs) besitzt nur die halbe Lasteinzugsfläche und ist – selbst bei erhöhten Druckbeiwerten – nicht maßgebend.

Lasteinzugsflächen:
Die Lasteinzugsfläche A ergibt sich aus dem Sparrenabstand ($e = 0,8$ m) und der Sparrenlänge l.

- Dachneigung 30°: $A = 0,8 \times (10,0 \times \cos 30°) = 6,9$ m^2 (> 1,0 m^2 und < 10 m^2)
- Dachneigung 60°: $A = 0,8 \times (10,0 \times \cos 60°) = 4,0$ m^2 (> 1,0 m^2 und < 10 m^2)

Die Lasteinzugsflächen sind jeweils größer als 1,0 m^2 und kleiner als 10,0 m^2. Das bedeutet, dass die Außendruckbeiwerte für die tatsächlichen Lasteinzugsflächen (6,9 m^2 bzw. 4,0 m^2) durch Interpolation aus den tabellierten Werten zu ermitteln sind. Es gilt folgende Gleichung (s. DIN EN 1991-1-4, 7.2.1):

$$c_{pe} = c_{pe,1} - \left[c_{pe,1} - c_{pe,10}\right] \log A \qquad (5.12)$$

Darin bedeuten:

$c_{pe,1}$ Außendruckbeiwert (Betrag) für eine Lasteinzugsfläche von 1,0 m^2 (dimensionslos)

$c_{pe,10}$ Außendruckbeiwert (Betrag) für eine Lasteizugsfläche von 10,0 m^2 (dimensionslos)

A Lasteinzugsfläche in m^2

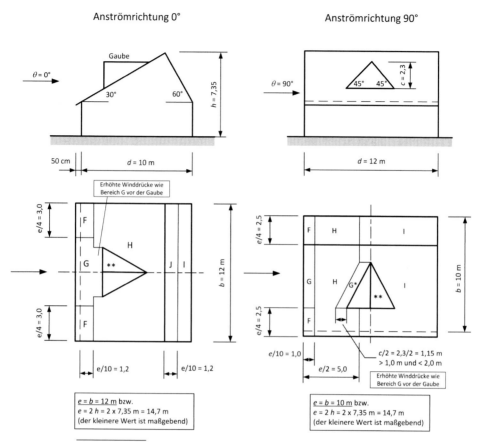

*): Erhöhter Winddruck (wie Bereich G) entlang aufgehender Bauteile bei luvseitiger Anströmung.
**): Hinweis: Einteilung der Dachflächen der Gaube siehe separate Abbildung.

Abb. 5.14 Beispiel 4 – Satteldach: Einteilung des Hauptdachs für die Anströmrichtungen $0°$ und $90°$

Hinweis: In diese Gleichung sind als Druckbeiwerte nur die Beträge einzusetzen, da sich bei negativen Werten ein falscher Wert ergibt. Erst nach Berechnung des Druckbeiwertes mithilfe der Formel ist das Vorzeichen mit anzugeben.

Anströmrichtung $\theta = 0°$

Druckbeiwerte: $c_{pe,10} = -0{,}5/+0{,}7$; $c_{pe,1} = -1{,}5/+0{,}7$ (in den Bereichen F und G)

Eine Erhöhung des Winddruckes ergibt sich nur bei Sog. Bei Winddruck ist der Druckbeiwert für beide Fälle gleich groß ($c_{pe,10} = c_{pe,1} = +0{,}7$).

Winddrücke für den Randsparren auf der Dachfläche mit einer Dachneigung von 30°
(Luvseite):
Der Druckbeiwert für Sog bei einer Lasteinzugsfläche von 6,9 m² wird mit folgender
Gleichung berechnet:

$$c_{pe} = c_{pe,1} - \left[c_{pe,1} - c_{pe,10}\right] \log A = 1,5 - [1,5 - 0,5] \log 6,9 = 0,66 \Rightarrow -0,66$$

Es ergeben sich folgende Winddrücke:

Bereiche F u. G: $w_e = (-0,66) \times 0,65 = -0,43$ kN/m²
Bereich H: $w_e = -0,13$ kN/m² (s. o.)

Winddrücke für den Randsparren auf der Dachfläche mit einer Dachneigung von 60°
(Leeseite):
Bei der Dachfläche mit einer Dachneigung von 60° (Leeseite) entsprechen die Druckbeiwerte für Lasteinzugsflächen bis 1 m² den Werten für Lasteinzugsflächen > 10 m², d. h.
es ist $c_{pe,1} = c_{pe,10}$. Für den Randsparren ergeben sich somit folgende Winddrücke $w_{e,10}$
(s. tabellarische Berechnung):

Bereich I: $w_e = -0,13$ kN/m²

Anströmrichtung θ = 180°
Hier ergeben sich bei kleinen Lasteinzugsflächen keine Unterschiede zu den Winddrücken
$w_{e,10}$.

Anströmrichtung θ = 90°
Die Ermittlung der Winddrücke erfolgt tabellarisch (s. folgende Tabelle). Der Randsparren
befindet sich nur in den Bereichen F und G.

Bereich	Dachneigung	$c_{pe,10}$ (−)	$c_{pe,1}$ (−)	A (m²)	c_{pe} (−)	$w_{e,10}$ (kN/m²)	Bemerkung
F	30°	−1,1	−1,5	6,9	−1,16	−0,75	Sog
G	30°	−1,4	−2,0	6,9	−1,50	−0,99	Sog
First							
G	60°	−1,2	−2,0	4,0	−1,52	−0,99	Sog
F	60°	−1,1	−1,5	4,0	−1,26	−0,82	Sog

c) *Winddrücke auf den Dachflächen der Gaube:*

Die Gaube besitzt ein symmetrisches Satteldach mit einer Dachneigung von 45°.

Anströmrichtung quer zum First der Gaube ($\theta = 0°$)
Für eine Dachneigung von 45° entsprechen die $c_{pe,1}$-Werte den $c_{pe,10}$-Werten, d. h. die Außendruckbeiwerte und damit die Winddrücke sind unabhängig von der Größe der Lasteinzugsfläche gleich groß.

Die Winddrücke werden mithilfe der interpolierten Außendruckbeiwerte für die Anströmrichtung $\theta = 0°$ und eine Dachneigung von $\alpha = 45°$ tabellarisch berechnet (Abb. 5.15).

Bereich	Dachneigung	c_{pe} (−)	$w_{e,10}$ (kN/m^2)	Bemerkung
F	45°	−0,0	0	„Sog" bzw. 0
		+0,7	(+0,7) x 0,65 = +0,46	Druck
G	45°	−0,0	0	„Sog" bzw. 0
		+0,7	+0,46	Druck
H	45°	−0,0	0	„Sog" bzw. 0
		+0,6	+0,39	Druck
First				
J	45°	−0,3	(−0,3) x 0,65 = −0,20	Sog
		+0,0	0	„Druck" bzw. 0
I	45°	−0,2	−0,13	Sog
		+0,0	0	„Druck" bzw. 0

Anströmrichtung in Firstrichtung der Gaube ($\theta = 90°$)
Für die Ermittlung der Winddrücke werden die $c_{pe,1}$-Werte verwendet, da die Lasteinzugsflächen der Sparren der Gaube einerseits deutlich kleiner als 10 m^2 sind und andererseits unterschiedliche Werte in Abhängigkeit vom Einbauort annehmen Die $c_{pe,1}$-Werte sind betragsmäßig größer als die $c_{pe,10}$-Werte und führen zu den größeren Winddrücken. Zur Vereinfachung werden daher die $c_{pe,1}$-Werte für die Berechnung herangezogen (sichere Seite).

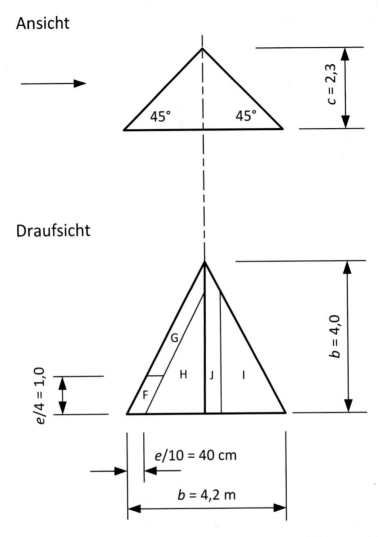

Abb. 5.15 Beispiel 4 – Satteldach: Einteilung der Dachflächen der Gaube bei Anströmrichtung quer zum First der Gaube

Die Winddrücke werden tabellarisch berechnet, siehe folgende Tabelle.

Bereich	Dachneigung	$c_{pe,1}$ (−)	w_e (kN/m²)	Bemerkung
F	45°	−1,5	(−1,5) x 0,65 = −0,98	Sog
G	45°	−2,0	(−2,0) x 0,65 = −1,30	Sog
H	45°	−1,2	(−1,2) x 0,65 = −0,78	Sog
I	45°	−0,5	(−0,5) x 0,65 = −0,33	Sog

d) *Winddrücke für Hauptdach und Gaube*

Die Winddrücke für das Hauptdach und die Gaube sind exemplarisch für die Anström-richtung auf die Giebelwand (Anströmrichtung 90° beim Hauptdach) sowie quer zum First der Gaube (Anströmrichtung 0° beim Satteldach der Gaube) in Abb. 5.16 dargestellt. Dabei wird eine abschattende Wirkung der Gaube auf die Winddrücke des Hauptdachs auf der Leeseite verzichtet (konservative Abschätzung).

5.4.5 Beispiel 5 – Windeinwirkungen bei einem frei stehenden Trogdach

Kategorie (A)
Für ein frei stehendes Trogdach sind die Winddrücke sowie Windkräfte zu ermitteln (Abb. 5.17).

Randbedingungen
- Windzone 3, Küste
- Grundriss-Abmessungen: $b = 20,0$ m, $d = 10,0$ m
- Höhe $h = 5,0$ m
- Dachneigungswinkel: 15°
- Keine Versperrung
- Der Böengeschwindigkeitsdruck q_p ist mit dem vereinfachten Verfahren zu ermitteln.
- Die Konstruktion ist nicht schwingungsanfällig.
- Innendruck ist nicht anzusetzen, da die Gebäudehülle keine Öffnungen aufweist und dicht ist.

Gesucht
a) Es sind die Winddrücke zu bestimmen.
b) Es sind die Windkräfte zu ermitteln.

Lösung
Böengeschwindigkeitsdruck: $q_p = 1,05$ kN/m^2 für Windzone 3, Küste und h $\leq$ 10 m

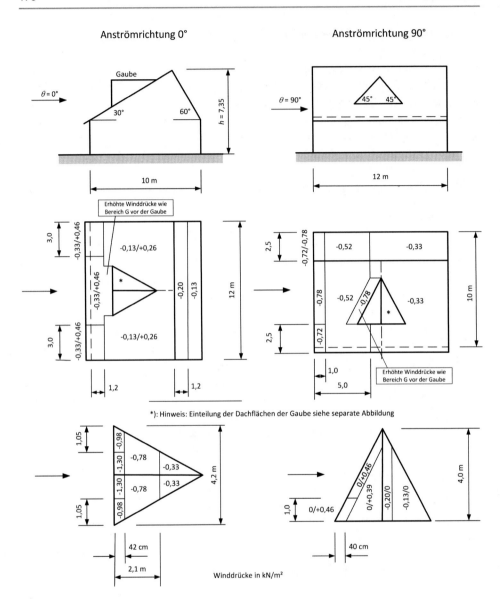

Abb. 5.16 Beispiel 4 – Satteldach: Winddrücke bei Hauptdach und Gaube

Ansicht

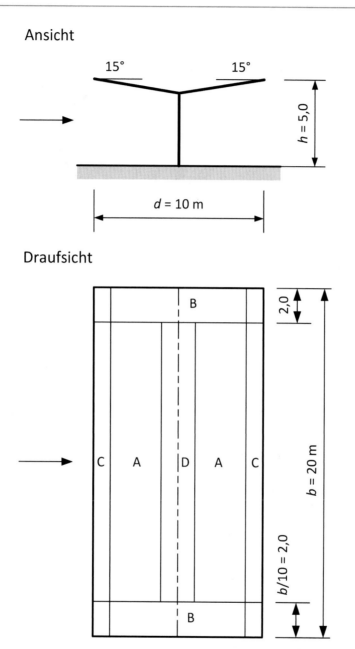

Draufsicht

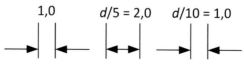

Abb. 5.17 Beispiel 5 – Windeinwirkungen bei einem frei stehenden Trogdach; hier: Ansicht und Draufsicht

a) *Winddrücke*

Die Winddrücke werden tabellarisch ermittelt, siehe folgende Tabelle und Abb. 5.18.

Bereich	Maximum		Minimum	
	$c_{p,net}$ (−)	w (kN/m²)	$c_{p,net}$ (−)	w (kN/m²)
A	+0,6	+0,63	−0,8	−0,84
B	+1,5	+1,58	−1,3	−1,37
C	+0,7	+0,74	−1,6	−1,68
D	+1,4	+1,47	−0,6	−0,63

„+": nach unten wirkend
„−": nach oben wirkend

Einteilung der Bereiche
Breite Bereich B: $b/10 = 20{,}0/10 = 2{,}0$ m
Breite Bereich C: $d/10 = 10{,}0/10 = 1{,}0$ m
Breite Bereich D: $d/5 = 10{,}0/5 = 2{,}0$ m

b) *Windkräfte*

Als Kraftbeiwerte ergeben sich folgende Werte:

- Maximum (nach unten): $c_f = +0{,}5$
- Minimum (nach oben): $c_f = -0{,}6$

Es sind die Lastfälle nach Abb. 5.19 zu berücksichtigen. Die Windkräfte ermitteln sich mit folgender Gleichung:

$$W = c_f \cdot A \cdot q_p \qquad (5.13)$$

mit:

A Fläche einer Dachhälfte
$\quad A = (5{,}0/\cos \alpha) \cdot b = (5{,}0/\cos 15°) \cdot 20{,}0 = 5{,}18 \cdot 20{,}0 = 103{,}6$ m²
c_f Kraftbeiwert
q_p Böengeschwindigkeitsdruck

Winddrücke in den Bereichen C, A und D:

Maximum (nach unten)

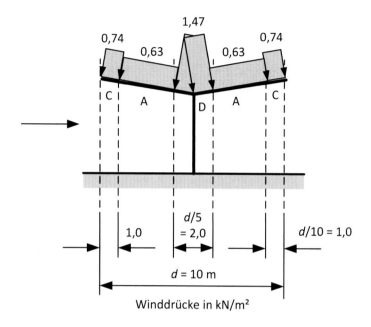

Minimum (nach oben)

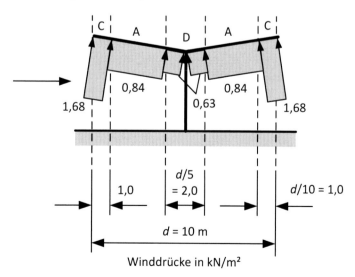

Abb. 5.18 Beispiel 5 – Winddrücke bei einem frei stehenden Trogdach; hier: Maximum und Minimum

Windkräfte

Maximum (nach unten)

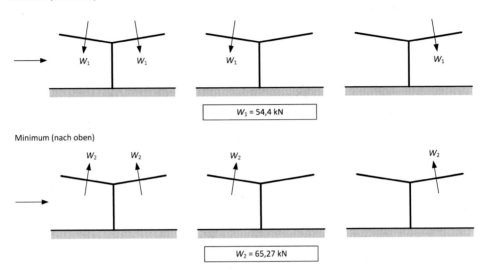

Minimum (nach oben)

Abb. 5.19 Beispiel 5 – Windkräfte bei einem frei stehenden Trogdach; hier: Maximum und Minimum

Maximum (nach oben)

$W_1 = c_f \cdot A \cdot q_p = (+0,5) \cdot 103,6 \cdot 1,05 = 54,4 \text{ kN}$

Minimum (nach unten)

$W_2 = c_f \cdot A \cdot q_p = (-0,6) \cdot 103,6 \cdot 1,05 = -65,27 \text{ kN}$

5.4.6   Beispiel 6 – Innendruck

(Kategorie A)

a) **Gebäude mit einer dominanten Seite**

Für ein Gebäude mit einer dominanten Seite ist der Innendruck für die Anströmrichtungen A und B zu ermitteln (Abb. 5.20).

Randbedingungen

- Windzone 1, Binnenland
- Gebäudehöhe: $h = 10$ m
- Öffnungen: $A_1 = 20$ m^2, $A_2 = 5$ m^2

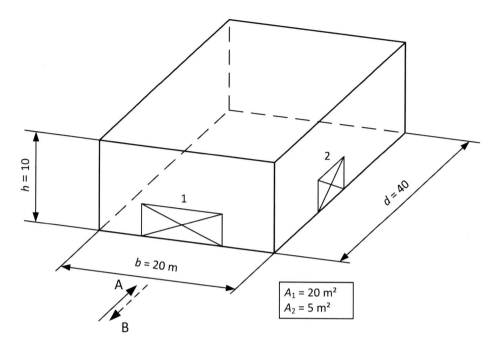

Abb. 5.20 Beispiel 6 (a) – Innendruck bei einem Gebäude mit einer dominanten Seite; hier: Baukörper mit Abmessungen

Lösung

Böengeschwindigkeitsdruck: $q_p = 0{,}50\ \text{kN/m}^2$ für Windzone 1, Binnenland und $h = 10$ m

Überprüfung, ob ein Gebäude mit einer dominanten Seite vorliegt. Dies ist dann der Fall, wenn die Gesamtfläche der Öffnungen in der dominanten Seite (A_1) mindestens doppelt so groß ist wie die Summe der Öffnungen in den restlichen Seitenflächen (A_2); d. h., wenn $A_1/A_2 \geq 2$.

$$\text{Hier}: A_1/A_2 = 20/5 = 4 > 2$$

=> Das Gebäude besitzt eine dominante Seite (Seite mit der Öffnung A_1).

Der anzusetzende Innendruckbeiwert c_{pi} ist vom Verhältnis A_1/A_2 abhängig. Für $A_1/A_2 \geq 3$ gilt:

$$c_{pi} = 0{,}90 \cdot c_{pe} \tag{5.14}$$

Darin ist c_{pe} der Außendruckbeiwert der dominanten Seite.

Anströmrichtung A (dominante Seite ist in Luv)
Hinweis: Es sollen nur die $c_{pe,10}$-Werte betrachtet werden.

Außendruckbeiwert für den Bereich D:
$c_{pe,10} = +0{,}7$ für $h/d = 10/40 = 0{,}25$
Innendruckbeiwert:

$$c_{pi} = 0{,}90 \cdot c_{pi} = 0{,}90 \cdot 0{,}70 = 0{,}63 \ (\text{Druck})$$

Innendruck:

$$w_i = c_{pi} \cdot q_p = 0{,}63 \cdot 0{,}50 = 0{,}315 = 0{,}32 \ \text{kN/m}^2 (\text{Druck})$$

Anströmrichtung B (dominante Seite ist in Lee)
Außendruckbeiwert für den Bereich E:

$$c_{pe,10} = -0{,}30$$
$$c_{pi} = 0{,}90 \cdot c_{pi} = 0{,}90 \cdot (-0{,}30) = -0{,}27 \ (\text{Sog})$$

Innendruck:

$$w_i = c_{pi} \cdot q_p = (-0{,}27) \cdot 0{,}50 = -0{,}135 \ (\text{Sog})$$

Der Innendruck wirkt auf alle Innenflächen mit gleicher Größe und mit gleichem Vorzeichen (Abb. 5.21).

b) *Gebäude mit gleichmäßig verteilten Öffnungen:*

Für ein Gebäude mit gleichmäßig verteilten Öffnungen ist der Innendruck zu ermitteln (Abb. 5.22). Es ist nur eine Anströmrichtung zu untersuchen.

Randbedingungen
- Windzone 1, Binnenland (wie oben), d. h. $q_p = 0{,}50 \ \text{kN/m}^2$
- Abmessungen des Gebäudes wie Beispiel 6a
- In jeder Seite sei eine Öffnung mit der Größe von $A_1 = 3 \ \text{m}^2$ vorhanden.

Anströmrichtung A

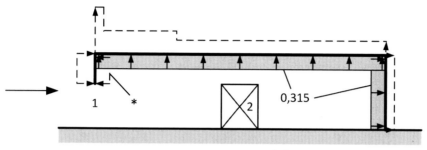

Innendruck in kN/m²

Anströmrichtung B

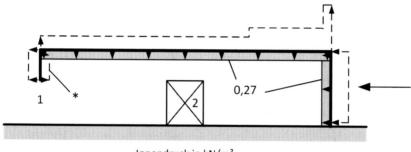

Innendruck in kN/m²

---

*): Nicht anzusetzen, da entlastend
Hinweis: Der Innendruck wirkt auch auf die Bodenplatte
(hier nicht dargestellt).

Abb. 5.21 Beispiel 6 (a) – Innendruck bei einem Gebäude mit einer dominanten Seite; hier: Innendruck für die Anströmrichtungen A und B

Lösung

Das Gebäude besitzt keine dominante Seite, da die Öffnungen gleichmäßig über alle Gebäudeseiten verteilt sind (in jeder Wand befindet sich eine Öffnung mit einer Fläche von jeweils 3,0 m²). Der Innendruckbeiwert wird mithilfe des Diagramms in Abb. 5.23 in Abhängigkeit vom Flächenparameter μ ($= A_1/A$) und dem Verhältniswert h/d ermittelt.

Hier:

Gesamtfläche der Öffnungen in den leeseitigen und windparallelen Flächen mit einem Außendruckbeiwert von $c_{pe} \leq 0$. Die beiden windparallelen Wände sowie die leewärtige Wand werden auf Sog beansprucht, d. h. dort ist jeweils $c_{pe} \leq 0$.

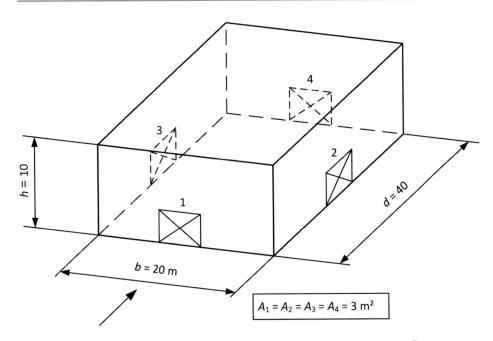

Abb. 5.22 Beispiel 6 (b) – Innendruck für ein Gebäude mit gleichmäßig verteilten Öffnungen

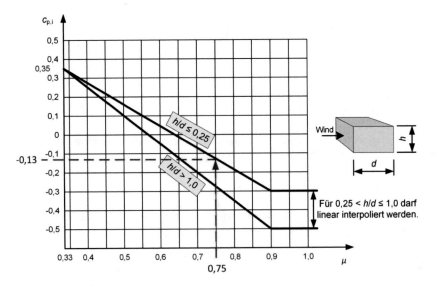

Abb. 5.23 Innendruckbeiwerte bei Gebäuden mit gleichmäßig verteilten Öffnungen (in Anlehnung an DIN EN 1991-1-4, Abb. 7.13)

$$A_1 = 3 \times 3{,}0 = 9{,}0 \text{ m}^2$$

Gesamtfläche aller Öffnungen:	$A = 3{,}0 + 9{,}0 = 12{,}0 \text{ m}^2$
Flächenparameter:	$\mu = A_1/A = 9{,}0/12{,}0 = 0{,}75$
Verhältniswert h/d:	$h/d = 10{,}0/40{,}0 = 0{,}25$
Ablesewert aus Diagramm:	$c_{pi} = -0{,}13$ (Sog)
Innendruck:	$w_i = c_{pi} \times q_p = (-013) \times 0{,}50 = -0{,}065 \text{ kN/m}^2$ (Sog)

Der Innendruck wirkt auf aller Innenflächen mit gleicher Größe und gleichem Vorzeichen.

5.4.7 Beispiel 7 – Windeinwirkungen bei einem Kreiszylinder

(Kategorie B)

Für einen Silo mit kreiszylindrischem Querschnitt sind die statischen Windkräfte (abschnittsweise sowie als Gesamt-Windkraft) sowie die Winddrücke zu berechnen (Abb. 5.24).

a) *Abschnittsweise Berechnung der statischen Windkräfte:*

Randbedingungen
- Standort: Windzone 2, Binnenland
- Der Silo ist nicht schwingungsanfällig. Strukturbeiwert $c_s c_d = 1{,}0$
- Abmessungen: Höhe $h = 40$ m, Außendurchmesser: $b = d_e = 15{,}0$ m
- Für die Ermittlung des Böengeschwindigkeitsdrucks ist das Verfahren im Regelfall anzuwenden.
- Einteilung des Silos in 10 gleich hohe Abschnitte mit einer Länge von jeweils 4,0 m. Vereinfachend wird angenommen, dass die abschnittsweisen Windkräfte $F_{W,stat}$ jeweils am oberen Ende des betrachteten Abschnittes als Einzellasten angreifen.
- Die Berechnung der statischen Windkräfte $F_{W,stat}$ erfolgt für den Böengeschwindigkeitsdruck $q_p(z)$ für die jeweilige Bezugshöhe z des betrachteten Abschnitts (z = Oberkante des Abschnittes über Grund).
- Äquivalente Rauigkeit der Oberfläche $k = 0{,}10$ mm.
- Die Berechnung der Reynoldszahl Re erfolgt separat für jeden Abschnitt mit der Böengeschwindigkeit v_p für die jeweilige Bezugshöhe z (OK Abschnitt). Als kinematische Zähigkeit der Luft wird folgender Wert angenommen: $\nu = 1{,}5 \times 10^{-5} \text{ m}^2/\text{s}$
- Bestimmung des Grundkraftbeiwerts $c_{f,0}$ in Abhängigkeit von Re und k/b.
- Bestimmung der effektiven Schlankheit für einen Kreiszylinder ($l = 40$ m)

Abb. 5.24 Beispiel 7 –
Windeinwirkungen bei einem
Kreiszylinder

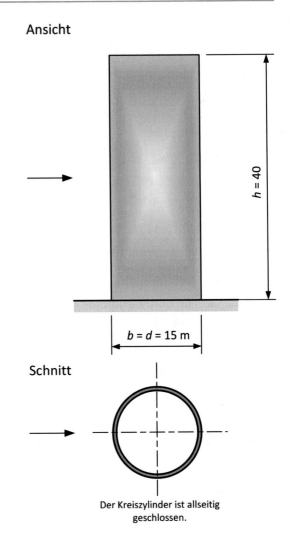

Ansicht

$h = 40$

$b = d = 15$ m

Schnitt

Der Kreiszylinder ist allseitig
geschlossen.

- Innendruck ist nicht anzusetzen, die Baukörperhülle ist absolut dicht.
- Die Konstruktion ist nicht schwingungsanfällig, d. h. der Strukturbeiwert ist mit c_s $c_d = 1{,}0$ anzunehmen.

Lösung
Nachfolgend wird die Windkraft für den obersten Abschnitt Nr. 10 (Bezugshöhe $z = h = 40{,}0$ m) ausführlich erläutert. Die Berechnung der Windkräfte für die anderen Abschnitte (Nr. 1 bis Nr. 9) erfolgt analog und wird tabellarisch mit Excel durchgeführt.

Windzone 2, Binnenland:

$$v_{b,0} = v_b = 25{,}0 \text{ m/s und } q_{b,0} = q_b = 0{,}39 \text{ kN/m}^2$$

Höhenabhängiger Böengeschwindigkeitsdruck im Regelfall für die Bezugshöhe $z = h = 40$ m:

$$q_p(z) = 1{,}7 \cdot q_b \cdot (z/10)^{0{,}37} = 1{,}7 \cdot 0{,}39 \cdot (40/10)^{0{,}37} = 1{,}11 \text{ kN/m}^2$$

Böengeschwindigkeit v_p:

$$v_p = 1{,}31 \cdot v_b \cdot (z/10)^{0{,}185} = 1{,}31 \cdot 25{,}0 \cdot (40/10)^{0{,}185} = 42{,}32 \text{ m/s}$$

Reynoldszahl Re:

$$\text{Re} = \frac{v_p(z) \cdot b}{\nu} = \frac{42{,}32 \cdot 15{,}0}{1{,}5 \cdot 10^{-5}} = 423{,}2 \cdot 10^5 = 4{,}23 \cdot 10^7$$

Grundkraftbeiwert $c_{f,0}$:
Der Grundkraftbeiwert $c_{f,0}$ hängt von der Reynoldszahl Re und der bezogenen Rauigkeit k/b ab.

$$c_{f,0} = 1{,}2 + \frac{0{,}18 \log (10 \cdot k/b)}{1 + 0{,}4 \log \left(\text{Re} / 10^6 \right)} = 1{,}2 + \frac{0{,}18 \log \left(10 \cdot 6{,}67 \cdot 10^{-6} \right)}{1 + 0{,}4 \log \left(4{,}32 \cdot 10^{-7}/10^6 \right)} = 0{,}74$$

darin ist: $k/b = 0{,}10$ mm/$(15{,}0 \times 10^3$ mm$) = 6{,}67 \times 10^{-6}$
Alternativ kann der Grundkraftbeiwert auch mit einem Diagramm ermittelt werden (Abb. 5.25).
Abminderungsfaktor zur Berücksichtigung der Schlankheit:
Der Abminderungsfaktor Ψ_λ zur Berücksichtigung der Schlankheit ist abhängig von der effektiven Schlankheit λ. Er ermittelt sich mit den Angaben in DIN EN 1991-1-4, 7.13.
Effektive Schlankheit:
Die Schlankheit ermittelt sich für einen Kreiszylinder n. DIN EN 1991-1-4, Tab. 7.16.
Es gilt:

Für $l \geq 50$ m: $\lambda = 0{,}7$ l/b oder $\lambda = 70$, der kleinere Wert ist maßgebend.
Für $l \leq 15$ m: $\lambda = l/b$ oder $\lambda = 70$, der kleinere Wert ist maßgebend.

mit: l = Länge bzw. Höhe des Kreiszylinders (und $b \leq l$).
Zwischenwerte dürfen interpoliert werden.

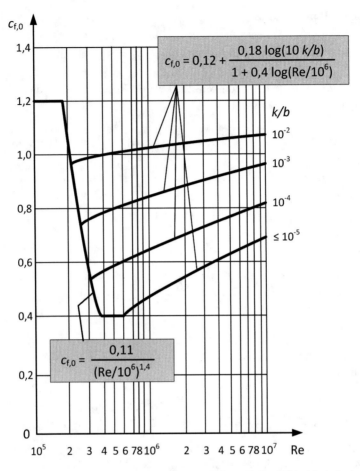

Abb. 5.25 Grundkraftbeiwert $c_{f,0}$ von Kreiszylindern mit unendlicher Schlankheit (in Anlehnung an DIN EN 1991-1-4, Abb. 7.28)

Hier:

Für $l = 50$ m ergibt sich: $\lambda = 0,7\ l/b = 0,7 \cdot 50/15 = 2,33$ (maßgebend, da < 70)
Für $l = 15$ m ergibt sich: $\lambda = l/b = 50/15 = 1,00$ (maßgebend, da < 70)

Interpolation für die tatsächliche Länge bzw. Höhe von $l = 40$ m:

$$\lambda = (1,00 - 2,33)/(50 - 15) \cdot (40 - 15) + 2,33 = 1,38$$

Abminderungsfaktor zur Berücksichtigung der Schlankheit (Abb. 5.26):
  $\Psi_\lambda = 0,63$ (Ablesewert für Völligkeitsgrad $\varphi = 1,0$)
  Kraftbeiwert c_f:

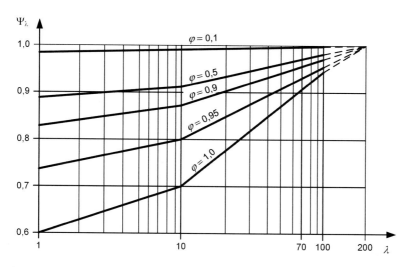

Abb. 5.26 Abminderungsfaktor Ψ_λ in Abhängigkeit von der effektiven Schlankheit (in Anlehnung an DIN EN 1991-1-4, Abb. 7.36)

$$c_f = \Psi_\lambda \cdot c_{f,0} = 0{,}63 \cdot 0{,}74 = 0{,}47$$

Bezugsfläche A_{ref}:
   Bezugsfläche:

$$A_{ref} = b \cdot l_{Abschnitt} = 15{,}0 \cdot 4{,}0 = 60{,}0 \text{ m}^2$$

Statische Windkraft für Abschnitt Nr. 10 ($z = 40$ m, OK Kreiszylinder):

$$F_{W,stat} = c_s \, c_d \cdot c_f \cdot q_p \cdot A_{ref} = 1{,}0 \cdot 0{,}47 \cdot 1{,}11 \cdot 60{,}0 = 31{,}30 \text{ kN}$$

Die Werte für die anderen Abschnitte (Nr. 1 bis 9) werden tabellarisch berechnet, siehe folgende Tabelle. Hinweis: Da die Tabelle mit Excel berechnet wurde, kann es sein, dass Rechnungen mit einem Taschenrechner zu geringfügig anderen Nachkommastellen führen.

Abschnitt	z	v_m	v_p	Re	$c_{f,0}$	Ψ_λ	c_f	q_p	A_{ref}	$F_{W,stat}$
	(m)	(m/s)	(m/s)	(x 10^7)	(–)	(–)	(–)	(kN/m2)	(m²)	(kN)
1	4	19,75	30,75	3,08	0,73	0,63	0,46	0,59	60	16,12
2	8	20,33	31,43	3,14	0,73	0,63	0,46	0,61	60	16,84
3	12	22,50	33,87	3,39	0,73	0,63	0,46	0,71	60	19,67
4	16	24,18	35,73	3,57	0,74	0,63	0,46	0,79	60	21,96
5	20	25,57	37,23	3,72	0,74	0,63	0,47	0,86	60	23,91
6	24	26,76	38,51	3,85	0,74	0,63	0,47	0,92	60	25,64

(Fortsetzung)

Abschnitt	z	v_m	v_p	Re	$c_{f,0}$	Ψ_λ	c_f	q_p	A_{ref}	$F_{W,stat}$
7	28	27,81	39,62	3,96	0,74	0,63	0,47	0,97	60	27,20
8	32	28,76	40,61	4,06	0,74	0,63	0,47	1,02	60	28,62
9	36	29,62	41,51	4,15	0,74	0,63	0,47	1,06	60	29,94
10	40	30,41	42,32	4,23	0,74	0,63	0,47	1,11	60	31,17
									Gesamt:	**241,06**

Die statischen Windkräfte $F_{W,stat}$ greifen jeweils an der Oberkante eines Abschnitts an (Abb. 5.27). Als Gesamt-Windkraft, die auf den Silo wirkt, ergibt sich ein Wert von $F_{W,res} = 241{,}06$ kN.

b) *Ermittlung der Winddrücke*

Für den kreisförmigen Silo ist die statische Winddruckverteilung zu ermitteln und zeichnerisch darzustellen.

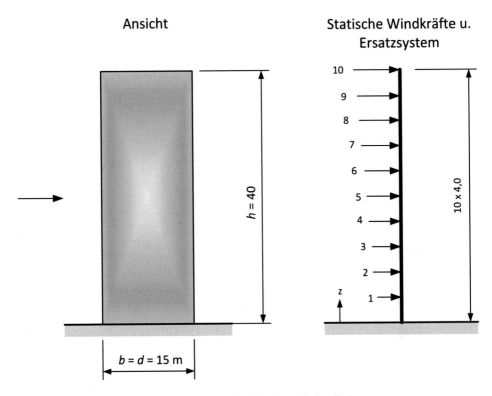

Abb. 5.27 Beispiel 7 (a) – Statische Windkräfte bei einem Kreiszylinder

Querschnitt   Druckverteilung

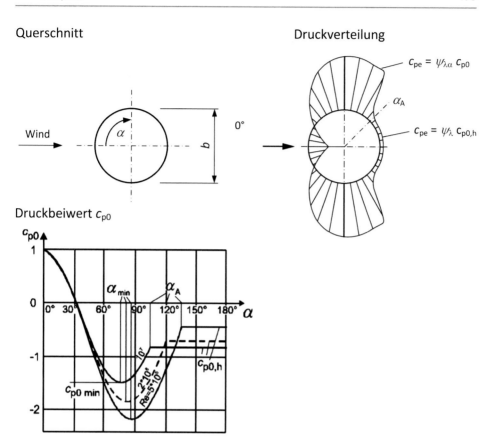

Druckbeiwert c_{p0}

Abb. 5.28 Außendruckbeiwerte $c_{p,0}$ für zylindrische Querschnitte (in Anlehnung an DIN EN 1991-1-4, Abb. 7.27)

Randbedingungen

- Die Winddruckverteilung ist für die Bezugshöhe von $z = h = 40$ m zu ermitteln.
- Die Winddrücke sind für die Winkel von $0°$, $30°$, $60°$, $120°$, $150°$ und $180°$ (im Grundriss über den halben Umfang) mit dem jeweils zugehörigen Druckbeiwert und für die Bezugshöhe $z = 40$ m (OK Silo) zu berechnen und zeichnerisch darzustellen.
- Als Reynoldszahl Re ist hier der Wert Re $= 10^7$ zu verwenden, damit die Druckbeiwerte mithilfe des Diagramms (Abb. 5.28) ermittelt werden können.

Lösung

Böengeschwindigkeitsdruck für Windzone 2 und Binnenland:

$$q_\mathrm{p}(z = 40~\mathrm{m}) = 1{,}7 \cdot q_\mathrm{b} \cdot (z/10)^{0,37} = 1{,}7 \cdot 0{,}39 \cdot (40/10)^{0,37} = 1{,}11~\mathrm{kN/m^2}$$

Reynoldszahl:

$$\mathrm{Re} = 10^7$$

Hinweis: Für die Reynoldszahl wurde für diesen Aufgabenteil abweichend zum Aufgabenteil a) der o. a. Wert (Re = 10^7) festgelegt, damit die Außendruckbeiwerte mithilfe des Diagramms (Abb. 5.28) einwandfrei ermittelt werden können.

Die Außendruckbeiwerte für Kreiszylinder c_pe berechnen sich mit folgender Gleichung:

$$c_\mathrm{pe} = c_\mathrm{p,0} \cdot \psi_{\lambda\alpha} \tag{5.15}$$

Darin bedeuten:

$c_\mathrm{p,0}$ Außendruckbeiwert eines Kreiszylinders mit unendlicher Schlankheit (dimensionslos)

$\psi_{\lambda\alpha}$ Abminderungsfaktor zur Berücksichtigung der Umströmung der Enden (dimensionslos)

Die Berechnung der Außendruckbeiwerte erfolgt tabellarisch.

Außendruckbeiwerte $c_\mathrm{p,0}$:

Die Außendruckbeiwerte eines Zylinders mit unendlicher Schlankheit $c_\mathrm{p,0}$ werden aus dem Diagramm in Abb. 5.28 abgelesen und in die nachfolgende Tabelle übertragen.

Abminderungsfaktor $\psi_{\lambda\alpha}$ zur Berücksichtigung der Umströmung der Enden:

Der Abminderungsfaktor $\psi_{\lambda\alpha}$ ist abhängig von der Lage der Strömungsablösung (Winkel α_A) und vom Abminderungsfaktor zu Berücksichtigung der Schlankheit ψ_λ. Er berechnet sich mit folgender Gleichung:

$$
\begin{aligned}
\Psi_{\lambda\alpha} &= 1 & \text{für} \quad & 0° \leq \alpha \leq \alpha_\mathrm{min} \\
\Psi_{\lambda\alpha} &= \Psi_\lambda + (1 - \Psi_\lambda) \cdot \cos\left[\frac{\pi}{2} \cdot \left(\frac{\alpha - \alpha_\mathrm{min}}{\alpha_\mathrm{A} - \alpha_\mathrm{min}}\right)\right] & \text{für} \quad & \alpha_\mathrm{min} < \alpha < \alpha_\mathrm{A} \\
\Psi_{\lambda\alpha} &= \Psi_\lambda & \text{für} \quad & \alpha_\mathrm{A} \leq \alpha \leq 180°
\end{aligned}
\tag{5.16}
$$

Darin bedeuten:

α_A Lage der Strömungsablösung am Umfang (Winkel, in Grad)

ψ_λ Abminderungsfaktor zur Berücksichtigung der Schlankheit (dimensionslos)

α_min Winkel, bei dem der Außendruckbeiwert $c_\mathrm{p,0}$ ein Minimum ist (in Grad)

Es ist zu beachten, dass der Ausdruck hinter dem „Cosinus" in Bogenmaß angegeben ist d. h. für die Berechnung ist der Taschenrechner entsprechend einzustellen (d. h. Einstellung auf RAD).

In diesem Beispiel sind:

- $\alpha_{min} = 75°$
- $\alpha_A = 105°$
- $\psi_\lambda = 0,63$ (siehe Aufgabenteil a)

Nachfolgend wird der Abminderungsfaktor $\psi_{\lambda\alpha}$ exemplarisch für den Winkel $\alpha = 90°$ berechnet. Es gilt:

$$\Psi_{\lambda\alpha} = \Psi_\lambda + (1 - \Psi_\lambda) \cdot \cos\left[\frac{\pi}{2} \cdot \left(\frac{\alpha - \alpha_{min}}{\alpha_A - \alpha_{min}}\right)\right]$$
$$= 0,63 + (1 - 0,63) \cdot \cos\left[\frac{\pi}{2} \cdot \left(\frac{90 - 75}{105 - 75}\right)\right]$$
$$= 0,891$$

Die Berechnung der Werte $c_{p,0}$, $\psi_{\lambda\alpha}$, c_{pe} und w_e erfolgt tabellarisch, siehe folgende Tabelle

Winkel	$c_{p,0}$ (−)	$\psi_{\lambda\alpha}$ (−)	c_{pe} (−)	$w_e = c_{pe} \cdot q_p$ (kN/m²)	Bemerkung
0°	1,0	1,0	1,0	+1,11	Druck
30°	0,1	1,0	0,1	+0,11	Druck
60°	−1,2	1,0	−1,2	−1,33	Sog
$\alpha_{min} = 75°$	−1,5 ($c_{p,min}$)	1,0	−1,5	−1,67	Sog
90°	−1,3	0,891	−1,16	−1,29	Sog
$\alpha_A = 105°$	−0,8 ($c_{p0,h}$)	0,63	−0,50	−0,56	Sog
120°	−0,8	0,63	−0,50	−0,56	Sog
150°	−0,8	0,63	−0,50	−0,56	Sog
180°	−0,8	0,63	−0,50	−0,56	Sog

Die Winddrücke sind in Abb. 5.29 dargestellt.

5.4.8 Beispiel 8 – Winddrücke bei einer frei stehenden Lärmschutzwand

Kategorie (B)
Für eine frei stehende Lärmschutzwand sind die Winddrücke für folgende Fälle zu ermitteln (Abb. 5.30):

Abb. 5.29 Beispiel 7 (b) –
Darstellung der Winddrücke für
eine Bezugshöhe von $z = 40$ m

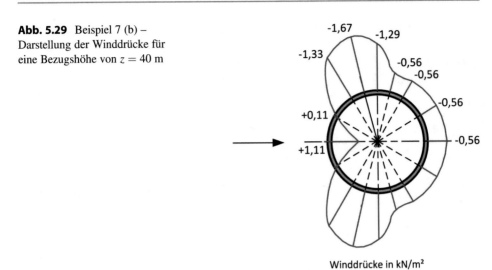

Winddrücke in kN/m²

Ansicht

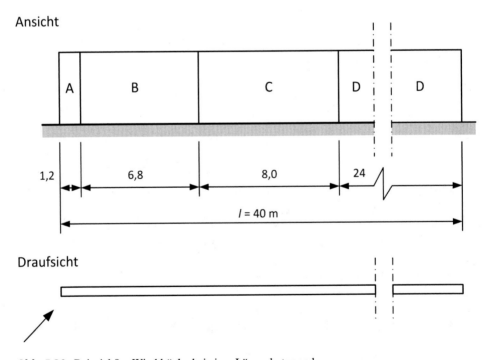

Abb. 5.30 Beispiel 8 – Winddrücke bei einer Lärmschutzwand

a) Die Wand steht allein und wird nicht abgeschattet (Höhe $h = 4,0$ m, Länge $l = 40$ m).
b) Die Wand wird durch eine luvseitige und höhere Wand (Höhe $h = 5,0$ m; Abstand $x = 40$ m, Völligkeitsgrad $\varphi = 1,0$) abgeschattet.

Randbedingungen

* Windzone 3, Binnenland
* Der Böengeschwindigkeitsdruck ist mit dem Verfahren im Regelfall zu berechnen.
* Die Wand verläuft im Grundriss gerade.
* Die Wand ist geschlossen, d. h. der Völligkeitsgrad beträgt $\varphi = 1,0$.

Lösung
Böengeschwindigkeitsdruck:

$$q_{\mathrm{p}} = 1,8 \cdot q_b = 1,8 \cdot 0,47 = 0,85 \ \mathrm{kN/m^2}$$

mit : $q_{\mathrm{b}} = 0,47 \mathrm{kN/m^2}$ (Basis-Geschwindigkeitsdruck für Windzone 3)

a) *Winddrücke für eine alleinstehende Wand:*

Die resultierenden Druckbeiwerte $c_{\mathrm{p,net}}$ sind abhängig vom Völligkeitsgrad der Wand (hier $\varphi = 1,0$), von der Art der Wand (gerade, abgewinkelt) und vom Verhältnis Wandlänge zur Höhe (hier: $l/h = 40/4 = 10$). Die Druckbeiwerte sind in DIN EN 1991-1-4, Tab. 7.9 angegeben. Die Berechnung der Winddrücke erfolgt tabellarisch.

Bereich	Länge des Bereichs (m)	$c_{\mathrm{p,net}}$ (–)	$w = c_{\mathrm{p,net}} \cdot q_{\mathrm{p}}$ (kN/m²)
A	$0,3 \ h = 0,3 \cdot 4,0 = 1,2$	3,4	$3,4 \cdot 0,85 = 2,85$
B	$1,7 \ h = 1,7 \cdot 4,0 = 6,8$	2,1	1,79
C	$2 \ h = 2 \cdot 4,0 = 8,0$	1,7	1,45
D	restliche Länge	1,2	1,02

Die Winddrücke wirken senkrecht zur Wandoberfläche und sind jeweils in beide Querrichtungen der Wand als getrennte Lastfälle anzusetzen.

Für die Bemessung der Bauteile sind alle Anströmrichtungen zu untersuchen. Das bedeutet, dass beginnend von beiden Enden der Wand jeweils die Winddrücke der Bereiche A, B, C und D (sofern die Wandlänge ausreichend ist) anzunehmen sind.

b) *Winddrücke für eine abgeschattete Wand:*

Es wird angenommen, dass sich auf der Luvseite der hier betrachteten Wand eine weitere
Wand befindet (Höhe $h = 5{,}0$ m; Abstand $x = 40$ m). In diesem Fall werden die Druckbeiwerte durch die Abschattung vermindert. Der resultierende Druckbeiwert $c_{p,net,s}$ der
abgeschatteten Wand berechnet sich mit folgender Gleichung:

$$c_{p,net,s} = \psi_s \cdot c_{p,net} \qquad\qquad (5.17)$$

Darin bedeuten:

ψ_s Abschattungsfaktor in Abhängigkeit vom Verhältnis x/h und dem Völligkeitsgrad
        φ der luvseitigen Wand nach Abb. 5.31 (dimensionslos)

$c_{p,net}$ resultierender Druckbeiwert für frei stehende Wände nach DIN EN 1991-1-4,
        Tab. 7.9 (dimensionslos)

Abschattungsfaktor ψ_s:
Der Abschattungsfaktor ist vom Verhältnis x/h sowie vom Völligkeitsgrad φ der
luvwärtigen Wand abhängig. Hier:

$$x/h = 40{,}0/5{,}0 = 8$$

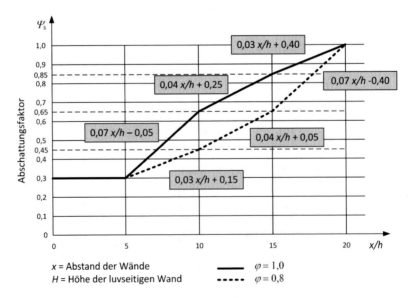

Abb. 5.31 Abschattungsfaktor ψ_s für Wände und Zäune (in Anlehnung an DIN EN 1991-1-4,
Abb. 7.20)

mit: $x = 40$ m (Abstand zur luvwärtigen Wand)

$h = 5{,}0$ m (Höhe der luvwärtigen Wand)

Der Abschattungsfaktor kann aus dem Diagramm (Abb. 5.31) abgelesen oder alternativ mit folgender Gleichung berechnet werden:

$$\psi_s = 0{,}07 \, x/h - 0{,}05 = 0{,}07 \cdot 8 - 0{,}05 = 0{,}51 \text{ (für } \varphi = 1)$$

In den Endbereichen der abgeschatteten Wand sind allerdings die vollen Winddrücke anzusetzen. Die Länge der Endbereiche entspricht der Höhe der abgeschatteten Wand (hier: 4,0 m).

Die Winddrücke werden tabellarisch ermittelt.

Bereich	Länge des Bereichs	Horizontaler Abstand vom Wandanfang	resultierender Winddruck w (kN/m²)	Bemerkung
A	1,2 m	0 bis 1,2 m	2,85	keine Abminderung, da der Bereich A im Endbereich liegt
B	6,8 m	1,2 m bis 4,0 m	1,79	keine Abminderung, da Endbereich
		4,0 m bis 6,8 m	$0{,}51 \cdot 1{,}79 = 0{,}91$	Abminderung
C	8,0 m	6,8 m bis 14,8 m	$0{,}51 \cdot 1{,}45 = 0{,}74$	Abminderung
D	32,0 m (restl. Länge)	14,8 m bis 35,0 m	$0{,}51 \cdot 1{,}02 = 0{,}52$	Abminderung
		35,0 m bis 40,0 m	1,02	keine Abminderung, da Endbereich mit vollem Winddruck

Die resultierenden Winddrücke für die Fälle a) (alleinstehende Wand) und b) (abgeschattete Wand) und Anströmrichtung von links sind in Abb. 5.32 dargestellt.

5.4.9 Beispiel 9 – Windkräfte bei einer Anzeigetafel

(Kategorie A)

Für eine rechteckige Anzeigetafel (Verkehrsschild) ist die Windbelastung als Windkraft zu ermitteln (Abb. 5.33).

Randbedingungen

- Windzone 4, Küste
- Abmessungen: $b = 3{,}0$ m, $h = 2{,}0$ m
- Bodenabstand: $z_g = 2{,}5$ m

Ansicht

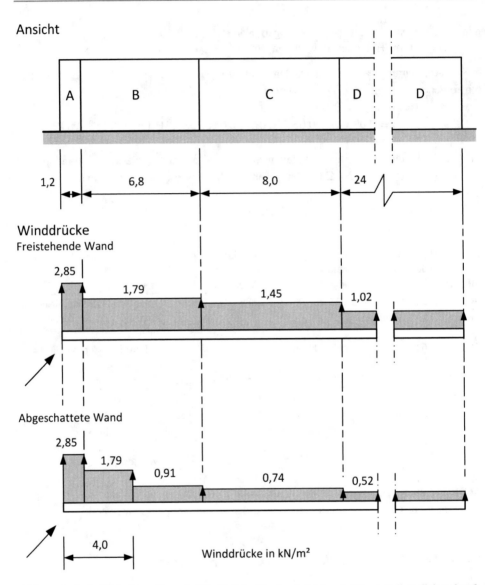

Abb. 5.32 Beispiel 8 – Resultierende Winddrücke für eine freistehende Wand; Fall a) alleinstehend; Fall b) abgeschattet durch eine luvwärtige Wand ($h = 5,0$ m; $x = 40,0$ m; $\varphi =1$)

- Der Böengeschwindigkeitsdruck ist mit dem Verfahren im Regelfall zu ermitteln.
- Es treten keine Instabilitäten infolge Divergenz oder Abreißflattern auf.
- Die Konstruktion ist nicht schwingungsanfällig, d. h. der Strukturbeiwert ist mit c_s $c_d = 1,0$ anzunehmen.

Abb. 5.33 Beispiel 9 –
Windkraft bei einer Anzeigetafel

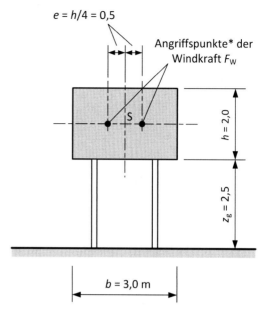

$e = h/4 = 0,5$

Angriffspunkte* der
Windkraft F_W

S

$h = 2,0$

$z_g = 2,5$

$b = 3,0$ m

S: Flächenschwerpunkt der Anzeigetafel
*): Die Windkraft F_W ist jeweils links oder rechts des
Schwerpunkts S anzusetzen (der zur ungünstigeren
Beanspruchung führende Lastfall ist maßgebend).

Lösung
Böengeschwindigkeitsdruck ($z < 4$ m):

$$q_p(z = 3,5\text{ m}) = 1,8\, q_b = 1,8 \cdot 0,56 = 1,01\text{ kN/m}^2\,(\text{Küste})$$

mit:

$$q_b = 0,56\text{ kN/m}^2\,(\text{Basisgeschwindigkeitsdruck für Windzone 4})$$

$$z = z_g + h/2 = 2,5 + 2,0/2 = 3,5 < 4,0\text{ m (Bezugshöhe)}$$

Kraftbeiwert:

$$c_f = 1,80$$

Die Bedingungen $b/h = 3,0/2,0 = 1,5 > 1,0$ und $z_g = 2,5$ m $> h/4 = 2,0/4 = 0,50$ sind
erfüllt, damit die Windkraft wie für eine Anzeigetafel (nicht für eine freistehende Wand)
ermittelt werden darf.

Windkraft:

$$F_W = c_s\, c_d \cdot c_f \cdot q_p(z) \cdot A_{ref} = 1{,}0 \cdot 1{,}80 \cdot 1{,}01 \cdot 6{,}0 = 10{,}91 \text{ kN}$$

mit:

$$A_{ref} = b \cdot h = 3{,}0 \cdot 2{,}0 = 6{,}0 \text{ m}^2 \,(\text{Bezugsfläche})$$

Die Windkraft ist in Höhe des Flächenschwerpunktes der Anzeigetafel (ohne Unterkonstruktion) mit einer seitlichen Exzentrizität von

$$e = \pm 0{,}25\, h = 0{,}25 \cdot 2{,}0 = 0{,}50 \text{ m}$$

anzusetzen.

5.4.10 Beispiel 10 – Windeinwirkungen bei einem Bürogebäude mit angrenzender Halle und Vordach

(Kategorie B)
Für die Dächer eines Bürogebäudes mit angrenzender Halle sowie für das Vordach sind die Winddrücke für die angegebene Anströmrichtung zu ermitteln (Abb. 5.34).

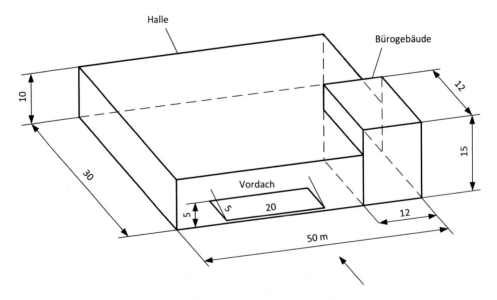

Abb. 5.34 Beispiel 10 – Winddrücke bei einem Bürogebäude mit angrenzender Halle und Vordach

Randbedingungen

- Windzone 2, Binnenland
- Bürogebäude: Flachdach, $h = 15$ m, $b = d = 12$ m; Traufe: mit Attika: $h_p = 0,75$ m
- Halle: Flachdach: $h = 10$ m, $b = 50$ m, $d = 30$ m; Traufe: scharfkantig
- Vordach: $h_1 = 5$ m, $b_1 = 20$ m, $d_1 = 4$ m
- Der Böengeschwindigkeitsdruck ist mit dem vereinfachten Verfahren zu bestimmen.
- Die Gebäude sind geschlossen, d. h. es ist kein Innendruck anzusetzen. Außerdem sind beide Gebäude nicht schwingungsanfällig.
- Die Winddrücke sind mit den Außendruckbeiwerten $c_{pe,10}$ zu ermitteln (Lasteinzugsflächen > 10 m^2).

Lösung

a) Flachdach des Bürogebäudes:

Das Bürogebäude besitzt ein Flachdach mit den Abmessungen $b = d = 12$ m (Höhe $h = 10$ m). An den Traufen befindet sich eine Attika mit der Höhe $h_p = 0,75$ m. Bezugshöhe:

$$z_e = h + h_p = 15 + 0,75 = 15,75 \text{ m}$$

Böengeschwindigkeitsdruck:

$$q_p(z_e = 15,75 \text{ m}) = 0,80 \text{ kN/m}^2 \text{ für } h > 10 \text{ m und } h \leq 18 \text{ m}$$

Bei einem Dachrand mit Attika sind die Außendruckbeiwerte vom Verhältnis h_p/h abhängig (Höhe der Attika $h_p = 0,75$ m; Höhe des Flachdachs über Grund: $h = 15$ m). Verhältnis h_p/h:

$$h_p/h = 0,75/15,0 = 0,05$$

Die Winddrücke werden tabellarisch ermittelt (s. folgende Tabelle). Es wird angenommen, dass die Lasteinzugsflächen > 10 m^2 sind. Außendruckbeiwerte nach DIN EN 1991-1-4, 7.2.3.

Bereich	$c_{pe,10}$ $(-)$	w_e (kN/m^2)	Bemerkung
F	$-1,4$	$(-1,4) \cdot 0,80 = -1,12$	Sog
G	$-0,9$	$(-0,9) \cdot 0,80 = -0,72$	Sog
H	$-0,7$	$(-0,7) \cdot 0,80 = -0,56$	Sog
I	$+0,2$	$0,2 \cdot 0,80 = +0,16$	Druck bzw.
	$-0,6$	$(-0,6) \cdot 0,80 = -0,48$	Sog

Im Bereich I sind sowohl Druck als auch Sog anzusetzen, d. h. es ergeben sich zwei Lastfälle:

- LF 1: F Sog, G Sog, H Sog, I Sog
  und
- LF 2: F Sog, G Sog, H Sog, I Druck

Einteilung des Flachdachs in Bereiche:

- Hilfswert e:
  $e = b = 12$ m bzw. $e = 2\,h = 2 \cdot 15 = 30$ (der kleinere Wert ist maßgebend; hier $e = 12$ m)
- Breite Bereich F: $e/4 = 12/4 = 3,0$ m
- Tiefe Bereich F und G: $e/10 = 12/10 = 1,2$ m
- Grenze zwischen den Bereichen H und I: $e/2 = 12/2 = 6,0$ m (Abb. 5.35)

b) **Flachdach der Halle:**

Höhe: $h = 10$ m
Böengeschwindigkeitsdruck:

$$q_p = 0,65 \text{ kN/m}^2 \text{ für } h \leq 10 \text{ m}$$

Die Winddrücke werden tabellarisch ermittelt (s. folgende Tabelle). Außendruckbeiwerte nach DIN EN 1991-1-4, 7.2.3.

Bereich	$c_{pe,10}$ (−)	w_e (kN/m^2)	Bemerkung
F	−1,8	$(-1,8) \cdot 0,65 = -1,17$	Sog
G	−1,2	$(-1,2) \cdot 0,65 = -0,78$	Sog
H	−0,7	$(-0,7) \cdot 0,65 = -0,46$	Sog
I	+0,2	$0,2 \cdot 0,65 = +0,13$	Druck bzw.
	−0,6	$(-0,6) \cdot 0,65 = -0,39$	Sog

Draufsicht

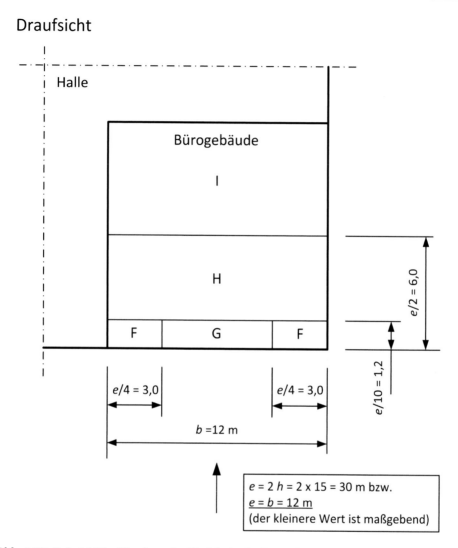

Abb. 5.35 Beispiel 10 – Einteilung des Flachdachs des Bürogebäudes in Bereiche

Im Bereich I sind sowohl Druck als auch Sog anzusetzen, d. h. es ergeben sich zwei Lastfälle:

- LF 1: F Sog, G Sog, H Sog, I Sog
  und
- LF 2: F Sog, G Sog, H Sog, I Druck

Einteilung des Flachdachs in Bereiche:

- Hilfswert e:

    $e = b = 12$ m bzw. $e = 2\,h = 2 \cdot 15 = 30$ (der kleinere Wert ist maßgebend; hier $e = 12$ m)
- Breite Bereich F: $e/4 = 12/4 = 3{,}0$ m
- Tiefe Bereich F und G: $e/10 = 12/10 = 1{,}2$ m
- Grenze zwischen den Bereichen H und I: $e/2 = 12/2 = 6{,}0$ m

Besonderheiten

1. **Bereich F:**

    Der Bereich F tritt nur einmal an der freien Ecke des Flachdachs auf, da auf der gegenüberliegenden Seite sich das aufgehende Bürogebäude befindet. An dieser Stelle sind erhöhte Soglasten wie im Bereich F nicht zu erwarten, da das Bürogebäude eine Abschattung bewirkt. Es wird daher nur der Bereich G angesetzt, der bis direkt an die aufgehende Wand des Bürogebäudes reicht (Abb. 5.36).

2. **Erhöhte Winddrücke entlang der aufgehenden Wand des Bürogebäudes:**

    Entlang der aufgehenden Wände des Bürogebäudes wird die Luft bei luvwärtiger Schräganströmung auf die Wände nach oben gelenkt. Dadurch entsteht auf dem Flachdach der Halle in diesem Bereich eine zusätzliche Sogbelastung. Aus diesem Grund wird hier – wie an der luvseitigen Traufe der Dachfläche – ein Streifen mit erhöhten Winddrücken angesetzt. In der Flachdachrichtlinie [12] wird vorgeschlagen, in diesem Bereich die gleichen Winddrücke anzusetzen, die auf der Dachfläche im Bereich G herrschen. Als Streifenbreite ist die Hälfte des größten Auenmaßes des aufgehenden Bauteils anzusetzen, jedoch mindestens 1,0 m und höchstens 2,0 m. Im vorliegenden Fall ergibt sich ein Winddruck von $w_e = -0{,}78$ kN/m^2 (Sog). Als Streifenbreite wird ein Maß von 2,0 m angenommen (Breite des aufgehenden Bauteils 12,0 m; $0{,}5 \times 12 = 6{,}0$ m $> 2{,}0$ m; maßgebend sind 2,0 m).

c) **Vordach:**

Für die Berechnung der Winddrücke des Vordachs sind die resultierenden Druckbeiwerte $c_{p,net}$ nach DIN EN 11991-1-4/NA [2] zu verwenden. Die Druckbeiwerte gelten für ebene Dächer (hier erfüllt) mit einer maximalen Auskragung von 10 m (hier: 4 m) und einer Neigung von $\pm 10°$ aus der Horizontalen (hier: 5°). Die Druckbeiwerte geben den resultierenden Druck aus Oberseiten- und Unterseitendruck an. Außerdem sind die Druckbeiwerte unabhängig vom horizontalen Abstand des Vordachs von der Gebäudeecke.

Bezugshöhe: Mittelwerte aus First- und Traufhöhe:

$$z_e = h = 10 \text{ m}$$

Anströmrichtung A

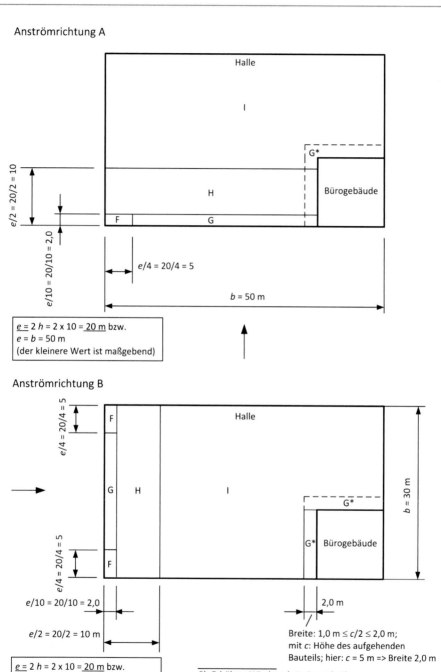

Anströmrichtung B

Abb. 5.36 Beispiel 10 – Einteilung des Flachdachs der Halle in Bereiche

Böengeschwindigkeitsdruck:

Vereinfachend wird der Böengeschwindigkeitsdruck nach dem vereinfachten Verfahren ermittelt, hier:

$$q_{\mathrm{p}} = 0{,}65 \ \mathrm{kN/m^2 (s.o.)}$$

Die Druckbeiwerte sind vom Höhenverhältnis h_1/h und vom Verhältnis h_1/d_1 abhängig. Hier:

$$h_1/h = 5{,}0/10{,}0 = 0{,}5$$

$$h_1/d_1 = 5{,}0/4{,}0 = 1{,}25 > 1{,}0 \ \text{und} < 3{,}5$$

Die Winddrücke werden tabellarisch ermittelt; siehe folgende Tabelle.

Bereich	Abwärtslast		Aufwärtslast	
	$c_{\mathrm{p,net}}$ (−)	w (kN/m²)	$c_{\mathrm{p,net}}$ (−)	w (kN/m²)
A	0,7	$0{,}7 \cdot 0{,}65 = 0{,}46$	$-1{,}05^{1)}$	$(-1{,}05) \cdot 0{,}65 = -0{,}68$
B	0,3	$0{,}3 \cdot 0{,}65 = 0{,}20$	$-0{,}23^{2)}$	$(-0{,}23) \cdot 0{,}65 = -0{,}15$

[1), 2)] Interpolierte Zwischenwerte.

Erläuterung der interpolierten Zwischenwerte:

Zu 1) Bereich A: Es ergeben sich folgende resultierende Druckbeiwerte:

Für $h_1/d_1 = 1{,}0$: $c_{\mathrm{p,net}} = -1{,}0$

Für $h_1/d_1 = 3{,}5$: $c_{\mathrm{p,net}} = -1{,}5$

Für $h_1/d_1 = 5{,}0/4{,}0 = 1{,}25$: $c_{\mathrm{p,net}} = \frac{(-1,5)-(-1,0)}{3,5-1,0} \cdot (1{,}25 - 1{,}0) + (-1{,}0) = -1{,}05$

Zu 2) Bereich B: Es ergeben sich folgende resultierende Druckbeiwerte:

Für $h_1/d_1 = 1{,}0$: $c_{\mathrm{p,net}} = -0{,}2$

Für $h_1/d_1 = 3{,}5$: $c_{\mathrm{p,net}} = -0{,}5$

Für $h_1/d_1 = 5{,}0/4{,}0 = 1{,}25$: $c_{\mathrm{p,net}} = \frac{(-0,5)-(-0,2)}{3,5-1,0} \cdot (1{,}25 - 1{,}0) + (-0{,}2) = -0{,}23$

Einteilung des Vordachs in Bereiche (Abb. 5.37):

Hilfswert e: $e = d_1/4 = 4{,}0/4 = 1{,}0$ m oder $e = b_1/2 = 20/2 = 10$ m (der kleinere Wert ist maßgebend); hier: $e = 1{,}0$ m

Breite Bereich A an den seitlichen Dachrändern:

$$e = 1{,}0 \ \mathrm{m}$$

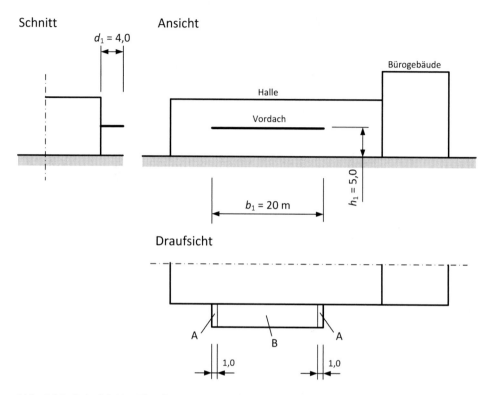

Schnitt   Ansicht

$d_1 = 4,0$

Bürogebäude

Halle

Vordach

$b_1 = 20$ m

$h_1 = 5,0$

Draufsicht

A   B   A

1,0   1,0

Abb. 5.37 Beispiel 10 – Einteilung des Vordachs in die Bereiche A und B

5.4.11 Beispiel 11 – Winddrücke bei einem Tonnendach

(Kategorie A)

Für ein Tonnendach sind die Winddrücke zu ermitteln (Abb. 5.38).

Randbedingungen

- Windzone 3, Küste
- Der Böengeschwindigkeitsdruck ist mit dem Verfahren im Regelfall zu ermitteln.
- Das Gebäude hat einen rechteckigen Grundriss.
- Das Gebäude ist luftdicht und besitzt keine planmäßigen Öffnungen, d. h. es ist kein Innendruck anzusetzen.

Lösung

Bezugshöhe:

$$z_e = h + f = 5,0 + 2,5 = 7,5 \text{ m}$$

Abmessungen u. Geometrie

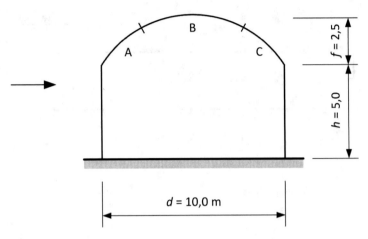

Winddrücke

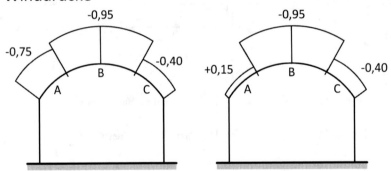

Angaben in kN/m²
negative Werte: Sog; positive Werte: Druck

Abb. 5.38 Beispiel 11 – Winddrücke bei einem Tonnendach

Böengeschwindigkeitsdruck:

$$q_p = 2{,}3 \cdot q_b \cdot (z_e/10)^{0{,}27} = 2{,}3 \cdot 0{,}47 \cdot (7{,}5/10)^{0{,}27} = 1{,}00 \text{ kN/m}^2$$

$$\text{mit}: q_b = 0{,}47 \text{kN/m}^2 \text{für Windzone 3}$$

Druckbeiwerte:

Die Druckbeiwerte $c_{pe,10}$ sind vom Verhältnis h/d und f/d abhängig (Abb. 5.39):

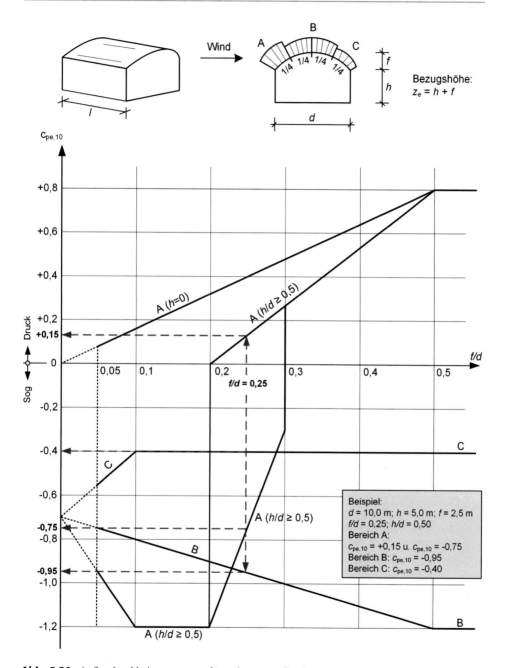

Abb. 5.39 Außendruckbeiwerte $c_{pe,10}$ für gekrümmte Dächer von Baukörpern mit rechteckigem Grundriss (in Anlehnung an DIN EN 1991-1-4, Abb. 7.11)

$$h/d = 5{,}0/10{,}0 = 0{,}5 \geq 0{,}5$$

$$f/d = 2{,}5/10{,}0 = 0{,}25 < 0{,}3$$

Im Bereich A sind zwei Druckbeiwerte (Druck und Sog) zu berücksichtigen.
Die Winddrücke werden tabellarisch ermittelt; siehe folgende Tabelle.

Bereich	$c_{pe,10}$ (−)	w (kN/m²)	Bemerkung
A	+0,15	$0{,}15 \cdot 1{,}00 = +0{,}15$	Druck
	−0,75	$(-0{,}75) \cdot 1{,}00 = -0{,}75$	Sog
B	−0,95	$(-0{,}95) \cdot 1{,}00 = -0{,}95$	Sog
C	−0,40	$(-0{,}40) \cdot 1{,}00 = -0{,}40$	Sog

Es sind folgende Lastfälle zu untersuchen:

- LF 1: Bereich A: Druck; Bereich B: Sog; Bereich C: Sog
- LF 2: Bereiche A, B und C: Sog

5.4.12 Beispiel 12 – Windkräfte bei einem Fachwerkträger

(Kategorie A)
Für einen Fachwerkträger sind die Windkräfte zu ermitteln (Abb. 5.40).

Randbedingungen
- Windzone 1, Binnenland
- Außenabmessungen Fachwerkträger: $l = 20$ m, $d = b = 4{,}0$ m
- Völligkeitsgrad $\varphi = 0{,}85$

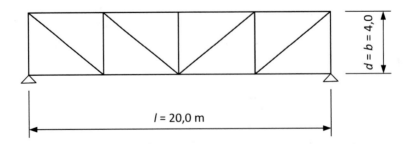

Abb. 5.40 Beispiel 12 – Windkräfte bei einem Fachwerkträger

- Bezugshöhe $z_e = 8$ m
- Der Böengeschwindigkeitsdruck ist mit dem Verfahren im Regelfall zu ermitteln.
- Die Konstruktion ist nicht schwingungsanfällig, d. h. der Strukturbeiwert ist mit c_s $c_d = 1,0$ anzunehmen.

Lösung

Böengeschwindigkeitsdruck:

$$q_p = 1,7 \cdot q_b \cdot (z/10)^{0,37} = 1,7 \cdot 0,32 \cdot (8,0/10)^{0,37} = 0,50 \, \text{kN/m}^2$$

$$\text{mit}: \quad q_b = 0,32 \text{kN/m}^2 \text{für Windzone 1}$$

Effektive Schlankheit:

Die effektive Schlankheit ermittelt sich mit den Angaben in DIN EN 1991-1-4, 7.13. Für Fachwerke gilt:

- Für $l \geq 50$ m: $\lambda = 1,4 \, l/b = 1,4 \cdot 20,0/4,0 = \underline{7}$ oder $\lambda = 70$ (der kleinere Wert ist maßgebend)
- Für $l < 15$ m: $\lambda = 1,4 \, l/b = 2 \cdot 20,0/4,0 = \underline{10}$ oder $\lambda = 70$ (der kleinere Wert ist maßgebend)

Interpolation für $l = 20$ m:

$$\lambda = -(7 - 10)/(50 - 15) \cdot (20 - 15) + 7 = 7,4$$

Abminderungsfaktor zur Berücksichtigung der Schlankheit:

Der Abminderungsfaktor zur Berücksichtigung der Schlankheit wird mithilfe des Diagramms in DIN EN 1991-1-4, Abb. 7.36 ermittelt (Abb. 5.41). Für eine effektive Schlankheit von $\lambda = 7,4$ und einen Völligkeitsgrad $\varphi = 0,85$ ergibt sich:

$$\Psi_\lambda = 0,88$$

Kraftbeiwert:

$$c_f = c_{f,0} \cdot \Psi_\lambda = 1,6 \cdot 0,88 = 1,41$$

mit: $c_{f,0} = 1,6$ (Grundkraftbeiwert für Fachwerke (n. DIN EN 1991-1-4, Abb. 7.33) (s. Abb. 5.41)

Grundkraftbeiwert für ebene Fachwerke $c_{f,0}$

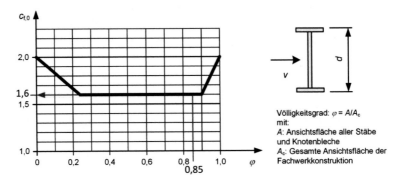

Abminderungsfaktor zur Berücksichtigung der Schlankheit

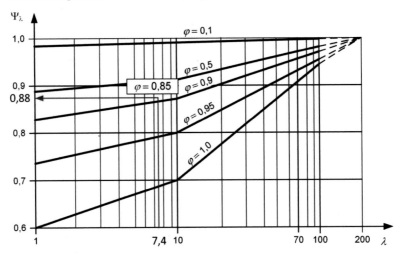

Abb. 5.41 Grundkraftbeiwert $c_{f,0}$ für Fachwerke und Abminderungsfaktor Ψ_λ zur Berücksichtigung der Schlankheit (in Anlehnung an DIN 1991-1-4, Abb. 7.33 u. Abb. 7.36)

Bezugsfläche:

Die Bezugsfläche ergibt sich aus dem angegebenen Völligkeitsgrad und der Hüllfläche des Fachwerkträgers zu:

$$A_{\text{ref}} = A = \varphi \cdot A_c = 0{,}85 \cdot (20{,}0 \cdot 4{,}0) = 68 \text{ m}^2$$

Windkraft:

$$F_W = c_s\, c_d \cdot c_f \cdot q_p \cdot A_{\text{ref}} = 1{,}0 \cdot 1{,}41 \cdot 0{,}50 \cdot 68 = 47{,}94 \text{ kN}$$

Die Windkraft wirkt senkrecht zur Fachwerkträgerebene.

5.4.13 Beispiel 13 – Windkräfte bei einem kugelförmigen Baukörper

(Kategorie A)

Für einen kugelförmigen Baukörper sind die Windkräfte zu ermitteln (Abb. 5.42).

Randbedingungen

* Windzone 4, Küste
* Der Böengeschwindigkeitsdruck ist mit dem Verfahren im Regelfall zu bestimmen.
* Durchmesser $b = 15$ m
* Bodenabstand $z_g = 10$ m
* Kinematische Zähigkeit der Luft: $\nu = 1,5 \cdot 10^{-6}$ m²/s (diese wird für die Berechnung der Reynoldszahl benötigt).
* Oberfläche des kugelförmigen Behälters: blanker Stahl
* Die Konstruktion ist nicht schwingungsanfällig, d. h. der Strukturbeiwert ist mit $c_s\, c_d = 1,0$ anzunehmen.

Lösung

Bezugshöhe:

$$z_e = z_g + b/2 = 10 + 15/2 = 17,5 \text{ m} \ (= z)$$

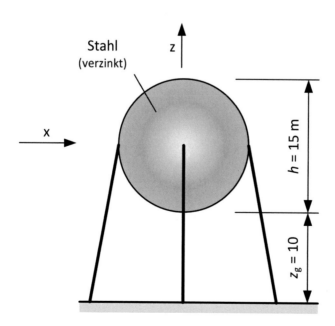

Abb. 5.42 Beispiel 13 – Windkräfte bei einem kugelförmigen Baukörper

Böengeschwindigkeitsdruck:

$$q_p = 2,3 \cdot q_b \cdot (z/10)^{0,27} = 2,3 \cdot 0,56 \cdot (17,5/10)^{0,27} = 1,50 \text{ kN/m}^2$$
für Mischprofil Küste und z > 4 m und z < 50 m)

$$\text{mit} : q_b = 0,56 \text{ kN/m}^2 \text{für Windzone 4}$$

Böengeschwindigkeit:

$$v_p = 1,51 \cdot v_b \cdot (z/10)^{0,135} = 1,51 \cdot 30,0 \cdot (17,5/10)^{0,135} = 48,85 \text{ m/s}$$

Reynoldszahl:

$$\text{Re} = v_p \cdot b/\nu = 48,85 \cdot 15/(1,5 \cdot 10^{-6}) = 488,5 \cdot 10^6 = 4,9 \cdot 10^8 (\text{-})$$

Äquivalente Rauigkeit:

$$k = 0,2 \text{ mm (n. DIN EN 1991} - 1 - 4, \text{Tab.7.13 für Oberfläche „Stahl verzinkt")}$$

Verhältnis *k/b*:

$$k/b = 0,2/(15 \cdot 10^3) = 1,33 \cdot 10^{-5}(-)$$

Kraftbeiwert in Windrichtung:
Der Kraftbeiwert in Windrichtung $c_{f,x}$ ist abhängig von der Reynoldszahl Re und dem Verhältnis *k/b*. Es ergibt sich (Abb. 5.43):

$$c_{f,x} = 0,18$$

Bezugsfläche:

$$A_{ref} = \pi \cdot b^2/4 = \pi \cdot 152/4 = 176,7 \text{ m}^2$$

Windkraft in Windrichtung:

$$F_{W,x} = c_s c_d \cdot c_{f,x} \cdot q_p \cdot A_{ref} = 1,0 \cdot 0,18 \cdot 1,50 \cdot 176,7 = 47,71 \text{ kN}$$

Kraftbeiwert in z-Richtung (nach oben):

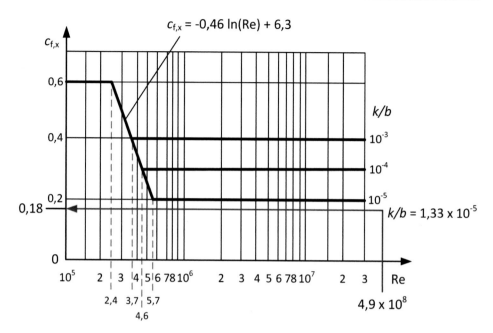

Abb. 5.43 Kraftbeiwert einer Kugel in Windrichtung (in Anlehnung an DIN EN 1991-1-4, Abb. 7.30)

Der Kraftbeiwert in z-Richtung ist abhängig vom Bodenabstand. Hier:

$$z_g = 10 \text{ m} > b/2 = 15/2 = 7,5 \text{ m}$$

In diesem Fall ist $c_{f,z} = 0$. Eine nach oben gerichtete Windkraft (in z-Richtung) ist nicht anzusetzen.

5.4.14 Beispiel 14 – Winddrücke bei einem seitlich offenen Baukörper

(Kategorie C)
Für eine an einer Seite vollständig offenen Halle mit Flachdach sind die Winddrücke für folgende Lastfälle (LF) zu ermitteln (Abb. 5.44):

- LF 1: Anströmrichtung (Wind) auf eine geschlossene Längswand
- LF 2: Anströmrichtung (Wind) auf die offene Seite
- LF 3: Anströmrichtung (Wind) auf die Rückseite (gegenüber der offenen Seite)

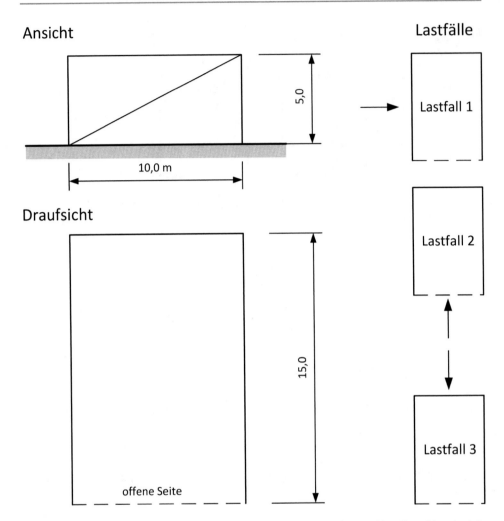

Abb. 5.44 Beispiel 14 – Winddrücke bei einem seitlich offenen Baukörper; hier: Grundriss, Ansicht und zu untersuchende Lastfälle 1 bis 3 (Anströmrichtungen)

Randbedingungen

- Windzone 2, Küste
- Der Böengeschwindigkeitsdruck ist nach dem vereinfachten Verfahren zu ermitteln.
- Gebäudehöhe $h = 5,0$ m
- Ausbildung der Traufe: scharfkantig
- Das Gebäude ist nicht schwingungsanfällig.

Allgemeines

Detaillierte Regelungen zu seitlich offenen Baukörpern finden sich in DIN EN 1991-1-4 nicht. Stattdessen sind in DIN EN 1991-1-4, 7.2.9 „Innendruck", Absatz (2) lediglich vage Regelungen zu Baukörpern angegeben, die an mindestens zwei Seitenflächen (Wand oder Dach) offen sind. Danach ist die Windlast für derartige Gebäude anhand der Regeln in DIN EN 1991-1-4, 7.3 „Freistehende Dächer" und 7.4 „Freistehende Wände" zu ermitteln. Wie die Windlast aber im Einzelfall für ein seitlich offenes Gebäude ermittelt werden soll, wird in der Norm allerdings nicht angeben, auch nicht in den zitierten Abschn. 7.3 und 7.4.

Konkretere Angaben enthalten dagegen die Auslegungen zur DIN EN 1991-1-4 ([4], Nr. 40). Danach ist der Winddruck für Baukörper mit drei offenen Seiten nach DIN EN 1991-1-4, 7.3 „Freistehende Dächer" zu ermitteln, wobei die vierte, geschlossene Seitenfläche als Versperrung (Versperrungsgrad = 1,0) anzusehen ist. Sofern die Dachfläche als vollständig offen anzunehmen ist, ist nach den Auslegungen [4], Nr. 40 der Winddruck nach DIN EN 1991-1-4, 7.4 „Freistehende Wände" zu ermitteln. Für alle anderen Fälle, d. h. für Baukörper mit einer oder zwei offenen Seiten, darf die Regelung der inzwischen zurückgezogenen DIN 1055-4:2005-03, 12.1.9 als Stand der Technik angesehen werden (siehe [4], Nr. 40). In DIN 1055 sind für seitlich offene Baukörper Druckbeiwerte für die Innenflächen angegeben. Die Regelungen im Einzelnen lauten:

- Druckbeiwerte für die Innenflächen nach Abb. 5.45.
- Für die Außenflächen können die Druckbeiwerte geschlossener Baukörper angesetzt werden.
- Bezugshöhe z_i (für den Innendruck) ist gleich der Bezugshöhe für den Außendruck ($z_i = z_e$).

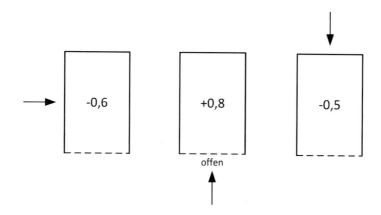

Abb. 5.45 Druckbeiwerte für die Innenflächen seitlich offener Baukörper (in Anlehnung an DIN 1055, Bild 11 [4])

Lösung

Böengeschwindigkeitsdruck:

$$q_p = 0,85 \ \text{kN/m}^2 \ \text{für Windzone 2 und Küste}, h = 5,0 \ \text{m} < 10 \ \text{m}$$

Lastfall 1

Lastfall **1** berücksichtigt eine Anströmrichtung (Wind) auf die geschlossene Längswand (Abb. 5.44).

a) *Wände*

Für den Außendruck werden die $c_{pe,10}$-Werte verwendet, da angenommen wird, dass die Lasteinzugsflächen der Bauteile größer als 10 m^2 sind. Bei kleineren Lasteinzugsflächen sind die $c_{pe,A}$-Werte zu verwenden (mit A: Lasteinzugsfläche). Die Berechnung der Winddrücke erfolgt in diesem Fall sinngemäß.

Hilfswert e:

$$e = b = 15 \ \text{m bzw.} \ e = 2 \ h = 2 \cdot 5,0$$
$$= 10 \ \text{m (der kleinere Wert ist maßgebend; hier : } e = 10 \ \text{m)}$$

Grenze zwischen Bereich A und B: $e/5 = 10,0/5 = 2,0$ m (gemessen von der Vorderkante in Luv)

Grenze zwischen Bereich B und C: $e = 10$ m (dies entspricht der Gebäudekante in Lee, d. h. es sind nur die Bereich A und B vorhanden)

$$h/d = 5,0/10,0 = 0,5 > 0,25 \ \text{und} < 1,0$$

Die Außendruckbeiwerte für die Bereiche D und E sind linear zu interpolieren, siehe weiter unten.

Außendruck

Die Außendrücke werden tabellarisch ermittelt, siehe folgende Tabelle.

Bereich	$c_{pe,10}$ (−)	w_e (kN/m^2)	Bemerkung
A	−1,2	$(-1,2) \cdot 0,85 = -1,02$	Sog
B	−0,8	$(-0,8) \cdot 0,85 = -0,68$	Sog

(Fortsetzung)

Bereich	$c_{pe,10}$ (−)	w_e (kN/m²)	Bemerkung
D	+0,73*	$0,73 \cdot 0,85 = +0,62$	Druck
E	−0,37*	$(-0,37) \cdot 0,85 = -0,31$	Sog

*: Interpolierter Wert

Die Außendruckbeiwerte für die Bereiche D und E sind zu interpolieren, da in der Norm (Nationaler Anhang) für vertikale Wände nur Druckbeiwerte für $h/d = 0,25$ und $h/d = 1,0$ angeben sind (s. DIN 1991-1-4/NA, Tab. NA.1).

Interpolation für den Bereich D:

$$c_{pe,10} = (0,8 - 0,7)/(1 - 0,25) \cdot (0,5 - 0,25) + 0,7 = +0,73$$

Bereich E:

$$c_{pe,10} = (-0,5 - (-0,3))/(1 - 0,25) \cdot (0,5 - 0,25) + (-0,3) = -0,37$$

Innendruck

Der Innendruck wirkt auf allen Innenflächen mit gleicher Größe und Richtung.

Innendruckbeiwert (Abb. 5.45):

$$c_{pi} = -0,6$$

Der Innendruck ergibt sich zu:

$$w_i = c_{pi} \cdot q_p = (-0,6) \cdot 0,85 = -0,51 \ \text{kN/m}^2 (\text{Sog})$$

Es ist zu beachten, dass der Innendruck nur dann angesetzt wird, wenn er eine zusätzliche Belastung darstellt, d. h. in die gleiche Richtung wie der Außendruck wirkt.

Darstellung der Winddrücke siehe Abb. 5.46.

b) **Flachdach**

Hilfswert e:

$$e = 10 \ \text{m (s.o.)}$$

Tiefe Bereich F und G: $e/10 = 10,0/10 = 1,0$ m
Breite Bereich F: $e/4 = 10,0/4 = 2,5$ m

Ansicht

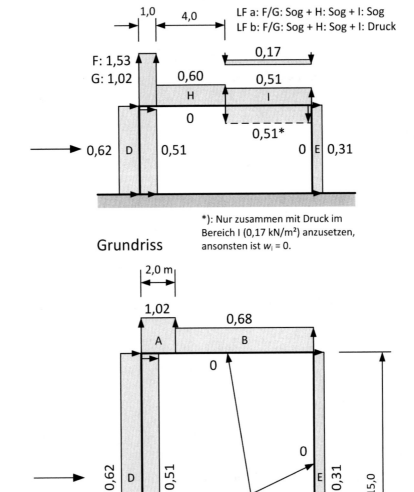

LF a: F/G: Sog + H: Sog + I: Sog
LF b: F/G: Sog + H: Sog + I: Druck

*): Nur zusammen mit Druck im Bereich I (0,17 kN/m²) anzusetzen, ansonsten ist $w_i = 0$.

Abb. 5.46 Beispiel 14 – Winddrücke bei einem seitlich offenen Baukörper; hier: Lastfall 1: Anströmrichtung auf geschlossene Längsseite

Grenze zwischen Bereich H und I: $e/2 = 10{,}0/2 = 5{,}0$ m (gemessen von der luvwärtigen Seite)

Winddrücke:

Die Winddrücke werden tabellarisch ermittelt, siehe folgende Tabelle.

a) Außendruck:

Bereich	$c_{pe,10}$ (−)	w_e (kN/m²)	Bemerkung
F	−1,8	$(-1{,}8) \cdot 0{,}85 = -1{,}53$	Sog
G	−1,2	$(-1{,}2) \cdot 0{,}85 = -1{,}02$	Sog
H	−0,7	$(-0{,}7) \cdot 0{,}85 = -0{,}60$	Sog
I	−0,6	$(-0{,}6) \cdot 0{,}85 = -0{,}51$	Sog
	+0,2	$0{,}2 \cdot 0{,}85 = +0{,}17$	Druck

b) Innendruck:

$$c_{pi} = -0{,}6 \ (\text{nach Bild } 5-45)$$

$$w_i = c_{pi} \cdot q_p = (-0{,}6) \cdot 0{,}85 = -0{,}51 \ \text{kN/m}^2 (\text{Sog, d.h.nach unten wirkend})$$

Der Innendruck wirkt in den Bereichen F, G, H und I (Sog) entlastend und ist daher hier nicht anzusetzen. Lediglich für den Bereich I (Druck) ist eine Überlagerung des Innendrucks mit dem Außendruck vorzusehen, da er in diesem Fall in die gleiche Richtung wie der Außendruck wirkt. Darstellung der Winddrücke siehe Abb. 5.46.

Lastfall 2

Lastfall 2 berücksichtigt eine Anströmrichtung (Wind) auf die offene Seite (Abb. 5.44).

a) *Wände*

Für den Außendruck werden die $c_{pe,10}$-Werte verwendet, da angenommen wird, dass die Lasteinzugsflächen der Bauteile größer als 10 m² sind.

Hilfswert e:

$$e = b = 10 \ \text{m} \ \text{bzw.} \ e = 2\,h = 2 \cdot 5{,}0$$
$$= 10 \ \text{m} \ (\text{der kleinere Wert ist maßgebend}; \text{hier} : e = 10\text{m})$$

Grenze zwischen Bereich A und B: $e/5 = 10{,}0/5 = 2{,}0$ m (gemessen von der Vorderkante in Luv)

Grenze zwischen Bereich B und C: $e = 10$ m
Die windparallelen Wände werden in drei Bereiche (A, B und C) aufgeteilt.

$$h/d = 5,0/15,0 = 0,3 > 0,25 \text{ und} < 1,0$$

Die Außendruckbeiwerte für die Bereiche D und E sind linear zu interpolieren.

Außendruck
Die Außendrücke werden tabellarisch ermittelt, siehe folgende Tabelle.

Bereich	$c_{pe,10}$ (−)	w_e (kN/m^2)	Bemerkung
A	−1,2	$(−1,2) \cdot 0,85 = −1,02$	Sog
B	−0,8	$(−0,8) \cdot 0,85 = −0,68$	Sog
C	−0,5	$(−0,5) \cdot 0,85 = −0,43$	Sog
D	+0,71[*]	$0,71 \cdot 0,85 = +0,60$	Druck
E	−0,31[*]	$(−0,31) \cdot 0,85 = −0,26$	Sog

[*]: Interpolierter Wert

Die Außendruckbeiwerte für die Bereiche D und E sind zu interpolieren, da in der Norm (Nationaler Anhang) für vertikale Wände nur Druckbeiwerte für $h/d = 0,25$ und $h/d = 1,0$ angegen sind (s. DIN 1991-1-4/NA, Tab. NA.1).
Interpolation für den Bereich D:

$$c_{pe,10} = (0,8 − 0,7)/(1 − 0,25) \cdot (0,3 − 0,25) + 0,7 = +0,71$$

Bereich E:

$$c_{pe,10} = (−0,5 − (−0,3))/(1 − 0,25) \cdot (0,3 − 0,25) + (−0,3) = −0,31$$

Innendruck
Der Innendruck wirkt auf allen Innenflächen mit gleicher Größe und Richtung.

Innendruckbeiwert (Abb. 5.45):

$$c_{pi} = +0,8$$

Der Innendruck ergibt sich zu:

$$w_i = c_{pi} \cdot q_p = 0.8 \cdot 0.85 = +0.68 \, \text{kN/m}^2 \, (\text{Druck})$$

Darstellung der Winddrücke siehe Abb. 5.47.

b) *Flachdach:*

Hilfswert e:

$$e = 10 \, \text{m (s.o.)}$$

Tiefe Bereich F und G: $e/10 = 10{,}0/10 = 1{,}0 \, \text{m}$
 Breite Bereich F: $e/4 = 10{,}0/4 = 2{,}5 \, \text{m}$
 Grenze zwischen Bereich H und I: $e/2 = 10{,}0/2 = 5{,}0 \, \text{m}$ (gemessen von der luvwärtigen
Seite)
 Winddrücke:
 Die Winddrücke werden tabellarisch ermittelt, siehe folgende Tabelle.

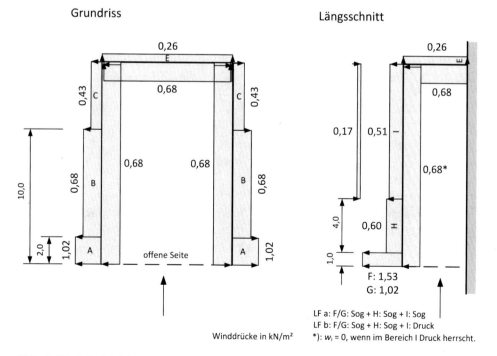

Abb. 5.47 Beispiel 14 – Winddrücke bei einem seitlich offenen Baukörper; hier: Lastfall 2: Anströmrichtung auf die offene Seite

a) Außendruck:

Bereich	$c_{pe,10}$ (−)	w_e (kN/m^2)	Bemerkung
F	−1,8	$(-1,8) \cdot 0,85 = -1,53$	Sog
G	−1,2	$(-1,2) \cdot 0,85 = -1,02$	Sog
H	−0,7	$(-0,7) \cdot 0,85 = -0,60$	Sog
I	−0,6	$(-0,6) \cdot 0,85 = -0,51$	Sog
	+0,2	$0,2 \cdot 0,85 = +0,17$	Druck

b) Innendruck:

$$c_{pi} = +0,8 \ (\text{nach Bild } 5-45)$$

$$w_i = c_{pi} \cdot q_p = 0,8 \cdot 0,85 = +0,68 \ \text{kN/m}^2 (\text{Druck, d.h.nach oben wirkend})$$

Der Innendruck wirkt in den Bereichen F, G, H und I (Sog) entlastend und ist daher hier nicht anzusetzen. Lediglich für den Bereich I (bei Druck) ist eine Überlagerung des Innendrucks (nach unten wirkend) mit dem Außendruck (ebenfalls nach unten wirkend) vorzusehen, da er in diesem Fall in die gleiche Richtung wie der Außendruck wirkt. Darstellung der Winddrücke siehe Abb. 5.47.

Lastfall 3
Lastfall 3 beschreibt eine Anströmrichtung (Wind) auf die Rückseite (Abb. 5.44).

a) *Wände*

Für den Außendruck werden die $c_{pe,10}$-Werte verwendet, da angenommen wird, dass die Lasteinzugsflächen der Bauteile größer als 10 m^2 sind.
   Hilfswert *e*: Maße wie Lastfall 2.
   Die windparallelen Wände werden in drei Bereiche (A, B und C) aufgeteilt.

$$h/d = 5,0/15,0 = 0,3 > 0,25 \text{ und } < 1,0$$

Die Außendruckbeiwerte für die Bereiche D und E sind linear zu interpolieren.

Außendruck
Die Außendrücke werden tabellarisch ermittelt, siehe folgende Tabelle.

Bereich	$c_{pe,10}$ (−)	w_e (kN/m²)	Bemerkung
A	−1,2	$(-1,2) \cdot 0,85 = -1,02$	Sog
B	−0,8	$(-0,8) \cdot 0,85 = -0,68$	Sog
C	−0,5	$(-0,5) \cdot 0,85 = -0,43$	Sog
D	+0,71[*]	$0,71 \cdot 0,85 = +0,60$	Druck
E	−0,31[*]	$(-0,31) \cdot 0,85 = -0,26$	Sog

[*]: Interpolierter Wert; Interpolation wie Lastfall 2.

Innendruck

Der Innendruck wirkt auf allen Innenflächen mit gleicher Größe und Richtung.

Innendruckbeiwert (Abb. 5.45):

$$c_{pi} = -0,5$$

Der Innendruck ergibt sich zu:

$$w_i = c_{pi} \cdot q_p = (-0,5) \cdot 0,85 = -0,43 \text{ kN/m}^2 \text{(Sog)}$$

Darstellung der Winddrücke siehe Abb. 5.46.

b) *Flachdach:*

Hilfswert e: wie Lastfall 2 (s. o.).
   Winddrücke:

a) Außendruck: Wie Lastfall 2.
b) Innendruck:

$$c_{pi} = -0,5 \text{ (nach Bild 5 − 45)}$$

$$w_i = c_{pi} \cdot q_p = (-0,5) \cdot 0,85 = -0,43 \text{ kN/m}^2 \text{(Sog, d.h. nach unten wirkend)}$$

Der Innendruck wirkt in den Bereichen F, G, H und I (Sog) entlastend und ist daher hier nicht anzusetzen. Lediglich für den Bereich I (bei Druck) ist eine Überlagerung des Innendrucks (nach unten wirkend) mit dem Außendruck (ebenfalls nach unten wirkend) vorzusehen, da er in diesem Fall in die gleiche Richtung wie der Außendruck wirkt. Darstellung der Winddrücke siehe Abb. 5.48.

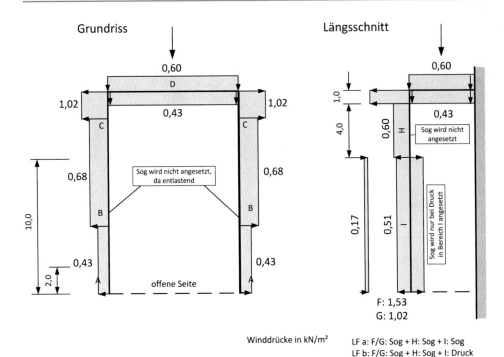

Abb. 5.48 Beispiel 14 – Winddrücke bei einem seitlich offenen Baukörper; hier: Lastfall 3: Anströmrichtung auf die Rückseite

5.4.15 Beispiel 15 – Windkraft bei einer Flagge

(Kategorie A)
Für eine rechteckige Flagge ist die Windkraft für folgende Fälle zu berechnen (Abb. 5.49):

a) Flagge ist frei flatternd.
b) Flagge ist allseitig befestigt.

Randbedingungen
- Windzone 4, Küste
- Der Böengeschwindigkeitsdruck ist mit Verfahren im Regelfall zu ermitteln.
- Höhe der Oberkante der Flagge über Geländeoberfläche $z_e = 10$ m.
- Abmessungen der Flagge: Höhe $h = 1,5$ m, Länge $l = 2,5$ m
- Flächenbezogene Masse des Flaggenstoffs: $m_f = 115$ g/m^2
- Der Flaggenmast sei nicht schwingungsanfällig, d. h. der Strukturbeiwert ist mit $c_s\, c_d = 1,0$ anzunehmen.

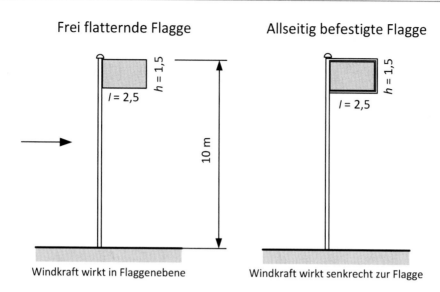

Abb. 5.49   Beispiel 15 – Windkraft bei einer Flagge

Lösung
Böengeschwindigkeitsdruck:

$$q_p = 2{,}3 \cdot q_b \cdot (z/10)^{0,27} = 2{,}3 \cdot 0{,}56 \cdot (10{,}0/10)^{0,27}$$
$$= 1{,}29 \ \text{kN/m}^2 (\text{für } 4 \ \text{m} < z \le 50\text{m}, \text{Küste})$$

mit:

$$q_b = 0{,}56 \ \text{kN/m}^2 (\text{Windzone 4})$$

$$z = z_e = 10{,}0 \ \text{m} \ (\text{Oberkante der Flagge über Geländeoberfläche})$$

a) **Windkraft für eine frei flatternde Flagge:**

Bezugsfläche:

$$A_{ref} = h \cdot l = 1{,}5 \cdot 2{,}5 = 3{,}75 \ \text{m}^2$$

Kraftbeiwert:

$$c_f = 0,02 + 0,7 \cdot \frac{m_f}{\rho \cdot h} \cdot \left(\frac{A_{ref}}{h^2}\right)^{-1,25} = 0,02 + 0,7 \cdot \frac{0,115}{1,25 \cdot 1,5} \cdot \left(\frac{3,75}{1,5^2}\right)^{-1,25} = 0,043$$

Windkraft:

$$F_W = c_s\, c_d \cdot c_f \cdot q_p \cdot A_{ref} = 1,0 \cdot 0,043 \cdot 1,29 \cdot 3,75 = 0,21 \text{ kN}$$

Die Kraft wirkt in Flaggenebene.

b) **Windkraft für eine allseitig befestigte Flagge:**

Kraftbeiwert:

$$c_f = 1,8$$

Windkraft:

$$F_W = c_s\, c_d \cdot c_f \cdot q_p \cdot A_{ref} = 1,0 \cdot 1,8 \cdot 1,29 \cdot 3,75 = 8,71 \text{ kN}$$

Die Kraft wirkt senkrecht zur Flaggenebene.

5.4.16 Beispiel 16 – Winddrücke bei einer Halle mit L-förmigem Grundriss

(Kategorie B)
Für das Flachdach einer Halle mit L-förmigem Grundriss sind die Außendrücke für die Anströmrichtungen A und B zu ermitteln (Abb. 5.50).

Randbedingungen
- Windzone 3, Binnenland
- Höhe $h = 30$ m
- Ausbildung der Traufe mit Attika, $h_p/h = 0,025$ (d. h. $h_p = 0,75$ m)
- Der Böengeschwindigkeitsdruck ist mit dem Verfahren im Regelfall zu ermitteln.
- Das Gebäude ist nicht schwingungsanfällig.
- Das Gebäude ist luftdicht, d. h. es ist kein Innendruck anzusetzen.

Draufsicht

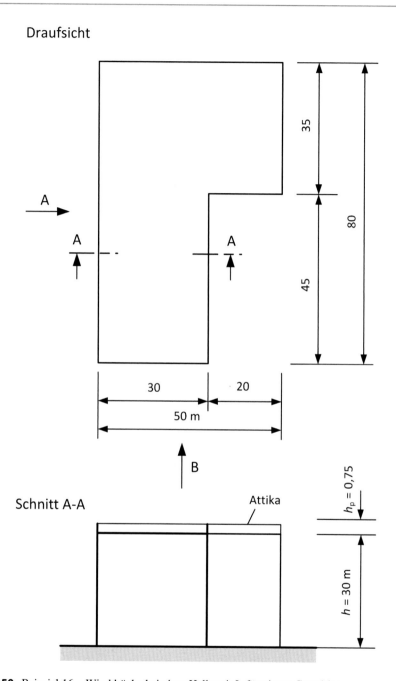

Abb. 5.50 Beispiel 16 – Winddrücke bei einer Halle mit L-förmigem Grundriss

Besonderheit

Die Norm (DIN EN 1991-1-4) enthält keine Angaben zu aerodynamischen Druckbeiwerten für Baukörper mit L-förmigem Grundriss. Die dort angegebenen Druckbeiwerte für Flachdächer gelten streng genommen nur für Baukörper mit rechteckigem Grundriss. Auch in anderen Normen wie z. B. der schweizerischen SIA 261 [10] oder der internationalen ISO 4354 [11] finden sich keine Angaben zu Baukörpern mit anderen Grundrissformen.

In der Praxis kommen allerdings häufig andere als rechteckige Grundrissformen vor, so dass hier ein ingenieurmäßiges Vorgehen erforderlich ist. Dazu wird im vorliegenden Beispiel die L-förmige Dachfläche in zwei rechteckige Teilflächen aufgeteilt.

Lösung

Böengeschwindigkeitsdruck:

$$q_p = 1{,}7 \cdot q_b \cdot (z/10)^{0{,}37} = 1{,}7 \cdot 0{,}47 \cdot (30{,}75/10)^{0{,}37} = 1{,}21 \ \text{kN/m}^2$$

mit:

$$q_b = 0{,}47 \ \text{kN/m}^2 \ (\text{Windzone 3})$$

$$z = z_e = h_p + h = 0{,}75 + 30{,}0 = 30{,}75 \ \text{m}$$

Anströmrichtung A

Die Anströmrichtung A beschreibt die Anströmung auf die Längsseite der Halle. Abmessung des Baukörpers quer zur Anströmrichtung:

$$b = 80 \ \text{m}$$

Einteilung der Dachfläche in Bereiche:
   Hilfswert e:

$$e = b = 80 \ \text{m bzw. } e = 2 \, h = 2 \cdot 30$$
$$= 60 \ \text{m (der kleinere Wert ist maßgebend; hier : } e = 60 \ \text{m)}$$

Abmessungen der Bereiche:

- Tiefe der Bereiche F und G: $e/10 = 60/10 = 6{,}0 \ \text{m}$
- Breite Bereich F: $e/4 = 60/4 = 15 \ \text{m}$
- Grenze zwischen den Bereichen H und I: $e/2 = 60/2 = 30 \ \text{m}$

Winddrücke:

Für die Ermittlung der Winddrücke werden hier die $c_{pe,10}$-Werte verwendet (Annahme: Lasteinzugsflächen > 10 m²). Die Winddrücke werden tabellarisch berechnet, siehe folgende Tabelle.

Bereich	$c_{pe,10}$ (−)	w_e (kN/m²)	Bemerkung
F	−1,6	(−1,6) · 1,21 = −1,94	Sog
G	−1,1	(−1,1) · 1,21 = −1,33	Sog
H	−0,7	(−0,7) · 1,21 = −0,85	Sog
I	−0,6	(−0,6) · 1,21 = −0,73	Sog
	+0,2	0,2 · 1,21 = +0,24	Druck

Es sind zwei Lastfälle zu untersuchen:

- LF 1: F und G: Sog + H: Sog + I: Sog
- LF 2: F und G: Sog + H: Sog + I: Druck

Einteilung der Bereiche und Winddrücke siehe Abb. 5.51.

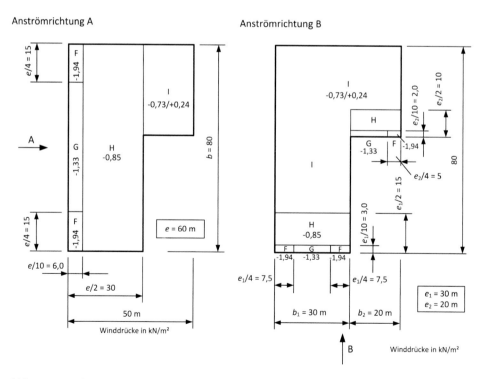

Abb. 5.51 Beispiel 16 – Halle mit L-förmigem Grundriss; hier: Einteilung der Bereiche und Winddrücke für die verschiedenen Anströmrichtungen

Anströmrichtung B

Die Anströmrichtung B beschreibt eine Anströmung auf die Schmalseite der Halle. An den luvwärtigen Dachrändern sind jeweils die Bereiche F (Eckbereiche) und G (Randbereiche) einzuteilen.

Vorderer Teil der Dachfläche:

$$b_1 = 30 \text{ m}$$

$$e_1 = b_1 = 30 \text{ m bzw.} e_1 = 2\,h = 2 \cdot 30$$
$$= 60 \text{ m (der kleinere Wert ist maßgebend; hier } e = 30 \text{ m)}$$

Im vorderen Teil der Dachfläche sind zwei Eckbereiche F mit dazwischen liegendem Randbereich G anzuordnen.

- Tiefe Bereiche F und G: $e_1/10 = 30/10 = 3{,}0$ m
- Breite Bereich F: $e_1/4 = 30/4 = 7{,}5$ m
- Grenze zwischen den Bereichen H und I: $e_1/2 = 30/2 = 15$ m

Hinterer Teil der Dachfläche:

$$b_2 = 20 \text{ m}$$

$$e = b_2 = 20 \text{ m}$$

Abmessungen der Bereiche:

- Tiefe Bereiche F und G: $e_2/10 = 20/10 = 2{,}0$ m
- Breite Bereich F: $e_2/4 = 20/4 = 5{,}0$ m
- Grenze zwischen den Bereichen H und I: $e_2/2 = 20/2 = 10$ m

Im hinteren Teil der Dachfläche ist nur ein Eckbereich F an der Außenecke vorhanden. An der Innenecke des Gebäudes wird kein Bereich F angeordnet. Grund: Erhöhte Windsoglasten wie in den Bereichen F treten nur auf, wenn die Anströmung über Eck auf eine Außenecke wirken kann. Bei einer Innenecke ist diese Voraussetzung nicht gegeben. Hier wird daher nur der Bereich G angeordnet.

Die Winddrücke entsprechen denen der Anströmrichtung A, siehe oben. Einteilung der Bereiche und Winddrücke siehe Abb. 5.51.

Die Ermittlung der Winddrücke für die beiden anderen Anströmrichtungen erfolgt analog.

5.4.17 Beispiel 17 – Winddrücke bei einem Sheddach einer Industriehalle

(Kategorie B)

Für das Sheddach sowie die Wandflächen einer Industriehalle sind die Winddrücke zu ermitteln (Abb. 5.52).

Randbedingungen

- Windzone 3, Küste
- Höhe $h = 10$ m
- Grundriss-Abmessungen: 60 m × 50 m
- Der Böengeschwindigkeitsdruck ist mit dem Verfahren im Regelfall zu bestimmen.
- Das Gebäude ist nicht schwingungsanfällig.
- Das Gebäude ist luftdicht, d. h. es ist kein Innendruck anzusetzen.

Lösung

Böengeschwindigkeitsdruck:

$$q_p = 2{,}3 \cdot q_b \cdot (z/10)^{0{,}27} = 2{,}3 \cdot 0{,}47 \cdot (10/10)^{0{,}27} = 1{,}08 \text{ kN/m}^2$$

mit: $z = z_e = h = 10$ m (Bezugshöhe)
$q_b = 0{,}47 \text{ kN/m}^2$ (Windzone 3)

1. **Winddrücke auf dem Dach:**

Allgemeines:

Bei Sheddächern werden die Außendruckbeiwerte aus den Druckbeiwerten für Pultdächer abgeleitet und wie folgt angepasst (Abb. 5.53):

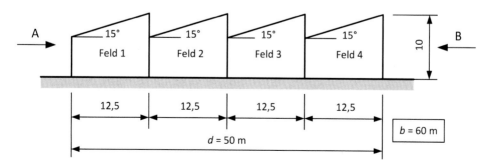

Abb. 5.52 Beispiel 17 – Winddrücke bei einer Industriehalle mit Sheddach

a) Sheddach: Anströmrichtung auf hohe Traufe
(Hinweis: es gelten die Druckbeiwerte für Pultdächer für $\theta = 0°$)

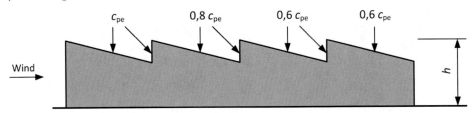

b) Sheddach: Anströmrichtung auf niedrige Traufe
(Hinweis: es gelten die Druckbeiwerte für Pultdächer für $\theta = 180°$)

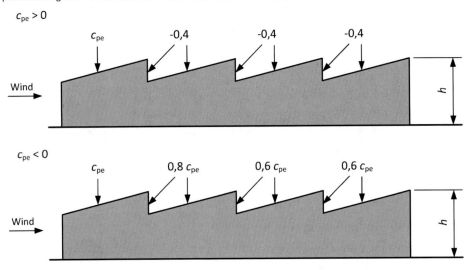

Für die Konfiguration b) müssen abhängig vom Vorzeichen des Druckbeiwertes c_{pe} der ersten Dachfläche, zwei Fälle untersucht werden.

Bei einer Anströmrichtung parallel zu den Firsten sind die c_{pe}-Werte für Pultdächer für $\theta = 90°$ zu verwenden.

Abb. 5.53 Außendruckbeiwerte bei Sheddächern (in Anlehnung an DIN EN 1991-1-4, Abb. 7.10)

- Bei Anströmrichtung auf die hohe Traufe sind auf der luvseitigen Dachfläche und der lotrechten Fläche (Fensterband) die gleichen Druckbeiwerte wie bei einem Pultdach mit gleicher Dachneigung anzunehmen. Im zweiten Feld ergeben sich die Druckbeiwerte, indem die Druckbeiwerte des Pultdachs mit dem Faktor 0,8 verringert werden. In den weiteren Feldern bis zum leeseitigen Feld ergeben sich die Druckbeiwerte, indem die Werte für Pultdächer mit dem Faktor 0,6 multipliziert werden.
- Bei Anströmung auf die niedrige Traufe gelten folgende Regeln:

– Im ersten Feld sind auf der Dachfläche die Außendruckbeiwerte wie für ein Pultdach mit gleicher Dachneigung anzunehmen.
– Für die weiteren Felder (Nr. 2 bis n) ist eine Fallunterscheidung vorzunehmen:
  • Sofern der Außendruckbeiwert auf der luvseitigen Dachfläche $c_{pe} > 0$ ist, sind die Druckbeiwerte auf allen folgenden Dach- und Steilflächen (Felder Nr. 2 bis n) aus den Außendruckbeiwerten für Pultdächer zu verwenden und jeweils mit dem Faktor $(-0,4)$ zu multiplizieren.
  • Sofern der Außendruckbeiwert auf der luvseitigen Dachfläche $c_{pe} < 0$ ist, sind im zweiten Feld die 0,8fachen Druckbeiwerte für Pultdächer und in den weiteren Feldern (Nr. 3 bis n) die 0,6fachen Druckbeiwerte für Pultdächer zu verwenden.

Anströmrichtung A: ($\theta = 0°$)
Es liegt die Situation b) nach DIN EN 1991-1-4, Abb. 7.10 vor, d. h. die Anströmrichtung erfolgt auf die niedrige Traufe (Abb. 5.53).

Hilfswert e:

$$e = b = 60 \text{ m bzw.} e = 2h = 2 \cdot 10$$
$$= 20 \text{ m (der kleinere Wert ist maßgebend; hier : } e = 20 \text{ m)}$$

Abmessungen der Bereiche:

• Tiefe Bereiche F und G: $e/10 = 20/10 = 2,0$ m
• Breite Bereich F: $e/4 = 20/4 = 5,0$ m

Die Bereiche F und G befinden sich nur im Feld 1 (luvwärtige Dachfläche). Im Feld 1 liegt außerdem noch der Bereich H. In den Feldern 2 bis 4 ist nur der Bereich H anzunehmen.
Winddrücke:
Die Winddrücke werden tabellarisch ermittelt; siehe folgende Tabelle.

Feld	Fallunter-scheidung	Bereich	$c_{pe,10}$ (Pultdach) $(-)$	w_e (kN/m²)	Bemerkung
1 (Luv)	Nicht erforderlich, da im Feld 1 die c_{pe}-Werte für Pultdächer unverändert übernommen werden	F	$-0,9$	$(-0,9) \cdot 1,08 = -0,97$	Sog
			$+0,2$	$0,2 \cdot 1,08 = +0,22$	Druck
		G	$-0,8$	$(-0,8) \cdot 1,08 = -0,86$	Sog
			$+0,2$	$0,2 \cdot 1,08 = +0,22$	Druck
		H	$-0,3$	$(-0,3) \cdot 1,08 = -0,32$	Sog
			$+0,2$	$0,2 \cdot 1,08 = +0,22$	Druck
2	$c_{pe,Feld1} = -0,3$ < 0: $0,8 \cdot c_{pe}$	H	$0,8 \cdot (-0,3) = -0,24$	$(-0,24) \cdot 1,08 = -0,26$	Sog

(Fortsetzung)

Feld	Fallunter-scheidung	Bereich	$c_{pe,10}$ (Pultdach) (−)	w_e (kN/m²)	Bemerkung
	$c_{pe,Feld1} = +0,2$ > 0: −0,4	H	−0,4	$(−0,40) \cdot 1,08 = −0,43$	Sog
3	$c_{pe,Feld1} = −0,3$ < 0: $0,6 \cdot c_{pe}$	H	$0,6 \cdot (−0,3) =$ −0,18	$(−0,18) \cdot 1,08 = −0,19$	Sog
	$c_{pe,Feld1} = +0,2$ > 0: −0,4	H	−0,4	$(−0,40) \cdot 1,08 = −0,43$	Sog
4 (Lee)	$c_{pe,Feld1} = −0,3$ < 0: $0,6 \cdot c_{pe}$	H	$0,6 \cdot (−0,3) =$ −0,18	$(−0,18) \cdot 1,08 = −0,19$	Sog
	$c_{pe,Feld1} = +0,2$ > 0: −0,4	H	−0,4	$(−0,40) \cdot 1,08 = −0,43$	Sog

Es sind folgende Lastfälle zu untersuchen:

- LF 1: Feld 1: Sog + Felder 2 bis 4: Sog
- LF 2: Feld 1 Druck + Felder 2 bis 4: Sog

Anströmrichtung B: ($\theta = 180°$)
Es liegt die Situation a) nach DIN EN 1991-1-4, Abb. 7.10 vor, d. h. die Anströmrichtung erfolgt auf die hohe Traufe (Abb. 5.53).

Hilfswert $e = 20$ m (s. o.); Abmessungen der Bereiche wie bei Anströmrichtung A (s. o.).
Winddrücke:
Die Winddrücke werden tabellarisch ermittelt; siehe folgende Tabelle.

Feld	Bereich	$c_{pe,10}$ (−)	w_e (kN/m²)	Bemerkung
4 (Luv)	F	−2,5	$(−2,5) \cdot 1,08 = −2,70$	Sog
	G	−1,3	$(−1,3) \cdot 1,08 = −1,40$	Sog
	H	−0,9	$(−0,9) \cdot 1,08 = −0,97$	Sog
3	H	$0,8 \cdot (−0,9) = −0,72$	$(−0,72) \cdot 1,08 = −0,78$	Sog
2 und 1 (Lee)	H	$0,6 \cdot (−0,9) = −0,54$	$(−0,54) \cdot 1,08 = −0,58$	Sog

Es ist nur ein Lastfall zu untersuchen, d. h. auf allen Feldern herrscht Sog.
Die Winddrücke sind in Abb. 5.54 dargestellt.

Anströmrichtung A

LF 1

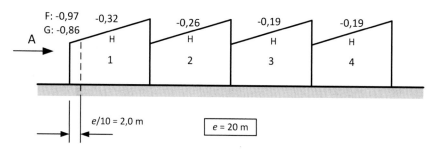

LF 2

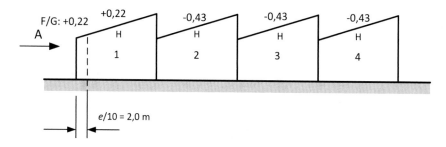

Anströmrichtung B

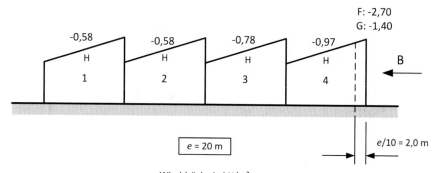

Winddrücke in kN/m²
positive Werte: Druck / negative Werte: Sog

Abb. 5.54 Beispiel 17 – Winddrücke auf dem Sheddach einer Industriehalle

2. **Winddrücke an den Wandflächen:**

Die Außendruckbeiwerte der Wände hängen vom Verhältnis h/d ab:

$$h/d = 10/50 = 0,2 < 0,25.$$

Es sind die tabellierten Außendruckbeiwerte für $h/d = 0{,}25$ zu verwenden.

Eine Staffelung des Geschwindigkeitsdrucks bei Wandfläche D wird nicht vorgenommen.

Hilfswert e:

$$e = 20 \text{ m (wie Dachfläche)}$$

Abmessungen der Bereiche:

- Breite des Bereichs A: $e/5 = 20/5 = 4{,}0$ m
- Grenze zwischen den Bereichen B und C: $e = 20$ m

Winddrücke:

Die Winddrücke werden tabellarisch ermittelt, siehe folgende Tabelle.

Bereich	$c_{pe,10}$ (−)	w_e (kN/m^2)	Bemerkung
A	−1,2	$(-1{,}2) \cdot 1{,}08 = -1{,}30$	Sog
B	−0,8	$(-0{,}8) \cdot 1{,}08 = -0{,}86$	Sog
C	−0,5	$(-0{,}5) \cdot 1{,}08 = -0{,}54$	Sog
D	+0,7	$0{,}7 \cdot 1{,}08 = +0{,}76$	Druck
E	−0,3	$(-0{,}3) \cdot 1{,}08 = -0{,}33$	Sog

Die Winddrücke an den windparallelen Wänden können auf beiden Seiten gleichzeitig sowie einseitig auftreten, d. h. es sind zwei Lastfälle zu untersuchen. Darstellung der Winddrücke für die Wandflächen siehe Abb. 5.55.

5.4.18 Beispiel 18 – Strukturbeiwert für ein schwingungsanfälliges Hochhaus

(Kategorie B)

Für ein Hochhaus in Massivbauweise ist der Strukturbeiwert zu berechnen (Abb. 5.56).

Randbedingungen
- Windzone 4, Küste
- Höhe $h = 256{,}5$ m
- Breite $b = 41$ m, Tiefe $d = 41$ m
- Eine Erhöhung der Windgeschwindigkeit aufgrund exponierter Lage ist nicht erforderlich

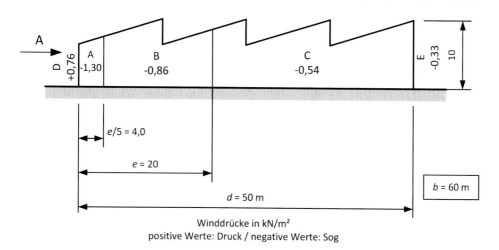

Winddrücke in kN/m²
positive Werte: Druck / negative Werte: Sog

Abb. 5.55 Beispiel 17 – Winddrücke an den Wandflächen einer Industriehalle; hier exemplarisch dargestellt für die Anströmrichtung A

Abb. 5.56 Beispiel 18 – Berechnung des Strukturbeiwerts für ein Hochhaus

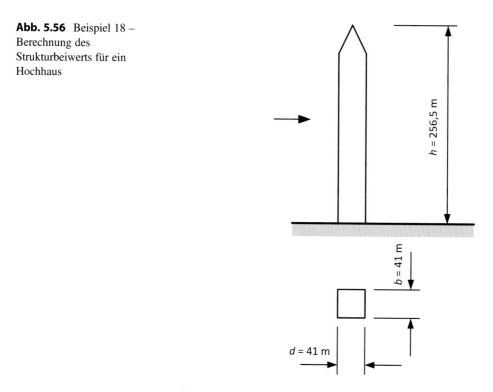

Lösung

Der Strukturbeiwert $c_s \cdot c_d$ berechnet sich nach DIN EN 1991-1-4, Anhang B.2 i. V. mit DIN EN 1991-1-4/NA, Anhang NA.C.

Eigenfrequenz:

$$n_1 = 46/h = 46/256{,}5 = 0{,}18 \text{ s}^{-1}$$

Bezugshöhe:

$$z = 0{,}6 \cdot h = 0{,}6 \cdot 256{,}5 = 153{,}9 \text{ m}$$

Integrallängenmaß der Turbulenz:

$$L(z) = 300 \cdot \left(\frac{z}{300}\right)^{\varepsilon} = 300 \cdot \left(\frac{153{,}9}{300}\right)^{0{,}1502} = 271{,}4 \text{ m (für } z_{min} < z \leq 300 \text{ m)}$$

mit:

$$\varepsilon = \left(\frac{1}{2000 \cdot z}\right)^{0{,}15} = \left(\frac{1}{2000 \cdot 153{,}9}\right)^{0{,}15} = 0{,}1502 \text{ (für Mischprofil Küste)}$$

Dimensionslose Frequenz:

$$f_{\text{L}} = \frac{n \cdot L(z)}{v_{\text{m}}(z)} = \frac{0{,}18 \cdot 271{,}4}{49{,}1} = 0{,}995$$

mit:

$$v_{\text{m}}(z) = 1{,}18 \cdot v_{\text{b}} \cdot \left(\frac{z}{10}\right)^{0{,}12} = 1{,}18 \cdot 30{,}0 \cdot \left(\frac{153{,}9}{10}\right)^{0{,}12} = 49{,}1 \text{ m/s (für Windzone 4)}$$

$$v_{\text{b}} = 30{,}0 \text{ m/s (Basiswindgeschwindigkeit in Windzone 4)}$$

Spektrale Dichtefunktion:

$$S_{\text{L}}(z,n) = \frac{6{,}8 \cdot f_{\text{L}}(z,n)}{(1 + 10{,}2 \cdot f_{\text{L}}(z,n))^{5/3}} = \frac{6{,}8 \cdot 0{,}995}{(1 + 10{,}2 \cdot 0{,}995)^{5/3}} = 0{,}122$$

Böengrundanteil:

$$B^2 = \frac{1}{1 + 0{,}9 \cdot \left(\frac{b+h}{L(z)}\right)^{0{,}63}} = \frac{1}{1 + 0{,}9 \cdot \left(\frac{41+256{,}5}{271{,}4}\right)^{0{,}63}} = 0{,}512$$

Logarithmisches Dämpfungsdekrement:
Für Gebäude in Massivbauweise darf folgender Wert angenommen werden:

$$\delta = 0,10$$

Resonanzanteil:

$$R^2 = \frac{\pi^2}{2 \cdot \delta} \cdot S_L(z,n) \cdot R_h(\eta_h) \cdot R_b(\eta_b) = \frac{\pi^2}{2 \cdot 0,10} \cdot 0,122 \cdot 0,204 \cdot 0,664 = 0,815$$

mit:

$$R_h = \frac{1}{\eta_h} - \frac{1}{2 \cdot \eta_h^2} \cdot \left(1 - e^{-2\eta_h}\right) = \frac{1}{4,326} - \frac{1}{2 \cdot 4,326^2} \cdot \left(1 - e^{-2 \cdot 4,326}\right) = 0,204$$

$$\eta_h = \frac{4,6 \cdot h}{L(z)} \cdot f_L(z,n) = \frac{4,6 \cdot 256,5}{271,4} \cdot 0,995 = 4,326$$

$$R_b = \frac{1}{\eta_b} - \frac{1}{2 \cdot \eta_b^2} \cdot \left(1 - e^{-2\eta_b}\right) = \frac{1}{0,691} - \frac{1}{2 \cdot 0,691^2} \cdot \left(1 - e^{-2 \cdot 0,691}\right) = 0,664$$

$$\eta_b = \frac{4,6 \cdot b}{L(z)} \cdot f_L(z,n) = \frac{4,6 \cdot 41}{271,4} \cdot 0,995 = 0,691$$

Spitzenbeiwert:

$$k_p = \max \begin{cases} \sqrt{2 \cdot \ln(\nu \cdot T)} + \dfrac{0,6}{\sqrt{2 \cdot \ln(\nu \cdot T)}} = \sqrt{2 \cdot \ln(0,141 \cdot 600)} + \dfrac{0,6}{\sqrt{2 \cdot \ln(0,141 \cdot 600)}} = 3,181 \\ 3 \end{cases}$$

der größere Wert ist maßgebend; hier: $k_p = 3,181$
mit:

$$\nu = n_{1,x} \cdot \sqrt{\frac{R^2}{B^2 + R^2}} = 0,18 \cdot \sqrt{\frac{0,815}{0,512 + 0,815}} = 0,141 \text{ s}^{-1} > 0,08 \text{ s}^{-1}$$

Turbulenzintensität:

$$I_v(z) = 0,14 \cdot \left(\frac{z}{10}\right)^{-0,12} = 0,14 \cdot \left(\frac{153,9}{10}\right)^{-0,12} = 0,101 \text{ (für Küste)}$$

Strukturbeiwert:

$$c_s \cdot c_d = \frac{1 + 2 \cdot k_p \cdot I_v(z) \cdot \sqrt{B^2 + R^2}}{1 + 6 \cdot I_v(z)} = \frac{1 + 2 \cdot 3{,}181 \cdot 0{,}101 \cdot \sqrt{0{,}512 + 0{,}815}}{1 + 6 \cdot 0{,}101} = 1{,}084$$

Der Strukturbeiwert für das betrachtete Gebäude ist mit 1,084 anzunehmen, d. h. Windkräfte müssen um diesen Faktor erhöht werden, damit die Schwingungsanfälligkeit berücksichtigt wird.

5.4.19 Beispiel 19 – Windeinwirkungen bei einem schwingungsanfälligen Schornstein

(Kategorie C)
Für einen Stahl-Schornstein mit kreisförmigem Querschnitt und einer Höhe von 50 m sind die Windeinwirkungen zu ermitteln (Abb. 5.57).

Randbedingungen
- Windzone 1, Binnenland
- Keine exponierte Lage, d. h. Topografiebeiwert $c_f = 1{,}0$
- Höhe über NN < 800 m, d. h. keine Erhöhung des Böengeschwindigkeitsdrucks.

Im Einzelnen sind folgende Punkte zu bearbeiten.

1. **Abschnittsweise Berechnung der statischen Windlasten (Windkräfte):**
   Für die Bauwerksabschnitte 1 bis 10 (Abschnitt 1 => Höhe über Grund 0 m bis 5 m; 2 => 5 m bis 10 m; ... ; Abschnitt 10 => 45 m bis 50 m) sind die statischen Windkräfte $F_{W,stat}$ (ohne Erhöhung durch den Strukturbeiwert) zu ermitteln.
   Randbedingungen:
   - Die Windkräfte greifen jeweils in den Knoten am oberen Ende des betrachteten Abschnittes an.
   - Die Windkräfte sind für den Böengeschwindigkeitsdruck $q_p(z)$ für die jeweilige Bezugshöhe des betrachteten Abschnitts zu berechnen. Der Böengeschwindigkeitsdruck ist mit dem Verfahren im Regelfall zu bestimmen.
   - Äquivalente Rauigkeit der Oberfläche des Schornsteins $k = 0{,}10$ mm.
   - Außendurchmesser des Schornsteins $b = d_e = 1250$ mm (Ansichtsbreite).
   - Die Reynoldszahl Re ist separat für jeden Abschnitt mit der Böengeschwindigkeit v_p für die jeweilige Bezugshöhe (OK Abschnitt) und einer kinematischen Zähigkeit der Luft von $\nu = 1{,}5 \times 10^{-5}$ m²/s zu berechnen.

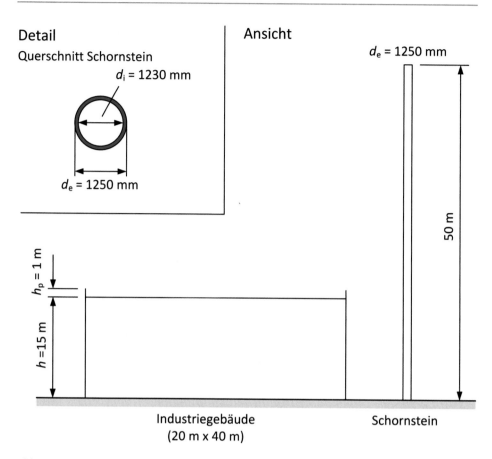

Abb. 5.57 Beispiel 19 – Windeinwirkungen bei einem schwingungsanfälligen Schornstein

- Der Grundkraftbeiwert $c_{f,0}$ ist in Abhängigkeit von *Re* und k/b zu bestimmen.
- Die effektive Schlankheit ist für einen Kreiszylinder ($l = 50$ m) zu ermitteln.
- Eine Abschattung des Schornsteins durch die benachbarte Halle ist nicht anzusetzen.
- Innendruck ist nicht anzusetzen.
- Die Berechnung ist tabellarisch vorzunehmen.

2. **Berechnung des Strukturbeiwertes:**

   Für den Stahl-Schornstein ist der Strukturbeiwert zu berechnen.

   Randbedingungen:

   - Für die Berechnung der Eigenfrequenz darf vereinfachend angenommen werden, dass es sich um einen Kragträger mit Massenschwerpunkt am Kragarmende handelt, d. h. die gesamte Masse befindet sich konzentriert an der Spitze.

     Eigenfrequenz: $n_1 = 1/(2\,\pi) \times (g/x_1)^{0,5}$

     mit: $x_1 =$ Kopfpunktverschiebung unter Eigenlast in Schwingungsrichtung, $g = 9{,}81$ m/s^2 (Erdbeschleunigung).

- Außendurchmesser: $d_e = 1250$ mm
- Innendurchmesser: $d_i = 1230$ mm
- Wandstärke des Stahlrohrs: 10 mm
- Wichte Stahl: 78,5 kN/m³
- Trägheitsmoment: $I_y = I_z = \pi/4\ (r_e{}^4 - r_i{}^4)$
  mit: $r_e = 1250/2 = 625$ mm (Außenradius), $r_i = 1230/2 = 615$ mm (Innenradius)
- Die Kopfpunktverschiebung ist mit den Verfahren der Baustatik für einen Kragträger zu berechnen. Die Eigenlast ist in diesem Fall als gleichmäßig verteilte Streckenlast in Windrichtung anzusetzen.
- Mischprofil Binnenland (s. o.).

3. **Abschnittsweise Berechnung der mit dem Strukturbeiwert erhöhten Windkräfte:**
   Für die Abschnitte 1 bis 10 sind die mit dem Strukturbeiwert erhöhten Windkräfte zu berechnen (d. h. die Werte aus Punkt 1 sind jeweils mit $c_s\,c_d$ zu multiplizieren).
   Dabei werden folgende Vereinfachungen getroffen:
   - Bezugshöhe für die Ermittlung des Strukturbeiwerts: $z_s = 0{,}6$ x h.
   - Der Strukturbeiwert ist konstant für alle Abschnitte.

4. **Ermittlung der Winddrücke:**
   Für den kreiszylindrischen Schornstein ist die statische Winddruckverteilung (ohne Erhöhung mit dem Strukturbeiwert) zu ermitteln und darzustellen.
   Randbedingungen:
   - Winddruckverteilung für die Bezugshöhe $z = 50$ m.
   - Die Winddrücke sind für 0°, 30°, 60°, 90°, 120°, 150° und 180° mit dem jeweils zugehörigen Kraftbeiwert und einem Böengeschwindigkeitsdruck von $z = 50$ m (Spitze des Schornsteins) zu berechnen.
   - Reynoldszahl: Vereinfachend und auf der sicheren Seite liegend ist $Re = 5$ x 10^5 anzunehmen.

5. **Wirbelerregte Querschwingungen (Karman'sche Wirbel):**
   Es ist zu prüfen, ob wirbelerregte Querschwingungen zu untersuchen sind. Im Einzelnen sind zu bearbeiten:
   a) Berechnung der mittleren Windgeschwindigkeit v_m
      Randbedingung: v_m ist für die Bezugshöhe $z = 6 \times b$ zu berechnen (b = Ansichtsbreite des Kreiszylinders, d. h. $b = 1250$ mm).
   b) Berechnung der kritischen Windgeschwindigkeit v_{crit}.
      Randbedingungen: v_{crit} ist für die in Punkt 2 berechnete Eigenfrequenz zu ermitteln. Strouhalzahl $St = 0{,}18$.
   c) Überprüfung, ob wirbelerregte Querschwingungen zu untersuchen sind (Überprüfung der Bedingungen a) $h/b \le 6$ und $v_{crit} > 1{,}25 \times v_m$; in diesen Fällen ist eine Untersuchung wirbelerregter Querschwingungen nicht erforderlich).
   d) Durch welche konstruktive Maßnahme können Wirbelablösungen vermieden werden? Kurze Beschreibung und Skizze.

Lösung

Zu 1: Abschnittsweise Berechnung der statischen Windlasten (Windkräfte):

Für die abschnittsweise Berechnung der statischen Windlasten werden die nachfolgend angegebenen Gleichungen und Werte benötigt.

Basiswindgeschwindigkeit:

$$v_{b,0} = v_b = 22{,}5 \text{ m/s (Windzone 1)}$$

Mittlere Windgeschwindigkeit (Binnenland):

$$v_m(z) = 0{,}79 \cdot v_b \qquad \text{für } z \leq z_{min} = 7{,}0 \text{ m}$$
$$v_m(z) = 0{,}86 \cdot v_b \cdot (z/10)0{,}25 \qquad \text{für } z_{min} < z \leq 50 \text{ m}$$

Böengeschwindigkeit:

$$v_p(z) = 1{,}23 \cdot v_b \qquad \text{für } z \leq z_{min} = 7{,}0 \text{ m}$$
$$v_p(z) = 1{,}31 \cdot v_b \cdot (z/10)^{0{,}185} \qquad \text{für } z_{min} < z \leq 50 \text{ m}$$

Höhenabhängiger Geschwindigkeitsdruck im Regelfall:

$$q_p(z) = 1{,}5 \cdot q_b \qquad \text{für } z \leq z_{min} = 7{,}0 \text{ m}$$
$$q_p(z) = 1{,}7 \, q_b \cdot (z/10)^{0{,}37} \qquad \text{für } z_{min} < z \leq 50 \text{ m}$$

Reynoldszahl:

$$\text{Re} = \frac{v_p(z) \cdot b}{\nu}$$

Kraftbeiwert Kreiszylinder:

$$c_f = c_{f,0} \cdot \Psi_\lambda$$

- Grundkraftbeiwert $c_{f,0}$:

$$c_{f,0} = 1{,}2 + \frac{0{,}18 \cdot \log\left(10 \cdot k/b\right)}{1 + 0{,}4 \cdot \log\left(\text{Re}/10^6\right)}$$

- Abminderungsfaktor zur Berücksichtigung der Schlankheit:

$$\lambda(l = 50 \text{ m}) = \min \begin{cases} 0{,}7 \cdot l/b = 0{,}7 \cdot 50/1{,}25 = 28 & \text{(maßg.)} \\ 70 \end{cases}$$

- Nach Diagramm ergibt sich (s. Abb. 5.26): $\Psi_\lambda = 0,81$

Windkraft:

$$F_{W,stat} = c_f \cdot q_p(z) \cdot A_{ref}$$

mit : $A_{ref} = b \cdot l = 1,25 \cdot 5,0 = 6,25 \text{ m}^2$ (Bezugsfläche eines Abschnitts)

Die Berechnung der statischen Windkräfte erfolgt tabellarisch und wird nachfolgend exemplarisch für den untersten Abschnitt (Abschnitt Nr. 1) und obersten Abschnitt (Abschnitt Nr. 10) gezeigt.

Abschnitt Nr. 1:
Bezugshöhe: $z = 5$ m

$$q_p(z = 5) = 1,5 \cdot 0,32 = 0,48 \text{ kN/m}^2$$

$$v_p(z = 5) = 1,23 \cdot 22,5 = 27,68 \text{ m/s}$$

$$\text{Re} = \frac{v_p(z) \cdot b}{\nu} = \frac{27,68 \cdot 1,25}{1,5 \cdot 10^{-5}} = 2,307 \cdot 10^6$$

$$c_{f,0} = 1,2 + \frac{0,18 \cdot \log(10 \cdot k/b)}{1 + 0,4 \cdot \log(\text{Re}/10^6)} = 1,2 + \frac{0,18 \cdot \log(10 \cdot 0,10/1250)}{1 + 0,4 \cdot \log(2,307 \cdot 10^6/10^6)} = 0,71$$

$$c_f = c_{f,0} \cdot \Psi_\lambda = 0,71 \cdot 0,81 = 0,575$$

$$F_{W,stat} = c_f \cdot q_p(z) \cdot A_{ref} = 0,575 \cdot 0,48 \cdot 6,25 = 1,73 \text{ kN}$$

Abschnitt Nr. 10:
Bezugshöhe: $z = 50$ m

$$q_p(z = 50) = 1,7 \, q_b \cdot (z/10)^{0,37} = 1,7 \cdot 0,32 \cdot (50/10)^{0,37} = 0,987 \text{ kN/m}^2$$

$$v_p(z = 50) = 1{,}31 \cdot v_b \cdot (z/10)^{0{,}185} = 1{,}31 \cdot 22{,}5 \cdot (50/10)0{,}185 = 39{,}70 \text{ m/s}$$

$$\text{Re} = \frac{v_p(z) \cdot b}{\nu} = \frac{39{,}70 \cdot 1{,}25}{1{,}5 \cdot 10^{-5}} = 3{,}308 \cdot 10^6$$

$$c_{f,0} = 1{,}2 + \frac{0{,}18 \cdot \log(10 \cdot k/b)}{1 + 0{,}4 \cdot \log(\text{Re}/10^6)} = 1{,}2 + \frac{0{,}18 \cdot \log(10 \cdot 0{,}10/1250)}{1 + 0{,}4 \cdot \log(3{,}308 \cdot 10^6/10^6)} = 0{,}74$$

$$c_f = c_{f,0} \cdot \Psi_\lambda = 0{,}74 \cdot 0{,}81 = 0{,}599$$

$$F_{W,stat} = c_f \cdot q_p(z) \cdot A_{ref} = 0{,}599 \cdot 0{,}987 \cdot 6{,}25 = 3{,}70 \text{ kN}$$

Die Windkräfte in den weiteren Abschnitten werden mit Excel berechnet und sind in der folgenden Tabelle zusammengestellt. Aufgrund der Berechnung mit Excel kann es zu geringen Abweichungen gegenüber einer Handrechnung mit dem Taschenrechner kommen. Die Windkräfte greifen jeweils am oberen Ende des jeweiligen Abschnittes an.

Abschnitt	z	v_m	v_p	Re x 10^6	$c_{f,0}$	Ψ	c_f	q_p	$F_{W,stat}$
	(m)	(m/s)	(m/s)	(-)	(-)	(-)	(-)	(kN/m²)	(kN)
1	5	17,78	27,68	2,306	0,713	0,81	0,578	0,48	1,73
2	10	19,35	29,48	2,456	0,718	0,81	0,581	0,54	1,98
3	15	21,41	31,77	2,648	0,723	0,81	0,586	0,63	2,31
4	20	23,01	33,51	2,792	0,727	0,81	0,589	0,70	2,59
5	25	24,33	34,92	2,910	0,730	0,81	0,591	0,76	2,82
6	30	25,47	36,12	3,010	0,732	0,81	0,593	0,82	3,03
7	35	26,47	37,16	3,097	0,734	0,81	0,595	0,86	3,21
8	40	27,37	38,09	3,174	0,736	0,81	0,596	0,91	3,38
9	45	28,18	38,93	3,244	0,737	0,81	0,597	0,95	3,54
10	50	28,93	39,70	3,308	0,738	0,81	0,598	0,99	3,69

Zu 2: Berechnung des Strukturbeiwertes

Bezugshöhe: $z_s = z = 0{,}6 \cdot h = 0{,}6 \cdot 50 = 30$ m

Eigenfrequenz:

$$n_1 = \frac{1}{2 \cdot \pi} \cdot \sqrt{\frac{g}{x_1}} = \frac{1}{2 \cdot \pi} \cdot \sqrt{\frac{9{,}81}{1{,}519}} = 0{,}404 \text{ s}^{-1}$$

mit:
Kopfpunktverschiebung infolge Eigenlast angesetzt in Windrichtung:

$$x_1 = \frac{q \cdot l^4}{8EI} = \frac{3{,}058 \cdot 50^4}{8 \cdot 2{,}1 \cdot 10^8 \cdot 748{,}78 \cdot 10^{-5}} = 1{,}519 \text{ m}$$

$q = \pi \cdot \left(r_e^2 - r_i^2\right) \cdot \gamma_{Stahl} = \pi \cdot \left(0{,}625^2 - 0{,}615^2\right) \cdot 78{,}5 = 3{,}058 \text{ kN/m}$
(Eigenlast des Schornsteins)

$I_y = I_z = \frac{\pi}{4} \cdot \left(r_e^4 - r_i^4\right) = \frac{\pi}{4} \cdot \left(0{,}625^4 - 0{,}615^4\right) = 748{,}78 \cdot 10^{-5} \text{ m}^4$

$$g = 9{,}81 \text{ m/s}^2 (\text{Erdbeschleunigung})$$

Integrallängenmaß der Turbulenz:

$$L(z) = 300 \cdot \left(\frac{z}{300}\right)^\varepsilon = 300 \cdot \left(\frac{30}{300}\right)^{0{,}1396} = 143{,}7 \text{ m}$$

mit:
Beiwert für die Rauigkeit des Geländes; hier: Binnenland

$$\varepsilon = \left(\frac{1}{3000 \cdot z}\right)^{0{,}10} = \left(\frac{1}{3000 \cdot 143{,}7}\right)^{0{,}10} = 0{,}3196$$

Dimensionslose Frequenz:

$$f_L = \frac{n \cdot L(z)}{v_m(z)} = \frac{0{,}404 \cdot 143{,}7}{25{,}47} = 2{,}28$$

mit:
Mittlere Windgeschwindigkeit:

$$v_m(z = 30) = 0{,}86 \cdot v_b \cdot \left(\frac{z}{10}\right)^{0{,}25} = 0{,}86 \cdot 22{,}5 \cdot \left(\frac{30}{10}\right)^{0{,}25} = 25{,}47 \text{ m/s}$$

Dimensionslose spektrale Dichtefunktion:

$$S_L(z,n) = \frac{6{,}8 \cdot f_L(z,n)}{\left(1 + 10{,}2 \cdot f_L(z,n)\right)^{5/3}} = \frac{6{,}8 \cdot 2{,}28}{\left(1 + 10{,}2 \cdot 2{,}28\right)^{5/3}} = 0{,}076$$

Böengrundanteil:

$$B^2 = \frac{1}{1 + 0,9 \cdot \left(\frac{b+h}{L(z)}\right)^{0,63}} = \frac{1}{1 + 0,9 \cdot \left(\frac{1,25+50}{143,72}\right)^{0,63}} = 0,680$$

Resonanzanteil:

$$R^2 = \frac{\pi^2}{2 \cdot \delta} \cdot S_L(z, n) \cdot R_h(\eta_h) \cdot R_b(\eta_b) = \frac{\pi^2}{2 \cdot 0,012} \cdot 0,076 \cdot 0,237 \cdot 0,942 = 6,978$$

mit:

Logarithmisches Dämpfungsdekrement für geschweißte Stahlschornsteine ohne außenliegende Wärmedämmung (n. DIN EN 1991-1-4, Tab. F.2): $\delta = 0,012$

$$R_h = \frac{1}{\eta_h} - \frac{1}{2 \cdot \eta_h^2} \cdot \left(1 - e^{-2\eta_h}\right) = \frac{1}{3,649} - \frac{1}{2 \cdot 3,649^2} \cdot \left(1 - e^{-2 \cdot 3,649}\right) = 0,237$$

$$\eta_h = \frac{4,6 \cdot h}{L(z)} \cdot f_L(z, n) = \frac{4,6 \cdot 50}{143,72} \cdot 2,28 = 3,649$$

$$R_b = \frac{1}{\eta_b} - \frac{1}{2 \cdot \eta_b^2} \cdot \left(1 - e^{-2\eta_b}\right) = \frac{1}{0,091} - \frac{1}{2 \cdot 0,091^2} \cdot \left(1 - e^{-2 \cdot 0,091}\right) = 0,942$$

$$\eta_b = \frac{4,6 \cdot b}{L(z)} \cdot f_L(z, n) = \frac{4,6 \cdot 1,25}{143,72} \cdot 2,28 = 0,091$$

Spitzenbeiwert:

$$k_p = \max \begin{cases} \sqrt{2 \cdot \ln(\nu \cdot T)} + \dfrac{0,6}{\sqrt{2 \cdot \ln(\nu \cdot T)}} = \sqrt{2 \cdot \ln(0,386 \cdot 600)} + \dfrac{0,6}{\sqrt{2 \cdot \ln(0,386 \cdot 600)}} = 3,482 \\ 3 \end{cases}$$

der größere Wert ist maßgebend; hier: $k_p = 3,482$

mit:

$$\nu = n_{1,x} \cdot \sqrt{\frac{R^2}{B^2 + R^2}} = 0,404 \cdot \sqrt{\frac{6,978}{0,680 + 6,978}} = 0,386 \text{ s}^{-1} > 0,08 \text{ s}^{-1}$$

Strukturbeiwert:

$$c_s \cdot c_d = \frac{1 + 2 \cdot k_p \cdot I_v(z) \cdot \sqrt{B^2 + R^2}}{1 + 6 \cdot I_v(z)} = \frac{1 + 2 \cdot 3{,}482 \cdot 0{,}167 \cdot \sqrt{0{,}680 + 6{,}978}}{1 + 6 \cdot 0{,}167} = 2{,}107$$

mit:
  Turbulenzintensität (Binnenland):

$$I_v(z) = 0{,}22 \cdot \left(\frac{z}{10}\right)^{-0{,}25} = 0{,}22 \cdot \left(\frac{30}{10}\right)^{-0{,}25} = 0{,}167$$

Der Strukturbeiwert beträgt $c_s\,c_d = 2{,}107$.

Zu 3: Abschnittsweise Berechnung der mit dem Strukturbeiwert erhöhten Windkräfte
Die statischen Windkräfte nach Punkt 1 werden mit dem Strukturbeiwert multipliziert. Es gilt:

$$F_W = c_s\,c_d \cdot F_{W,stat} = c_s\,c_d \cdot c_f \cdot q_p(z) \cdot A_{ref}$$

$$\text{mit}: c_s c_d = 2{,}107$$

Die Auswertung erfolgt tabellarisch, siehe folgende Tabelle.

Abschnitt	z	v_m	v_p	Re x 10^6	$c_{f,0}$	Ψ	c_f	q_p	$F_{W,stat}$	F_W
	(m)	(m/s)	(m/s)	(-)	(-)	(-)	(-)	(kN/m²)	(kN)	(kN)
1	5	27,65	43,05	3,588	0,744	0,81	0,602	0,48	1,81	3,81
2	10	19,35	29,48	2,456	0,718	0,81	0,581	0,54	1,98	4,17
3	15	21,41	31,77	2,648	0,723	0,81	0,586	0,63	2,31	4,88
4	20	23,01	33,51	2,792	0,727	0,81	0,589	0,70	2,59	5,45
5	25	24,33	34,92	2,910	0,730	0,81	0,591	0,76	2,82	5,94
6	30	25,47	36,12	3,010	0,732	0,81	0,593	0,82	3,03	6,38
7	35	26,47	37,16	3,097	0,734	0,81	0,595	0,86	3,21	6,77
8	40	27,37	38,09	3,174	0,736	0,81	0,596	0,91	3,38	7,13
9	45	28,18	38,93	3,244	0,737	0,81	0,597	0,95	3,54	7,46
10	50	28,93	39,70	3,308	0,738	0,81	0,598	0,99	3,69	7,77

Zu 4: Ermittlung der Winddrücke

Die Winddrücke w_e werden exemplarisch für die Bezugshöhe $z = h = 50$ m ermittelt, d. h. am Schornsteinkopf.

Es gilt:

$$w_e = c_{pe} \cdot q_p(z = 50 \text{ m})$$

mit:

$q_p(z = 50) = 0{,}99$ kN/m^2 (s. Tabelle)

c_{pe}: Außendruckbeiwert für Kreiszylinder

Die Außendruckbeiwerte für Kreiszylinder sind abhängig von

- der Lage auf der Oberfläche (angegeben durch den Winkel α),
- der Reynoldszahl (hier: Re $= 5 \cdot 10^5$),
- dem Abminderungsfaktor zur Berücksichtigung der Schlankheit $\Psi_{\lambda\alpha}$.

Es gilt:

$$c_{pe} = c_{p,0} \cdot \Psi_\lambda$$

mit:

$c_{p,0}$ Außendruckbeiwerte eines Kreiszylinders mit unendlicher Schlankheit

Ψ_λ Abminderungsfaktor zur Berücksichtigung der Schlankheit nach Gl. (5.16)

Die Berechnung der Winddrücke erfolgt tabellarisch.

Winkel	$\Psi_{\lambda\alpha}$ (−)	$c_{p,0}$ (−)	c_{pe} (−)	w_e (kN/m^2)	Bemerkung
0°	1,0	1,0	1,0	0,99	Druck
30°	1,0	0,1	0,1	0,10	Druck
60°	1,0	−1,5	−1,5	−1,49	Sog
90°	1,0[*]	−2,17	−2,17	−2,15	Sog
120°	0,896[*]	−1,22	−1,09	−1,08	Sog
150°	0,81	−0,4	−0,324	−0,32	Sog
180°	0,81	−0,4	−0,324	−0,32	Sog

[*]: Berechnung:

$\alpha = 90°$: $\Psi_{\lambda\alpha} = 0{,}81 + (1 - 0{,}81) \cdot \cos\left(\frac{\pi}{2} \cdot \left(\frac{90° - 85°}{135° - 85°}\right)\right) = 0{,}998$

$\alpha = 120°$: $\Psi_{\lambda\alpha} = 0{,}81 + (1 - 0{,}81) \cdot \cos\left(\frac{\pi}{2} \cdot \left(\frac{120° - 85°}{135° - 85°}\right)\right) = 0{,}896$

Abb. 5.58 Beispiel 19 –
Winddrücke bei einem
Stahlschornstein für die
Bezugshöhe $z = h = 50$ m
(Schornsteinkopf)

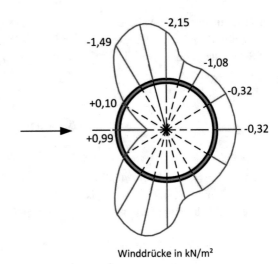

Winddrücke in kN/m²

Hinweis: Für die Berechnung muss der Taschenrechner auf RAD eingestellt werden. Darstellung der Winddrücke in Abb. 5.58.

Zu 5: Wirbelerregte Querschwingungen

a) Berechnung der mittleren Windgeschwindigkeit:

Die mittlere Windgeschwindigkeit ist für eine Bezugshöhe von $z = 6 \times b$ zu berechnen.
Bezugshöhe: $z = 6 \cdot 1,25 = 7,5$ m
Mittlere Windgeschwindigkeit:

$$v_m(z = 7,5) = 0,86 \cdot v_m \cdot \left(\frac{z}{10}\right)^{0,25} = 0,86 \cdot 22,5 \cdot \left(\frac{7,5}{10}\right)^{0,25} = 18,01 \text{ m/s}$$

$$\text{für } z_{min} = 7,0\text{m} < z \leq 50 \text{ m (Binnenland)}$$

$$\text{mit : } v_b = 22,5 \text{ m/s (Windzone 1)}$$

b) Berechnung der kritischen Windgeschwindigkeit:

$$v_{crit} = \frac{b \cdot n_{i,y}}{St} = \frac{1,25 \cdot 0,404}{0,18} = 2,81 \text{ m/s}$$

mit:

$b = 1,25$ m (Breite des Kreiszylinders)
$n_{i,y} = 0,404$ s^{-1} (Eigenfrequenz)
$St = 0,18$ (Strouhalzahl n. DIN EN 1991-1-4, Tab. E.1 für Kreiszylinder)

c) Überprüfung, ob eine Untersuchung wirbelerregter Querschwingungen erforderlich ist:
   Eine Untersuchung wirbelerregter Querschwingungen (Karman'sche Wirbel) ist erforderlich, wenn das Verhältnis $h/b \leq 6$ ist. Dagegen braucht eine Untersuchung nicht durchgeführt zu werden, wenn die kritische Windgeschwindigkeit größer als die 1,25fache mittlere Windgeschwindigkeit ist ($v_{crit} > 1,25$ v_m). Siehe hierzu auch DIN EN 1991-1-4, Anhang E.
   Hier:
   • $h/b = 50/1,25 = 40 > 6$ (=> Untersuchung ist erforderlich)
   • $v_{crit} = 2,81$ m/s $< 1,25 \cdot v_m = 1,25 \cdot 18,01 = 22,51$ m/s (=> Untersuchung ist erforderlich)
   Es ist eine Untersuchung wirbelerregter Querschwingungen erforderlich. Es wird auf DIN EN 1991-1-4, Anhang E verwiesen.
d) Konstruktive Maßnahmen:
   Wirbelablösungen (Karman'sche Wirbel) können abgeschwächt oder vermieden werden, indem Windabweiser (sogenannte Scruton-Wendel) angeordnet werden. Die Wendel (zylindrische Spirale) sollte folgende Eigenschaften aufweisen (Abb. 5.59):
   • dreigängig
   • Ganghöhe: $h_w = 4,5$ d bis 5 d
   • Wendeltiefe: $t = 0,10$ d bis $0,12$ d
   • Die Wendel sollte an der Mastspitze beginnen oder in einem Abstand von d bis 1,5 d von dieser angeordnet werden.
   • Die Wendel sollte sich auf einer Länge von mind. 15 % der Mastlänge erstrecken, d. h. $l_w = 0,15$ h.

Weiterhin besteht die Möglichkeit, die Querschnittsform zu ändern, z. B. indem ein rechteckiger Querschnitt gewählt wird. Regelmäßige Wirbelablösungen (Karman'sche Wirbel) treten nur bei kreisförmigen Querschnitten auf. Bei nicht kreisförmigen Querschnitten besteht allerdings die Gefahr des Galoppings.

Abb. 5.59 Beispiel 19 –
Scruton-Wendel zur
Vermeidung von
Wirbelablösungen

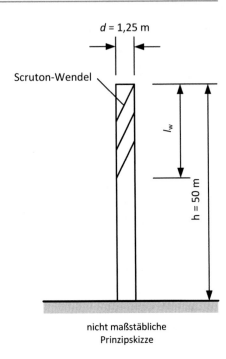

nicht maßstäbliche
Prinzipskizze

5.4.20 Beispiel 20 – Windeinwirkungen bei einer Brücke

(Kategorie B)

Für den Überbau einer Straßenbrücke sind die Windlasten für folgende Fälle zu bestimmen (Abb. 5.60):

1. Brücke ohne Verkehr
2. Brücke mit Verkehr

Randbedingungen

* Es sind die Regeln nach DIN EN 1991-1-4/NA, Anhang NA.N anzuwenden. Diese dienen einer vereinfachten Anwendung der Norm bei nicht schwingungsanfälligen Deckbrücken und Bauteilen.
* Windzone 2, Küste
* Anströmrichtung gegenüber dem Überbau: horizontal
* Breite des Überbaus: $b = 12{,}0$ m, Höhe des Überbaus: $d = 1{,}5$ m
* Länge des Überbaus: $l = 40{,}0$ m
* Auf der Brücke ist keine Lärmschutzwand angeordnet.
* Bezugshöhe $z_e = 10$ m

Ansicht

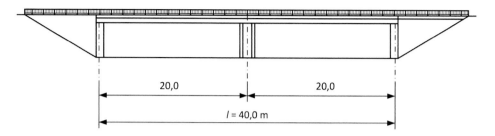

Querschnitt

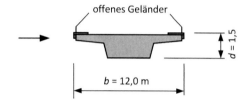

Abb. 5.60 Beispiel 20 – Windeinwirkungen bei einer Straßenbrücke

Lösung

Es gelten die Regeln in DIN EN 1991-1-4/NA, Anhang NA.N. Danach werden für Brücken die Windzonen 1 und 2 sowie 3 und 4 jeweils zusammengefasst. Es gelten folgende Annahmen:

- Windzone 1 und 2: $v_{ref} = 25$ m/s bzw. $q_{ref} = 0,39$ kN/m^2
- Windzone 3 und 4: $v_{ref} = 30$ m/s bzw. $q_{ref} = 0,56$ kN/m^2

Böengeschwindigkeitsdruck für das Mischprofil Küste:

Für 4 m $< z \leq 50$ m gilt:

$$q_p(z) = 2,3 \cdot q_{ref} \cdot \left(\frac{z}{10}\right)^{0,27} = 2,3 \cdot 0,39 \cdot \left(\frac{10}{10}\right)^{0,27} = 0,89 \text{ kN/m}^2$$

Alternativ kann der Böengeschwindigkeitsdruck mit Hilfe der Tab. NA.N.2 bestimmt werden. Dort sind allerdings nur Werte ab einer Bezugshöhe von 20 m angegeben. Für Windzone 1 + 2 und $z = 20$ m ergibt sich:

$$q_p(z = 20) = 1,08 \text{ kN/m}^2$$

Es wird mit dem größeren Wert ($q_p = 1{,}08$ kN/m^2) weiter gerechnet.

Die Windkraft in x-Richtung (quer zur Brückenachse) ergibt sich mit folgender Gleichung:

$$F_W = q_p(z) \cdot c_{f,x} \cdot A_{ref,x} \tag{5.18}$$

Darin ist:

$q_p(z)$ Böengeschwindigkeitsdruck in kN/m^2

$c_{f,x}$ Kraftbeiwert in x-Richtung (dimensionslos)

$A_{ref,x}$ Bezugsfläche in m^2

Der Kraftbeiwert $c_{f,x}$ ergibt sich mit folgender Gleichung:

$$c_{f,x} = \psi_{3d} \cdot c_{f,0} \tag{5.19}$$

Darin bedeuten:

$c_{f,0}$ Grundkraftbeiwert in Abhängigkeit vom Verhältnis b/d und den Fällen „ohne Verkehr und ohne Lsw" sowie „mit Verkehr oder mit Lsw" (Lsw: Lärmschutzwand) (Tab. 5.8)

ψ_{3d} Abminderungsfaktor zur Berücksichtigung dreidimensionaler Umströmung

Abminderungsfaktor zur Berücksichtigung dreidimensionaler Umströmung ψ_{3d}:

- ohne Verkehr und ohne Lärmschutzwand: $\psi_{3d} = 0{,}85$
- mit Verkehr oder mit Lärmschutzwand: $\psi_{3d} = 0{,}70$

Bezugsfläche $A_{ref,x}$:

- ohne Verkehr und beidseitig offenes Geländer:

Tab. 5.8: Grundkraftbeiwerte $c_{f,0}$ für Brücken (Überbauten) (in Anlehnung an DIN EN 1991-1-4/ NA, Tab. NA.N.3)

b/d	ohne Verkehr und ohne Lsw	mit Verkehr oder mit Lsw
$\leq 0{,}5$	2,4	2,4
4	1,3	1,3
≥ 5	1,3	1,0

Lsw: Lärmschutzwand

$$A_{\text{ref,x}} = (d + 0,6 \text{ m}) \cdot l = (1,5 + 0,6) \cdot 40,0 = 84 \text{ m}^2$$

- mit Verkehr (Höhe des Verkehrsbandes bei Straßenbrücken 2,0 m):

$$A_{\text{ref,x}} = (d + 2,0 \text{ m}) \cdot l = (1,5 + 2,0) \cdot 40,0 = 140 \text{ m}^2$$

Windkräfte:

$$b/d = 12/1,5 = 8 > 5$$

- ohne Verkehr:

$$F_W = 1,08 \cdot 0,85 \cdot 1,3 \cdot 84 = 100,25 \text{ kN}$$

- mit Verkehr:

$$F_W = 1,08 \cdot 0,70 \cdot 1,0 \cdot 140 = 105,84 \text{ kN}$$

Winddrücke:
Die Winddrücke können aus DIN EN 1991-1-4/NA, Tab. NA.N.7 entnommen werden:

- ohne Verkehr: $w = 1,20 \text{ kN/m}^2$ (für WZ 1+2, Küste, $b/d > 5$, $z = 20$ m)
- mit Verkehr: $w = 0,80 \text{ kN/m}^2$

5.5 Aufgaben zum Selbststudium

Nachfolgend werden einige Aufgaben zum Selbststudium mit Angabe wichtiger Zwischenergebnisse und des Endergebnisses angeboten.

5.5.1 Aufgabe 1 – Winddrücke bei einer Halle mit Flachdach

Für eine Halle mit Flachdach sind die Außendrücke für Dachfläche und Wände zu ermitteln (Abb. 5.61).

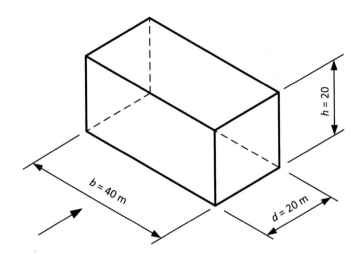

Abb. 5.61 Aufgabe 1 – Winddrücke für eine Halle mit Flachdach und scharfkantiger Ausbildung der Traufe

Randbedingungen

- Windzone 1, Binnenland
- Höhe $h = 20$ m
- Ausbildung der Traufe: scharfkantig.
- Der Böengeschwindigkeitsdruck ist mit dem vereinfachten Verfahren zu ermitteln.
- Die Winddrücke sind mit den Außendruckbeiwerten $c_{pe,10}$ zu berechnen.
- Das Gebäude ist nicht schwingungsanfällig.
- Das Gebäude ist luftdicht, d. h. es ist kein Innendruck anzusetzen.

Lösung

Böengeschwindigkeitsdruck: $q_p = 0{,}75$ kN/m^2

Hilfswert e:

$$e = b = 40 \text{ m bzw.} e = 2\,h = 40 \text{ m; hier} : e = 40 \text{ m}$$

Winddrücke:
  Wände:

- A: $-0{,}90$ kN/m^2, B: $-0{,}60$ kN/m^2, *(C: $-0{,}38$ kN/m^2)*, D: $+0{,}60$ kN/m^2, E: $-0{,}38$ kN/m^2
- Breite Bereich A: $e/5 = 8$ m, Grenze zwischen B und C: $e = 40$ m, d. h. außerhalb des Baukörpers.

- Die windparallelen Wände werden nur in die Bereiche A und B eingeteilt, Bereich C existiert nicht.

Flachdach:

- F: $-1{,}35$ kN/m^2, G: $-0{,}90$ kN/m^2, H: $-0{,}53$ kN/m^2, *(I: $-0{,}45$ kN/m^2 sowie $+0{,}15$ kN/m^2)*
- Tiefe Bereich F und G: $e/10 = 4{,}0$ m, Breite Bereich F: $e/4 = 10$ m, Grenze zwischen H und I: $e/2 = 20$ m $= d$ (=> auf dem Flachdach sind nur die Bereiche F, G und H anzusetzen).

5.5.2 Aufgabe 2 – Winddrücke bei einem Satteldach

Für ein Gebäude mit Satteldach mit beidseitigen Dachüberständen sind die Winddrücke für die Wände und das Dach für die Anströmrichtung quer zum First zu ermitteln (Abb. 5.62).

Randbedingungen
- Windzone 2, Binnenland
- Höhe des Firstes $h = 7{,}5$ m
- Grundrissabmessungen: $b = 13{,}0$ m, $d = 9{,}0$ m
- Der Böengeschwindigkeitsdruck ist mit dem vereinfachten Verfahren zu ermitteln.
- Es sind die Außendruckbeiwerte $c_{pe,10}$ zu verwenden.
- Das Gebäude ist nicht schwingungsanfällig.
- Innendruck ist nicht anzusetzen.

Lösung
Böengeschwindigkeitsdruck: $q_p = 0{,}65$ kN/m^2

Hilfswert e: $e = b = 13{,}0$ m (maßgebend, da kleiner als $2\,h = 2 \cdot 7{,}5 = 15{,}0$ m)
Wände:

- A: $0{,}78$ kN/m^2; B: $-0{,}52$ kN/m^2; D: $+0{,}50$ kN/m^2; E: $-0{,}30$ kN/m^2 (der Bereich C entfällt)
- Bereich A: $e/5 = 2{,}6$ m
- Bereich B: Restfläche

Dach:

- Luv: F: $-0{,}41/+0{,}34$ kN/m^2; G: $-0{,}39/+0{,}34$ kN/m^2; H: $-0{,}15/+0{,}21$ kN/m^2
- Lee: I: $-0{,}26/+0{,}0$ kN/m^2; J: $-0{,}44/+0{,}0$ kN/m^2

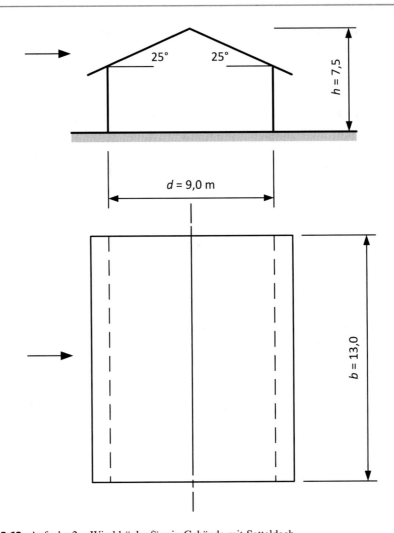

Abb. 5.62 Aufgabe 2 – Winddrücke für ein Gebäude mit Satteldach

- Es sind 4 Lastfälle zu untersuchen:
  - LF 1: Luv: Sog und Lee: Sog
  - LF 2: Luv: Sog und Lee: 0
  - LF 3: Luv: Druck und Lee: 0
  - LF 4: Luv: Druck und Lee: Sog
- Bereiche F, G und J: Tiefe $e/10 = 1{,}3$ m
- Bereich F: Breite $e/4 = 3{,}25$ m

Dachüberstände:

- Luv: Oberseite: wie Bereiche F und G; Unterseite: wie luvwärtige Wand D
- Lee: Oberseite: wie Bereich I; Unterseite: wie leewärtige Wand E

5.5.3 Aufgabe 3 – Windeinwirkungen bei einem kreisförmigen Silo

Für den dargestellten kreisförmigen Silo sind die Windeinwirkungen zu bestimmen (Abb. 5.63):

a) Berechnung der statischen Windkräfte für einzelne Abschnitte (Abschnittslänge 5,0 m).
b) Berechnung der Windlastresultierenden (als Einzellast).
c) Ermittlung der Winddrücke (Winddruckverteilung) am oberen Ende des Silos.

Randbedingungen
- Standort: Windzone 3, Küste
- Der Silo ist nicht schwingungsanfällig. Strukturbeiwert $c_s\,c_d = 1,0$
- Abmessungen: Höhe $h = 50$ m, Außendurchmesser: $b = d_e = 20,0$ m
- Für die Ermittlung des Böengeschwindigkeitsdrucks ist das Verfahren im Regelfall anzuwenden.
- Einteilung des Silos in 10 gleich hohe Abschnitte mit einer Länge von jeweils 5,0 m. Vereinfachend wird angenommen, dass die abschnittsweisen Windkräfte $F_{W,stat}$ jeweils am oberen Ende des betrachteten Abschnittes als Einzellasten angreifen.
- Die Berechnung der statischen Windkräfte $F_{W,stat}$ erfolgt für den Böengeschwindigkeitsdruck $q_p(z)$ für die jeweilige Bezugshöhe z des betrachteten Abschnitts (z = Oberkante des Abschnittes über Grund).
- Äquivalente Rauigkeit der Oberfläche $k = 1,0$ mm (rauer Beton).
- Die Berechnung der Reynoldszahl Re erfolgt separat für jeden Abschnitt mit der Böengeschwindigkeit v_p für die jeweilige Bezugshöhe z (OK Abschnitt). Als kinematische Zähigkeit der Luft wird folgender Wert angenommen: $\nu = 1,5 \times 10^{-5}$ m²/s
- Bestimmung des Grundkraftbeiwerts $c_{f,0}$ in Abhängigkeit von Re und k/b.
- Bestimmung der effektiven Schlankheit für einen Kreiszylinder ($l = 50$ m)
- Innendruck ist nicht anzusetzen, die Baukörperhülle ist absolut dicht.
- Die Konstruktion ist nicht schwingungsanfällig, d. h. der Strukturbeiwert ist mit $c_s\,c_d = 1,0$ anzunehmen.

Ansicht

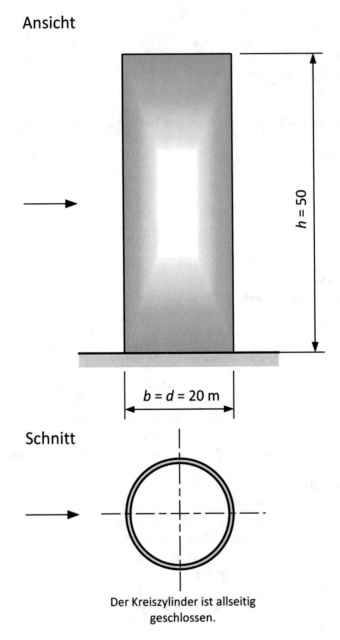

$b = d = 20$ m

Schnitt

Der Kreiszylinder ist allseitig
geschlossen.

Abb. 5.63 Aufgabe 3 – Windeinwirkungen bei einem kreisförmigen Silo

Lösung

a) Statische Windkräfte für die einzelnen Abschnitte:

Die Berechnung erfolgt tabellarisch, siehe folgende Tabelle.

Abschnitt	z (m)	v_m (m/s)	v_p (m/s)	Re (x 10^7)	$c_{f,0}$ (−)	Ψ_λ (−)	c_f (−)	q_p (kN/m²)	A_{Ref} (m²)	$F_{W,stat}$ (kN)
1	5	26,98	37,82	5,04	0,847	0,62	0,525	0,85	100	44,40
2	10	30,25	41,53	5,54	0,850	0,62	0,527	1,08	100	56,96
3	15	32,34	43,86	5,85	0,852	0,62	0,528	1,21	100	63,70
4	20	33,92	45,60	6,08	0,853	0,62	0,529	1,30	100	68,96
5	25	35,19	46,99	6,27	0,854	0,62	0,530	1,38	100	73,33
6	30	36,26	48,16	6,42	0,855	0,62	0,530	1,45	100	77,11
7	35	37,20	49,18	6,56	0,856	0,62	0,531	1,52	100	80,45
8	40	38,02	50,07	6,68	0,857	0,62	0,531	1,57	100	83,46
9	45	38,77	50,87	6,78	0,857	0,62	0,531	1,62	100	86,22
10	50	39,45	51,60	6,88	0,858	0,62	0,532	1,67	100	88,76
									Gesamt:	**723,34**

b) Windlastresultierende:

$$F_{W,stat,res} = 723,34 \text{ kN}$$

c) Winddrücke:

Abweichend zu Aufgabe a) wird hier als Reynoldszahl Re = 10^7 angenommen, damit die Druckbeiwerte nach Abb. 5.28 ermittelt werden können. Die Berechnung der Werte $c_{p,0}$, $\psi_{\lambda\alpha}$, c_{pe} und w_e erfolgt tabellarisch, siehe folgende Tabelle.

Winkel	$c_{p,0}$ (−)	$\psi_{\lambda\alpha}$ (−)	c_{pe} (−)	$w_e = c_{pe} \cdot q_p$ (kN/m²)	Bemerkung
0°	1,0	1,0	+1,0	1,67	Druck
30°	0,1	1,0	+0,1	0,167	Druck
60°	−1,2	1,0	−1,2	−2,00	Sog
$\alpha_{min} = 75°$	−1,5 ($c_{p,min}$)	1,0	−1,5	−2,51	Sog
90°	−1,3	0,889	−1,156	−1,97	Sog
$\alpha_A = 105°$	−0,8 ($c_{p0,h}$)	0,62	−0,496	−0,83	Sog
120°	−0,8	0,62	−0,496	−0,83	Sog

(Fortsetzung)

Winkel	$c_{p,0}$ (−)	$\psi_{\lambda\alpha}$ (−)	c_{pe} (−)	$w_e = c_{pe} \cdot q_p$ (kN/m²)	Bemerkung
150°	−0,8	0,62	−0,496	−0,83	Sog
180°	−0,8	0,62	−0,496	−0,83	Sog

5.5.4   Aufgabe 4 – Offenes Gebäude

Für das an zwei Seiten offene Gebäude (Carport) sind die Winddrücke (Außen- und Innendruck) für die dargestellte Anströmrichtung zu ermitteln (Abb. 5.64).

Randbedingungen
- Windzone 2, Binnenland
- Höhe $h = 3,5$ m
- Grundrissabmessungen: $b = 5,5$ m, $d = 7,0$ m

Ansicht

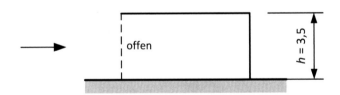

Grundriss

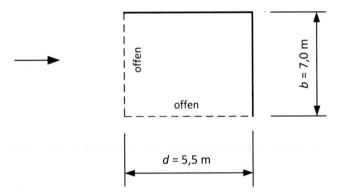

Abb. 5.64 Aufgabe 4 – Winddrücke für ein offenes Gebäude (Carport)

- Der Böengeschwindigkeitsdruck ist mit dem vereinfachten Verfahren zu ermitteln.
- Die Winddrücke sind für eine Lasteinzugsfläche von $A = 4{,}0 \ \mathrm{m}^2$ (Dach und Wände) zu ermitteln.
- Das Gebäude ist nicht schwingungsanfällig.

Lösung

$$q_\mathrm{p} = 0{,}65 \ \mathrm{kN/m}^2$$

$$e = b = 5{,}5 \ \mathrm{m} \ (\text{maßgebend, da } e = 2\,h = 7{,}0 \ \mathrm{m} \ \text{größer})$$

Dach/Oberseite:

- Tiefe F und G: $e/10 = 0{,}55 \ \mathrm{m}$
- Breite F: $e/4 = 1{,}375 \ \mathrm{m}$

Winddrücke siehe folgende Tabelle:

Bereich	$c_{\mathrm{pe,A}}$ (−)	w_e (kN/m²)	Bemerkung
F	−2,07	−1,35	Sog
G	−1,52	−0,98	Sog
H	−0,90	−0,59	Sog
I	+0,2	+0,13	Druck
	−0,6	−0,39	Sog

Interpolation für Bereich F:

$$c_{\mathrm{pe,A}} = c_{\mathrm{pe,1}} - \left(c_{\mathrm{pe,10}} - c_{\mathrm{pe,1}} \right) \cdot \log A = -[2{,}5 - (2{,}5 - 1{,}8) \cdot \log 4] = -2{,}07$$

$$\text{mit}: c_{\mathrm{pe,1}} = -2{,}5; c_{\mathrm{pe,10}} = -1{,}8; A = 4 \ \mathrm{m}^2$$

Die Interpolation für die anderen Werte erfolgt analog und wird hier nicht dargestellt.
Dach/Unterseite:

$$c_{\mathrm{p,i}} = +0{,}8$$

$$w_\mathrm{i} = 0{,}52 \ \mathrm{kN/m}^2 \, (\text{Druck})$$

Der Innendruck ist mit dem Außendruck zu überlagern, wenn er in die gleiche Richtung wirkt. Andernfalls ist er zu null anzunehmen.

Wände/Außenseite:

- $e = 5,5$ m (s. o.)
- Breite A: $e/5 = 1,1$
- Grenze zwischen B und C: $e = 5,5$ m
- Die Außendruckbeiwerte werden hier vereinfachend für $h/d = 1,0$ ermittelt (sichere Seite, da größere Winddrücke).

Winddrücke siehe folgende Tabelle:

Bereich	$c_{pe,A}$ $(-)$	w_e (kN/m^2)	Bemerkung
A	$-1,28$	$-0,83$	Sog
B	$-0,92$	$-0,60$	Sog
C	$-0,5$	$-0,33$	Sog
E	$-0,5$	$-0,33$	Sog

Der Bereich D (luvwärtige Wand) entfällt, da diese Seite offen ist.
Wände/Innenseite:

$$w_i = +0,52 \ \text{kN/m}^2 (\text{Druck})$$

Der Innendruck ist mit dem Außendruck zu überlagern, wenn er in die gleiche Richtung wirkt. Andernfalls ist er zu null anzunehmen.

5.5.5 Aufgabe 5 – Innendruck bei einer Halle

Für eine Halle mit planmäßigen Öffnungen ist der Innendruck für die dargestellte Anström-richtung zu berechnen (Abb. 5.65).

Randbedingungen
- Windzone 4, Küste
- Der Böengeschwindigkeitsdruck ist mit dem vereinfachten Verfahren zu bestimmen.
- Öffnungen: $A_1 = 8 \times 5 = 40$ m^2, $A_2 = 13 \times 1,5 \times 1,5 = 6,75$ m^2
- Die Öffnungen sind auch bei Sturm offen und können nicht geschlossen werden.
- Der Außendruck ist mit den $c_{pe,10}$-Werten zu ermitteln.

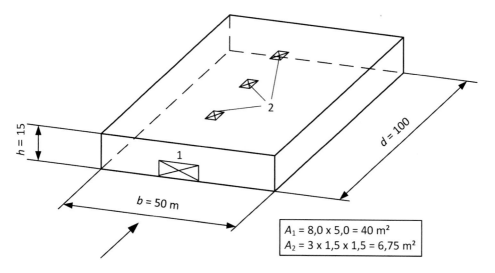

Abb. 5.65 Aufgabe 5 – Innendruck bei einer Halle

$A_1 = 8,0 \times 5,0 = 40 \text{ m}^2$
$A_2 = 3 \times 1,5 \times 1,5 = 6,75 \text{ m}^2$

Lösung:

$$q_p = 1,40 \text{ kN/m}^2$$

$A_1/A_2 = 5,9 > 2 \Longrightarrow$ Gebäude mit einer dominanten Seite

Für $A_1/A_2 > 3$ gilt: $c_{pi} = 0,90 \, c_{pe}$ (c_{pe}: Außendruckbeiwert der dominanten Seite)
Hier:

$$c_{pe,10} = +0,7 \text{ für } h/d = 15/100 = 0,15 < 0,25$$

$$c_{pi} = 0,90 \cdot 0,70 = +0,63$$

Innendruck:

$$w_i = c_{pi} \cdot q_p = (+0,63) \cdot 1,40 = +0,88 \text{ kN/m}^2 \text{(Druck)}$$

Der Innendruck ist nur dann anzusetzen, wenn er belastend wirkt, d. h. in die gleiche Richtung wie der Außendruck orientiert ist. Andernfalls ist er zu null anzunehmen (konservative Annahme).

Literatur

1. DIN EN 1991-1-4:2010-12: Eurocode 1: Einwirkungen auf Tragwerke – Teil 1-4: Allgemeine Einwirkungen – Windlasten; Beuth Verlag, Berlin
2. DIN EN 1991-1-4/NA:2010-12: Nationaler Anhang – National festgelegte Parameter – Eurocode 1: Einwirkungen auf Tragwerke – Teil 1-4: Allgemeine Einwirkungen – Windlasten; Beuth Verlag, Berlin
3. Schmidt, Peter: Lastannahmen – Einwirkungen auf Tragwerke; 1. Aufl. 2019; Springer Vieweg; Wiesbaden
4. Auslegungen des NA 005-51-02 AA zu DIN EN 1991-1-4; Stand: 31.01.2019; Deutsches Institut für Normung e. V. (DIN), Berlin
5. Auslegungen des Normenausschusses Bauwesen (NABau) im DIN zu DIN 1055-4; Stand: 20.01.2011; Deutsches Institut für Normung e. V. (DIN), Berlin
6. DIN EN 1990:2010-12: Eurocode: Grundlagen der Tragwerksplanung; Beuth Verlag, Berlin
7. DIN EN 1990/NA:2010-12: Nationaler Anhang – National festgelegte Parameter – Eurocode: Grundlagen der Tragwerksplanung; Beuth Verlag, Berlin
8. DIN EN 1990/NA/A1:2012-08: Nationaler Anhang – National festgelegte Parameter – Eurocode: Grundlagen der Tragwerksplanung; Beuth Verlag, Berlin
9. DIN EN 1993-3-1/NA:2015-11: Nationaler Anhang – National festgelegte Parameter – Eurocode 3: Bemessung und Konstruktion von Stahlbauten – Teil 3-1: Türme, Maste und Schornsteine – Türme und Maste; Beuth Verlag, Berlin
10. SIA 261:2003: Einwirkungen auf Tragwerke; Schweizer Norm SN 505 261; Hrsg.: Schweizerischer Ingenieur- und Architektenverein, Zürich
11. ISO 4354:2009-01: Wind actions on structures; Vertrieb durch Beuth Verlag, Berlin
12. Fachregel für Abdichtungen (Flachdachrichtlinie); Ausgabe 2016 mit Änderungen Nov. 2017, Mai 2019 und März 2020; Hrsg.: Zentralverband des Deutschen Dachdeckerhandwerks – Fachverband Dach-, Wand- und Abdichtungstechnik – e. V.; Rudolf Müller, Köln

Schneelasten

6

6.1 Allgemeines

Für die Bestimmung von Schneelasten ist DIN EN 1991-1-3 [1] sowie der zugehörige Nationale Anhang DIN EN 1991-1-3/NA [2] zu beachten. Die wesentlichen Regeln dieser Norm sowie weiterführende Hintergrundinformationen sind im Lehrbuch „*Lastannahmen – Einwirkungen auf Tragwerke*" [3], Kap. 7 – Schnee- und Eislasten, angegeben und werden dort an einfachen Beispielen erläutert.

Ziel der nachfolgenden Kapitel ist es, die teilweise theoretisch-abstrakten Regelungen der Norm anhand von ausgewählten baupraktischen und teilweise auch komplexeren Beispielen anschaulich zu verdeutlichen. Dabei werden auch aktuelle Auslegungen des zuständigen Normenausschusses berücksichtigt.

Zum Verständnis werden die wichtigsten Grundlagen, die für die Bestimmung von Schneelasten zu beachten sind in stichpunktartiger und/oder tabellarischer Form angegeben. Für genauere Informationen wird auf das o. g Lehrbuch sowie auf die betreffenden Normen verwiesen.

6.2 Lernziele

Es werden folgende Lernziele mit unterschiedlichen Schwierigkeitsgraden verfolgt:

1. Sichere Beherrschung der Rechenverfahren zur Bestimmung der Schneelast auf dem Boden und auf Dächern die üblichen Standardfälle (Flachdach, Pultdach, Satteldach) in der ständigen Bemessungssituation. Siehe hierzu Beispiele mit der Kennzeichnung „**Kategorie (A)**".

© Springer Fachmedien Wiesbaden GmbH, ein Teil von Springer Nature 2022
P. Schmidt, *Lastannahmen – Beispiele*,
https://doi.org/10.1007/978-3-658-29528-8_6

2. Grundlegende Kenntnisse, wie die Schneelasten und deren Verteilung bei komplizierteren Dachformen (z. B. gereihtes Satteldach, Scheddach) und bei Sonderfällen ermittelt werden (z. B. Schneelast am Höhensprung, im Bereich von Dachaufbauten, Schneelast im Norddeutschen Tiefland). Siehe hierzu Beispiele mit Kennzeichnung „**Kategorie (B)**".

3. Fähigkeit, die in der Norm angegebenen Regeln auch auf nicht geregelte Sonderfälle (z. B. Satteldach mit Gauben) zu übertragen und geeignete, ingenieurmäßige Lösungen für die Schneelastermittlung selbstständig zu erarbeiten. Siehe hierzu Beispiele mit Kennzeichnung „**Kategorie (C)**".

Neben ausführlichen Beispielen mit Lösungsweg werden auch Aufgaben mit Lösung für das Selbststudium angeboten.

6.3   Grundlagen

6.3.1   Begriffsdefinition und Regelwerke

Begriff Schneelast:

Als *Schneelast* wird die durch die Eigenlast einer Schneedecke verursachte Belastung auf das Dach und seine Bauteile verstanden. Die Schneelast wirkt lotrecht nach unten (auch bei geneigten Flächen wie z. B. auf Dächern) und wird i. d. R. als Flächenlast (Einheit in kN/m^2) angegeben.

Regelwerke:

Für die Bestimmung von Schneelasten für Hoch- und Ingenieurbauten gilt in Deutschland DIN EN 1991-1-3. Diese Norm setzt sich zurzeit[1] aus folgenden Dokumenten zusammen:

- DIN EN 1991-1-3 „*Einwirkungen auf Tragwerke – Teil 1–3: Allgemeine Einwirkungen - – Schneelasten*" (Grundnorm) [1]
- DIN EN 1991-1-3/A1 (A1-Änderung zur Grundnorm) [4]
- DIN EN 1991-1-3/NA (Nationaler Anhang für Deutschland) [3])

6.3.2   Anwendungsbereich der DIN EN 1991-1-3

Anwendungsbereich der DIN EN 1991-1-3+NA:

- Bauwerksstandorte *bis 1500 m über NN*.

---

[1] Juli 2022.

Für Bauwerke in Höhenlagen über 1500 m über NN sind in jedem Einzelfall entsprechende Rechenwerte der Schneelast von der zuständigen Behörde festzulegen. Derartige Fälle werden in diesem Buch nicht behandelt.

- Die Norm gilt *nicht* für folgende Fälle:
  - Gebiete, in denen das ganze Jahr über Schnee vorhanden ist (z. B. Gletscherregionen in den Alpen).
  - Übliche Brücken (ohne Dach).
    Schneelasten auf Dächern von überdachten Brücken sind nach DIN EN 1991-1-3 zu bestimmen.
- Die Norm enthält keine Regeln oder Angaben zu folgenden Fällen:
  - Anprallende Schneelasten aufgrund des Abrutschens oder Herunterfallens von Schnee von höher liegenden Dächern. In solchen Fällen sind sinnvolle ingenieurmäßige Lösungen anzunehmen.
  - Seitliche Lasten infolge Schnees (z. B. verursacht durch Verwehungen). Hier sind sinnvolle ingenieurmäßige Lösungsansätze anzunehmen.
  - Zusätzliche Windlasten, die sich aus einer Änderung der Umrissform oder Größe von Baukörpern oder Bauteilen aufgrund von Schneeablagerungen ergeben können.

6.3.3 Klassifikation und Bemessungssituationen

Schneelasten werden nach DIN EN 1990, 4.1.1 [5] als veränderliche, ortsfeste und statische Einwirkungen klassifiziert.

Für die Ermittlung der Bemessungswerte sind folgende Teilsicherheitsbeiwerte anzunehmen:

- Ständige u. vorübergehende Bemessungssituation: $\gamma_Q = 1{,}5$.
- Außergewöhnliche Bemessungssituation (z. B. Schneelasten im Norddeutsches Tiefland): $\gamma_A = 1{,}0$

Hinweis: Schneeverwehungen auf Dächern dürfen nicht wie außergewöhnliche Einwirkungen behandelt werden, sondern sind der ständigen bzw. vorübergehenden Bemessungssituation zuzuordnen.

Die maßgebenden Schneelasten sind für jede festgestellte Bemessungssituation nach DIN EN 1990 zu ermitteln.

6.3.4   Ablauf zur Bestimmung der Schneelast

Für die Bemessung des Tragwerks und seiner Bauteile wird die *Schneelast auf dem Dach*
benötigt. Diese berechnet sich wie folgt (Abb. 6.1):

1. Berechnung der Schneelast auf dem Boden s_k.
   Einflussgrößen sind:
   a. Lage des Bauwerksstandortes (Schneelastzone: SLZ)
   b. Höhe über NN (Formelzeichen A)
2. Ermittlung der Formbeiwerte μ in Abhängigkeit von der Dachform bzw. weiterer
   (geometrischer) Randbedingungen (z. B. Höhensprung o. Ä.).
3. Bestimmung der Schneelast auf dem Dach:
   a. Berechnung der Schneelastordinaten: $s = \mu \cdot s_k$.
   b. Ermittlung der Schneelastverteilung(en).

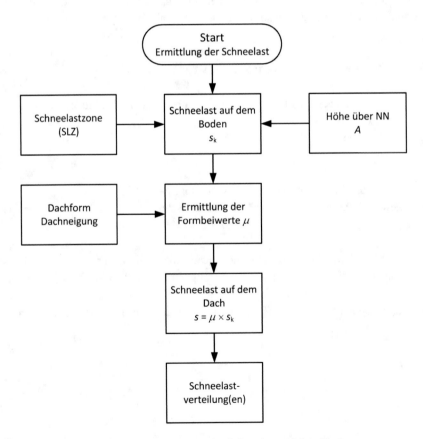

Abb. 6.1 Prinzipieller Ablauf zur Bestimmung der Schneelast auf dem Dach

Bei vielen Dachformen sind mehrere Schneelastverteilungen (z. B.: unverweht, verweht) unabhängig voneinander zu untersuchen und als getrennte Lastfälle zu untersuchen.

6.3.5 Schneelast auf dem Boden

Charakteristischer Wert

Der charakteristische Wert der Schneelast auf dem Boden s_k ist als 98 %-Fraktilwert definiert mit einer jährlichen Überschreitenswahrscheinlichkeit von $p = 0{,}02$, was einer Wiederkehrperiode von 50 Jahren entspricht. Er ist abhängig von folgenden Größen und berechnet sich nach Tab. 6.1:

- Schneelastzone (SLZ) (Abb. 6.2)
- Geländehöhe A des Bauwerksstandortes über NN

Hinweis: Die Karte mit den Schneelastzonen in Abb. 6.2 dient nur der groben Übersicht. In der Praxis ist die anzusetzende Schneelastzone grundsätzlich mithilfe der vom DIBt (Deutsches Institut für Bautechnik) herausgegebenen Excel-Tabelle *„Zuordnung der Schneelastzonen nach Verwaltungsgrenzen"* zu ermitteln (siehe www.dibt.de).

Tab. 6.1 Charakteristischer Wert der Schneelast auf dem Boden (n. DIN EN 1991-1-3/NA)

Zone	Charakteristische Schneelast auf dem Boden in kN/m²	Sockelbetrag (anzusetzender Mindestwert, falls der berechnete Wert nach der Gleichung links kleiner ist)
1	$s_k = 0{,}19 + 0{,}91 \cdot \left(\frac{A+140}{760}\right)^2$	min $s_k = 0{,}65$ kN/m² (bis ca. 400 m ü. NN maßgebend)
1a	$s_k = 1{,}25 \cdot \left[0,19 + 0,19 \cdot \left(\frac{A+140}{760}\right)^2\right]$	min $s_k = 1{,}25 \cdot 0{,}65 = 0{,}81$ kN/m²
2	$s_k = 0{,}25 + 1{,}91 \cdot \left(\frac{A+140}{760}\right)^2$	min $s_k = 0{,}85$ kN/m² (bis ca. 285 m ü. NN maßgebend)
2a	$s_k = 1{,}25 \cdot \left[0,25 + 1,91 \cdot \left(\frac{A+140}{760}\right)^2\right]$	min $s_k = 1{,}25 \cdot 0{,}85 = 1{,}06$ kN/m²
3	$s_k = 0{,}31 + 2{,}91 \cdot \left(\frac{A+140}{760}\right)^2$	min $s_k = 1{,}10$ kN/m² (bis ca. 255 m ü. NN maßgebend)

In den Gleichungen bedeutet:
A Höhe des Bauwerksstandortes über NN, in m ($A = Altitude$)

Hinweise: In Zone 3 können für bestimmte Lagen (z. B. Oberharz, Hochlagen des Fichtelgebirges, Reit im Winkl, Obernach/Walchensee) höhere Werte als nach der oben angegebenen Gleichung maßgebend sein. Angaben über die Schneelast in diesen Regionen sind bei den zuständigen Stellen einzuholen.
Regelungen für das Norddeutsche Tiefland siehe DIN EN 1991-1-3/NA [2].

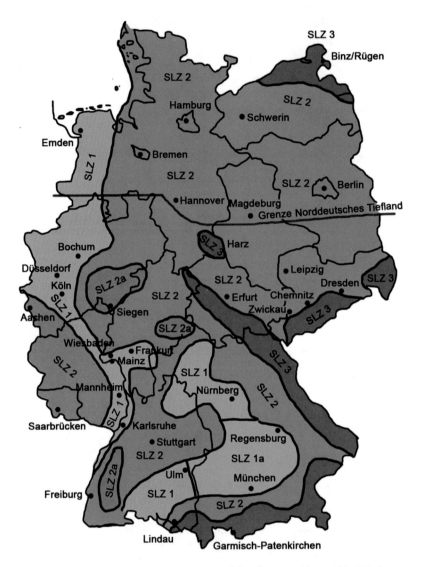

Abb. 6.2 Schneelastzonenkarte (in Anlehnung an DIN EN 1991-1-3/NA, Abb. NA.1)

Praxistipp

Es wird empfohlen, in der statischen Berechnung die zugrunde gelegte Schnee-lastzone mithilfe eines Auszuges aus der o. g. Tabelle des DIBt, die zum Zeitpunkt der Aufstellung der Statik gültig ist, zu dokumentieren. Dadurch lassen sich ggfs. später erfolgte Änderungen bei der Zuordnung der Schneelastzone nachvollziehen.

Außergewöhnliche Schneelasten auf dem Boden (Norddeutsches Tiefland)

In Gemeinden, die in der Excel-Tabelle „*Zuordnung der Schneelastzonen nach Verwaltungsgrenzen*" (siehe www.dibt.de) mit der Fußnote „*Nordd. Tiefld.*" gekennzeichnet sind, ist in den Zonen 1 und 2 zusätzlich zu der ständigen bzw. vorübergehenden Bemessungssituation auch die Bemessungssituation mit Schnee als außergewöhnlicher Einwirkung zu überprüfen. Dabei ist der Bemessungswert für außergewöhnliche Schneelasten auf dem Boden des betreffenden Ortes s_{Ad} mit folgender Gleichung zu ermitteln:

$$s_{Ad} = C_{esl} \cdot s_k \qquad (6.1)$$

Darin bedeuten:

s_{Ad} außergewöhnliche Schneelast im Norddeutschen Tiefland, in kN/m^2
C_{esl} Beiwert für außergewöhnliche Schneelasten im Norddt. Tiefland ($C_{esl} = 2{,}3$)
s_k charakteristischer Wert der Schneelast auf dem Boden, in kN/m^2 (Tab. 6.1)

> **Hinweis:** Bei der Kombination von außergewöhnlichen Schneelasten im norddeutschen Tiefland als Leiteinwirkung (s_{Ad}) mit Wind ($Q_{k,1}$) als vorherrschende veränderliche Begleiteinwirkung ist Wind mit dem Kombinationsbeiwert ψ_1 abzumindern ($\psi_{1,\,Wind} \cdot Q_{k,1}$). Siehe hierzu DIN EN 1990, A.1.3.2. Kombinationsbeiwert nach DIN EN 1990/NA, Tab. NA.A.1.1: $\psi_{1,\,Wind} = 0{,}2$.

6.3.6   Schneelast auf dem Dach

Für die Bemessung von Dachtragwerken wird die *Schneelast auf dem Dach* benötigt. Diese ergibt sich aus der Schneelast auf dem Boden, dem Formbeiwert μ und ggfs. einem Temperaturkoeffizienten C_t sowie einem Umgebungskoeffizienten C_e.

Formbeiwert

Mit dem *Formbeiwert* μ wird berücksichtigt, dass Schnee auf dem Dach in unterschiedlichen Lastanordnungen auftreten kann, wobei in unverwehte und verwehte Schneelastverteilungen unterschieden wird (Verwehung: Verfrachtung von Schnee durch Wind).

Der Formbeiwert μ ist eine dimensionslose Größe, die das Verhältnis zwischen der Schneelast auf dem Dach s zur Schneelast auf dem Boden s_k angibt ($\mu = s/s_k$).
Die Formbeiwerte sind abhängig von folgenden Einflussparametern:

* Dachform bzw. Dachgeometrie
* Dachneigung α

Der Formbeiwert kann nur positive Werte annehmen und liegt bei üblichen Dächern je nach Dachform und Situation in einem Wertebereich zwischen $\mu = 0$ (kein Schnee), $\mu = 0,8$ (Flachdach) bis $\mu = 1,6$ (Tiefpunkte bei gereihten Satteldächern). In Sonderfällen kann der Formbeiwert auch größere Werte annehmen (z. B. an Höhensprüngen, $\mu \leq 2,4$).

Bei der Berechnung der Formbeiwerte sind folgende Regeln zu beachten:

- Bei Dachformen, die im Vergleich zur geradlinigen und ebenen Form eine nennenswerte Vergrößerung der Schneelast bewirken (z. B. Kehlen), sind besondere Überlegungen anzustellen. Diese werden in DIN EN 1991-1-3 allerdings nicht konkretisiert. Es sind ingenieurmäßige Lösungsansätze anzunehmen.
- Die in DIN EN 1991-1-3 angegebenen Lastanordnungen gelten nur für *natürliche* Schneeverteilungen, jedoch *nicht* für *künstliche* Verteilungen, die z. B. durch Räumen des Daches oder Umverteilen von Schnee entstehen. In solchen Fällen muss das Dach für eine geeignete Lastverteilung bemessen werden!

Die Regeln für die Ermittlung der Formbeiwerte werden an den einzelnen Beispielen gezeigt. Für weitere Informationen wird auf das Lehrbuch „Lastannahmen – Einwirkungen auf Tragwerke" verwiesen.

Temperaturkoeffizient

Der *Temperaturkoeffizient* C_t dient zur Berücksichtigung des Einflusses des Wärmedurchgangs auf die Schneelast, indem bei nicht gedämmten Dächern (Wärmedurchgangskoeffizient $U > 1$ W/(m^{2}K)) aufgrund abschmelzenden Schnees eine geringere Schneelast angesetzt wird.

Für Deutschland gilt: $C_t = 1,0$ (DIN EN 1991-1-3/NA).

Umgebungskoeffizient

Mit dem *Umgebungskoeffizienten* C_e können Einflüsse durch örtliche Randbedingungen auf die Schneelast berücksichtigt werden, wie bspw. die Nachbarbarbebauung, Windexposition u. Ä..

Für Deutschland gilt: $C_e = 1,0$ (DIN EN 1991-1-3/NA).

Berechnung der Schneelast auf dem Dach
Ständige und vorübergehende Bemessungssituation:

Die Schneelast auf dem Dach s ermittelt sich für die ständige und vorübergehende Bemessungssituation mit folgender Gleichung:

$$s = \mu_i \cdot C_e \cdot C_t \cdot s_k = \mu_i \cdot 1,0 \cdot 1,0 \cdot s_k = \mu_i \cdot s_k \qquad (6.2)$$

Für Deutschland gilt:

$$s = \mu_i \cdot s_k \tag{6.3}$$

In den Gl. (6.2) und (6.3) bedeuten:

s Schneelast auf dem Dach, in kN/m^2

μ_i Formbeiwert der Schneelast (dimensionslos)

C_e Umgebungskoeffizient; Deutschland: $C_e = 1{,}0$ (dimensionslos)

C_t Temperaturkoeffizient; Deutschland: $C_t = 1{,}0$ (dimensionslos)

s_k charakteristischer Wert der Schneelast auf dem Boden, in kN/m^2 (Tab. 6.1)

Außergewöhnliche Bemessungssituation (Norddeutsches Tiefland):
Für Bauwerksstandorte im Norddeutschen Tiefland (Kennzeichnung in der Tabelle „Zuordnung der Schneelastzonen nach Verwaltungsgrenzen" mit der Fußnote „*Norddt. Tiefld.*") ist in SLZ 1 und 2 zusätzlich zur ständigen und vorübergehenden Bemessungssituation auch die Schneelast als außergewöhnliche Einwirkung zu untersuchen. Es gilt:

$$s_{Norddt} = \mu_i \cdot s_{Ad} = \mu_i \cdot C_{esl} \cdot s_k \tag{6.4}$$

Darin bedeuten:

s_{Norddt} Schneelast auf dem Dach im Norddeutschen Tiefland, in kN/m^2

s_{Ad} außergewöhnliche Schneelast im Norddeutschen Tiefland, in kN/m^2

μ_i Formbeiwert der Schneelast (dimensionslos)

C_{esl} Beiwert für außergewöhnliche Schneelasten im Norddt. Tiefland ($C_{esl} = 2{,}3$)

s_k charakteristischer Wert der Schneelast auf dem Boden, in kN/m^2 (Tab. 6.1)

6.3.7 Bezugsflächen und Umrechnung

Die Schneelast wirkt wie die Eigenlast lotrecht nach unten (zum Erdmittelpunkt). Außerdem bezieht sich die Schneelast immer auf die *Grundfläche* (Gfl.), d. h. auf die horizontale Projektion der Dachfläche.

Bei der Superposition (Überlagerung) mit anderen Lasten, wie z. B. mit der Eigenlast von Bauteilen (die sich auf die Dachfläche bezieht) oder mit der Windlast (die senkrecht zur Dachfläche wirkt), sind daher entsprechende Umrechnungen vorzunehmen (Abb. 6.3).

Schneelast auf dem Dach s:

(=> ist auf die Grundfläche bezogen)

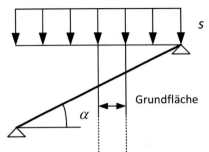

s

Grundfläche

α

Schneelast bezogen auf die Dachfläche ($s_{Dfl.}$):

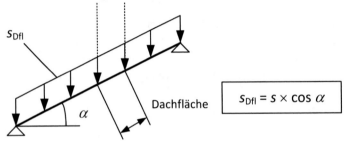

s_{Dfl}

Dachfläche

α

$$s_{Dfl} = s \times \cos \alpha$$

Zerlegung der Schneelast in die Komponenten

senkrecht zur Dachfläche ($s_\perp$):   parallel zur Dachfläche ($s_{||}$):

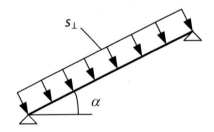

$s_\perp$

α

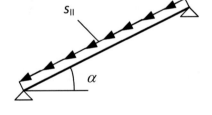

$s_{||}$

α

$$s_\perp = s_{Dfl.} \times \cos \alpha = s \times \cos^2 \alpha$$

$$s_{||} = s_{Dfl.} \times \sin \alpha = s \times \cos \alpha \times \sin \alpha$$

Beide Lastkomponenten ($s_\perp$ und $s_{||}$)
sind gleichzeitig anzusetzen.

Abb. 6.3 Schneelast auf dem Dach und Zerlegung für andere Bezugsflächen

6.4 Beispiele

6.4.1 Berechnung der Schneelast auf dem Boden

Beispiel 6.1 – Schneelast auf dem Boden

Kategorie (A)

Für folgende Bauwerksstandorte ist die charakteristische Schneelast auf dem Boden s_k zu berechnen: ◄

1. Emden (SLZ 1), Höhe über NN: $A = 1$ m
2. Bremen (SLZ 2), Höhe über NN: $A = 11$ m
3. Universität Siegen, Haardter Berg (SLZ 2a), Höhe über NN: $A = 330$ m
4. Winterberg, Nordrhein-Westfalen (SLZ 3), Höhe über NN: $A = 668$ m
5. Garmisch-Partenkirchen (SLZ 3), Höhe über NN: $A = 708$ m

Zu 1.: Emden (SLZ 1, $A = 1$ m ü. NN)

$$s_k = 0{,}19 + 0{,}91 \cdot \left(\frac{A + 140}{760}\right)^2 = 0{,}19 + 0{,}91 \cdot \left(\frac{1 + 140}{760}\right)^2 = 0{,}22 \text{ kN/m}^2$$
$$< \min s_k = 0{,}65 \text{ kN/m}^2$$

Maßgebend ist der Sockelbetrag: $\min s_k = 0{,}65$ kN/m^2

Emden liegt im norddeutschen Tiefland. Daher ist zusätzlich die Schneelast als außergewöhnliche Einwirkung zu berücksichtigen. Dabei ist für die Ermittlung der außergewöhnlichen Schneelast auf dem Boden s_{Ad} der Sockelbetrag anzusetzen, falls dieser für den charakteristischen Wert der Schneelast auf dem Boden in der ständigen Bemessungssituation maßgebend ist. Es ergibt sich folgender Wert:

$$s_{Ad} = C_{esl} \circ s_k = 2{,}3 \cdot 0{,}65 = 1{,}50 \text{ kN/m}^2$$

Zu 2.: Bremen (SLZ 2, $A = 11$ m ü. NN)

$$s_k = 0{,}25 + 1{,}91 \cdot \left(\frac{A + 140}{760}\right)^2 = 0{,}25 + 1{,}91 \cdot \left(\frac{11 + 140}{760}\right)^2 = 0{,}33 \text{ kN/m}^2$$
$$< \min s_k = 0{,}85 \text{ kN/m}^2$$

Maßgebend ist der Sockelbetrag: $\min s_k = 0{,}85$ kN/m^2

Bremen liegt ebenfalls im norddeutschen Tiefland. Als außergewöhnliche Schneelast auf dem Boden ergibt sich folgender Wert:

$$s_{Ad} = C_{esl} \circ s_k = 2{,}3 \cdot 0{,}85 = 1{,}96 \text{ kN/m}^2$$

Zu 3: Universität Siegen, Haardter Berg (SLZ 2a, $A = 330$ m)

$$s_k = 1{,}25 \cdot \left[0{,}25 + 1{,}91 \cdot \left(\frac{A + 140}{760} \right)^2 \right] = 1{,}25 \cdot \left[0{,}25 + 1{,}91 \cdot \left(\frac{A + 140}{760} \right)^2 \right] = 1{,}23 \text{ kN/m}^2$$
$$< \min s_k = 1{,}06 \text{ kN/m}^2$$

Maßgebend ist $s_k = 1{,}23$ kN/m^2

Zu 4.: Winterberg/Sauerland (SLZ 3, $A = 668$ m)
Hinweis: Winterberg ist abweichend zur Darstellung in der Schneelastzonenkarte der Schneelastzone 3 zugeordnet. Siehe hierzu die Excel-Tabelle des DIBt.

$$s_k = 0{,}31 + 2{,}91 \cdot \left(\frac{A + 140}{760} \right)^2 = 0{,}31 + 2{,}91 \cdot \left(\frac{668 + 140}{760} \right)^2 = 3{,}60 \text{ kN/m}^2$$
$$> \min s_k = 1{,}10 \text{ kN/m}^2$$

Maßgebend ist $s_k = 3{,}60$ kN/m^2

Zu 5.: Garmisch-Partenkirchen (SLZ 3, $A = 708$ m)

$$s_k = 0{,}31 + 2{,}91 \cdot \left(\frac{A + 140}{760} \right)^2 = 0{,}31 + 2{,}91 \cdot \left(\frac{708 + 140}{760} \right)^2 = 3{,}93 \text{ kN/m}^2$$
$$> \min s_k = 1{,}10 \text{ kN/m}^2$$

Maßgebend ist $s_k = 3{,}93$ kN/m^2

Beispiel 6.2 – Schneelast auf dem Boden im Norddeutschen Tiefland

Kategorie (B)
    Für den Standort Bremen (SLZ 2, $A = 5$ m) sind die Bemessungswerte der Schneelasten auf dem Boden in der ständigen und außergewöhnlichen Bemessungssituation (Norddt. Tiefland) zu berechnen. Es ist der Nachweis gegen Versagen des Tragwerks (STR) anzunehmen. ◄

1. **Bremen**:

Ständige Bemessungssituation
Charakteristischer Wert:

$$s_k = 0{,}25 + 1{,}91 \cdot \left(\frac{A + 140}{760}\right)^2 = 0{,}25 + 1{,}91 \cdot \left(\frac{5 + 140}{760}\right)^2 = 0{,}32 \text{ kN/m}^2$$

$$\geq 0{,}85 \text{ kN/m}^2$$

Maßgebend ist der Sockelbetrag, d. h. $s_k = 0{,}85$ kN/m^2.
Bemessungswert: Teilsicherheitsbeiwert für veränderliche Einwirkungen: $\gamma_Q = 1{,}5$

$$s_d = \gamma_Q \cdot s_k = 1{,}5 \cdot 0{,}85 = 1{,}28 \text{ kN/m}^2$$

Außergewöhnliche Bemessungssituation (Norddt. Tiefland)
Bemessungswert:

$$s_{Ad} = C_{esl} \cdot s_k = 2{,}3 \cdot 0{,}85 = 1{,}96 \text{ kN/m}^2$$

Ein Vergleich der Bemessungswerte der Schneelasten der ständigen und außergewöhnlichen Bemessungssituation zeigt, dass der Wert für den Fall „Norddt. Tiefland" maßgebend ist. Allerdings muss für eine vollständige Bewertung auch die Baustoffseite betrachtet werden, das sich hier ebenfalls unterschiedliche Teilsicherheitsbeiwerte für die ständige und außergewöhnliche Bemessungssituation ergeben. Für die Beurteilung wird ein Tragwerk in Holzbauweise angenommen. Der Teilsicherheitsbeiwert für Holz in der ständigen Bemessungssituation ist für Nachweise der Tragfähigkeit mit $\gamma_M = 1{,}3$ festgelegt. In der außergewöhnlichen Bemessungssituation ist dagegen $\gamma_M = 1{,}0$ anzunehmen.

Für einen Vergleich wird der Teilsicherheitsbeiwert γ_M von der Baustoffseite auf die Einwirkungsseite gebracht, indem die Nachweisgleichung mit γ_M multipliziert wird. Anteile aus ständigen und anderen Einwirkungen werden hier nicht berücksichtigt. Es gilt:
$E(s_d) \leq R_d = f_k/\gamma_M = > \gamma_M \cdot E(s_d) \leq R_d = f_k$ (f_k: charakt. Wert der Festigkeit)
Für die ständige Bemessungssituation ergibt sich:

$$\gamma_M \cdot s_d = 1{,}3 \cdot 1{,}28 = 1{,}67 \text{ kN/m}^2$$

Für die außergewöhnliche Bemessungssituation gilt:

$$\gamma_M \cdot s_{Ad} = 1{,}0 \cdot 1{,}96 = 1{,}96 \, \text{kN/m}^2$$

Fazit
Sofern nur die Schneelast betrachtet wird, ist die außergewöhnliche Bemessungssituation
(Norddt. Tiefland) maßgebend, da $1{,}96 > 1{,}67 \, \text{kN/m}^2$.

Da für die Bemessung i. d. R. weitere veränderliche Einwirkungen zu berücksichtigen
sind (z. B. Wind, Nutzlasten), kann es durch die Kombination der verschiedenen Einwirkungen und Beachtung der Kombinationsregeln und Kombinationsbeiwerte nach
DIN EN 1990 dazu kommen, dass auch die ständige Bemessungssituation maßgebend
wird. Eine pauschale Aussage durch alleinigen Vergleich der Schneelasten ist nicht
möglich.

6.4.2   Umrechnung der Schneelast in verschiedene Bezugsflächen

Beispiel 6.3 – Umrechnung der Schneelast (Gfl.) für andere Bezugsflächen

Kategorie (A)
  Gegeben: Schneelast auf dem Dach: ◀

$$s = 1{,}20 \, \text{kN/m}^2 \, (\text{Gfl.}) \text{ bezogen auf die Grundfläche}$$

Dachneigung: $\alpha = 30°$
  Gesucht: Schneelast bezogen auf die Dachfläche:

$$s_{Dfl.} = s \cdot \cos \alpha = 1{,}20 \cdot \cos 30° = 1{,}04 \, \text{kN/m}^2$$

Der Wert der Schneelast auf dem Dach $s_{Dfl.}$ ist kleiner als die auf die Grundfläche bezogene
Schneelast s, da die Dachfläche aufgrund der Neigung größer als die zugehörige Grundfläche ist. Anschaulich kann dies auch so erklärt werden, dass die vorhandene Schnee-
menge, die auf der horizontalen Grundfläche wirkt, bei einem geneigten Dach auf eine
größere Fläche verteilt wird. Die Schneelastordinate (d. h. $s_{Dfl.}$) muss demnach kleiner
werden.

Schneelast senkrecht zur Dachfläche:

$$s_\perp = s \cdot \cos^2 \alpha = 1{,}20 \cdot \cos^2 30° = 0{,}90 \, \text{kN/m}^2$$

Tab. 6.2 Formbeiwert μ_1 für Flach- und Pultdächer

Dachneigung α	Formbeiwert μ_1	
	Schnee kann ungehindert vom Dach abrutschen[a]	Schnee kann *nicht* ungehindert vom Dach abrutschen[b]
$0° \leq \alpha \leq 30°$	$\mu_1 = 0{,}8$	$\mu_1 = 0{,}8$
$30° < \alpha < 60°$	$\mu_1 = 0{,}8 \cdot (60° - \alpha)/30°$	
$\alpha \geq 60°$	$\mu_1 = 0$	

[a] Die Formbeiwerte gelten, wenn der Schnee ungehindert vom Dach abrutschen kann
[b] Wird das Abrutschen behindert (z. B. durch Schneefanggitter, Brüstungen o. Ä.) ist der Formbeiwert unabhängig von der Dachneigung mit $\mu_1 = 0{,}8$ anzusetzen

Schneelast parallel zur Dachfläche:

$$s_\| = s \cdot \cos \alpha \cdot \sin \alpha = 1{,}20 \cdot \cos 30° \cdot \sin 30° = 0{,}52 \ \text{kN/m}^2$$

Die beiden Anteile ($s_\perp$ und $s_\|$) sind immer gleichzeitig anzusetzen.

6.4.3 Flach- und Pultdächer

Formbeiwerte
Für Flach- und Pultdächer wird der Formbeiwert μ_1 verwendet (Tab. 6.2). Für Dächer mit großen Grundrissabmessungen, d. h. für Dächer, deren kleinste Grundriss-Abmessung mehr als 50 m beträgt (z. B. große Lager-, Industriehallen), gelten Sonderregelungen; siehe 6.4.8.

Schneelastverteilung
Bei Flach- und Pultdächern ist eine gleichmäßig verteilte Schneelast anzusetzen (Abb. 6.4).

Die Lastanordnung gilt gleichermaßen für unverwehte und verwehte Schneelastverteilungen. Ausgenommen hiervon sind Fälle, bei denen die verwehte Lastverteilung für lokale Bedingungen festgelegt wird. Dies ist im Einzelfall zu prüfen.

Beispiel 6.4 – Schneelast auf einem Flachdach

Kategorie (A)
    Für die in Abb. 6.5 dargestellte Halle mit Flachdach sind die Schneelast zu berechnen sowie die Schneelastverteilung anzugeben. ◀

- Bauwerksstandorte: Winterberg (SLZ 3)/Hamburg (SLZ 2)
- Höhe über NN: $A = 668$ m/$A = 10$ m

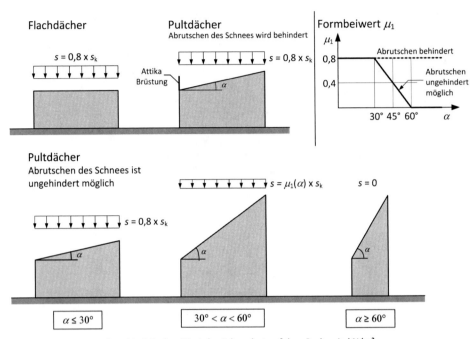

Flachdächer

$s = 0,8 \times s_k$

Pultdächer
Abrutschen des Schnees wird behindert

$s = 0,8 \times s_k$

Attika
Brüstung

α

Formbeiwert μ_1

μ_1

0,8   Abrutschen behindert

0,4   Abrutschen
      ungehindert
      möglich

30° 45° 60° α

Pultdächer
Abrutschen des Schnees ist
ungehindert möglich

$s = 0,8 \times s_k$

α

$s = \mu_1(\alpha) \times s_k$

α

$s = 0$

α

| $\alpha \leq 30°$ | $30° < \alpha < 60°$ | $\alpha \geq 60°$ |

s_k: charakteristischer Wert der Schneelast auf dem Boden, in kN/m²

Abb. 6.4 Formbeiwert μ_1 sowie Schneelastverteilungen bei Flach- und Pultdächern (Hinweis: bei außergewöhnlichen Einwirkungen ist s_{Ad} statt s_k anzusetzen)

Schneelast
Standort Hamburg

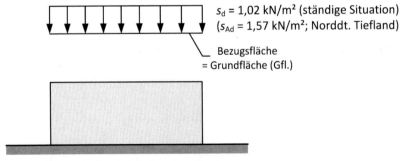

$s_d = 1,02$ kN/m² (ständige Situation)
($s_{Ad} = 1,57$ kN/m²; Norddt. Tiefland)

Bezugsfläche
= Grundfläche (Gfl.)

Hinweis: angegeben sind die Bemessungswerte

Abb. 6.5 Beispiel 6.4 – Schneelast bei einer Halle mit Flachdach mit den Grundrissabmessungen 10 m x 25 m (hier dargestellt für den Standort Hamburg/SLZ 2, $A = 10$ m)

- Grundrissabmessungen der Halle: 10 m × 25 m

  !Erhöhte Schneelasten brauchen nicht angesetzt zu werden, da die kleinste Grundrissabmessung mit 10 m < 50 m ist.

  !Winterberg ist abweichend von der Darstellung der Karte mit den Schneelastzonen in Zone 3 eingeordnet. Siehe hierzu die Excel-Tabelle „*Zuordnung der Schneelastzonen nach Verwaltungsgrenzen*" (siehe www.dibt.de).

Schneelast auf dem Boden:

a) Winterberg (SLZ 3):

$$s_k = 0{,}31 + 2{,}91 \cdot \left(\frac{A + 140}{760}\right)^2 = 0{,}31 + 2{,}91 \cdot \left(\frac{668 + 140}{760}\right)^2$$

$$= 3{,}60 \ \text{kN/m}^2 > 1{,}10 \ \text{kN/m}^2 \ \text{(Sockelbetrag)}$$

=> Maßgebend ist $s_k = 3{,}60$ kN/m², da dieser Wert größer als der Sockelbetrag ist.
Schneelast auf dem Dach (bezogen auf die Grundfläche (Gfl.)):

Formbeiwert: $\mu_1 = 0{,}8$ (da $\alpha = 0° < 30°$)
Schneelast: $s = \mu_1 \cdot s_k = 0{,}8 \cdot 3{,}60 = 2{,}88$ kN/m² (als Gleichlast auf der Grundfläche verteilt)

b) Hamburg (SLZ 2):

$$s_k = 0{,}25 + 1{,}91 \cdot \left(\frac{A + 140}{760}\right)^2 = 0{,}25 + 1{,}91 \cdot \left(\frac{10 + 140}{760}\right)^2$$

$$= 0{,}32 \ \text{kN/m}^2 < 0{,}85 \ \text{kN/m}^2 \ \text{(Sockelbetrag)}$$

=> Maßgebend ist der Sockelbetrag $s_k = 0{,}85$ kN/m².
Schneelast auf dem Dach (bezogen auf die Grundfläche (Gfl.)):

Formbeiwert: $\mu_1 = 0{,}8$ (da $\alpha = 0° < 30°$)
Schneelast: $s = \mu_1 \cdot s_k = 0{,}8 \cdot 0{,}85 = 0{,}68$ kN/m² (charakteristischer Wert)
$s_d = \gamma_Q \cdot s = 1{,}5 \cdot 0{,}68 = 1{,}02$ kN/m² (Bemessungswert, ständige Bemessungssituation)

Norddeutsches Tiefland:

Hinweis: Am Standort Hamburg (SLZ 2) muss zusätzlich zur Schneelast in der ständigen Bemessungssituation ($s = 0{,}68$ kN/m²) auch die Schneelast in der außergewöhnlichen Bemessungssituation für das Norddeutsche Tiefland berücksichtigt werden.

Der Bemessungswert der Schneelast auf dem Boden im Norddeutschen Tiefland berechnet sich wie folgt:

$$s_{\mathrm{Ad}} = C_{\mathrm{esl}} \cdot s_k = 2{,}3 \cdot 0{,}85 = 1{,}96 \, \mathrm{kN/m^2}$$

Schneelast auf dem Dach (Bemessungswert, außergewöhnliche Bemessungssituation):

$$s_{\mathrm{d}} = \mu_1 \cdot s_k = 0{,}8 \cdot 1{,}96 = 1{,}57 \, \mathrm{kN/m^2}$$

Fazit: Die Schneelast in der außergewöhnlichen Bemessungssituation (Norddt. Tiefland) ist hier maßgebend, sofern nur die Schneelasten betrachtet werden (1,57 kN/m² > 1,02 kN/m²).

Beispiel 6.5 – Schneelast bei einem Gebäude mit Pultdächern

Kategorie (A)

Für das in Abb. 6.6 dargestellte Gebäude mit zwei unterschiedlich geneigten Pultdächern sind die Schneelast zu berechnen sowie die Schneelastverteilungen anzugeben. Der Schnee kann ungehindert vom Dach abrutschen; es ist auch später keine Anordnung von Hindernissen am Dachrand vorgesehen, die das Abrutschen des Schnees behindern. ◀

- Bauwerksstandort: Siegen (SLZ 2a)
- Höhe über NN: $A = 300$ m

Schneelast auf dem Boden:

$$s_k = 1{,}25 \cdot \left[0{,}25 + 1{,}91 \cdot \left(\frac{A + 140}{760}\right)^2\right] = 1{,}25 \cdot \left[0{,}25 + 1{,}91 \cdot \left(\frac{300 + 140}{760}\right)^2\right]$$
$$= 1{,}11 \, \mathrm{kN/m^2} > 1{,}06 \, \mathrm{kN/m^2} \, \text{(Sockelbetrag)}$$

=> Maßgebend ist $s_k = 1{,}11$ kN/m², da dieser Wert größer als der Sockelbetrag ist.

a) *Schneelast auf dem Dach (bezogen auf die Grundfläche (Gfl.)):*

Dachfläche links mit $\alpha_1 = 21°$ Dachneigung:

Formbeiwert: $\mu_1 = 0{,}8$ (da $\alpha_1 = 21° < 30°$)
Schneelast: $s = \mu_1 \cdot s_k = 0{,}8 \cdot 1{,}11 = 0{,}89$ kN/m² (als Gleichlast auf der Grundfläche verteilt)

Schneelast
bezogen auf die Grundfläche (s)

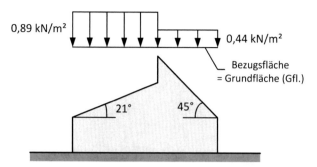

bezogen auf die Dachfläche ($s_{\text{Dfl.}}$)

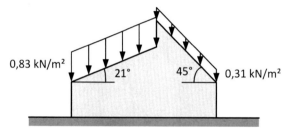

Zerlegung in Komponenten $s_\perp$ und $s_{\parallel}$

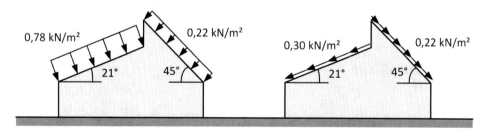

Abb. 6.6 Beispiel 6.5 – Schneelast bei einem Gebäude mit zwei unterschiedlich geneigten Pultdächern (Standort: Siegen, SLZ 2a, Höhe über NN = 300 m)

Dachfläche rechts mit $\alpha_2 = 45°$ Dachneigung:

Formbeiwert: $\mu_1 = 0,8 \cdot (60° - \alpha_2)/30° = 0,8 \cdot (60° - 45°)/30° = 0,4$
Schneelast: $s = \mu_1 \cdot s_k = 0,4 \cdot 1,11 = 0,44$ kN/m^2 (als Gleichlast auf der Grundfläche verteilt)

b) *Umrechnung der Schneelast in eine Größe bezogen auf die Dachfläche (Dfl.):*

Dachfläche links ($\alpha_1 = 21°$):

$$s_{\text{Dfl.}} = s \cdot \cos \alpha_1 = 0{,}89 \cdot \cos 21° = 0{,}83 \text{ kN/m}^2 (\text{Dfl.})$$

Dachfläche rechts ($\alpha_2 = 45°$):

$$s_{\text{Dfl.}} = s \cdot \cos \alpha_1 = 0{,}44 \cdot \cos 45° = 0{,}31 \text{ kN/m}^2 (\text{Dfl.})$$

c) Zerlegung der Schneelast in die Komponenten $s_\perp$ und s_{II}:

Dachfläche links ($\alpha_1 = 21°$):

$$s_\perp = s \cdot \cos^2 \alpha = 0{,}89 \cdot \cos^2 21° = 0{,}78 \text{ kN/m}^2$$
$$s_\| = s \cdot \cos \alpha \cdot \sin a = 0{,}89 \cdot \cos 21° \cdot \sin 21° = 0{,}30 \text{ kN/m}^2$$

Dachfläche rechts ($\alpha_2 = 45°$):

$$s_\perp = s \cdot \cos^2 \alpha = 0{,}44 \cdot \cos^2 45° = 0{,}22 \text{ kN/m}^2$$
$$s_\| = s \cdot \cos \alpha \cdot \sin \alpha = 0{,}44 \cdot \cos 45° \cdot \sin 45° = 0{,}22 \text{ kN/m}^2$$

Hinweis: Zusätzliche Schneelasten durch Verwehung am Höhensprung im Bereich des Firstes werden hier nicht angesetzt, da der Höhensprung $h < 0{,}5$ m beträgt (Annahme).

6.4.4 Satteldächer

Formbeiwerte
Bei Satteldächern wird für die Ermittlung der Schneelast auf dem Dach der Formbeiwert μ_2 verwendet; siehe Tab. 6.3 und Abb. 6.7.

Hinweis: Bei geneigten Dächern, bei denen das Abrutschen des Schnees behindert wird (z. B. durch ein Schneefanggitter, Brüstung o. Ä.) ist als Formbeiwert unabhängig von der Dachneigung $\mu = 0{,}8$ anzusetzen.

Tab. 6.3 Formbeiwert μ_2 Satteldächer

	Formbeiwert μ_2	
Dachneigung	Schnee kann ungehindert vom Dach abrutschen[a]	Schnee kann *nicht* ungehindert vom Dach abrutschen[b]
$0° \leq \alpha \leq 30°$	$\mu_2 = 0{,}8$	$\mu_2 = 0{,}8$
$30° < \alpha < 60°$	$\mu_2 = 0{,}8 \cdot (60° - \alpha)/30°$	
$\alpha \geq 60°$	$\mu_2 = 0$	

[a]Die Formbeiwerte gelten, wenn der Schnee ungehindert vom Dach abrutschen kann
[b]Wird das Abrutschen behindert (z. B. durch Schneefanggitter, Brüstungen o. Ä.) ist der Formbeiwert unabhängig von der Dachneigung mit $\mu_2 = 0{,}8$ anzusetzen

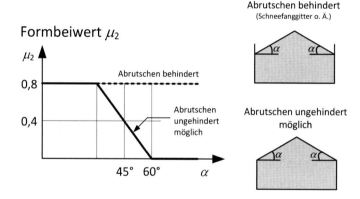

Abb. 6.7 Formbeiwert μ_2 für Satteldächer

Schneelastverteilung

Für Satteldächer sind drei Lastanordnungen zu untersuchen (Abb. 6.8). Ohne Windeinfluss stellt sich die Verteilung (a) ein, mit Verwehungs- und Abtaueinflüssen ergeben sich die Verteilungen (b) und (c) (jeweils einseitig „halbe" Schneelast).

Für Dächer bis 30° mit großen Grundrissabmessungen, d. h. Dächer, deren kleinste Abmessung mehr als 50 m beträgt (z. B. große Lager-, Industriehallen), gelten Sonderregelungen; siehe 6.8.4.

Beispiel 6.6 – Schneelasten auf einem Satteldach

Kategorie (A)

Für das in Abb. 6.9 dargestellte Gebäude mit einem symmetrischen Satteldach und einer Dachneigung von $\alpha = 35°$ sind die Schneelast zu berechnen sowie die Schneelastverteilungen anzugeben. Der Schnee kann ungehindert vom Dach abrutschen; es ist auch später keine Anordnung von Hindernissen am Dachrand vorgesehen, die das Abrutschen des Schnees behindern. ◄

Unsymmetrisches Satteldach

Symmetrisches Satteldach

(a) Unverwehte Schneelast

(a) Unverwehte Schneelast

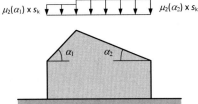

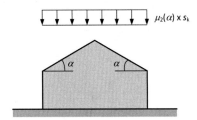

(b) Verwehte Schneelast (einseitig $s_{rechts}/2$)

(b) Verwehte Schneelast (einseitig $s_{rechts}/2$)

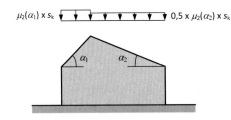

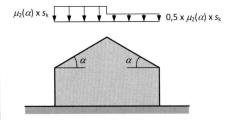

(c) Verwehte Schneelast (einseitig $s_{links}/2$)

(c) Verwehte Schneelast (einseitig $s_{links}/2$)

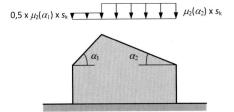

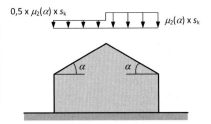

Abb. 6.8 Schneelastverteilungen bei unsymmetrischen und symmetrischen Satteldächern (Hinweis: bei außergewöhnlichen Einwirkungen ist s_{Ad} statt s_k anzusetzen)

- Bauwerksstandort: Siegen (SLZ 2a)
- Höhe über NN: $A = 350$ m

a) *Schneelast auf dem Boden:*

$$s_k = 1{,}25 \cdot \left[0{,}25 + 1{,}91 \cdot \left(\frac{A + 140}{760}\right)^2\right] = 1{,}25 \cdot \left[0{,}25 + 1{,}91 \cdot \left(\frac{350 + 140}{760}\right)^2\right]$$

$$= 1{,}31 \text{ kN/m}^2 > 1{,}06 \text{ kN/m}^2 \text{ (Sockelbetrag)}$$

Abb. 6.9 Beispiel 6.6 –
Schneelast auf einem
symmetrischen Satteldach

(a) Unverwehte Schneelast

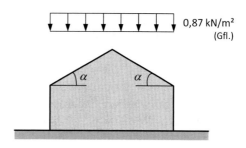

(b) Verwehte Schneelast (einseitig $s_{rechts}/2$)

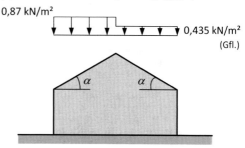

(c) Verwehte Schneelast (einseitig $s_{links}/2$)

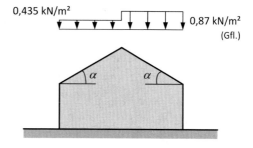

=> Maßgebend ist $s_k = 1{,}31$ kN/m², da dieser Wert größer als der Sockelbetrag ist.

b) *Schneelast auf dem Dach (bezogen auf die Grundfläche (Gfl.)):*

Formbeiwert: $\mu_2 = 0{,}8 \cdot (60° - \alpha)/30° = 0{,}8 \cdot (60° - 35°)/30° = 0{,}667$
    Schneelast: $s = \mu_2 \cdot s_k = 0{,}667 \cdot 1{,}31 = 0{,}87$ kN/m²

c) *Schneelastverteilung*

Die Schneelastverteilung ist nach den Regeln in Abb. 6.8 anzusetzen; siehe Abb. 6.9.

6.4.5   Aneinandergereihte Satteldächer und Scheddächer

Für die Bestimmung der Schneelasten auf aneinandergereihten Satteldächern und Scheddächern werden die Formbeiwerte μ_2 (für die außenliegenden Dachflächen; Tab. 6.3) und
μ_3 (für die Tiefpunkte der innenliegenden Dachflächen; Tab. 6.4) benötigt. Als Schneelastverteilungen sind solche ohne Windeinfluss (unverweht) (Abb. 6.10, Lastanordnung
(a)) und mit Windeinfluss (verweht) (Abb. 6.10, Lastanordnung (b)) zu untersuchen.

Die horizontal wirkende Schneelast auf lotrechte oder steile Fensterbänder kann in
Anlehnung an die Regeln in 6.11.2 (Schneelasten an Schneefanggittern) ermittelt werden.

Beispiel 6.7– Aneinandergereihte Satteldächer

Kategorie (B)

Für das in Abb. 6.11 dargestellte Gebäude mit zwei aneinandergereihten Sattelda-
chern sind die Schneelast zu berechnen sowie die Schneelastverteilungen anzugeben.
Der Schnee kann von den außenliegenden Dachflächen ungehindert vom Dach
abrutschen. ◀

- Bauwerksstandort: Bochum (SLZ 1)
- Höhe über NN: $A = 120$ m

Tab. 6.4 Formbeiwert μ_3 für aneinandergereihte Satteldächer und Scheddächer

Dachneigung	Formbeiwert μ_3
$0° \leq \alpha \leq 30°$	$\mu_3 = 0,8 + 0,8 \cdot \alpha/30°$
$30° < \alpha < 60°$	$\mu_3 = 1,6$
$\alpha \geq 60°$	$\mu_3 = 1,6$

Begrenzung des Formbeiwertes μ_3:
Der Formbeiwert μ_3 darf auf folgenden Wert begrenzt werden:
max $\mu_3 = \gamma \cdot h/s_k + \mu_2$ bzw.
bei außergewöhnlichen Einwirkungen (Norddt. Tiefland) auf:
max $\mu_3 = \gamma \cdot h/s_{Ad} + \mu_2$
γ Wichte des Schnees ($\gamma = 2$ kN/m^3)
h Höhe des Firstes über der Traufe in m
s_k charakteristischer Wert der Schneelast auf dem Boden in kN/m^2
s_{Ad} außergewöhnliche Schneelast im Norddeutschen Tiefland in kN/m^2

Mittlerer Dachneigungswinkel α_m:
Für die Berechnung des Formbeiwertes der Innenfelder μ_3 ist der mittlere Dachneigungswinkel α_m
anzusetzen.
Es gilt:
$\alpha_m = 0,5 \cdot (\alpha_1 + \alpha_2)$
mit: α_1, α_2 Dachneigungswinkel der aneinander grenzenden Innenfelder

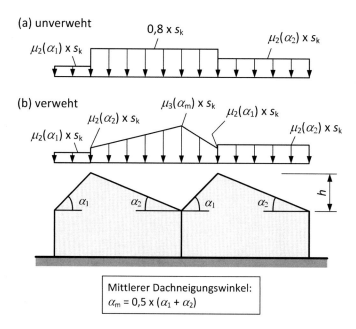

Abb. 6.10 Schneelastverteilungen bei aneinandergereihten Satteldächern und Scheddächern (Hinweis: bei außergewöhnlichen Einwirkungen ist s_{Ad} statt s_k anzusetzen)

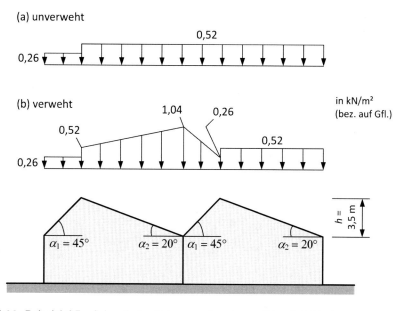

Abb. 6.11 Beispiel 6.7 – Schneelast auf einem aneinandergereihten Satteldach

Schneelast auf dem Boden:

$$s_k = 0{,}19 + 0{,}91 \cdot \left(\frac{A + 140}{760}\right)^2 = 0{,}19 + 0{,}91 \cdot \left(\frac{120 + 140}{760}\right)^2 = 0{,}30 \text{ kN/m}^2$$
$$< 0{,}65 \text{ kN/m}^2$$

Maßgebend ist der Sockelbetrag: $s_k = 0{,}65$ kN/m^2

a) *Schneelast auf dem Dach:*

Formbeiwerte:

$$\mu_2(\alpha_1) = 0{,}8 \cdot (60° - \alpha_1)/30° = 0{,}8 \cdot (60° - 45°)/30° = 0{,}40 \text{ für } \alpha_1 = 45°$$
$$\mu_2(\alpha_2) = 0{,}8 \text{ für } \alpha_2 = 20°$$
$$\mu_3(\alpha_m) = 1{,}6 \text{ für } \alpha_m = (45° + 20°)/2 = 32{,}5°$$
$$\max \mu_3 = \gamma \cdot h/s_k + \mu_2 = 2{,}0 \cdot 3{,}5/0{,}65 + 0{,}73 = 11{,}5 \text{ (nicht maßgebend)}$$
$$\text{mit}: \mu_2(\alpha_m) = 0{,}8 \cdot (60° - \alpha_m)/30° = 0{,}8 \cdot (60° - 32{,}5°)/30° = 0{,}73$$

Schneelastordinaten:

(a) unverweht (von links nach rechts):

$$\mu_2(\alpha_1) \cdot s_k = 0{,}40 \cdot 0{,}65 = 0{,}26 \text{ kN/m}^2$$
$$0{,}8 \cdot s_k = 0{,}80 \cdot 0{,}65 = 0{,}52 \text{ kN/m}^2$$
$$\mu_2(\alpha_2) \cdot s_k = 0{,}80 \cdot 0{,}65 = 0{,}52 \text{ kN/m}^2$$

(b) unverweht (v. links n. rechts):

$$\mu_2(\alpha_1) \cdot s_k = 0{,}40 \cdot 0{,}65 = 0{,}26 \text{ kN/m}^2$$
$$\mu_2(\alpha_2) \cdot s_k = 0{,}80 \cdot 0{,}65 = 0{,}52 \text{ kN/m}^2$$
$$\mu_3(\alpha_m) \cdot s_k = 1{,}6 \cdot 0{,}65 = 1{,}04 \text{ kN/m}^2$$
$$\mu_2(\alpha_1) \cdot s_k = 0{,}40 \cdot 0{,}65 = 0{,}26 \text{ kN/m}^2$$
$$\mu_2(\alpha_2) \cdot s_k = 0{,}80 \cdot 0{,}65 = 0{,}52 \text{ kN/m}^2$$

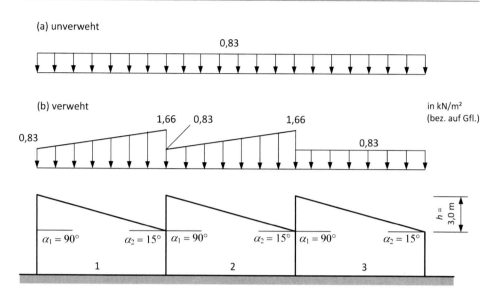

Abb. 6.12 Beispiel 6.8 – Schneelast auf einem Scheddach

Beispiel 6.8 – Schneelasten auf einem Scheddach

Kategorie (B)

Für das in Abb. 6.12 dargestellte Gebäude mit Scheddach sind die Schneelast zu berechnen sowie die Schneelastverteilungen anzugeben. Der Schnee kann von der außenliegenden Dachfläche ungehindert vom Dach abrutschen: ◄

- Bauwerksstandort: SLZ 2
- Höhe über NN: $A = 350$ m

$$s_k = 0{,}25 + 1{,}91 \cdot \left(\frac{A + 140}{760}\right)^2 = 0{,}25 + 1{,}91 \cdot \left(\frac{350 + 140}{760}\right)^2 = 1{,}04 \text{ kN/m}^2$$

$$> 0{,}85 \text{ kN/m}^2$$

Schneelast auf dem Boden:
Maßgebend ist: $s_k = 1{,}04$ kN/m^2

a) *Schneelast auf dem Dach:*

Hinweis: Im Vergleich zur bisherigen Regelung in DIN EN 1991-1-3/NA (2010) [6] wurde die Trennung zwischen aneinandergereihten Satteldächern und Scheddächern aufgegeben. Scheddächer sind nach DIN EN 1991-1-3/NA (2019) [2] zukünftig als aneinandergereihte Satteldächer aufzufassen, wobei sich die Besonderheit ergibt, dass eine Dachfläche lotrecht ist (hier: $\alpha_1 = 90°$). Damit kann sich in der Kehle bei der Lastanordnung „verweht" je nach Neigungswinkel eine größere Schneelast als nach bisheriger Regelung ergeben.

Hier: Der mittlere Dachneigungswinkel α_m berechnet sich zu:

$$\alpha_m = (\alpha_1 + \alpha_2)/2 = (90° + 15°)/2 = 52{,}5°$$

Formbeiwerte:

$$\mu_2(\alpha_2) = 0{,}8 \text{ für } \alpha_2 = 15°$$
$$\mu_3(\alpha_m) = 1{,}6 \text{ für } \alpha_m = 52{,}5° \text{(s.o.)}$$
$$\max \mu_3 = \gamma \cdot h/s_k + \mu_2 = 2{,}0 \cdot 3{,}0/1{,}04 + 0{,}8 = 6{,}6 \text{ (nicht maßgebend)}$$

Schneelastordinaten:

(a) unverweht:

$$0{,}8 \cdot s_k = 0{,}8 \cdot 1{,}04 = 0{,}83 \text{ kN/m}^2 (\text{Felder 1 und 2})$$
$$\mu_2(\alpha_2) \cdot s_k = 0{,}8 \cdot 1{,}04 = 0{,}83 \text{ kN/m}^2 (\text{Feld 3})$$

(b) verweht:

$$\mu_2(\alpha_2) \cdot s_k = 0{,}8 \cdot 1{,}04 = 0{,}83 \text{ kN/m}^2 (\text{Felder 1 u.2, links})$$
$$\mu_3(\alpha_m) \cdot s_k = 1{,}6 \cdot 1{,}04 = 1{,}66 \text{ kN/m}^2 (\text{Felder 1 u.2, rechts})$$
$$\mu_2(\alpha_2) \cdot s_k = 0{,}8 \cdot 1{,}04 = 0{,}83 \text{ kN/m}^2 (\text{Feld 3})$$

Horizontale Belastung auf die lotrechten Flächen (Fensterbänder):
Die horizontale Belastung auf die lotrechten Flächen (Fensterbänder) kann in Anlehnung an die Regeln für die Ermittlung der Schneelast auf Schneefanggitter erfolgen (s. Abschn. 6.4.12). Es ist in die Fälle (a) unverweht und (b) verweht zu unterscheiden.

(a) unverweht:

$$F_S = s \cdot b \cdot \sin\alpha = 0{,}83 \cdot 11{,}2 \cdot \sin 15° = 2{,}41 \text{ kN/m}$$
$$\text{horizontale Komponente}: F_{S,H} = F_S \cdot \cos\alpha = 2{,}41 \cdot \cos 15° = 2{,}32 \text{ kN/m}$$

(b) verweht:

$$F_S = s \cdot b \cdot \sin\alpha = (0{,}83 + 1{,}66)/2 \cdot 11{,}2 \cdot \sin 15° = 3{,}61 \text{ kN/m}$$
$$\text{horizontale Komponente}: F_{S,H} = F_S \cdot \cos\alpha = 3{,}61 \cdot \cos 15° = 3{,}49 \text{ kN/m}$$

6.4.6 Tonnendächer

Für die Schneelastverteilung bei Tonnendächern gelten abweichend zur Norm die Regeln des Nationalen Anhangs (DIN EN 1991-1-3/NA) [2]. Danach sind Tonnendächer für eine gleichmäßig verteilte Schneelast (unverweht) (Lastanordnung (a) in Abb. 6.13) und für eine unsymmetrische Schneelast (verweht) (Lastanordnung (b) in Abb. 6.13) zu untersuchen. Die Schneelasten sind jeweils auf der gesamten Dachbreite b anzusetzen.

Für die Formbeiwerte μ_2 (unverweht) und μ_4 (verweht) gelten die Zahlenwerte in Abb. 6.13.

Hinweis: Bei leichten Tragwerken und glatten Dachoberflächen (z. B. Glasflächen) wird empfohlen, zusätzlich zu den Lastfällen (a) und (b) nach Abb. 6.13 einen weiteren Lastfall (c) mit $\mu_4 = 1{,}0$ zu untersuchen, bei dem ein einseitig schneefreies Dach angenommen wird [7].

Beispiel 6.9 – Schneelasten bei einem Tonnendach

Katgorie (B)

Für das in Abb. 6.14 dargestellte Tonnendach sind die Schneelasten sowie Schneelastverteilungen zu bestimmen. ◄

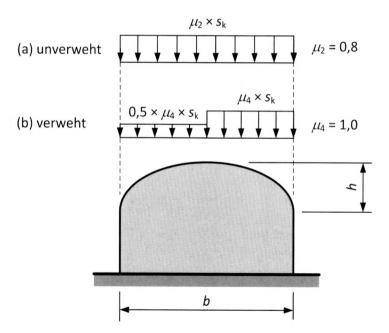

Abb. 6.13 Formbeiwerte und Schneelastverteilungen bei Tonnendächern

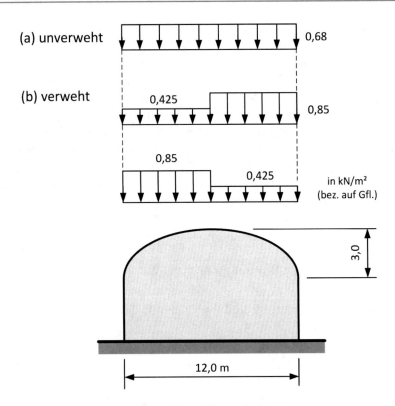

Abb. 6.14 Beispiel 6.9 – Schneelasten bei einem Tonnendach

- Standort: SLZ 2
- Höhe über NN: $A = 100$ m

Schneelast auf dem Boden:

$$s_k = 0,25 + 1,91 \cdot \left(\frac{A + 140}{760}\right)^2 = 0,25 + 1,91 \cdot \left(\frac{100 + 140}{760}\right)^2 = 0,44 < 0,85 \text{ kN/m}^2$$

Maßgebend ist der Sockelbetrag mit $s_k = 0,85$ kN/m².
   Formbeiwerte und Schneelastordinaten:

(a) unverweht:

$$\mu_2 \cdot s_k = 0,8 \cdot s_k = 0,8 \cdot 0,85 = 0,68 \text{ kN/m}^2$$

(als Gleichlast über die gesamte Dachbreite b verteilt)

(b) verweht:

$$0,5 \cdot \mu_4 \cdot s_k = 0,5 \cdot 1,0 \cdot s_k = 0,5 \cdot 0,8 \cdot 0,85$$

$$= 0,425 \text{ kN/m}^2 (\text{als Gleichlast auf einer Dachhälfte})$$

$$\mu_4 \cdot s_k = 1,0 \cdot s_k = 1,0 \cdot 0,85 = 0,85 \text{ kN/m}^2 \text{ (als Gleichlast auf einer Dachhälfte)}$$

6.4.7 Dächer mit Solaranlagen

Bei Dächern mit aufgeständerten Solaranlagen (Dachneigung $\leq 10°$) kommt es im Bereich der Solarmodule durch Windeinwirkung und Verwehungseinflüsse zu örtlichen Schnee-ansammlungen, die bei der Lastermittlung berücksichtigt werden müssen (Tab. 6.5 und Abb. 6.15).

Hinweis: Aufgeständerte Solaranlagen auf dem Dach führen im Bereich der Bele-gungsfläche der Solarmodule zuzüglich einem Streifen, dessen Breite der Höhe der Solarmodule entspricht, zu einer deutlichen Erhöhung der Schneelast auf dem Dach.

Beispiel 6.10 – Schneelasten bei einem Flachdach mit aufgeständerter Solaranlage

Kategorie (B)
   Für das Flachdach einer Halle mit einer aufgeständerten Solaranlage sind die Schnee-last auf dem Dach sowie die Schneelastverteilungen gesucht (Abb. 6.16). ◄

Tab. 6.5 Formbeiwerte bei Dächern mit Solaranlagen (Dachneigung $\leq 10°$)

Anlagenhöhe $h \leq 0,5$ m	Anlagenhöhe $h > 0,5$ m
Ständige Bemessungssituation: $\mu_5 = \min \begin{cases} 1,0 \\ \gamma \cdot \dfrac{h}{s_k}; \text{jedoch nicht weniger als } \mu_1 \text{ bzw.} \mu_2 \end{cases}$	Der für eine Anlagenhöhe mit $h \leq 0,5$ m berechnete Formbeiwert μ_5 ist um 10 % zu erhöhen.
Außergewöhnliche Bemessungssituation (Norddt. Tiefland): $\mu_5 = \min \begin{cases} 1,0 \\ \gamma \cdot \dfrac{h}{s_{Ad}}; \text{jedoch nicht weniger als } \mu_1 \text{ bzw.} \mu_2 \end{cases}$	

γ Wichte des Schnees ($\gamma = 2$ kN/m^3)
h Höhe der Solaranlage über der Dachfläche (Abb. 6.15) in m
s_k charakteristische Schneelast auf dem Boden in kN/m^2
s_{Ad} außergewöhnliche Schneelast auf dem Boden (Norddt. Tiefland) in kN/m^2

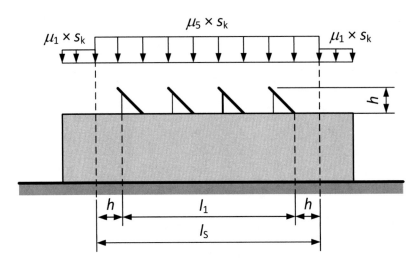

Abb. 6.15 Formbeiwerte und Schneelastverteilung bei Dächern bis 10° mit aufgeständerter Solaranlage

Randbedingungen:

- Standort: Siegen (SLZ 2a), Höhe über NN: $A = 320$ m
- Abmessungen des Flachdaches: $b = 20$ m, $t = 40$ m
- Belegungsfläche mit aufgeständerten Solarmodulen: Breite: $l_{1,b} = 10$ m, Tiefe: $l_{1,t} = 25$ m
- Höhe der Solarmodule über der Dachfläche: $h = 1,5$ m

Schneelast auf dem Boden:

$$s_k = 1,25 \cdot \left[0,25 + 1,91 \cdot \left(\frac{A + 140}{760}\right)^2\right] = 1,25 \cdot \left[0,25 + 1,91 \cdot \left(\frac{320 + 140}{760}\right)^2\right]$$

$$= 1,19 \text{ kN/m}^2 > 1,06 \text{ kN/m}^2$$

Formbeiwerte:

$$\mu_1 = 0,8 \text{ (Flachdach)}$$

μ_1 ist auf der verbleibenden Dachfläche (Randbereich) anzunehmen, auf der nicht μ_5 gilt.

$$\mu_5 = \min \begin{cases} 1,0 \\ \gamma \cdot \dfrac{h}{s_k}; \text{jedoch nicht weniger als } \mu_1 \text{ bzw.} \mu_2 \end{cases}$$

$$= \min \begin{cases} 1,0 \text{ (maßgebend)} \\ 2,0 \cdot \dfrac{1,5}{1,19} = 2,52 > \mu_1 = 0,8 \end{cases}$$

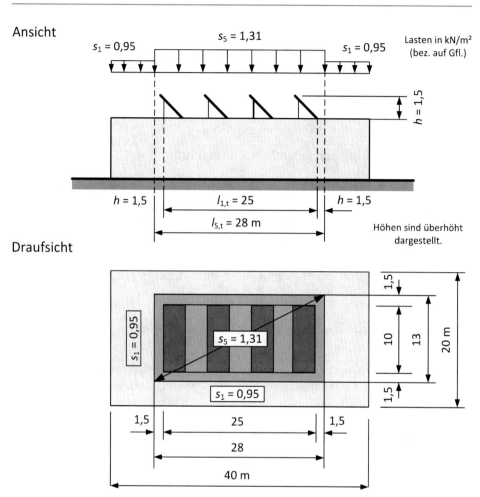

Abb. 6.16 Beispiel 6.10 – Schneelast auf einem Flachdach mit aufgeständerter Solaranlage

Da die Höhe der Solarmodule mit $h = 1{,}5$ m $> 0{,}5$ m ist, ist der Formbeiwert μ_5 um 10 % zu erhöhen:

$$\mu_5 = 1{,}1 \cdot 1{,}0 = 1{,}1$$

Als Verwehungslänge ergibt sich:

$$l_{S,b} = l_{1,b} + 2 \cdot h = 10 + 2 \cdot 1{,}5 = 13 \text{ m (Breite)}$$
$$l_{S,t} = l_{1,t} + 2 \cdot h = 25 + 2 \cdot 1{,}5 = 28 \text{ m (Breite)}$$

Schneelast auf dem Dach:

$$s_1 = \mu_1 \cdot s_k = 0,8 \cdot 1,19 = 0,95 \text{ kN/m}^2 \text{(im Restbereich)}$$
$$s_5 = \mu_5 \cdot s_k = 1,2 \cdot 1,19 = 1,31 \text{ kN/m}^2 \text{(im Einflussbereich der Solaranlage)}$$

6.4.8 Dächer mit großen Grundrissabmessungen

Bei Dächern mit großen Grundrissabmessungen sind höhere Schneelasten anzusetzen, da der Schnee hier nicht in dem Maße vom Dach herunter geweht werden kann als bei einem Dach mit kleiner Fläche. Die Schneelast auf dem Dach nähert sich bei großen Abmessungen dem Wert für die Schneelast auf dem Boden.

Aus diesem Grund sind die Formbeiwerte μ_1 oder μ_2 bei Dächern, deren kleinste Grundrissabmessung mehr als 50 m beträgt, zu erhöhen. Die Regel gilt für Dachneigungen bis 30° (Abb. 6.17).

Beispiel 6.11 – Schneelast auf einem großflächigen Flachdach

Kategorie (A)
    Es ist der Formbeiwert μ_1 für die Bestimmung der Schneelast bei einem großflächigen Flachdach (Grundrissabmessungen: 150 m x 200 m) zu bestimmen. ◀

Formbeiwert:
Maßgebend für die Bestimmung von μ_1 ist die kleinste Grundrissabmessung, d. h. $B = 150$ m.

$$\mu_1(\alpha = 0°) = 0,80 + 0,20 \cdot \frac{B - 50}{200} = 0,80 + 0,20 \cdot \frac{150 - 50}{200} = 0,90 < 1,0$$

Schneelast auf dem Dach:
    Die Schneelast auf dem Dach ergibt sich mithilfe des Formbeiwertes $\mu_1 = 0,90$. Sie ist im Vergleich zu einem Flachdach mit üblichen Abmessungen um 12,5 % größer ($= 0,90/0,80$).

Hinweis: Bei Dächern mit großen Grundrissabmessungen (kleinstes Maß $B > 50$ m) ist im Vergleich zu Dächern mit kleineren Abmessungen eine um bis zu 25 % höhere Schneelast auf dem Dach anzusetzen.

Formbeiwert	Verlauf des Formbeiwertes
$\mu_1(\alpha) = \mu_2(\alpha) = 0{,}80 + 0{,}20 \cdot \dfrac{B-50}{200} \leq 1{,}0$ mit: B kleinste der beiden Grundrissabmessungen des Daches in m; $B > 50$ m	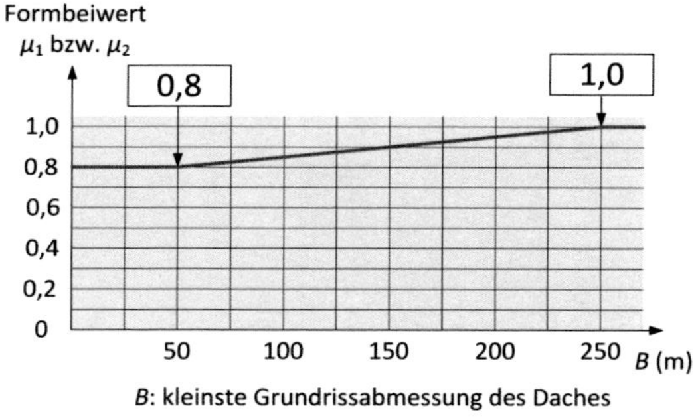 Formbeiwert μ_1 bzw. μ_2 — Werte: 1,0; 0,8; 0,6; 0,4; 0,2; 0 über B (m): 50, 100, 150, 200, 250 — B: kleinste Grundrissabmessung des Daches; Markierungen 0,8 und 1,0
Hinweis: der maximale Formbeiwert wird bei einer Grundrissabmessung von $B = 250$ m erreicht und beträgt in diesem Fall $\mu_{1/2} = 1{,}0$, d. h. dies entspricht der Schneelast auf dem Boden.	

Abb. 6.17 Formbeiwerte für großflächige Dächer bis 30°

6.4.9 Höhensprünge an Dächern

Auf Dächern unterhalb eines Höhensprunges kann es durch Anwehen und Abrutschen des Schnees vom höher gelegenen Dach zur einer Anhäufung von Schnee kommen. Dieser Lastfall ist auf dem tiefer liegenden Dach für das Abrutschen des Schnees generell und für das Anwehen erst ab einem Höhensprung von mehr als 0,5 m zu berücksichtigen. Ggfs. sind zusätzliche Stoßlasten aus den abrutschenden Schneemassen zu berücksichtigen. Schneelastverteilung nach Abb. 6.18, Formbeiwerte nach Tab. 6.6.

Sonderfälle
In DIN EN 1991-1-3 sowie DIN EN 1991-1-3/NA ist nur die einfache Situation eines Höhensprungs nach Abb. 6.18 mit einem höher liegenden und einem tiefer liegenden Dach mit konstantem Höhensprung geregelt. Es fehlen Angaben für viele Fälle, die in der Praxis häufig vorkommen. Beispielhaft werden einige derartige Fälle genauer betrachtet und ingenieurmäßige Lösungsansätze vorgeschlagen. Teilweise beruhen die Vorschläge auf den Auslegungen zur DIN 1991-1-3 bzw. DIN 1055-5 [8].

1. **Nicht direkt aneinandergrenzende Gebäude mit unterschiedlichen Höhen:**

Gebäude, die nicht direkt aneinandergrenzen und deren Dächer unterschiedliche Höhen aufweisen, kommen sowohl in Städten (Reihenhausbebauung) als auch in Gewerbe- und

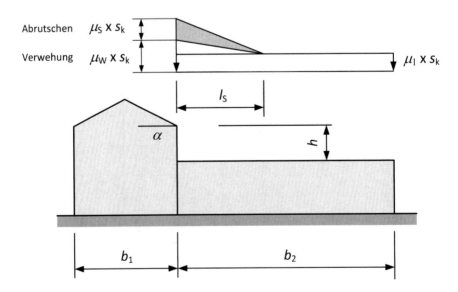

Abb. 6.18 Schneelasten bei einem Höhensprung

Tab. 6.6 Formbeiwerte für die Bestimmung der Schneelast auf dem tieferliegenden Dach an Höhensprüngen

Formbeiwerte bei Höhensprüngen	
Abrutschen	Verwehung
μ_S (Formbeiwert für abrutschenden Schnee)	μ_W (Fombeiwert für verwehten Schnee)
$\alpha \leq 15°$: $\mu_S = 0$ (sowie bei Schneefanggittern o. Ä.)	Schneelasten aus verwehtem Schnee sind nur anzusetzen bei Höhensprüngen $h > 0,5$ m
$\alpha > 15°$: μ_S ergibt sich aus einer Zusatzlast, die dreiecksförmig auf die Länge l_S verteilt ist. Als Zusatzlast werden 50 % der resultierenden Schneelast auf der anschließenden Dachseite des höher liegenden Daches angesetzt. Formbeiwert des höher liegenden Daches: $\mu = 0,8$ (unabhängig von der Dachneigung)	Ständige u. vorübergehende Bemessungssituation: $\mu_W = \frac{b_1+b_2}{2 \cdot h} \leq \frac{\gamma \cdot h}{s_k}$ Norddt. Tiefland: $\mu_W = \frac{b_1+b_2}{2 \cdot h} \leq \frac{\gamma \cdot h}{s_{Ad}}$
Begrenzung der Formbeiwerte:	
Allgemein (ständige, vorübergehende, außergewöhnliche Bemessungssituation)	$0,8 \leq \mu_W + \mu_S \leq 2,4$
Seitlich offene, zugängliche Vordächer[1] mit $b_2 \leq 3,0$ m	$0,8 \leq \mu_W + \mu_S \leq 2,0$
Alpine Region (DIN EN 1991-1-3, Abb. C.2) mit $s_k \geq 3,0$ kN/m²	$1,2 \leq \mu_W + \mu_S \leq 6,45/s_k^{0,9}$
Länge des Verwehungskeils l_S	
$l_S = 2 \cdot h \begin{cases} \geq 5 \text{ m} \\ \leq 15 \text{ m} \end{cases}$	Bei $b_2 < l_S$ gilt: Ist die Breite des tiefer liegenden Daches b_2 kürzer als die Länge des Verwehungskeils l_S, dann sind die Lastordinaten am Dachrand abzuschneiden.
In den Gleichungen bedeuten: γ Wichte des Schnees ($\gamma = 2$ kN/m³) h Höhensprung in m s_k charakt. Schneelast auf dem Boden in kN/m² s_{Ad} Bemessungswert der außergewöhnlichen Schneelast im Norddt. Tiefland in kN/m²	

[1]Bei seitlich offenen Vordächern mit $b_2 \leq 3,0$ m, die für die Räumung zugänglich sind, ist unabhängig von der Größe des Höhensprungs nur die ständige bzw. vorübergehende Bemessungssituation zu untersuchen

Industriegebieten häufig vor. Mit den o. a. Regeln lassen sich diese Fälle streng genommen nicht bearbeiten.

Lösungsvorschlag

Schneelasten aus Abrutschen und Verwehung sind bei tieferliegenden Gebäuden zu berücksichtigen, wenn der Abstand zum benachbarten Gebäude $\leq 1,5$ m beträgt. Bei einem

Abstand > 1,5 m zwischen den Gebäuden brauchen Schneelasten aus Abrutschen und Verwehung auf dem tieferliegenden Dach nicht angesetzt zu werden. Dieser Vorschlag ist in DIN EN 1991-1-3, Anhang B.3 angegeben. Hinweis: Anhang B der DIN EN 1991-1-3 ist in Deutschland nicht anzuwenden, dennoch wird diese Regel vom Autor als sinnvoll angesehen.

2. Nicht konstanter Höhensprung *h*:

Die Regeln zum Höhensprung in DIN EN 1991-1-3 und DIN EN 1991-1-3/NA setzen einen konstanten Abstand *h* zwischen höher liegendem und tieferliegendem Dach voraus. In der Praxis ergeben sich jedoch auch Fälle, bei denen der Höhensprung unterschiedliche Maße annimmt, z. B. bei Giebelwänden.

Lösungsvorschlag
Bei unterschiedlichen Höhensprüngen ist der Mittelwert anzusetzen, der sich aus den Höhen auf der Breite des tieferliegenden Dachs ergibt.

3. Gebäudekomplex mit Dachflächen auf mehreren Ebenen:

Die Regeln zur Bestimmung von Schneelasten an einem Höhensprung nach DIN EN 1991-1-3 und DIN EN 1991-1-3/NA setzen ein Gebäude mit höherliegendem Dach und ein Gebäude mit tiefergelegenem Dach voraus. Diese Situation ist in der Praxis nur in seltenen Fällen gegeben. Vielmehr gibt es im z. B. Industriebau häufig zusammenhängende Gebäudekomplexe mit unterschiedlich hohen Dachflächen, die direkt aneinandergrenzen.

Lösungsvorschlag
Für den Fall von direkt aneinandergrenzenden Gebäuden mit mehr als zwei unterschiedlich hohen Dachflächen wird vorgeschlagen, die Regeln für die Bestimmung der Schneelasten nach DIN EN 1991-1-3 und DIN EN 1991-1-3/NA für den dort dargestellten einfachen Fall sinngemäß anzuwenden. Das Maß b_1 umfasst die Summe der Abmessungen der höherliegenden Dächer, von denen Schnee auf das tieferliegende Dach herunterwehen kann. Die Breite b_2 bezeichnet die Abmessung des tieferliegenden Dachs, auf das Schnee verweht werden kann.

Beispiel 6.12 – Schneelasten bei einem Höhensprung (große Gebäudebreiten, geringer Höhensprung)

Kategorie (B)
   Für den in Abb. 6.19 dargestellten Gebäudekomplex mit Flachdächern und Höhensprung sind die Schneelasten zu bestimmen. ◀

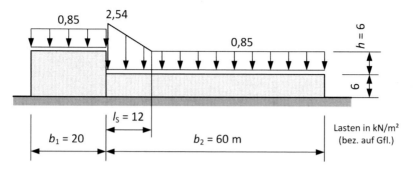

Abb. 6.19 Beispiel 6.12 – Schneelasten bei einem Höhensprung; hier zwei Flachdächer mit großen Gebäudebreiten und mittlerem Höhensprung

Randbedingungen:

- SLZ 2a
- Höhe über NN: $A = 250$ m
- Geometrie: $b_1 = 20$ m; $b_2 = 60$ m; $h = 6,0$ m

Schneelast auf dem Boden:

$$s_k = 1,25 \cdot \left[0,25 + 1,91 \cdot \left(\frac{A + 140}{760}\right)^2\right]$$
$$= 1,25 \cdot \left[0,25 + 1,91 \cdot \left(\frac{250 + 140}{760}\right)^2\right] = 0,94 < 1,06 \text{ kN/m}^2$$

Maßgebend ist der Sockelbetrag mit $s_k = 1,06$ kN/m^2.

Formbeiwerte:

Da das höher liegende Dach ein Flachdach ist, kann kein Schnee von dort abrutschen ($\mu_S = 0$). Es ist nur Verwehung möglich (Höhensprung > 0,5 m).

$$\mu_W = (b_1 + b_2)/(2\ h) = (20 + 60)/(2 \cdot 6,0) = 6,67 < \gamma \cdot h/s_k = 2,0 \cdot 6,0/1,06 = 11,3$$

Begrenzung der Formbeiwerte:

$$\mu_W + \mu_S = 6,67 + 0 = 6,67 > 0,8 \text{ und } \leq 2,4 \text{ (maßgebend)}$$

Schneelastordinaten:

a) Dach der Halle (tieferliegendes Dach):

am Höhensprung: $\mu_W \cdot s_k = 2{,}4 \cdot 1{,}06 = 2{,}54$ kN/m^2

im Normalbereich: $\mu_1 \cdot s_k = 0{,}8 \cdot 1{,}06 = 0{,}85$ kN/m^2

Verwehungslänge:

$l_S = 2 \cdot h = 2 \cdot 6{,}0 = 12{,}0$ m $>$ min $l_S = 5$ m und $<$ max $l_S = 15$ m

maßgebend sind $l_S = 12{,}0$ m

b) Dach des Bürogebäudes (höherliegendes Dach):

$$\mu_1 \cdot s_k = 0{,}8 \cdot 1{,}06 = 0{,}85 \text{ kN/m}^2$$

Anmerkungen

a) Bei einem **kleineren Höhensprung** (beispielhaft $h = 1{,}0$ m, gleiches b_1 und b_2 wie oben) ergeben sich folgende Daten.

Formbeiwerte:

$$\mu_W = (b_1 + b_2)/(2 \cdot h) = (20 + 60)/(2 \cdot 1{,}0) = 40 < \gamma \cdot h/s_k = 2{,}0 \cdot 1{,}0/1{,}06 = 1{,}88$$
$$\text{(maßgebend ist } \mu_W = 1{,}88)$$

Begrenzung der Formbeiwerte:

$$\mu_W + \mu_S = 1{,}884 + 0 = 1{,}88 > 0{,}8 \text{ und } \leq 2{,}4 (\text{maßgebend ist } \mu_W = 1{,}88)$$

Schneelastordinate am Höhensprung:

$$\mu_W \cdot s_k = 1{,}88 \cdot 1{,}06 = 1{,}99 \text{ kN/m}^2$$

Es ergibt sich eine kleinere Schneelastordinate im Vergleich zum Beispiel mit $h = 6{,}0$ m (dort $\mu_W \cdot s_k = 2{,}4 \cdot 1{,}06 = 2{,}54$ kN/m^2).

Hinweis: Bis zu einer Verringerung des Höhensprungs auf $h = 2{,}0$ m bleibt die Schneelast am Höhensprung konstant bei 2,54 kN/m^2. Erst bei einem Höhensprung von $h = 1{,}0$ m reduziert sich die Schneelast.

b) Bei einem *großen Höhensprung* (beispielhaft $h = 20$ m, gleiches b_1 und b_2) ergeben sich folgende Daten:

Formbeiwerte:

$$\mu_W = (b_1 + b_2)/(2 \cdot h) = (20 + 60)/(2 \cdot 20,0) = 2,0 < \gamma \cdot h/s_k = 2,0 \cdot 20/1,06 = 37,7$$
$$(\text{maßgebend ist } \mu_W = 2,0)$$

Begrenzung der Formbeiwerte:

$$\mu_W + \mu_S = 2,0 + 0 = 2,0 > 0,8 \text{ und } \leq 2,4 \quad (\text{maßgebend ist } \mu_W = 2,0)$$

Schneelastordinate am Höhensprung:

$$\mu_W \cdot s_k = 2,0 \cdot 1,06 = 2,12 \text{ kN/m}^2$$

Es ergibt sich eine kleinere Schneelastordinate am Höhensprung im Vergleich zum Bei-spiel mit $h = 6,0$ m (dort $\mu_W \cdot s_k = 2,4 \cdot 1,06 = 2,54$ kN/m^2).

Beispiel 6.13 – Schneelasten bei einem Höhensprung (geringe Gebäudebreiten, großer Höhensprung)

Kategorie (B)
   Für den in Abb. 6.20 dargestellten Gebäudekomplex mit Flachdächern und Höhen-sprung sind die Schneelasten zu bestimmen. ◄

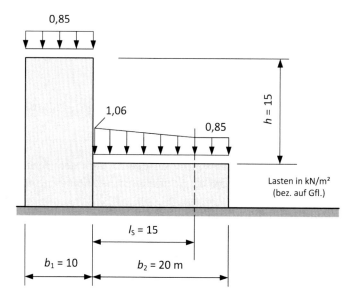

Abb. 6.20 Beispiel 6.13 – Schneelasten bei einem Höhensprung; hier zwei Flachdächer mit geringen Gebäudebreiten und großem Höhensprung

Randbedingungen:

- $s_k = 1,06$ kN/m^2 (wie Beispiel 6-12; SLZ 2a, Höhe über NN: $A = 250$ m)
- Geometrie: $b_1 = 10$ m; $b_2 = 20$ m; $h = 15,0$ m

Formbeiwerte:

$$\mu_W = (b_1 + b_2)/(2 \cdot h) = (10 + 20)/(2 \cdot 15,0) = 1,0 < \gamma \cdot h/s_k = 2,0 \cdot 15,0/1,06 = 28,3$$
$$\text{(maßgebend ist } \mu_W = 1,0)$$

Begrenzung der Formbeiwerte:

$$\mu_W + \mu_S = 1,0 + 0 = 1,0 > 0,8 \text{ und } \leq 2,4 \text{ (maßgebend ist } \mu_W = 1,0)$$

a) Tieferliegendes Dach:

am Höhensprung: $\mu_W \cdot s_k = 1,0 \cdot 1,06 = 1,06$ kN/m^2
   im Normalbereich: $\mu_1 \cdot s_k = 0,8 \cdot 1,06 = 0,85$ kN/m^2 (Flachdach)
   Verwehungslänge: $l_S = 2 \cdot h = 2 \cdot 15,0 = 30,0$ m $>$ min $l_S = 5$ m und $\leq$ max $l_S = 15$ m
Maßgebend ist $l_S = 15,0$ m

b) Höherliegendes Dach:

$$\mu_1 \cdot s_k = 0,8 \cdot 1,06 = 0,85 \text{ kN/m}^2$$

Beispiel 6.14 – Schneelasten bei einem Höhensprung mit abrutschendem Schnee vom geneigten höherliegenden Dach

Kategorie (B)
   Für den in Abb. 6.21 dargestellten Gebäudekomplex mit einem geneigten höherliegenden Dach und Höhensprung sind die Schneelasten zu bestimmen. ◄

Randbedingungen:

- $s_k = 1,06$ kN/m^2 (wie Beispiel 6-12; SLZ 2a, Höhe über NN: $A = 250$ m)
- Geometrie: $b_1 = 20$ m; $b_2 = 60$ m; $h = 6,0$ m

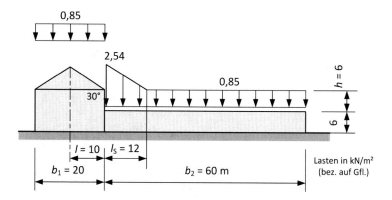

Abb. 6.21 Beispiel 6.14 – Schneelasten bei einem Höhensprung; hier: höherliegendes Dach: geneigt; tieferliegendes Dach: flach

Formbeiwerte:

1. Aus Verwehung:

$$\mu_W = (b_1 + b_2)/(2 \cdot h) = (20 + 60)/(2 \cdot 6,0) = 6,67 < \gamma \cdot h/s_k = 2,0 \cdot 6,0/1,06 = 11,3$$
$$(\text{maßgebend ist } \mu_W = 6,67)$$

2. Aus Abrutschen:

Da die Dachneigung des höherliegenden Daches mit $30°$ größer als $15°$ ist und das Abrutschen am Dachrand nicht behindert wird, sind 50 % der Schneelast auf der höherliegenden Dachfläche (Formbeiwert = 0,8, unabhängig von der Dachneigung) auf dem tieferliegenden Dach dreieckförmig zu verteilen. Der Formbeiwert μ_W berechnet sich aus folgender Bedingung:

$$0,5 \cdot S_{res} = 0,5 \cdot \mu_S \cdot l_S \cdot s_k$$
$$=> \mu_S = S_{res}/(l_S \cdot s_k) = 0,8 \cdot s_k \cdot l/(l_S \cdot s_k) = 0,8 \cdot l/l_S = 0,8 \cdot 10,0/12,0 = 0,67$$

mit: $l_S = 12,0$ m (Verwehungslänge: $l_S = 2\ h = 2 \cdot 6,0 = 12,0$ m $> 5,0$ m und $< 15,0$ m
   $l = 10,0$ m (Breite der höherliegenden Dachfläche, von der Schnee abrutschen kann)

Begrenzung der Formbeiwerte:

$$\mu_W + \mu_S = 6,67 + 0,67 = 7,34 > 0,8 \text{ und } \leq 2,4 \text{ (maßgebend ist } \mu_W + \mu_S = 2,4)$$

a) Tieferliegendes Dach:

am Höhensprung: $(\mu_W + \mu_S) \cdot s_k = 2{,}4 \cdot 1{,}06 = 2{,}54$ kN/m^2
   im Normalbereich: $\mu_1 \cdot s_k = 0{,}8 \cdot 1{,}06 = 0{,}85$ kN/m^2
   Verwehungslänge:
$l_S = 2 \cdot h = 2 \cdot 6{,}0 = 12{,}0$ m $>$ min $l_S = 5$ m und $\leq$ max $l_S = 15$ m
maßgebend ist $l_S = 12{,}0$ m

b) Höherliegendes Dach:

$$\mu_1 \cdot s_k = 0{,}8 \cdot 1{,}06 = 0{,}85 \text{ kN/m}^2$$
$$\text{mit}: \mu_1 = 0{,}8 \text{ für Dachneigung } \alpha = 30° \leq 30°$$

Beispiel 6.15 – Schneelasten an einem Höhensprung bei einem EFH mit Doppelgarage

Kategorie (B)
   Für das in Abb. 6.22 dargestellte Einfamilienhaus mit seitlicher Doppelgarage sind
die Schneelasten zu bestimmen. ◄

Randbedingungen:

- SLZ 3, $A = 700$ m
- Geometrie: $b_1 = 10{,}0$ m; $b_2 = 6{,}0$ m; $h = 1{,}0$ m
- Dachneigungswinkel des höherliegenden Daches: $\alpha = 35°$ (der Schnee kann ungehindert abrutschen)
- Breite des höherliegenden Daches (Grundrissabmessung): $l = 5{,}0$ m

Schneelast auf dem Boden:

$$s_k = 0{,}31 + 2{,}91 \cdot \left(\frac{A + 140}{760}\right)^2 = 0{,}31 + 2{,}91 \cdot \left(\frac{700 + 140}{760}\right)^2$$
$$= 3{,}86 \text{ kN/m}^2 > 1{,}10 \text{ kN/m}^2$$

Maßgebend ist $s_k = 3{,}86$ kN/m^2
   Formbeiwerte:

1. Aus Verwehung:

Höhensprung $h = 1{,}0$ m $> 0{,}5$ m => Schneelast aus Verwehung ist anzusetzen.

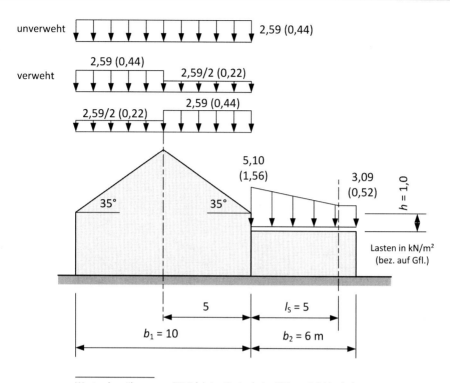

Werte ohne Klammern: SLZ 3 (alpine Region), A = 700; s_k= 3,86 kN/m²
Werte in Klammern: SLZ 1, A = 50 m; s_k = 0,65 kN/m²

Abb. 6.22 Beispiel 6.15 – Schneelasten an einem Höhensprung bei einem EFH mit Doppelgarage ($b_2 = 6{,}0$ m)

$$\mu_W = (b_1 + b_2)/(2 \cdot h) = (10{,}0 + 6{,}0)/(2 \cdot 1{,}0) = 8{,}00$$
$$< \gamma \cdot h/s_k = 2{,}0 \cdot 1{,}0/3{,}86 = 0{,}52$$
$$(\text{maßgebend ist } \mu_W = 0{,}52)$$

2. Aus Abrutschen:

Abrutschender Schnee ist anzusetzen, da $\alpha = 35° > 15°$.

Es rutschen 50 % der Schneelast vom höherliegenden Dach ab und verteilen sich auf dem tieferliegenden Dach dreieckförmig auf der Länge l_S. Bedingung:

$$0{,}5 \cdot S_{res} = 0{,}5 \cdot \mu_S \cdot l_S \cdot s_k$$
$$=> \mu_S = S_{res}/(l_S \cdot s_k) = 0{,}8 \cdot s_k \cdot l/(l_S \cdot s_k) = 0{,}8 \cdot l/l_S = 0{,}8 \cdot 5{,}0/5{,}0 = 0{,}80$$

mit: $l_S = 5{,}0$ m (Verwehungslänge: $l_S = 2\,h = 2 \cdot 1{,}0 = 2{,}0$ m $\geq 5{,}0$ m und $<15{,}0$ m)

       $l = 5{,}0$ m (Breite der höherliegenden Dachfläche, von der Schnee abrutschen kann)

Begrenzung der Formbeiwerte: => Es gelten die Bedingungen für die alpine Region

$$\mu_W + \mu_S = 0{,}52 + 0{,}80 = 1{,}32 > 1{,}2 \text{ und } \leq 6{,}45/s_k^{0,9} = 6{,}45/3{,}86^{0,9} = 1{,}91$$
$$=> \text{Maßgebend ist } \mu_W + \mu_S = 1{,}32$$

Schneelastordinaten:

a) Höherliegendes Dach:

$$\mu_2 = 0{,}8 \cdot (60° - \alpha)/30° = 0{,}8 \cdot (60° - 35°)/30° = 0{,}67$$
$$\mu_2 \cdot s_k = 0{,}67 \cdot 3{,}86 = 2{,}59 \text{ kN/m}^2 \text{(volle Schneelast; unverweht)}$$
$$0{,}5 \cdot \mu_2 \cdot s_k = 0{,}5 \cdot 0{,}67 \cdot 3{,}86 = 1{,}295 \text{ kN/m}^2 \text{(einseitig halbe Schneelast; verweht)}$$

Das höherliegende Dach ist ein Satteldach. Es sind die Lastverteilungen unverweht (volle Schneelast auf gesamtem Dach) und verweht (jeweils halbe Schneelast auf einer Dachfläche und volle Schneelast auf der anderen Dachfläche) zu untersuchen.

b) Tieferliegendes Dach:

Das tieferliegende ist ein Flachdach.

    Ordinate am Höhensprung:

$$(\mu_W + \mu_S) \cdot s_k = 1{,}32 \cdot 3{,}86 = 5{,}10 \text{ kN/m}^2 \text{(linear auslaufend auf } l_S = 5{,}0 \text{ m)}$$

Ordinate am freien Dachrand (rechts):

$$\mu_1 \cdot s_k = 0{,}8 \cdot 3{,}86 = 3{,}09 \text{ kN/m}^2$$

Kritische Betrachtung

Inwieweit die Schneelastordinate am Höhensprung der Realität entspricht, kann mit den Regelungen der Norm nicht beurteilt werden. Bei einer Wichte des Schnees von 2,0 kN/m³ würde sich rechnerisch eine Schneehöhe von 5,10/2,0 = 2,55 m am Höhensprung auf dem tieferliegenden Dach ergeben. Dies erscheint unrealistisch, müsste aber nach den geltenden Regeln so angesetzt werden.

Berechnung für SLZ 1 und $A = 50$ m

Nachfolgend werden die Schneelasten für das oben behandelte Beispiel für einen anderen Bauwerksstandort (SLZ 1, $A = 50$ m; keine alpine Region) durchgeführt.

Schneelast auf dem Boden:

$$s_k = 0,19 + 0,91 \cdot \left(\frac{A + 140}{760}\right)^2 = 0,19 + 0,91 \cdot \left(\frac{50 + 140}{760}\right)^2 = 0,25 \geq 0,65 \text{ kN/m}^2$$

Maßgebend ist der Sockelbetrag $s_k = 0,65$ kN/m^2.

Formbeiwerte:

Aus Verwehung: $\mu_W = 8 \leq \gamma \cdot h/s_k = 2,0 \cdot 1,0/0,65 = 3,08$ (maßg.)
Aus Abrutschen: $\mu_S = 0,8$ (wie oben)
Begrenzung: $\mu_W + \mu_S = 3,08 + 0,8 = 3,88 > 1,2$ und $\leq 2,4$ (maßgebend ist 2,4)

Schneelastordinaten:

a) Höherliegendes Dach:

$$\mu_2 = 0,8 \cdot (60° - \alpha)/30° = 0,8 \cdot (60° - 35°)/30° = 0,67$$

$\mu_2 \cdot s_k = 0,67 \cdot 0,65 = 0,44$ kN/m^2 (volle Schneelast; unverweht)

$0,5 \cdot \mu_2 \cdot s_k = 0,5 \cdot 0,67 \cdot 0,65 = 0,22$ kN/m^2 (einseitig halbe Schneelast; verweht)

b) Tieferliegendes Dach:

Ordinate am Höhensprung:

$$(\mu_W + \mu_S) \cdot s_k = 2,4 \cdot 0,65 = 1,56 \text{ kN/m}^2 (\text{linear auslaufend auf } l_S = 5,0 \text{ m})$$

Ordinate am freien Dachrand (rechts):

$$\mu_1 \cdot s_k = 0,8 \cdot 0,65 = 0,52 \text{ kN/m}^2$$

Beispiel 6.16 – Schneelasten an einem Höhensprung bei einem EFH mit Einzelgarage

Kategorie (C)

Randbedingungen wie Beispiel 6.15, allerdings mit $b_2 = 4,0$ m (Einzelgarage). Die Schneelastordinate am Gebäuderand des tieferliegenden Dachs ergibt sich, indem die

ursprüngliche Schneelastverteilung (Beispiel 6-14) beibehalten wird und am Gebäuderand „abgeschnitten" wird. ◄

Die Schneelastordinate x berechnet sich zu (Abb. 6.23):
Standort: SLZ 3, A = 700 m (alpine Region):

$$\frac{5,10 - 3,09}{5,0} = \frac{x - 3,09}{1,0}$$

$$\Rightarrow x = \frac{5,10 - 3,09}{5,0} \cdot 1,0 + 3,09 = 3,49 \ \text{kN/m}^2$$

Standort: SLZ 1, A = 50 m:

$$x = \frac{1,56 - 0,52}{5,0} \cdot 1,0 + 0,52 = 0,73 \ \text{kN/m}^2$$

Beispiel 6.17 – Schneelasten für eine Industriehalle mit Bürogebäude und Vordach

Kategorie (C)
   Für die Dachflächen des Gebäudekomplexes mit einer Industriehalle und Bürogebäude sowie Vordach sind die Schneelasten zu ermitteln (Abb. 6.24). ◄

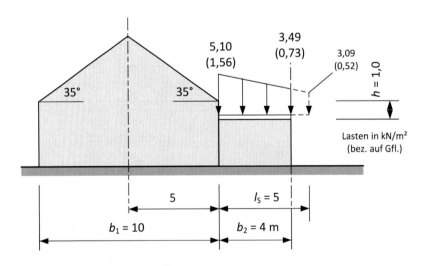

Werte ohne Klammern: SLZ 3 (alpine Region), A = 700; s_k= 3,86 kN/m²
Werte in Klammern: SLZ 1, A = 50 m; s_k = 0,65 kN/m²

Abb. 6.23 Beispiel 6.16 – Schneelasten an einem Höhensprung bei einem EFH mit Einzelgarage
(b_2 = 4,0 m); dargestellt ist nur die Schneelast auf der Garage

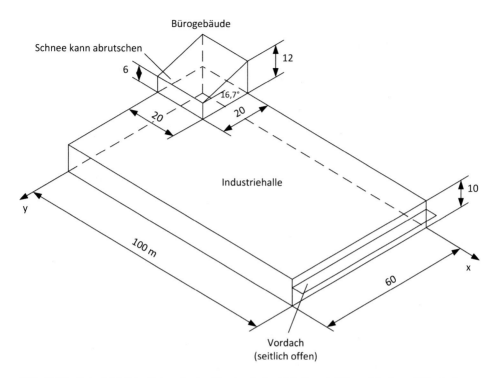

Abb. 6.24 Beispiel 6.17 – Schneelasten für eine Industriehalle mit Bürogebäude und Vordach

Randbedingungen

- SLZ 2a, $A = 280$ m (Siegen)
- Geometrie:
  - x-Richtung: $b_{1,x} = 20$ m; $b_{2,x} = 80$ m; $h_x = (6 + 12)/2 = 9$ m (Mittelwert der beiden Traufhöhen); $\alpha_x = 0°$ (kein Abrutschen möglich)
  - y-Richtung: $b_{1,y} = 20$ m; $b_{2,x} = 40$ m; $h_y = 6$ m (>0,5 m; Schneelast aus Verwehung ist anzusetzen); $\alpha_y = 16,6° > 15°$ (Abrutschen des Schnees vom höherliegenden Dach ist möglich)
- Tieferliegendes Dach: Es handelt sich um ein Flachdach mit großen Grundrissabmessungen, da die kleinste Grundrissabmessung $B = 60$ m (> 50 m) beträgt, wenn der Bereich des höherliegenden Gebäudes nicht berücksichtigt wird. Die Schneelasten auf dem tieferliegenden Dach sind zu erhöhen.

Schneelast auf dem Boden

$$s_k = 1,25 \cdot \left[0,25 + 1,91 \cdot \left(\frac{A + 140}{760} \right)^2 \right]$$

$$= 1,25 \cdot \left[0,25 + 1,91 \cdot \left(\frac{280 + 140}{760} \right)^2 \right] = 1,04 \geq 1,06 \text{ kN/m}^2$$

Maßgebend ist der Sockelbetrag mit $s_k = 1,06$ kN/m^2.

Schneelasten auf dem Flachdach der Industriehalle
x-Richtung:

Formbeiwerte:

1. Aus Verwehung:

Höhensprung $h = 9,0$ m $> 0,5$ m $=>$ Schneelast aus Verwehung ist anzusetzen.
  mit: h = Mittelwert aus beiden Traufhöhen des höherliegenden Daches

$$\mu_W = (b_1 + b_2)/(2 \cdot h) = (20 + 80)/(2 \cdot 9,0) = 5,56 \text{ (maßg.)}$$
$$< \gamma \cdot h/s_k = 2,0 \cdot 9,0/1,06 = 16,98$$

2. Aus Abrutschen: nicht möglich.

Begrenzung der Formbeiwerte:

$$\mu_W + \mu_S = 5,56 + 0 = 5,56 > 0,8 \text{ und} \leq 2,4$$
$$=> \text{Maßgebend ist } \mu_W + \mu_S = 2,4$$

Länge des Verwehungskeils:

$$l_S = 2 \cdot h = 2 \cdot 9,0 = 18,0 \text{ m} > 5,0 \text{ m und} \leq 15,0 \text{ m (maßg.)}$$

Schneelastordinaten am Höhensprung:

$$2,4 \cdot s_k = 2,4 \cdot 1,06 = 2,54 \text{ kN/m}^2$$

Schneelast auf dem tieferliegenden Dach im Normalbereich:
  Es handelt sich um ein Flachdach mit großen Grundrissabmessungen ($B = 60$ m > 50 m).

$$\mu_1 = 0,80 + 0,20 \cdot (B - 50)/200 = 0,80 + 0,20 \cdot (60 - 50)/200 = 0,81$$
$$\mu_1 \cdot s_k = 0,81 \cdot 1,06 = 0,86 \text{ kN/m}^2$$

Schneelastverteilung auf dem tieferliegenden Flachdach der Industriehalle siehe Abb. 6.25.
  y-Richtung:

x-Richtung

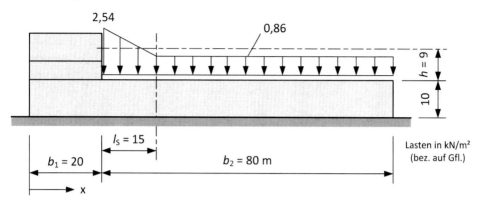

y-Richtung

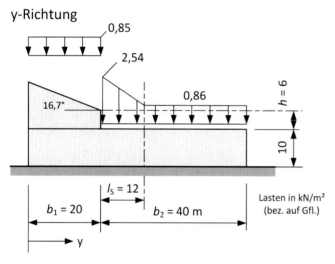

Abb. 6.25 Beispiel 6.17 – Schneelasten auf dem Flachdach der Industriehalle und dem Dach des Bürogebäudes

Formbeiwerte:

1. Aus Verwehung:

Höhensprung $h = 6{,}0$ m $> 0{,}5$ m $\Longrightarrow$ Schneelast aus Verwehung ist anzusetzen.

$$\mu_W = (b_1 + b_2)/(2 \cdot h) = (20 + 40)/(2 \cdot 6{,}0) = 5{,}0 \text{ (maßg.)}$$
$$< \gamma \cdot h/s_k = 2{,}0 \cdot 6{,}0/1{,}06 = 11{,}32$$

2. Aus Abrutschen: Ist möglich, da $\alpha = 16{,}67° > 15°$ und Abrutschen des Schnees nicht behindert wird.

Als abrutschender Schnee werden 50 % der resultierenden Schneelast S_{res} auf dem höherliegenden Dach angesetzt (Berechnung mit $\mu = 0{,}8$, unabhängig von der Dachneigung). Diese Schneelast wird dreieckförmig auf dem tieferliegenden Dach auf einer Länge von l_S verteilt. Es gilt:

$$S_{res} = b \cdot \mu \cdot s_k = 20 \cdot 0{,}8 \cdot 1{,}06 = 16{,}96 \text{ kN/m (insgesamt)}$$
$$0{,}5 \cdot S_{res} = 1/2 \cdot l_S \cdot \mu_S \cdot s_k \, (50\% \text{der result.Schneelast werden dreieckförmig verteilt)}$$
$$=> \mu_S = S_{res}/(l_S \cdot s_k) = 16{,}96/(12{,}0 \cdot 1{,}06) = 1{,}33$$

Länge des Verwehungskeils:

$$l_S = 2 \cdot h = 2 \cdot 6{,}0 = 12{,}0 \text{ m} > 5{,}0 \text{ m und} \leq 15{,}0 \text{ m (maßgebend ist } l_S = 12{,}0 \text{ m)}$$

Begrenzung der Formbeiwerte:

$$\mu_W + \mu_S = 5{,}0 + 1{,}33 = 6{,}33 > 0{,}8 \text{ und} \leq 2{,}4$$
$$=> \text{Maßgebend ist } \mu_W + \mu_S = 2{,}4$$

Schneelastordinate am Höhensprung:

$$2{,}4 \cdot s_k = 2{,}4 \cdot 1{,}06 = 2{,}54 \text{ kN/m}^2 \text{(wie in x-Richtung)}$$

Schneelast auf dem höherliegenden Dach
Es handelt sich um ein Pultdach mit einer Dachneigung von $\alpha = 16{,}67°$. Der Schnee kann ungehindert vom Dach abrutschen.

$$\mu_1 = 0{,}80 \text{ (für } \alpha \leq 30°)$$
$$\mu_1 \cdot s_k = 0{,}80 \cdot 1{,}06 = 0{,}85 \text{ kN/m}^2$$

Schneelastverteilung siehe Abb. 6.25.
Schneelastordinate am Höhensprung:

$$2{,}4 \cdot s_k = 2{,}4 \cdot 1{,}06 = 2{,}54 \text{ kN/m}^2 \text{(wie in x-Richtung)}$$

Schneelast auf dem Vordach

An der Stirnwand der Industriehalle befindet sich entlang der gesamten Gebäudeseite ein auskragendes Vordach. Dieses ist seitlich offen und jederzeit zugänglich.

Randbedingungen:

- Breite des Vordaches: $b_2 = 3,0$ m
- Breite der anschließenden Halle: $b_1 = 100$ m
- Höhensprung: $h = 4,0$ m $> 0,5$ m (Schneelasten aus Verwehung sind anzusetzen)
- Abrutschender Schnee vom höherliegenden Dach ist nicht zu berücksichtigen, da das höherliegende Dach der Industriehalle ein Flachdach ist.

Formbeiwert Verwehung:

$$\mu_W = (b_1 + b_2)/(2 \cdot h) = (100 + 3,0)/(2 \cdot 4,0) = 12,9$$
$$< \gamma \cdot h/s_k = 2,0 \cdot 4,0/1,06 = 7,55 \text{ (maßg.)}$$

Begrenzung des Formbeiwertes:

$$\mu_W + \mu_S = 7,55 + 0 = 7,55 > 0,8 \text{ und} \leq 2,0$$
$$=> \text{Maßgebend ist } \mu_W + \mu_S = 2,0$$

Länge des Verwehungskeils:

$$l_S = 2 \cdot h = 2 \cdot 4,0 = 8,0 \text{ m} > 5,0 \text{ m und} \leq 15,0 \text{ m (maßgebend ist } l_S = 8,0 \text{ m)}$$

Da die Länge des Verwehungskeils größer als die Breite des Vordachs ist (8,0 m > 3,0 m) wird die Schneelastordinate am Rand des Vordachs ermittelt, indem der ursprüngliche Verlauf der dreieckförmigen Verteilung zugrunde gelegt wird und die Schneelastordinate durch „Abschneiden" bestimmt wird. Die gesuchte Schneelastordinate am Rand des Vordachs ergibt sich zu (Abb. 6.26):

$$s_k = (2,12 - 0,85)/8,0 \cdot (8,0 - 3,0) + 0,85 = 1,64 \text{ kN/m}^2$$

Attika

Am Dachrand des Flachdachs der Industriehalle befindet sich eine umlaufende Attika mit einer Höhe von 40 cm (= 0,4 m) über OK Dachfläche. Zusätzliche Schneelasten infolge Verwehung entlang der Attika brauchen nicht angesetzt zu werden, da deren Höhe mit $h = 0,4$ m $< 0,5$ m ist.

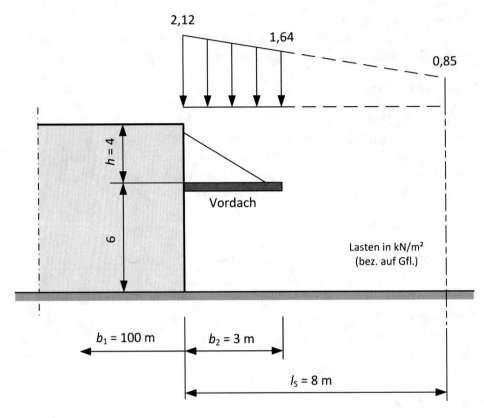

Abb. 6.26 Beispiel 6.17 – Schneelast auf dem Vordach

6.4.10 Verwehungen an Aufbauten und Wänden

Im Bereich von Aufbauten auf einem Dach oder an Wänden können durch Verwehung örtliche Schneeanhäufungen auftreten. Nach den Auslegungen zu dieser Norm fallen unter diese Regelung allerdings keine Höhensprünge, sondern nur Wandabschnitte, die sich auf einem Dach oder am Dachrand (Attika) befinden. Für Höhensprünge gelten die Regelungen in 6.4.9.

Die Schneelast infolge Verwehung ist als dreiecksförmige Belastung mit der Länge l_S anzusetzen. Aufbauten mit einer Ansichtsfläche < 1 m^2 oder $h < 0,5$ m brauchen nicht berücksichtigt zu werden. Lastanordnung und Formbeiwerte nach Tab. 6.7.

Beispiel 6.18 – Schneelasten im Bereich eines Dachaufbaus

Kategorie (B)

Es ist die Schneelast aus Verwehung im Bereich Dachaufbaus auf einem Flachdach zu berechnen (Abb. 6.27). ◀

Tab. 6.7 Lastanordnung und Formbeiwerte der Schneelast an Aufbauten und Wänden

Lastanordnung	Formbeiwerte
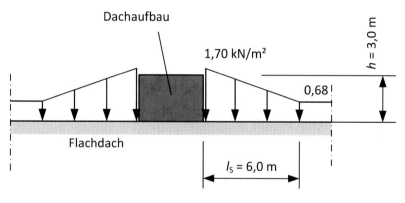In der Abbildung sind nur die Schneelasten in der ständigen Bemessungssituation (allgemein) s_k dargestellt. Verteilung bei außergewöhnlichen Einwirkungen s_{Ad} sinngemäß.	$\mu_1 = 0{,}8$ $\mu_2 = \gamma \cdot h/s_k$ (allgemein) $\mu_2 = \gamma \cdot h/s_{Ad}$ (Norddt. Tiefland) mit der Einschränkung: $0{,}8 \le \mu_2 \le 2{,}0$ Darin bedeuten: γ Wichte des Schnees $\quad (\gamma = 2\ \text{kN/m}^3)$ h Höhe des Aufbaus in m $\quad (h \ge 0{,}5\ \text{m})$ s_k charakt. Wert der Schneelast auf $\quad$ dem Boden in kN/m² s_{AD} Schneelast im Norddt. Tiefland $\quad$ in kN/m²

Angegeben sind die Schneelasten in der
allgemeinen Bemessungssituation

Abb. 6.27 Beispiel 6.18 – Schneelasten auf einem Flachdach im Bereich eines Dachaufbaus

Randbedingungen:

- Höhe des Aufbaus $h = 3{,}0$ m
- Standort: Bremen (SLZ 2), $A = 10$ m
- Es sind auch außergewöhnliche Schneelasten im Norddeutschen Tiefland zu berücksichtigen.

Schneelast auf dem Boden:
Allgemein (ständige u. vorübergehende Bemessungssituation):

$$s_k = 0,25 + 1,91 \cdot \left(\frac{A + 140}{760}\right)^2 = 0,25 + 1,91 \cdot \left(\frac{10 + 140}{760}\right)^2 = 0,32 \text{ kN/m}^2$$

$$\geq 0,85 \text{ kN/m}^2$$

Maßgebend ist der Sockelbetrag $s_k = 0,85$ kN/m^2.

Außergewöhnliche Schneelast (Norddeutsches Tiefland):

$$s_{Ad} = C_{esl} \cdot s_k = 2,3 \cdot 0,85 = 1,96 \text{ kN/m}^2$$

Hinweis: Bei der Berechnung der Schneelast auf dem Boden im norddeutschen Tiefland ist wie in der allgemeinen Bemessungssituation der Sockelbetrag anzusetzen, falls dieser maßgebend ist.

Formbeiwerte:

Formbeiwert Flachdach:

$$\mu_1 = 0,8$$

Flachdach mit üblichen Grundrissabmessungen; hier: $B \leq 50$ m (kleinste Grundrissabmessung); d. h. eine Erhöhung ist nicht anzusetzen.

Formbeiwert für Verwehung:

Allgemein:

$$\mu_2 = \frac{\gamma \cdot h}{s_k} = \frac{2,0 \cdot 3,0}{0,85} = 7,06 \rightarrow \begin{cases} > 0,8 \\ \leq 2,0 \text{ (maßgebend)} \end{cases}$$

Norddeutsches Tiefland:

$$\mu_2 = \frac{\gamma \cdot h}{s_{Ad}} = \frac{2,0 \cdot 3,0}{1,96} = 3,06 \rightarrow \begin{cases} > 0,8 \\ \leq 2,0 \text{ (maßgebend)} \end{cases}$$

Länge des Verwehungskeils:

$$l_S = 2 \cdot h = 2 \cdot 3,0 = 6,0 \text{ m} > 5,0 \text{ m und} < 15,0 \text{ m}$$

Maßgebend ist $l_S = 6,0$ m.

Schneelastordinaten:

Allgemein:

$$\mu_1 \cdot s_k = 0,8 \cdot 0,85 = 0,68 \text{ kN/m}^2$$
$$\mu_2 \cdot s_k = 2,0 \cdot 0,85 = 1,70 \text{ kN/m}^2$$

Norddeutsches Tiefland:

$$\mu_1 \cdot s_{Ad} = 0{,}8 \cdot 1{,}96 = 1{,}57 \, \text{kN/m}^2$$
$$\mu_2 \cdot s_{Ad} = 2{,}0 \cdot 0{,}85 = 3{,}92 \, \text{kN/m}^2$$

Die Schneelast infolge Verwehung ist auf der Länge $l_S = 6{,}0$ m dreieckförmig mit linearem Anstieg zum Dachaufbau auf dem Flachdach zu verteilen. Die erhöhte Schneelast infolge Verwehung ist um den Dachaufbau herum in alle Richtungen anzunehmen.

6.4.11 Schneeüberhang an der Traufe

Auskragende Teile eines Daches (Dachüberstand) können durch Schneeüberhang zusätzlich belastet werden (Abb. 6.28). Aus diesem Grund sind Bauteile eines Daches, die über Wände hinausragen, zusätzlich zur Schneelast auf diesem Teil des Daches mit einer Linienlast (Streckenlast) infolge Schneeüberhangs zu bemessen.

Die Linienlast S_e ist am Kragarmende anzusetzen und ergibt sich mit folgender Gleichung (Lastbild siehe Abb. 6.29):

$$S_e = k \cdot \frac{s}{\gamma} \tag{6.5}$$

Darin bedeuten:

S_e Schneelast an der Traufe (Dachrand), in kN/m (als Streckenlast)
k Beiwert, der die unregelmäßige Form des Schneeüberhangs berücksichtigt; nach DIN EN 1991-1-3/NA ist der Beiwert mit 0,4 ($k = 0{,}4$) anzunehmen

Abb. 6.28 Schneeüberhang an der Traufe durch abrutschenden Schnee

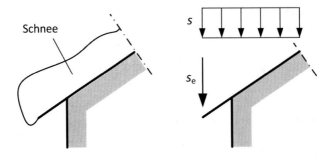

Abb. 6.29 Schneeüberhang an der Traufe

s Schneelast auf dem Dach, in kN/m^2
γ Wichte des Schnees; diese ist mit $\gamma = 3{,}0$ kN/m^2 anzunehmen (Hinweis: Es wird hier
      eine höhere Wichte angesetzt, da das Phänomen überhängenden Schnees nur bei
      feuchterem und somit dichterem Schnee auftreten kann).

Sofern das Abrutschen des Schnees vom Dach zuverlässig verhindert wird, indem über die
Dachfläche verteilt Schneefanggitter o. ä. Bauteile angeordnet werden, braucht die Streckenlast S_e nicht angesetzt zu werden.

Beispiel 6.19 – Schneeüberhang an der Traufe

Kategorie (B)
      Gesucht ist die Schneelast an der Traufe für folgende Randbedingungen: ◀

- Schneelastzone 3 (SLZ 3)
- Höhe des Bauwerkstandortes über NN: $A = 850$ m
- Satteldach mit Dachneigung $\alpha = 25°$
- Der Schnee kann ungehindert vom Dach abrutschen.

Charakteristischer Wert der Schneelast auf dem Boden für SLZ 3 und $A = 850$ m:

$$s_k = 0{,}31 + 2{,}91 \cdot \left(\frac{A + 140}{760}\right)^2$$

$$= 0{,}31 + 2{,}91 \cdot \left(\frac{850 + 140}{760}\right)^2 = 5{,}25 \text{ kNm/m}^2 > 1{,}10 \text{ kN/m}^2$$

Maßgebend ist $s_k = 5{,}25$ kN/m^2.

Formbeiwert: $\mu_1 = 0{,}8$ für $\alpha = 25° < 30°$

Schneelast auf dem Dach:

$$s = \mu_1 \cdot s_k = 0,8 \cdot 5,25 = 4,20 \, \text{kN/m}^2$$

Schneeüberhang an der Traufe:

$$S_e = 0,4 \cdot s^2/\gamma = 0,4 \cdot 4,20^2/3,0 = 2,35 \, \text{kN/m}$$

Hinweis: Die Belastung infolge Schneeüberhangs an der Traufe ist als Streckenlast am Kragarmende nur für die Bemessung auskragender Bauteile (Sparren) anzusetzen.

6.4.12 Schneelasten auf Schneefanggitter

Kategorie (B)

Schneefanggitter, die abrutschende Schneemassen anstauen, sind für eine Strecken- bzw. Linienlast F_S zu berechnen (Abb. 6.30). Bei der Berechnung der Streckenlast wird die Reibung zwischen Schnee und Dachfläche vernachlässigt. Die Schneelast auf Schneefanggitter berechnet sich mit folgender Gleichung:

$$F_S = s \cdot b \cdot \sin \alpha \tag{6.6}$$

Darin bedeuten:

F_S Schneelast auf das Schneefanggitter, in kN/m (Streckenlast parallel zur Dachfläche)
s Schneelast auf dem Dach bezogen auf den ungünstigsten Lastfall für unverwehten Schnee auf der Dachfläche, von der der Schnee abgleiten kann, in kN/m²; die Schneelast ist mit dem Formbeiwert $\mu = 0,8$ zu berechnen, unabhängig von der Dachneigung
b Grundrissentfernung zwischen Gitter bzw. Dachaufbau und First oder einem höher liegenden Hindernis, in m
α Dachneigungswinkel, in Grad

Beispiel 6.20 – Schneelasten auf Schneefanggitter

Kategorie (B)

Für das in Abb. 6.31 dargestellte Gebäude mit Satteldach ist die Schneelast auf das Schneefanggitter zu berechnen. ◄

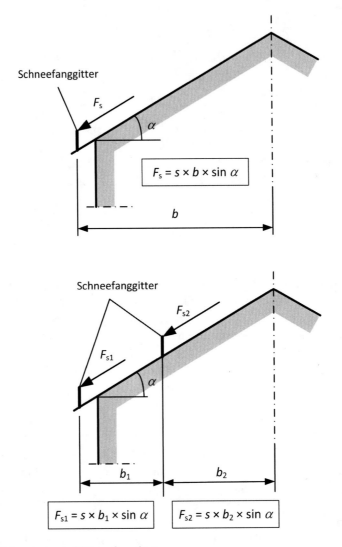

Abb. 6.30 Schneelasten auf Schneefanggitter

Randbedingungen:

- Schneelast auf dem Boden: $s_k = 1{,}30$ kN/m^2
- Dachneigung $\alpha = 40°$

Schneelast auf dem Dach:

Da das Abrutschen des Schnees vom Dach durch die an der Traufe angeordneten Schneefanggitter behindert wird, ist als Formbeiwert unabhängig von der Dachneigung $\mu_2 = 0{,}8$ anzusetzen.

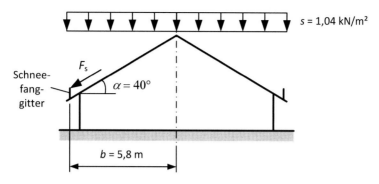

Abb. 6.31 Beispiel 6.20 – Schneelast auf Schneefanggitter

$$s = \mu_2 \cdot s_k = 0,8 \cdot 1,30 = 1,04 \text{ kN/m}^2$$

Schneelast auf das Schneefanggitter:

$$F_S = s \cdot b \cdot \sin \alpha = 1,04 \cdot 5,8 \cdot \sin 40° = 3,88 \text{ kN/m}$$

6.4.13 Weitere Dachformen und Sonderfälle

Für weitere Dachformen und Sonderfälle, die in DIN EN 1991-1-3 sowie dem zugehörigen Nationalen Anhang (DIN EN 1991-1-3/NA) nicht geregelt sind, sind jeweils ingenieurmäßige Lösungen heranzuziehen. Ggfs. kann dabei auch auf Vorschriften und Regelwerke in anderen Ländern zurückgegriffen werden. Beispielhaft seien hier die schweizerische Norm SIA 261 [9] sowie die internationale Norm ISO 4355 [10] genannt.

Nachfolgend werden einige Beispiele gezeigt. Die hierfür vorgeschlagenen Lösungen geben die Auffassung des Autors wieder.

Beispiel 6.21 – Schneelasten im Bereich der Kehle von zwei sich durchdringenden geneigten Dachflächen

Kategorie (C)

Für den Bereich der Kehle von zwei sich durchdringenden geneigten Dachflächen sind die Schneelasten zu ermitteln (Abb. 6.32). ◄

Obwohl dieser Fall in der Praxis häufig vorkommt (z. B. bei Gebäuden mit winkelförmigem Grundriss und geneigten Dachflächen), gibt es hierfür keine eindeutigen Regeln in der DIN EN 1991-1-3 sowie im zugehörigen Nationalen Anhang (DIN EN 1991-1-3/NA). Es wird daher ein ingenieurmäßiger Lösungsansatz vorgeschlagen, der sich an bestehende Regeln (gereihte Satteldächer) orientiert und diese auf die hier betrachtete Situation

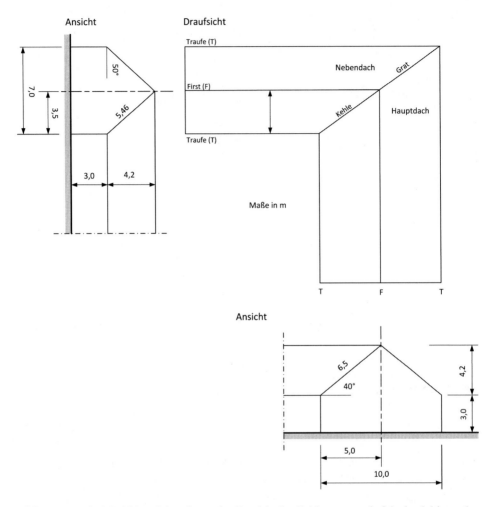

Abb. 6.32 Beispiel 6.21 – Schneelasten im Bereich der Kehle von zwei sich durchdringenden Dachflächen; hier: Geometrie des Baukörpers

überträgt. Es sei noch einmal darauf hingewiesen, dass der hier vorgestellte Lösungsansatz ein Vorschlag des Autors ist.

Randbedingungen
- Schneelast auf dem Boden: $s_k = 1{,}30$ kN/m^2
- Der Schnee kann ungehindert von allen Dachflächen abrutschen.
- Dachneigungswinkel:
  - Hauptdach: $\alpha_1 = 40°$
  - Nebendach: $\alpha_2 = 50°$
  - Kehlsparren: $\beta = 34{,}5°$

Schneelasten auf dem Hauptdach

Das Hauptdach ist ein Satteldach. Es wird hier exemplarisch nur der Fall „unverweht"
(Volllast) betrachtet. Für die Fälle „verweht" ist sinngemäß zu verfahren.

$$\mu_2(\alpha_1 = 40°) = 0{,}8 \cdot (60° - 40°)/30° = 0{,}53$$

$$\mu_2 \cdot s_k = 0{,}53 \cdot 1{,}30 = 0{,}69 \text{ kN/m}^2$$

Schneelasten auf dem Nebendach

Das Nebendach ist ebenfalls ein Satteldach. Für den Lastfall „unverweht" (Volllast)
ergibt sich:

$$\mu_2(\alpha_2 = 50°) = 0{,}8 \cdot (60° - 50°)/30° = 0{,}27$$

$$\mu_2 \cdot s_k = 0{,}27 \cdot 1{,}30 = 0{,}35 \text{ kN/m}^2$$

Schneelast im Einflussbereich der Kehle

Im Einflussbereich der Kehle sind folgende Fälle zu unterscheiden:

1. *Lastfall „unverweht":*

Im Einflussbereich der Kehle kann der Schnee nicht mehr ungehindert vom Dach abrutschen, da der Kehlbereich keinen Dachrand aufweist. Die Schneemassen von Haupt- und
Nebendach behindern sich beim Abrutschen gegenseitig und verbleiben in diesem Bereich
somit auf der Dachfläche. Dieser Fall entspricht dem eines Pult- oder Satteldaches, bei dem
das Abrutschen des Schnees am Dachrand behindert wird. Als Formbeiwert wird $\mu_2 = 0{,}8$,
unabhängig von der Dachneigung, angesetzt. Es ergibt sich folgende Schneelast:

$$\mu_2 \cdot s_k = 0{,}8 \cdot 1{,}30 = 1{,}04 \text{ kN/m}^2$$

Diese Belastung wird im Einflussbereich der Kehle in voller Höhe ($s_k = 1{,}04$ kN/m^2)
angesetzt. Zu den beiden Seiten hin, d. h. in Richtung Haupt- und Nebendach, wird von
dieser Last mit 1,04 kN/m^2 linear auf die jeweilige Schneelast auf Hauptdach (0,69 kN/m^2)
und Nebendach (0,35 kN/m$_2$) abgemindert. Als Breite für den linearen Lastverlauf wird
vorgeschlagen, die halbe Sparrenlänge ($l/2$) anzusetzen (d. h. beim Hauptdach: $l_1/2 = 6{,}5/$
$2 = 3{,}25$ m; beim Nebendach: $l_2/2 = 5{,}46/2 = 2{,}73$ m). Siehe Abb. 6.33.

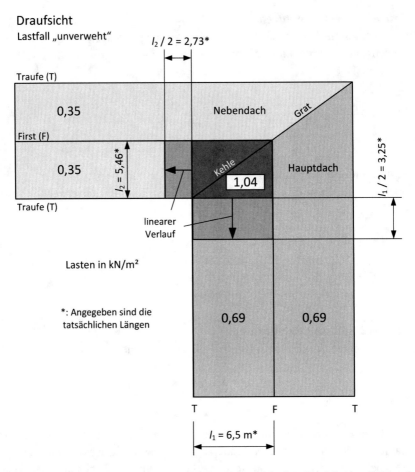

Abb. 6.33 Schneelasten auf Haupt- und Nebendach sowie im Bereich der Kehle; Lastfall „unverweht"

2. *Lastfall „verweht"*:

Beim Lastfall „verweht" kann in Anlehnung an die Regeln für gereihte Satteldächer nach DIN EN 1991-1-3/NA ein Lösungsansatz angegeben werden. Der Tiefpunkt ist hierbei der untere Schnittpunkt der zusammentreffenden Dachflächen an der Traufe.

   Die Schneelast im Tiefpunkt berechnet mit Hilfe des Formbeiwertes μ_3, wobei als Winkel für die Bestimmung von μ_3 der Dachneigungswinkel des Kehlsparrens angenommen wird.

   Hier: $\beta = 34{,}5°$.

Formbeiwert: $\mu_3(\beta = 34{,}5°) = 1{,}6$, da $\beta = 34{,}5°> 30°$

Schneelast am Tiefpunkt:

$$\mu_3 \cdot s_k = 1{,}6 \cdot 1{,}30 = 2{,}08 \text{ kN/m}^2$$

(wenn auf den angrenzenden Dachflächen Volllast angesetzt wird)

$$0{,}5 \cdot \mu_3 \cdot s_k = 1{,}6 \cdot 1{,}30 = 1{,}04 \text{ kN/m}^2$$

(wenn auf den angrenzenden Dachflächen die halbe Schneelast angesetzt wird)
Schneelast am Hochpunkt (Schnittpunkt im First):
Am Hochpunkt, d. h. im Schnittpunkt der Firste beider Dachflächen, werden folgende Schneelasten angesetzt:

$$\mu_2 \cdot s_k = 0{,}8 \cdot 1{,}30 = 1{,}04 \text{ kN/m}^2$$

(wenn auf den angrenzenden Dachflächen Volllast angesetzt wird)

$$0{,}5 \cdot \mu_2 \cdot s_k = 0{,}5 \cdot 0{,}8 \cdot 1{,}30 = 0{,}52 \text{ kN/m}^2$$

(wenn auf den angrenzenden Dachflächen die halbe Schneelast angesetzt wird)
Siehe Abb. 6.34.

Beispiel 6.22 – Schneelasten bei einem Gebäude mit Walmdach

Kategorie (C)
Für ein Gebäude mit Walmdach sind die Schneelasten zu bestimmen (Abb. 6.35). ◀

Für Walmdächer finden sich weder in der DIN EN 1991-1-3 noch im zugehörigen Nationalen Anhang (DIN EN 1991-1-3/NA) explizite Regeln, wie die Schneelasten zu bestimmen sind. Dennoch kommt diese Dachform auch bei Neubauten (insbes. bei Einfamilienhäusern) vor, teilweise auch in abgewandelter Form (z. B. als Krüppelwalmdach). Die Anwendung ist dabei regional unterschiedlich.

Nachfolgend wird ein Lösungsansatz gezeigt, der die Interpretation des Autors wiedergibt. Danach wird für die Ermittlung der Schneelasten vereinfachend ein Satteldach zugrundegelegt.

Randbedingungen
- Bauwerksstandort: SLZ 2, $A = 20$ m (Hinweis: Außergewöhnliche Schneelasten im norddeutschen Tiefland brauchen im Rahmen dieses Beispiels nicht untersucht zu werden).
- Geometrie des Walmdaches: siehe Abb. 6.35
- Entlang der Traufen der Dachflächen 1a und 2a befindet sich jeweils ein Schneefanggitter, das das Abrutschen des Schnees behindert.
- Von den Dachflächen 1b und 2b kann der Schnee dagegen ungehindert abrutschen.

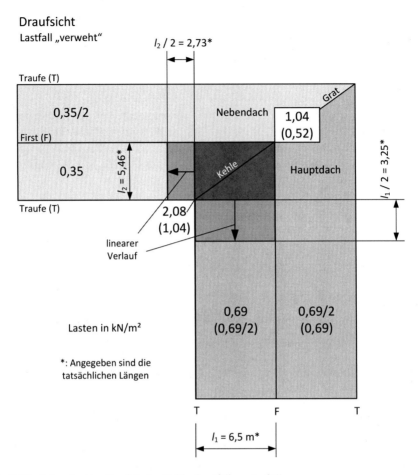

Abb. 6.34 Schneelast im Bereich der Kehle; Lastfall „verweht"

Schneelast auf dem Boden

$$s_k = 0{,}25 + 1{,}91 \cdot \left(\frac{A + 140}{760}\right)^2 = 0{,}25 + 1{,}91 \cdot \left(\frac{20 + 140}{760}\right)^2 = 0{,}35 \geq 0{,}85 \text{ kN/m}^2$$

Maßgebend ist der Sockelbetrag mit $s_k = 0{,}85 \text{ kN/m}^2$.

Formbeiwerte und Schneelastordinaten

Das Walmdach wird näherungsweise als „doppeltes" Satteldach aufgefasst. Die Ermittlung der Formbeiwerte und Schneelasten wird in Anlehnung an die Regeln für ein Satteldach vorgenommen.

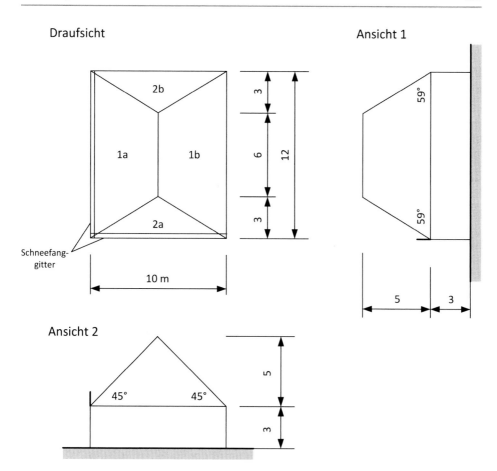

Abb. 6.35 Beispiel 6.22 – Schneelasten bei einem Gebäude mit Walmdach

Dachflächen 1 (Hauptdach):

1a: Abrutschen ist behindert

Es ist der Formbeiwert $\mu_2 = 0,8$, unabhängig von der Dachneigung, anzusetzen.

$$s_{1a} = 0,8 \cdot 0,85 = 0,68 \text{ kN/m}^2$$

1b: Abrutschen ist möglich

Dachneigung: $\alpha_1 = 45°$

$$\mu_2(\alpha_1) = 0,8 \cdot (60° - 45°)/30° = 0,40$$
$$s_{1b} = 0,40 \cdot 0,85 = 0,34 \text{ kN/m}^2$$

Dachflächen 2 (Walmflächen):

2a: Abrutschen ist behindert

Formbeiwert $\mu_2 = 0,8$, unabhängig von der Dachneigung

$$s_{2a} = 0,8 \cdot 0,85 = 0,68 \ \text{kN/m}^2$$

2b: Abrutschen ist möglich

Dachneigung: $\alpha_2 = 59°$

$$\mu_2(\alpha_2) = 0,8 \cdot (60° - 59°)/30° = 0,02 \approx 0$$

$s_{2b} = 0$ (es ist keine Schneelast anzusetzen)

Lastfälle

Es sind folgende Lastfälle zu untersuchen (Abb. 6.36):

LF 1 unverweht

Hauptdach:
$$s_{1a} = 0,68 \ \text{kN/m}^2$$
$$s_{1b} = 0,34 \ \text{kN/m}^2$$

Walmflächen:
$$s_{2a} = 0,68 \ \text{kN/m}^2$$
$$s_{2b} = 0 \ \text{(keine Schneelast)}$$

Lastfälle verweht

In Anlehnung an die Lastverteilungen bei einem Satteldach (volle Schneelast; halbe und volle Schneelast jeweils auf einer Dachfläche) kann auch beim hier betrachteten Walmdach vorgegangen werden. Es ergeben sich aufgrund der vier Dachflächen allerdings sehr viele Varianten, die je nach Tragwerk nicht maßgebend sind.

Nachfolgend wird exemplarisch die Vorgehensweise für eine ausgewählte Anzahl von Lastfall-Varianten gezeigt.

LF 2: Hauptdach verweht/Walmflächen unverweht

Hauptdach:

$$s_{1a} = 0,68/2 = 0,34 \ \text{kN/m}^2 \text{(halbe Schneelast)}$$
$$s_{1b} = 0,34 \ \text{kN/m}^2 \text{(volle Schneelast)}$$

Walmflächen:

$$s_{2a} = 0,68 \ \text{kN/m}^2 \text{(voll)}$$
$$s_{2b} = 0 \ \text{(voll)}$$

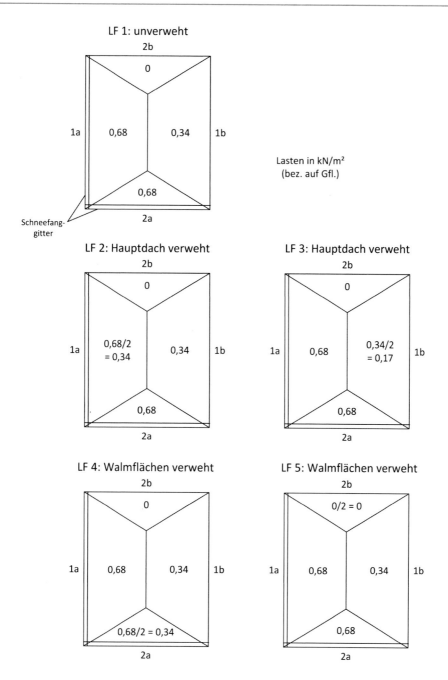

Abb. 6.36 Lastfälle bei einem Walmdach (angegeben ist nur eine Auswahl der möglichen Varianten)

LF 3: Hauptdach verweht/Walmflächen unverweht

Hauptdach:

$$s_{1a} = 0{,}68 \ \mathrm{kN/m^2} \, (\text{volle Schneelast})$$
$$s_{1b} = 0{,}34/2 = 0{,}17 \ \mathrm{kN/m^2} \, (\text{halbe Schneelast})$$

Walmflächen:

$$s_{2a} = 0{,}68 \ \mathrm{kN/m^2} \, (\text{voll})$$
$$s_{2b} = 0 \ (\text{voll})$$

LF 4: Hauptdach unverweht/Walmflächen verweht

Hauptdach:

$$s_{1a} = 0{,}68 \ \mathrm{kN/m^2} \, (\text{volle Schneelast})$$
$$s_{1b} = 0{,}34 \ \mathrm{kN/m^2} \, (\text{volle Schneelast})$$

Walmflächen:

$$s_{2a} = 0{,}68/2 = 0{,}34 \ \mathrm{kN/m^2} \, (\text{halb})$$
$$s_{2b} = 0 \ (\text{voll})$$

LF 5: Hauptdach unverweht/Walmflächen verweht

Hauptdach:

$$s_{1a} = 0{,}68 \ \mathrm{kN/m^2} \, (\text{volle Schneelast})$$
$$s_{1b} = 0{,}34 \ \mathrm{kN/m^2} \, (\text{volle Schneelast})$$

Walmflächen:

$$s_{2a} = 0{,}68 \ \mathrm{kN/m^2} \, (\text{voll})$$
$$s_{2b} = 0/2 = 0 \ (\text{halb})$$

Weitere Lastfälle sind sinngemäß zu bilden, werden hier aus Platzgründen allerdings nicht dargestellt. Wie bereits erwähnt wurde, sind ggfs. nicht alle Lastfälle für die Bemessung des Tragwerks maßgebend und könnten daher für die Berechnung entfallen. Grundsätzlich ist dies aber zu überprüfen, d. h. im Zweifel sind alle möglichen Kombinationen zu untersuchen.

Schneelasten auf die Schneefanggitter
Schneefanggitter an Dachfläche 1a: ($\alpha = 45°$)

$$F_S = s \cdot b \cdot \sin \alpha = 0{,}68 \cdot 5{,}0 \cdot \sin 45° = 2{,}40 \, \text{kN/m}$$

Schneefanggitter an Dachfläche 2a: ($\alpha = 59°$)

$$F_S = s \cdot b \cdot \sin \alpha = 0{,}68 \cdot 3{,}0 \cdot \sin 59° = 1{,}74 \, \text{kN/m}$$

Hinweis: Als Schneelast ist unabhängig von der Dachneigung die mit dem Formbeiwert von $\mu = 0{,}8$ berechnete Last anzunehmen.

6.5 Aufgaben zum Selbststudium

Nachfolgend sind einige Aufgaben zum Selbststudium zusammengestellt. Dabei werden nur die Lösungen mit wichtigen Zwischenergebnissen angegeben.

Aufgabe 1
Für die Dachflächen des abgebildeten Gebäudes sind die Schneelasten in der allgemeinen Bemessungssituation zu berechnen (Abb. 6.37).

Randbedingungen
• Bauwerksstandort: SLZ 2a, $A = 350$ m

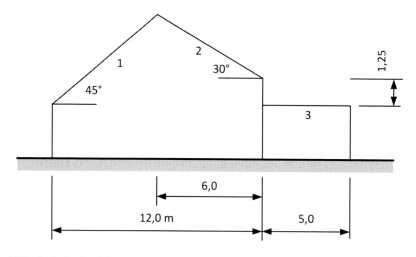

Abb. 6.37 Aufgabe 1 – Schneelast bei einem Einfamilienhaus mit Garage

- Der Schnee kann ungehindert von den geneigten Dachflächen abrutschen.
- Höhensprung $h = 1,25$ m

Lösung
Schneelast auf dem Boden:

$$s_k = 1,61 \text{ kN/m}^2$$

Satteldach:

(a) unverweht: $s_1 = 0,64$ kN/m^2; $s_2 = 1,29$ kN/m^2
(b) verweht: $s_1/2 = 0,32$ kN/m^2 und $s_2 = 1,29$ kN/m^2 sowie

$$s_1 = 0,64 \text{ kN/m}^2 \text{ und } s_2/2 = 0,65 \text{ kN/m}^2$$

Flachdach:

$$s_3 \ 1,29 \text{ kN/m}^2 \text{ als Grundschneelast}$$

Am Höhensprung:

1. Aus Verwehung: Verwehung ist anzusetzen, da $h = 12,5 > 0,5$ m : $\mu_W = 1,55$
2. Aus Abrutschen: Abrutschen ist anzusetzen, da $\alpha = 30°> 15°$: $\mu_S = 0,96$
   Länge Verwehungskeil: $l_S = 5,0$ m
3. Begrenzung der Formbeiwerte: $\mu_W + \mu_S = 2,51 > 0,8$ und $\leq 2,4$ (maßgebend ist 2,4)

Schneelastordinaten Garage (3):

$$s_{3,li} = 3,86 \text{ kN/m}^2 (\text{am Höhensprung})$$
$$s_{3,re} = 1,29 \text{ kN/m}^2 (\text{am Gebäuderand})$$

Aufgabe 2
Für die Dachflächen des abgebildeten Gebäudes mit aneinandergereihten Satteldächern sind die Schneelasten zu berechnen (Abb. 6.38):

a) In der allgemeinen Bemessungssituation.
b) In der außergewöhnlichen Bemessungssituation (Norddt. Tiefland)..

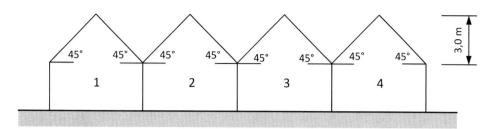

Abb. 6.38 Aufgabe 2 – Schneelast bei einem Gebäude mit aneinandergereihten Satteldächern im norddeutschen Tiefland

Randbedingungen

- Bauwerksstandort: SLZ 1, $A = 10$ m
- Das Gebäude befindet sich im norddeutschen Tiefland.
- Der Schnee kann ungehindert von den geneigten äußeren Dachflächen abrutschen.

Lösung

1. Ständige Bemessungssituation:

Schneelast auf dem Boden:

$$s_k = 0{,}65 \text{ kN/m}^2$$

a) *unverweht:*

Äußere Dachflächen: $\mu_2 = 0{,}40$; $s_{1,\,li} = s_{4,\,re} = 0{,}26$ kN/m^2
Innenflächen: $\mu = 0{,}8$; $s_{1,\,re} = s_2 = s_3 = s_{4,\,li} = 0{,}52$ kN/m^2

b) *verweht:*

Äußere Dachflächen: wie (a) unverweht
   Innenflächen:

Tiefpunkte: $\alpha_m = 45°$; $\mu_3(\alpha_m) = 1{,}6$; $s = 1{,}04$ kN/m^2
Hochpunkte: $\alpha_m = 45°$; $\mu_2(\alpha = 45°) = 0{,}4$; $s = 0{,}26$ kN/m^2
Zwischen Tiefpunkt und Hochpunkt linearer Verlauf der Schneelast

2. Norddeutsches Tiefland:

Schneelast auf dem Boden:

$$s_{Ad} = 1,50 \ kN/m^2$$

a) *unverweht:*

Äußere Dachflächen: $\mu_2 = 0,40$; $s_{1, \ li} = s_{4, \ re} = 0,60 \ kN/m^2$
   Innenflächen: $\mu = 0,8$; $s_{1, \ re} = s_2 = s_3 = s_{4, \ li} = 1,20 \ kN/m^2$

b) *verweht:*

Äußere Dachflächen: wie (a) unverweht
   Innenflächen:

Tiefpunkte: $\alpha_m = 45°$; $\mu_3(\alpha_m) = 1,6$; $s = 2,40 \ kN/m^2$
Hochpunkte: $\alpha_{li, \ re} = 45°$; $\mu_2(\alpha = 45°) = 0,4$; $s = 0,60 \ kN/m^2$
Zwischen Tiefpunkt und Hochpunkt linearer Verlauf der Schneelast

Aufgabe 3
Für das Dach der abgebildeten Halle mit den Abmessungen 150 m × 200 m (Breite ×
Länge) sind die Schneelasten zu berechnen (Abb. 6.39).

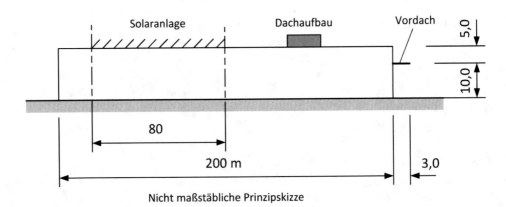

Abb. 6.39 Aufgabe 3 – Schneelasten für eine Industriehalle mit aufgeständerter Solaranlage auf
dem Dach

Randbedingungen

- Bauwerksstandort: SLZ 2, $A = 120$ m (das Gebäude befindet sich *nicht* im norddeutschen Tiefland).
- Auf einem Teilbereich des Daches (80 m × 50 m) ist eine Solaranlage mit aufgeständerten Solarmodulen installiert (Höhe der Solarmodule $h = 2,0$ m).
- Auf dem Dach befindet sich Dachaufbau mit den Grundriss-Abmessungen von 3 m × 2,5 m und einer Höhe von 1,5 m.
- An der Stirnseite der Halle befindet sich ein seitlich offenes Vordach (Breite 3,0 m). Höhensprung $h = 5$ m (Abstand zwischen Vordach und Dachfläche).

Lösung

Schneelast auf dem Boden:

$$s_k = 0,85 \ \text{kN/m}^2$$

Flachdach:
Es handelt sich um ein Dach mit großen Grundriss-Abmessungen ($B = 100$ m).

$$s = 0,77 \ \text{kN/m}^2$$

Im Einflussbereich der Solaranlage: (84 m x 54 m)

$$s = 0,85 \ \text{kN/m}^2 (\text{mit } \mu_5 = 1,0)$$

Dachaufbau:
Schneelast am Rand des Dachaufbaus (ringsherum): $s = 1,65 \ \text{kN/m}^2$ (mit $\mu_2 = 2,0$ und $s_k = 0,85 \ \text{kN/m}^2$); linear auslaufend auf die Schneelast im Normalbereich $s = 0,77 \ \text{kN/m}^2$.
Vordach:

$$(b_2 = 3,0 \ \text{m} \leq 3,0 \ \text{m})$$

Abrutschender Schnee ist nicht möglich, da höherliegendes Dach ein Flachdach ist.
Verwehung: $\mu_W = 2,0$

- am Gebäude: $s = 1,70 \ \text{kN/m}^2$
- am Rand des Vordachs: $s = 1,39 \ \text{kN/m}^2$ (Schneelastordinate wird durch „Abschneiden" ermittelt); Verwehungslänge: $l_S = 10,0$ m

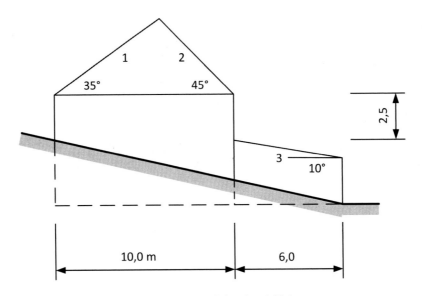

Abb. 6.40 Aufgabe 4 – Schneelasten bei einem Gebäude mit Höhensprung

Aufgabe 4
Für die Dachflächen der abgebildeten Gebäude sind die Schneelasten zu berechnen (Abb. 6.40).

Randbedingungen
- Bauwerksstandort: SLZ 3, $A = 750$ m; alpine Region
- Der Schnee kann ungehindert von den geneigten Dachflächen abrutschen.

Lösung
Schneelast auf dem Boden:

$$s_k = 4,30 \ \text{kN/m}^2$$

Satteldach:

(a) unverweht:

1: $\mu_2(35°) = 0,67$; $s_1 = 2,88$ kN/m^2
2: $\mu_2(45°) = 0,40$; $s_2 = 1,72$ kN/m^2

(b) verweht:

$$s_1/2 = 1{,}44 \text{ kN/m}^2 \text{ und } s_2 = 1{,}72 \text{ kN/m}^2$$

sowie

$$s_1 = 2{,}88 \text{ kN/m2 und } s_2/2 = 0{,}86 \text{ kN/m}^2$$

Pultdach:

$$\mu_1(15°) = 0{,}80; s_3 = 3{,}44 \text{ kN/m}^2$$

Höhensprung:

1. Verwehung: $h = 2{,}5$ m $> 0{,}5$ m $=>$ Verwehter Schnee ist anzusetzen.

$$\mu_W = 1{,}16$$

2. Abrutschen: $\alpha = 45°\ > 15°\ =>$ Abrutschender Schnee ist anzusetzen.

$$\mu_S = 0{,}80$$

Begrenzung der Formbeiwerte:

$$\mu_W + \mu_S = 1{,}96 > 12, \text{ und } \leq 1{,}73 \text{ (aus Maximalwert für alpine Region)}$$

Länge des Verwehungskeils: $l_S = 5{,}0$ m
   Schneelastordinate am Höhensprung:

$$s_{3,\text{li}} = 7{,}44 \text{ kN/m}^2$$

Schneelastordinate am Gebäuderand:

$$s_{3,\text{re}} = 3{,}44 \text{ kN/m}^2 \ (= \text{Grundschneelast auf dem Pultdach})$$

Aufgabe 5
Für die Halle mit Tonnendächern ist die Schneelast zu bestimmen (Abb. 6.41).

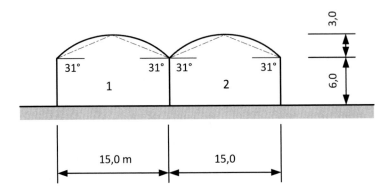

Abb. 6.41 Aufgabe 5 – Schneelast bei einer Halle mit Tonnendächern

Randbedingungen

- Bauwerksstandort: SLZ 1a, $A = 500$ m (Augsburg)
- Die Schneelast ist für die Fälle „unverweht" und „verweht" zu bestimmen. Dabei sind näherungsweise die Regeln für Tonnendächer und gereihte Satteldächer auf die hier betrachtete Situation anzuwenden.

Lösung

Schneelast auf dem Boden:

$$s_\mathrm{k} = 1{,}04 \; \mathrm{kN/m^2}$$

Schneelast auf dem Tonnendach:

(a) unverweht:

In Anlehnung an die Regeln für einfeldrige Tonnendächer ergibt sich für den Fall „unverweht" eine gleichmäßig verteilte Schneelast, die mit dem Formbeiwert $\mu_2 = 0{,}8$ berechnet wird. Es ergibt sich ein Lastfall (LF):

LF 1: $s = 0{,}80 \cdot 1{,}04 = 0{,}83 \; \mathrm{kN/m^2}$ (als Gleichlast über beide Felder)

(b) *verweht:*

Schneelastverteilung wie bei einfeldrigen Tonnendächern ($\mu_4 = 1{,}0$):

$$s/2 = 0{,}5 \cdot 1{,}0 \cdot 1{,}04 = 0{,}52 \ \text{kN/m}^2 \ (\text{halbe Schneelast einseitig})$$
$$s = 1{,}0 \cdot 1{,}0 \cdot 1{,}04 = 1{,}04 \ \text{kN/m}^2 \ (\text{volle Schneelast einseitig})$$

Es ergeben sich vier Lastfälle:

- LF 2: halb/voll/halb/voll (Feld 1, links/Feld 1, rechts/Feld 2, links/Feld 2, rechts)
- LF 3: voll/halb/voll/halb
- LF 4: halb/voll/voll/halb
- LF 5: voll/halb/halb/voll

Weiterhin ist die Schneelastverteilung zu untersuchen, bei der die Zwickel zwischen den angrenzenden Tonnendächern mit Schnee zugeweht werden. Die Berechnung erfolgt in Anlehnung an die Regeln für gereihte Satteldächer, Lastverteilung „verweht". Es ergeben sich folgende Schneelasten:

Schneelast im Tiefpunkt:

$\mu_3(31°) = 1{,}6$ (es wird die „mittlere" Neigung der Tonnendächer zugrunde gelegt)

$$s = 1{,}6 \cdot 1{,}04 = 1{,}67 \ \text{kN/m}^2$$

Schneelast in den Firstpunkten:

$$s = 1{,}04 \ \text{kN/m}^2 \ (\text{s.o.})$$

Zwischen den Firstpunkten und dem Tiefpunkt wird wie bei gereihten Satteldächern ein linearer Verlauf angesetzt.

Außenfelder: $s = 1{,}04 \ \text{kN/m}^2$ (voll) bzw. $s/2 = 0{,}52 \ \text{kN/m}^2$ (halb)

Es ergeben sich weitere 4 Lastfälle (beide Außenfelder mit voller Schneelast; beide Außenfelder mit halber Schneelast; jeweils ein Außenfeld mit voller und halber Schneelast).

Aufgabe 6

Für die Dächer des dargestellten Gebäudekomplexes mit unterschiedlich hohen Dachflächen sind die Schneelasten zu bestimmen (Abb. 6.42).

Randbedingungen

- Bauwerksstandort: SLZ 1, $A = 480$ m (Ulm)

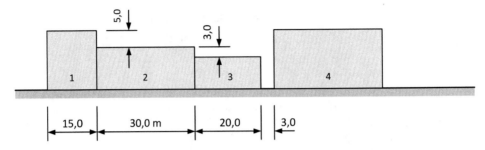

Abb. 6.42 Aufgabe 6 – Schneelasten bei einem Gebäudekomplex mit unterschiedlichen hohen Flachdächern

Schneelast auf dem Boden:

$$s_k = 0,80 \text{ kN/m}^2$$

Lösung
Gebäude 1:

$$s_1 = 0,64 \text{ kN/m}^2 \text{(Gleichlast)}$$

Gebäude 2:

$$s_2 = 0,64 \text{ kN/m}^2 \text{(Gleichlast)}$$

Auf das Dach des Gebäudes 2 kann Schnee vom höherliegenden Dach des Gebäudes 1 heruntergeweht werden. Maße: $b_1 = 15,0$ m, $b_2 = 30,0$ m.

$\mu_W = 2,4$
$s_{2,li} = 1,92 \text{ kN/m}^2$ (am Höhensprung; linear auslaufend bis s_2 auf der Länge l_S)
$l_S = 10,0$ m (Länge Verwehungskeil)
$s_{2,re} = 0,64 \text{ kN/m}^2 (= s_2$, am Gebäuderand rechts)

Gebäude 3:
Auf das Dach des Gebäudes 3 kann Schnee vom höherliegenden Dach des Gebäudes 2 heruntergeweht werden. Gebäude 1 und 4 sind zu weit entfernt (>1,5 m), dass von hier herunterwehender Schnee zu befürchten ist. Diese Annahme stützt sich auf DIN EN 1991-1-3, Anhang B.3.
    Maße: $b_1 = 30,0$ m, $b_2 = 20,0$ m

$\mu_W = 2,4$

$s_{3,li} = 1,92\ kN/m^2$ (am Höhensprung; linear auslaufend bis s_3 auf der Länge l_S)

$l_S = 6,0\ m$ (Länge Verwehungskeil)

$s_{3,re} = 0,64\ kN/m^2$ (am Gebäuderand rechts)

Eine Verwehung vom Dach des Gebäudes 4 auf das tieferliegende Dach des Gebäudes 3 ist nicht anzusetzen, da der Abstand beider Gebäude mit 3,0 m mehr als 1,5 m beträgt (s. o.).

Aufgabe 7

a) Für die Dachflächen des dargestellten Gebäudes mit Schleppgaube sind die Schneelasten zu bestimmen.

b) Die Schneelast auf das Schneefanggitter über der Gaube sowie am Dachrand des Hauptdaches (1b) ist zu berechnen.

c) Die Schneelast infolge Schneeüberhang an der Traufe (Linienlast) am Dachrand des Hauptdaches (1a) ist zu bestimmen.

Randbedingungen

• Bauwerksstandort: SLZ 2a, $A = 320\ m$ (Siegen)
• Am freien Dachrand (ohne Schneefanggitter) kann der Schnee ungehindert abrutschen (Abb. 6.43).

Lösung

Schneelast auf dem Boden:

$$s_k = 1,19\ kN/m^2$$

a) **Schneelast auf den Dachflächen:**

(a) unverweht:

$$s_{1a} = 0,32\ kN/m^2\ und\ s_{1b} = 0,95\ kN/m^2$$

(b) verweht:

$$s_{1a}/2 = 0,16\ kN/m^2\ und\ s_{1b} = 0,95\ kN/m^2$$

sowie

$$s_{1a} = 0,32\ kN/m^2\ und\ s_{1b}/2 = 0,475\ kN/m^2$$

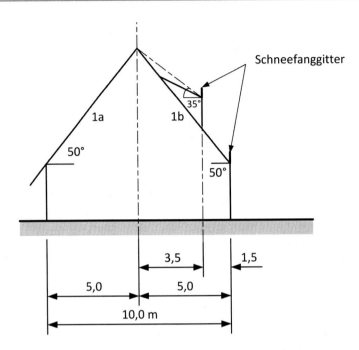

Abb. 6.43 Aufgabe 7 – Schneelasten bei einem Dach mit Schleppgaube

b) **Schneelast auf Schneefanggitter:**

Gaube:

$b = 3{,}5$ m, $\alpha = 35°$ (es wird der Winkel zwischen Schneefanggitter und First angesetzt), $s = 0{,}95$ kN/m² (Schneelast auf dem Dach mit $\mu = 0{,}8$)

$$F_S = 1{,}91 \text{ kN/m}$$

Hauptdach:

$b = 1{,}5$ m (Abstand bis zur Gaube), $\alpha = 50°$, $s = 0{,}95$ kN/m²

$$F_S = 1{,}09 \text{ kN/m}$$

c) **Schneelast infolge Schneeüberhangs an der Traufe:**

$$S_e = 0{,}014 \text{ kN/m (vernachlässigbar gering)}$$

Literatur

1. DIN EN 1991-1-3:2010-12: Eurocode 1: Einwirkungen auf Tragwerke – Teil 1–3: Allgemeine Einwirkungen, Schneelasten; Beuth Verlag, Berlin
2. DIN EN 1991-1-3/NA:2019-04: Nationaler Anhang – National festgelegte Parameter – Eurocode 1: Einwirkungen auf Tragwerke – Teil 1–3: Allgemeine Einwirkungen – Schneelasten; Beuth Verlag, Berlin
3. Schmidt, P.: Lastannahmen – Einwirkungen auf Tragwerke; 1. Auflage 2019; Springer Vieweg, Wiesbaden
4. DIN EN 1991-1-3/A1:2015-12: Eurocode 1 – Einwirkungen auf Tragwerke – Teil 1–3: Allgemeine Einwirkungen – Schneelasten; Änderung A1; Beuth Verlag, Berlin
5. DIN EN 1990:2010-12: Eurocode: Grundlagen der Tragwerksplanung; Beuth Verlag, Berlin
6. DIN EN 1991-1-3/NA:2010-12: Nationaler Anhang – National festgelegte Parameter – Eurocode 1: Einwirkungen auf Tragwerke – Teil 1–3: Allgemeine Einwirkungen – Schneelasten; Beuth Verlag, Berlin (Hinweis: Norm ist zurückgezogen und wird durch DIN EN 1991-1-3/NA:2019-04 ersetzt)
7. Fingerloos, F., Schwind, W.: Zur Neuausgabe des Nationalen Anhangs DIN EN 1991-1-3/NA „Schneelasten" in 2019-04; Bautechnik 96 (2019), Heft 4; Ernst & Sohn, Berlin
8. Auslegungen zur DIN 1055-5; Normenausschuss NA 005-51-02 AA „Einwirkungen auf Tragwerke"; 2010; Deutsches Institut für Normung, Berlin
9. SIA 261:2003: Einwirkungen auf Tragwerke; Schweizer Norm SN 505 261; Hrsg: Schweizerischer Ingenieur- und Architektenverein; Zürich
10. ISO 4355:2013-12: Bases for design of structures – Determination of snow loads on roofs; Beuth Verlag, Berlin

Silolasten

7

7.1 Allgemeines

Für die Bestimmung von Silolasten gelten DIN EN 1991-4 [1] sowie der zugehörige Nationale Anhang DIN EN 1991-4/NA [2]. Die wesentlichen Regeln der vorgenannten Normen sowie weiterführende Hintergrundinformationen sind im Lehrbuch „*Lastannahmen–Einwirkungen auf Tragwerke*" [3], Kap. 9 – Lasten auf Silos und Flüssigkeitsbehälter, angegeben und werden dort an einfachen Beispielen erläutert.

Das Ziel der nachfolgenden Kapitel ist es, die teilweise theoretisch-abstrakten Regelungen der Normen anhand von ausgewählten baupraktischen und teilweise auch komplexeren Beispielen anschaulich zu verdeutlichen. Dabei werden auch aktuelle Auslegungen des zuständigen Normenausschusses [4] berücksichtigt.

Zum Verständnis werden die wichtigsten Grundlagen, die für die Bestimmung der Silolasten zu beachten sind, am Anfang dieses Kapitels in stichpunktartiger und/oder tabellarischer Form angegeben. Für genauere Informationen und Hintergründe wird auf das o. g. Lehrbuch sowie auf die betreffenden Normen und Vorschriften verwiesen. Für ausführliche Erläuterungen und vertiefende Inhalte sowie wertvolle Hintergrundinformationen zur Ermittlung von Silolasten ist das Silo-Handbuch [5] zu empfehlen.

7.2 Lernziele

Es werden folgende Lernziele mit unterschiedlichen Schwierigkeitsgraden verfolgt:

1. Sichere Beherrschung der Verfahren zur Bestimmung der Silolasten für die üblichen Standardfälle (z. B. Silolasten für den Lastfall Füllen). Siehe hierzu Beispiele mit der Kennzeichnung „*Kategorie (A)*".

2. Grundlegende Kenntnisse, wie die Silolasten bei komplexeren Anwendungsfällen zu bestimmen sind (z. B. Silolasten für den Lastfall Entleeren, Trichterlasten). Siehe hierzu Beispiele mit Kennzeichnung *„Kategorie (B)"*.

Neben ausführlichen Beispielen mit Lösungsweg werden im letzten Abschnitt dieses Kapitels auch einige Aufgaben mit Endergebnis für das Selbststudium angeboten.

7.3   Grundlagen

Nachfolgend wird die grundlegende Vorgehensweise bei der Ermittlung von Silolasten für die verschiedenen Silotypen und Lastfälle nach DIN EN 1991-4 und DIN EN 1991-4/NA erläutert. Aufgrund des großen Umfangs der Norm können hier nur die wesentlichen Regeln angegeben werden. Für weitere Informationen bzw. für die vollständigen wird auf die Norm [1, 2] sowie auf das o. a. Lehrbuch [3] verwiesen.

7.3.1   Allgemeines

Unter Silolasten werden Einwirkungen auf Silowände und Trichter verstanden, die durch das Schüttgut verursacht werden. Im Gegensatz zum Flüssigkeitsdruck, der nur senkrecht auf die Behälterwände einwirkt und linear mit der Tiefe zunimmt, werden Silowände aufgrund der Reibung zwischen den Schüttgutkörnern sowohl durch senkrechte als auch durch tangentiale Lasten beansprucht. Außerdem nimmt der horizontale Silodruck mit der Tiefe nur unterproportional zu, da ein Teil der Lasten über Gewölbewirkung der sich gegenseitig und an den Silowänden abstützenden Schüttgutkörner abgetragen wird. Die anzusetzenden Silolasten sind im Wesentlichen von der Schlankheit des Silos sowie vom Schüttgut und vom betrachteten Lastfall (Füllen, Entleeren) abhängig.

7.3.2   Schlankheit

Als Schlankheit ist das Verhältnis h_c/d_c definiert. Darin ist h_c die Höhe des vertikalen Siloschaftes, gemessen vom Trichterübergang bis zur äquivalenten Schüttgutoberfläche, und d_c die charakteristische Abmessung des inneren Siloquerschnittes (Abb. 7.1).

In Abhängigkeit von der Schlankheit werden folgende Silotypen unterschieden:

*   schlanke Silos ($h_c/d_c \geq 2{,}0$)
*   Silos mittlerer Schlankheit ($1{,}0 < h_c/d_c < 2{,}0$)
*   niedrige Silos ($0{,}4 < h_c/d_c \leq 1{,}0$)
*   Stützwandsilos ($h_c/d_c \leq 0{,}4$)

Die Ermittlung der Silolasten ist u. a. abhängig von der Schlankheit.

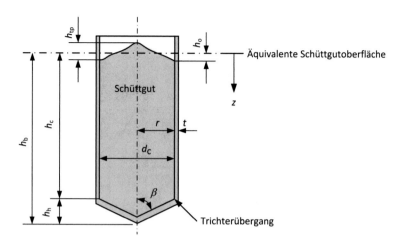

Abb. 7.1 Geometrie und Bezeichnungen bei Silos

7.3.3 Anwendungsvoraussetzungen

Die Regeln der DIN 1991-4 gelten, wenn folgende Voraussetzungen gegeben sind:

1. **Querschnittsform:** Die Querschnittsform des Silos muss eine der in Abb. 7.2 bzw. Abb. 7.3 dargestellten Formen entsprechen, wobei kleinere Abweichungen zulässig sind, wenn die möglichen Auswirkungen auf das Silotragwerk (z. B. Druckänderungen) beachtet werden.
2. **Geometrische Abmessungen:** Folgende **Bedingungen** müssen eingehalten werden (Abb. 7.4):
   - $h_b/d_c < 10$
   - $h_b < 100$ m
   - $d_c < 60$ m

Darin bedeuten:

h_b: Gesamthöhe eines Silos mit Trichter, gemessen von der Trichterspitze bis zur äquivalenten Schüttgutoberfläche

d_c: charakteristische Abmessung für den inneren Siloquerschnitt

3. **Übergang Siloschaft-Trichter:** Der Übergang vom Siloschaft zum Trichter muss in einer horizontalen Ebene liegen (Abb. 7.4). Ein zur Horizontalen geneigter Übergang oder ein Versatz sind nicht zulässig.

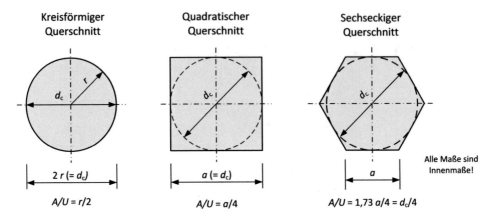

Abb. 7.2 Verhältniswerte A/U für verschiedene Querschnittsformen

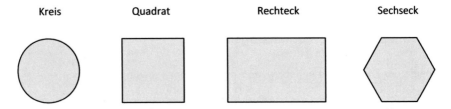

Abb. 7.3 Zulässige Querschnittsformen und geometrische Randbedingungen von Silos bei Berechnung der Einwirkungen nach DIN EN 1991-4

Maximale Abmessungen

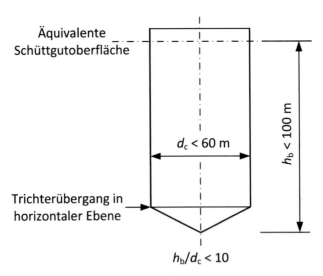

Abb. 7.4 Definition der Werte h_b und d_c eines Silos sowie Übergang Siloschacht-Trichter (Trichterübergang) sowie maximale Abmessungen

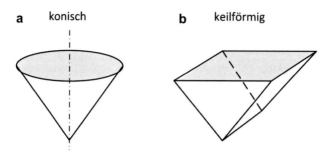

a konisch   **b** keilförmig

Abb. 7.5 Silotrichter: (**a**) konisch geformt; (**b**) keilförmig geformt

4. **Silotrichter:** Die Lastansätze auf Silotrichter gelten nur für Silos mit konischen (axial-symmetrisch, pyramidenförmig mit quadratischem oder rechteckigem Querschnitt) oder keilförmigen Trichtern (vertikale Wände an Stirn- und Rückseite) (Abb. 7.5).

Dagegen gilt DIN EN 1991-4 für folgende Fälle nicht:

- **Symmetrie des Silos:** DIN EN 1991-4 gilt nicht für Silos mit geometrischen Formen, bei denen sich die Symmetrieachsen entlang der vertikalen Achse ändern (z. B. Silos mit diamond-back-Trichter).
- **Einbauten:** Einflüsse auf die Silodrücke, die durch Einbauten oder andere Konstruktionen (z. B. Querschnitts-Einengungen, Entlastungskegel, Entlastungsbalken) verursacht werden, werden nicht erfasst. Ausgenommen davon sind innen liegende Zugbänder von rechteckigen Silos.
- **Dynamische Beanspruchungen:** DIN EN 1991-4 gilt nicht für dynamische Beanspruchungen, die beim Entleeren des Silos auftreten können. Hierzu zählen Effekte wie z. B. Silobeben, Stöße, Siloschlagen.
- **Silos mit Umlaufbetrieb:** DIN EN 1991-4 gilt nicht für Silos mit Umlaufbetrieb.

7.3.4 Anforderungsklassen und Lastvergrößerungsfaktoren

Silos werden in Abhängigkeit von ihrem Fassungsvermögen in drei Anforderungsklassen (ACC 1, ACC 2 und ACC 3) eingeteilt. Um unplanmäßige Einflüsse von Lasten im Silo beim Füllen und Entleeren zu berücksichtigen, werden die Silolasten mit Lastvergrößerungsfaktoren C modifiziert. Diese sind von der Anforderungsklasse abhängig (Tab. 7.1).

Tab. 7.1 Anforderungsklassen und Lastvergrößerungsfaktoren C

Anforderungsklasse	Silogröße	Lastvergrößerungsfaktor C	Berücksichtigung unsymmetrischer Lasten
ACC 1	< 100 t	Berücksichtigung zusätzlicher Lasteinflüsse beim Entleeren und Berücksichtigung von Einflüssen, die durch Streuung der Schüttgutparameter entstehen	Durch Erhöhung der symmetrischen Lasten mit dem Lastvergrößerungsfaktor C für die Entleerungslasten.
ACC 2	≥ 100 und ≤ 10.000 t	Berücksichtigung zusätzlicher Lasteinflüsse beim Entleeren des Silos	*Alternativ* durch Erhöhung der symmetrischen Lasten mit dem
ACC 3 [1]	> 10.000 t		Lastvergrößerungsfaktor C

[1] ACC 3 gilt auch für Silos mit einem Fassungsvermögen von > 1000 Tonnen, bei denen eine der folgenden Bedingungen erfüllt ist: a) exzentrische Entleerung mit $e_t/d_c > 0{,}25$; b) niedrige Silos mit einer exzentrischen Belastung von $e_t/d_c > 0{,}25$

7.3.5   Bemessungssituationen für Schüttgüter und Schüttgutkennwerte

Regelungen zu Bemessungssituationen für Schüttgüter lauten:

1. Lasten durch Schüttgüter sind nur bei vollständig gefülltem Silo zu berücksichtigen.
2. Die Bemessung für Befüllen und Entleeren sollte sich nach den Hauptlastfällen richten:
   a. Macximale Horizontallasten (senkrechte Lasten auf die Silowände);
   b. maximale Wandreibungslasten auf die Silowände;
   c. maximale Vertikallast auf den Siloboden;
   d. maximale Trichterlasten.
3. Für die Schüttgutwichte ist der obere charakteristische Wert anzunehmen.
4. Für Lastfälle sind die Kombinationen der zusammengehörenden Schüttgutkennwerte zu verwenden, die zu der jeweils maßgebenden, d. h. größten Belastung führen. Maßgebende Kennwerte für verschiedene Lastfälle sind in Tab. 7.2 angegeben.

Abweichend zu den Regelungen in Tab. 7.2 dürfen bei Silos der Anforderungsklasse 1 (AAC 1; Fassungsvermögen < 100 t) vereinfachend die Mittelwerte der Schüttgutkennwerte verwendet werden. Es gilt:

- Mittelwert des Wandreibungskoeffizienten μ_m
- Mittelwert des Horizontallastverhältnisses K_m
- Mittelwert des Winkels der inneren Reibung ϕ_{im}

Tab. 7.2 Maßgebende Kennwerte für verschiedene Lastfälle bei den vertikalen Wandabschnitten des Silos (n. DIN EN 1991-4, Tab. 3.1)

Lastfall			Anzusetzender charakteristischer Wert		
			Wandreibungskoeffizient μ	Horizontallastverhältnis K	Winkel der inneren Reibung Φ_i
Vertikale Wände	Horizontallasten	Maximale Horizontallasten senkrecht auf die vertikalen Silowände	UG	OG	UG
	Wandreibungslasten	Maximale Wandreibungslasten auf die vertikalen Silowände	OG	OG	UG
	Vertikallasten	Maximale Vertikallasten auf den Trichter oder den Siloboden	UG	UG	OG
Trichterwände	Trichterlasten	Maximale Trichterlasten im Füllzustand	UG	UG	UG
		Maximale Trichterlasten beim Entleeren	UG	OG	OG

OG: oberer Grenzwert
UG: unterer Grenzwert

Anmerkung 1: Der Wandreibungswinkel sollte immer kleiner oder gleich dem Winkel der inneren Reibung des gelagerten Schüttgutes sein ($\phi_{wh} \leq \phi_i$).

Anmerkung 2: Lasten senkrecht auf die Trichterwände p_n sind i. d. R. am größten, wenn die Wandreibung im Trichter klein ist, weil dadurch ein kleinerer Teil der Lasten im Trichter über Reibung an der Wand abgetragen wird. Es sollte sorgfältig überlegt werden, welche maximalen Kennwerte bei den einzelnen Bemessungsaufgaben maßgebend werden, d. h. ob die Wandreibungslasten oder die Lasten als maximal angesetzt werden sollen.

Die oberen und unteren charakteristischen Schüttgutkennwerte berechnen sich mit den
Gleichungen in Tab. 7.3.

Die Wandreibungskoeffizienten μ sind abhängig von der Reibung der Wandoberfläche
(Tab. 7.4).

Schüttgutkennwerte für ausgewählte Schüttgüter sind in Tab. 7.5 angegeben. Für weitere Werte wird auf DIN EN 1991-4 verwiesen.

Tab. 7.3 Obere und untere charakteristische Schüttgutkennwerte

Schüttgutkennwert	Oberer charakt. Wert	Unterer charakt. Wert
Wandreibungskoeffizient	$\mu = a_\mu \cdot \mu_m$	$\mu = \mu_m / a_\mu$
Horizontallastverhältnis	$K = a_k \cdot K_m$	$K = K_m / a_k$
Winkel der inneren Reibung des Schüttguts	$\phi_i = a_\phi \cdot \phi_{im}$	$\phi_i = \phi_{im} / a_\phi$

a_k, a_u: Umrechnungsfaktoren nach Tab. 7.5

Tab. 7.4 Kategorien der Wandoberflächen (n. DIN EN 1991-4, Tab. 4.1)

Kategorie der Wandoberfläche	Wandoberfläche		Beispiele
	Reibung	Klassifizierung	
D1	gering	„sehr glatt"	Kaltgewalzter oder polierter nichtrostender Stahl Beschichtete Oberflächen (Beschichtung ausgelegt für geringe Reibung) Aluminium Stranggepresstes hochverdichtetes Polyethylen [a]
D2	mäßig	„glatt"	Karbonstahl mit leichtem Oberflächenrost (geschweißt oder geschraubt) Gewalzter nichtrostender Stahl Galvanisierter Kohlenstoffstahl Beschichtete Oberfläche (Beschichtung ausgelegt gegen Korrosion und Abrieb)
D3	groß	„rau"	ausgeschalter Beton, schalungsrauer Beton, alter Beton alter (korrodierter) Kohlenstoffstahl verschleißfester Stahl keramische Fliesen (Platten)
D4	Sonstige		Horizontal gewellte Wände Profilierte Bleche mit horizontalen Schlitzen Nicht standardisierte Wände mit tiefen Profilierungen

[a] Bei diesen Oberflächen ist besonders auf den Effekt der Aufrauung durch Partikel, die in die Wandoberfläche eingedrückt werden, zu beachten.

Tab. 7.5 Schüttgutkennwerte (n. DIN EN 1991-4, Tab. E.1)

Art des Schüttgutes d), e)	Wichte b) γ		Böschungswinkel φ_r	Winkel der inneren Reibung φ_i		Horizontallastverhältnis K		Wandreibungskoeffizient c) μ (= tan φ_w)				Kennwert für Teilflächenlast C_op
	unterer Wert γ_l	oberer Wert γ_u	φ_r	φ_im Mittelwert	a_φ Umrechnungsfaktor	K_m Mittelwert	a_K Umrechnungsfaktor	Wandtyp			a_μ Umrechnungsfaktor	
								D1 Mittelwert	D2 Mittelwert	D3 Mittelwert		
	kN/m³	kN/m³	Grad	Grad								
Allgemeines Schüttgut a)	6,0	22,0	40	35	1,3	0,50	1,5	0,32	0,39	0,50	1,40	1,0
Betonkies	17,0	18,0	36	31	1,16	0,52	1,15	0,39	0,49	0,59	1,12	0,4
Aluminium	10,0	12,0	36	30	1,22	0,54	1,20	0,41	0,46	0,51	1,07	0,5
Kraftfuttermischung	5,0	6,0	39	36	1,08	0,45	1,10	0,22	0,30	0,43	1,28	1,0
Kraftfutterpellets	6,5	8,0	37	35	1,06	0,47	1,07	0,23	0,28	0,37	1,20	0,7
Gerste (*)	7,0	8,0	31	28	1,14	0,59	1,11	0,24	0,33	0,48	1,16	0,5

(Fortsetzung)

Tab. 7.5 (Fortsetzung)

Art des Schüttgutes d), e)	Wichte b) γ		Böschungswinkel ϕ_r	Winkel der inneren Reibung ϕ_i		Horizontallastverhältnis K		Wandreibungskoeffizient c) μ (= tan ϕ_w) Wandtyp				Kennwert für Teilflächenlast
	γ_u oberer Wert	γ_l unterer Wert	ϕ_r	ϕ_{im} Mittelwert	a_ϕ Umrechnungsfaktor	K_m Mittelwert	a_K Umrechnungsfaktor	D1 Mittelwert	D2 Mittelwert	D3 Mittelwert	a_μ Umrechnungsfaktor	C_{op}
	kN/m³	kN/m³	Grad	Grad								
Zement	16,0	13,0	36	30	1,22	0,54	1,20	0,41	0,46	0,51	1,07	0,5
Zementklinker (**)	18,0	15,0	47	40	1,20	0,38	1,31	0,46	0,56	0,62	1,07	0,7
Kohle (*)	10,0	7,0	36	31	1,16	0,52	1,15	0,44	0,49	0,59	1,12	0,6
Kohlestaub (*)	8,0	6,0	34	27	1,26	0,58	1,20	0,41	0,51	0,56	1,07	0,5
Koks	8,0	6,5	36	31	1,16	0,52	1,15	0,49	0,54	0,59	1,12	0,6
Flugasche	15,0	8,0	41	35	1,16	0,46	1,20	0,51	0,62	0,72	1,07	0,5
Mehl (*)	7,0	6,5	45	42	1,06	0,36	1,11	0,24	0,33	0,48	1,16	0,6
Eisenpellets	22,0	19,0	36	31	1,16	0,52	1,15	0,49	0,54	0,59	1,12	0,5

Kalkhydrat	6,0	8,0	34	27	1,26	0,58	1,20	0,36	0,41	0,51	1,07	0,6
Kalksteinmehl	11,0	13,0	36	30	1,22	0,54	1,20	0,41	0,51	0,56	1,07	0,5
Mais (*)	7,0	8,0	35	31	1,14	0,53	1,14	0,22	0,36	0,53	1,24	0,9
Phosphat	16,0	22,0	34	29	1,18	0,56	1,15	0,39	0,49	0,54	1,12	0,5
Kartoffeln	6,0	8,0	34	30	1,12	0,54	1,11	0,33	0,38	0,48	1,16	0,5
Sand	14,0	16,0	39	36	1,09	0,45	1,11	0,38	0,48	0,57	1,16	0,4
Schlackenklinker	10,5	12,0	39	36	1,09	0,45	1,11	0,48	0,57	0,67	1,16	0,6
Sojabohnen	7,0	8,0	29	25	1,16	0,63	1,11	0,24	0,38	0,48	1,16	0,5
Zucker (*)	8,0	9,5	38	32	1,19	0,50	1,20	0,46	0,51	0,56	1,07	0,4
Zuckerrübenpellets	6,5	7,0	36	31	1,16	0,52	1,15	0,35	0,44	0,54	1,12	0,5
Weizen (*)	7,5	9,0	34	30	1,12	0,54	1,11	0,24	0,38	0,57	1,16	0,5

Für Schüttgut, das in der Tabelle nicht aufgeführt ist, sollten Versuche zur Bestimmung der Kennwerte durchgeführt werden.

[a] Wenn sich die Durchführung von Versuchen z. B. aus Kostengründen nicht rechtfertigt, können die Kennwerte für „Allgemeines Schüttgut" verwendet werden. Diese Werte können bei kleinen Silos angemessen sein. Bei großen Silos führen diese Kennwerte i. d. R. zu einer unwirtschaftlichen Bemessung, d. h. hier sollten Versuche durchgeführt werden

[b] Bei der Ermittlung der Silolasten ist immer der obere charakteristische Wert der Schüttgutwichte γ_o zu verwenden. Der untere charakteristische Wert γ_u ist für die Berechnung der Lagerkapazität des Silos heranzuziehen

[c] Für den Wandtyp D4 (gewellte Wand) darf der Wandreibungskoeffizient mit den Verfahren nach DIN 1991-4, D.2 [9.6] abgeschätzt werden

[d] Schüttgüter, die zur Staubexplosion neigen, werden mit dem Zeichen (*) gekennzeichnet

[e] Schüttgüter, die zu Auslaufstörungen beim Entleeren infolge mechanischen Verzahnens neigen, sind mit dem Zeichen (**) gekennzeichnet

7.3.6 Bemessungssituationen für verschiedene Silogeometrien

Die Silogeometrie, d. h. die Siloschlankheit, die Trichtergeometrie sowie die Anordnung der Auslauföffnungen beeinflussen das Verhalten des Schüttgutes beim Entleeren, so dass sich unterschiedliche Fließprofile einstellen. Dabei sind die Fließprofile Massenfluss, Schlotfluss und gemischtes Fließen zu unterscheiden. Beim Massenfluss ist das gesamte Schüttgut beim Entleeren in Bewegung. Beim Schlotfluss bildet sich dagegen ein Kanal aus, in dem das Schüttgut zur Auslauföffnung fließt, während andere Bereiche des Schüttguts in Ruhe verbleiben (Abb. 7.6).

Die durch die verschiedenen Fließvorgänge entstehenden unsymmetrischen Beanspruchungen müssen durch entsprechende Bemessungssituationen berücksichtigt werden. Für genauere Angaben wird auf die Norm [1, 2] sowie auf [3] verwiesen.

7.3.7 Schlanke Silos – Lasten auf vertikale Silowände

Bei schlanken Silos ist zwischen Fülllasten und Entleerungslasten zu unterscheiden, wobei diese je nach Anforderungsklasse jeweils als symmetrische und unsymmetrische Lasten (Teilflächenlasten) anzusetzen sind. Die Ermittlung der Lasten bei schlanken Silos beruht auf der Janssen-Theorie; siehe hierzu die Erläuterungen in [5].

Symmetrische Fülllasten
Die symmetrischen Fülllasten für schlanke Silos berechnen sich mit den Angaben in Tab. 7.6 (Abb. 7.7).

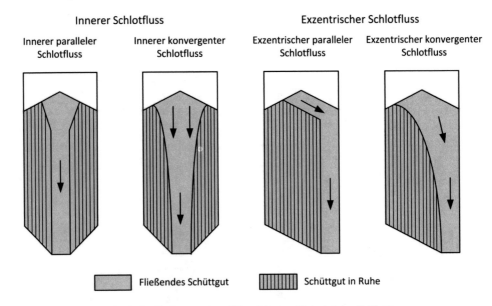

Abb. 7.6 Fließprofile beim Entleeren eines Silos; hier am Beispiel des Schlotflusses

Tab. 7.6 Symmetrische Fülllasten für schlanke Silos

Bezeichnung	Gleichung
Horizontallasten p_{hf} in kN/m²	$p_{hf}(z) = p_{ho} \cdot Y_J(z)$
Wandreibungslasten p_{wf} in kN/m²	$p_{wf}(z) = \mu \cdot p_{ho} \cdot Y_J(z)$
Vertikallasten p_{vf} in kN/m²	$p_{vf}(z) = \frac{p_{ho}}{K} \cdot Y_J(z)$

mit:

$$p_{ho} = \gamma \cdot K \cdot z_o$$

$$z_o = \frac{1}{K\mu} \cdot \frac{A}{U}$$

$$Y_J(z) = 1 - e^{-z/z_o}$$

In den Gleichungen bedeuten:

γ charakteristischer Wert der Schüttgutwichte (i. d. R. der obere Wert) in kN/m³

K charakteristischer Wert des Horizontallastverhältnisses (dimensionslos, abh. v. Schüttgut)

μ charakteristischer Wert des Wandreibungskoeffizienten (dimensionslos, abh. v. Material der Silowand)

z Tiefe unterhalb der äquivalenten Schüttgutoberfläche im gefüllten Zustand in m

z_o charakteristische Tiefe nach der Janssen-Theorie in m

A innere Querschnittsfläche des Silos in m²

U Umfang der inneren Querschnittsfläche m

Hinweis: Für einen Silo mit kreisförmigem Querschnitt ergibt sich das Verhältnis $A/U = d_c/4$ (mit d_c = Innendurchmesser des Silos).

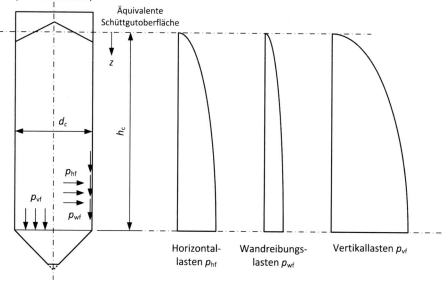

Abb. 7.7 Symmetrische Fülllasten auf vertikale Wände bei schlanken Silos

Teilflächenlasten für den Lastfall Füllen

Teilflächenlasten für den Lastfall Füllen sind anzusetzen, um unplanmäßige unsymmetrische Lasten, die infolge von Exzentrizitäten und Imperfektionen beim Befüllen des Silos auftreten, zu erfassen. Ausgenommen hiervon sind Silos der Anforderungsklasse 1 (Fassungsvermögen < 100 Tonnen) sowie Silos, die zur Lagerung von staubförmigen Schüttgütern mit Hilfe von Lufteinblasvorrichtungen befüllt werden.

Die Teilflächenlast für den Lastfall Füllen ist für die maximale Exzentrizität e_f zu ermitteln. Die Berechnung unterscheidet sich für dickwandige und dünnwandige Silos sowie für Silos mit nicht kreisförmigem Querschnitt. Für dickwandige und dünnwandige Silos erfolgt die Berechnung mit den Angaben in Tab. 7.7 (Abb. 7.8). Für Silos mit nicht kreisförmigem Querschnitt wird auf die Norm verwiesen.

Entleerungslasten

Entleerungslasten auf die vertikalen Silowände berücksichtigen vorübergehende Beanspruchungen, die beim Entleeren eines Silos auftreten können. Sie setzen sich aus einem symmetrischen und einem unsymmetrischen Lastanteil zusammen. Der symmetrische Lastanteil wird durch symmetrische Entleerungslasten berücksichtigt, der unsymmetrische Lastanteil wird als Teilflächenlast – in Abhängigkeit von der Anforderungsklasse und der Konstruktionsform des Silos – angesetzt.

Symmetrische Entleerungslasten

Der symmetrische Anteil der Entleerungslasten wird mit den Angaben in Tab. 7.8 berechnet (Tab. 7.9).

Teilflächenlasten für den Lastfall Entleeren

Die Teilflächenlast für den Lastfall Entleeren ist von der Anforderungsklasse (ACC 1, ACC 2, ACC 3) abhängig (Tab. 7.10) und berechnet sich mit den Angaben in Tab. 7.11. Dabei wird wie beim Lastfall Füllen in Teilflächenlasten für dick- und dünnwandige Silos unterschieden. Lastbilder siehe Abb. 7.9.

Für Silos mit nicht kreisförmigem Querschnitt sowie für Silos mit Schweiß- sowie Bolzen- und Schraubenverbindungen gelten andere bzw. zusätzliche Regeln, siehe Norm.

7.3.8 Trichterlasten

Größe und Verlauf der Fülllasten und Entleerungslasten hängen maßgeblich von der Ausbildung des Trichters, insbesondere von der Neigung der Trichterwände sowie von dem Horizontallastverhältnis und dem Wandreibungskoeffizienten, ab (Abb. 7.10). Es werden folgende Trichterarten unterschieden (Tab. 7.12):

Tab. 7.7 Teilflächenlasten für den Lastfall Füllen für schlanke Silos

Beschreibung	Dickwandige Silos	Dünnwandige Silos
Unterscheidungskriterium	$d_c/t \leq 200$	$d_c/t > 200$
Teilflächenlast in kN/m^2	$p_{pfi} = \dfrac{p_{pf}}{7} = \dfrac{1}{7} \cdot C_{pf} \cdot p_{hf}$	$p_{pfs} = p_{pf} \cdot \cos \theta$
	p_{pf} Grundwert der nach außen gerichteten Teilflächenlast für den Lastfall Füllen: $p_{pf} = C_{pf} \cdot p_{hf}$ mit: C_{pf} Beiwert (dimensionslos): $C_{pf} = 0{,}21 \cdot C_{op} \cdot \left(1 + 2 \cdot E^2\right)\left(1 - e^{\{-1{,}5 \cdot [(h_c/d_c)-1]\}}\right) \geq 0$ mit : $E = 2 \cdot e_f/d_c$	
	In den Gleichungen bedeuten: p_{hf} lokaler Wert des horizontalen Fülldruckes an der Stelle, an der die Teilflächenlast angesetzt wird (n. Tab. 7.6) in kN/m^2 e_f maximale Exzentrizität des Aufschüttkegels, der sich beim Befüllen an der Schüttgutoberfläche einstellt in m; C_{op} Schüttgutbeiwert für die Teilflächenlast (dimensionslos) h_c Höhe des vertikalen Siloschaftes (gemessen vom Trichterübergang bis zur äquivalenten Schüttgutoberfläche) in m d_c charakteristische Abmessung des inneren Siloquerschnittes in m θ Winkel in Umfangsrichtung in Grad; Zählrichtung entgegen dem Uhrzeigersinn beginnend bei dem Maximalwert der Teilflächenlast p_{pf} (Druck nach außen)	
Höhe des Bereichs, in dem die Teilflächenlast angesetzt wird, in m	$s = \pi \cdot d_c/16 \cong 0{,}2 \cdot d_c$	
Stelle an der Silowand, an der die Teilflächenlast angesetzt wird	**Dickwandige Silos:** • An der ungünstigsten Stelle, z. B. in einer Höhe von $h_c/2$.	**Dünnwandige Silos:** • *Silos (ACC 2) mit Schweißverbindungen:* $z_p = \min \begin{cases} z_0 \\ 0{,}5 \cdot h_c \end{cases}$ • *Silos (ACC 2) mit Bolzen-/Schraubenverbindungen:* An jeder beliebigen Stelle der Silowand. • *Silos ACC 3:* An jeder beliebigen Stelle der Silowand.

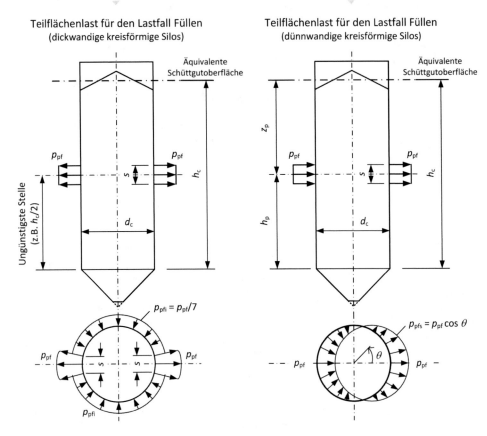

Abb. 7.8 Teilflächenlasten für den Lastfall Füllen; hier: bei schlanken, kreisförmigen Silos (dick-wandig und dünnwandig)

Tab. 7.8 Symmetrische Entleerungslasten bei schlanken Silos

Beschreibung	Gleichung
Horizontallasten in kN/m^2	$p_{he} = C_h \cdot p_{hf}$
Wandreibungslasten in kN/m^2	$p_{we} = C_w \cdot p_{wf}$

Darin bedeuten:

p_{hf} Horizontallasten n. Tab. 7.1 in kN/m^2

p_{wf} Wandreibungslasten n. Tab. 7.1 in kN/m^2

C_h Entleerungsfaktor für Horizontallasten (dimensionslos) (Tab. 7.9)

C_w Entleerungsfaktor für die Wandreibungslasten (dimensionslos) (Tab. 7.9)

- ebene (waagerechte) Siloböden (Neigungswinkel des Bodens zur Horizontalen $\alpha < 5°$).
- steile Trichter
- flach geneigte Trichter

Tab. 7.9 Entleerungsfaktoren

Silotyp	Anforderungsklasse	Entleerungsfaktoren	Bemerkung
Silos mit Entleerung von der Schüttgut-oberfläche	alle	$C_h = C_w = 1,0$	-
Silos, die von unten geleert werden und es zum Fließen des Schüttguts kommt	ACC 1	$C_h = 1,15 + 1,5 \cdot (1 + 0,4 \cdot e/d_c) \cdot C_{op}$ $C_w = 1,4 \cdot (1 + 0,4 \cdot e/d_c)$	$e = \max \begin{cases} e_f \\ e_o \end{cases}$
	ACC 2 und ACC 3	$C_h = C_o = 1,15$ $C_w = 1,1$	-

Darin bedeuten:

e_f maximale Exzentrizität des Aufschüttkegels, die sich beim Befüllen einstellt, in m

e_o Exzentrizität des Mittelpunktes der Auslauföffnung in m

C_{op} Schüttgutbeiwert für die Teilflächenlast

d_c charakteristische Abmessung des inneren Siloquerschnittes in m

Tab. 7.10 Lastansätze für den Lastfall Entleeren (unsymmetrische Lastanteile) bei schlanken Silos

Lastfall	Anforderungsklasse	
	ACC 1	ACC 2 und ACC 3
Teilflächenlast	nicht erforderlich	ist immer anzusetzen
Entleerungslasten für Silos mit großen Exzentrizitäten DIN EN 1991-4, 5.2.4 (siehe Norm)	–	sind als zusätzlicher Lastfall anzusetzen, wenn eine der beiden Bedingungen zutrifft:
		Exzentrizität der Auslauföffnung e_o: $e_o > e_{o,\,cr} = 0,25 \cdot d_c$
		Maximale Exzentrizität beim Füllen e_f: $e_f > e_{f,cr} = 0,25 \cdot d_c$ oder $e_f > (h_c/d_c)_{lim} = 4,0$

Für die Berechnung der Lasten auf die Trichterwände existieren zwei Verfahren: das Referenzverfahren (Abschn. 6.1.2 der DIN EN 1991-4) und ein Alternativverfahren (Anhang G der Norm). Nachfolgend wird nur das Referenzverfahren behandelt, für das Alternativverfahren wird auf die Norm verwiesen.

Tab. 7.11 Teilflächenlasten für den Lastfall Entleeren bei schlanken Silos

Beschreibung	Dickwandige Silos	Dünnwandige Silos
Unterscheidungskriterium	$d_c/t \leq 200$	$d_c/t > 200$
Teilflächenlast in kN/m^2	$p_{\text{pei}} = \frac{p_{pe}}{7} = \frac{1}{7} \cdot C_{pe} \cdot p_{he}$	$p_{\text{pes}} = p_{pe} \cdot \cos\theta$
Höhe des Bereichs, in dem die Teilflächenlast angesetzt wird, in m	$s = \pi \cdot d_c/16 \cong 0,2 \cdot d_c$	

Darin bedeuten:

$p_{pe} = C_{pe} \cdot p_{he}$
p_{pe}: Grundwert der Teilflächenlast für den Lastfall Entleeren

Der Beiwert C_{pe} ist abhängig vom Verhältnis h_c/d_c:

$h_c/d_c > 1,2$:	$C_{pe} = 0,42 \cdot C_{op} \cdot \left(1 + 2 \cdot E^2\right)\left(1 - e^{\{-1,5 \cdot [(h_c/d_c)-1]\}}\right)$	mit:
$h_c/d_c \leq 1,2$:	Maximalwert aus: $C_{pe} = 0,42 \cdot C_{op} \cdot \left(1 + 2 \cdot E^2\right)\left(1 - e^{\{-1,5 \cdot [(h_c/d_c)-1]\}}\right)$ $C_{pe} = 0,272 \cdot C_{op} \cdot \{(h_c/d_c - 1) + E\}$ $C_{pe} = 0$	$e = \max \begin{cases} e_f \\ e_o \end{cases}$ $E = 2 \cdot e/d_c$

In den Gleichungen bedeuten:

e_f maximale Exzentrizität des Aufschüttkegels, der sich beim Befüllen an der Schüttgutoberfläche einstellt in m

e_o Exzentrizität des Mittelpunktes der Auslauföffnung in m

p_{he} lokaler Wert des horizontalen Entleerungsdruckes an der Stelle, an der die Teilflächenlast angesetzt wird, in kN/m^2

C_{op} Schüttgutbeiwert für die Teilflächenlast (dimensionslos)

h_c Höhe des vertikalen Siloschaftes (gemessen vom Trichterübergang bis zur äquivalenten Schüttgutoberfläche) in m

d_c charakteristische Abmessung des inneren Siloquerschnittes in m

Die Trichterlasten berechnen sich mit den Angaben in Tab. 7.13, 7.14.

Fülllasten und Entleerungslasten bei steilen Trichtern

Bei steilen Trichtern wird in Fülllasten und Entleerungslasten unterschieden. Die Berechnung der Lasten bei steilen Trichtern erfolgt nach Tab. 7.15, wobei eine mobilisierte Wandreibung an der Trichterwand angenommen wird.

Fülllasten und Entleerungslasten bei flach geneigten Trichtern

Bei flach geneigten Trichtern sind Fülllasten und Entleerungslasten zu ermitteln. Die Berechnung erfolgt für den Fall einer nicht vollständig mobilisierten Wandreibung an der Trichterwand, da bei flachen Trichtern eine vollständige Aktivierung bzw. Mobilisierung der Wandreibung aufgrund der flachen Trichterneigung nicht möglich ist (Tab. 7.16).

Waagerechte Silöböden

Für Lasten auf waagrechte Silöböden wird auf DIN EN 1991-4 verwiesen.

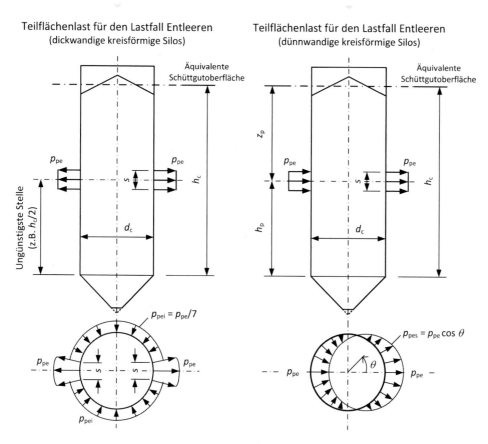

Abb. 7.9 Teilflächenlasten für den Lastfall Entleeren; hier: bei schlanken, kreisförmigen Silos (dickwandig und dünnwandig)

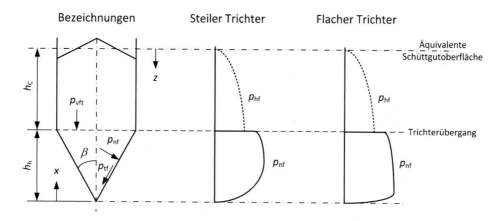

Abb. 7.10 Verlauf der Fülldrücke bei einem flach geneigten und einem steilen Trichter

Tab. 7.12 Trichterarten

Trichterart	Kriterium
ebener Siloboden	$\alpha < 5°$
flach geneigter Trichter	$\alpha \geq 5°$ und $\tan \beta \geq \frac{1-K}{2 \cdot \mu_h}$
steiler Trichter	$\alpha \geq 5°$ und $\tan \beta < \frac{1-K}{2 \cdot \mu_h}$

Darin bedeuten:

β Trichterneigungswinkel, d. h. Winkel zwischen der vertikalen Siloachse und den Trichterwänden (halber Scheitelwinkel) in Grad

K unterer Wert des Horizontallastverhältnisses des Schüttgutes an den Trichterwänden (dimensionslos)

μ_h unterer charakteristischer Wert des Wandreibungskoeffizienten im Trichter (dimensionslos)

Tab. 7.13 Trichterlasten nach dem Referenzverfahren (n. DIN EN 1991-4)

Last	Gleichung
a) Mittlere Vertikallast am Trichterübergang	$p_{vft} = C_b \cdot p_{vf}$
b) Mittlere Vertikallast im Trichter in einer Höhe x oberhalb des theoretischen Trichterscheitels	$p_v = \left(\frac{\gamma \cdot h_h}{n-1}\right) \cdot \left\{ \left(\frac{x}{h_h}\right) - \left(\frac{x}{h_h}\right)^n \right\} + p_{vft} \cdot \left(\frac{x}{h_h}\right)^n$
	mit:
	$n = S \cdot (F \cdot \mu_{heff} \cdot \cot \beta + F) - 2$
	$S = 2$ für konische und quadratische pyramidenförmige Trichter
	$S = 1$ für keilförmige Trichter
	$S = 1 + b/a$ für Trichter mit rechteckigem Grundriss

Zu a):

p_{vf} vertikale Fülllast in kN/m². Dabei ist als Koordinate z die Höhe der vertikalen Wand h_c anzusetzen. Als Schüttgutkennwerte sind diejenigen Werte anzusetzen, die zu den maximalen Trichterlasten führen.

C_b Bodenlastvergrößerungsfaktor (dimensionslos); siehe Tab. 7.14.

Zu b):

γ oberer charakteristischer Wert der Schüttgutwichte in kN/m³

h_h vertikaler Abstand (Höhe) zwischen dem Trichterscheitel und dem Übergang in den vertikalen Schaft in m

x vertikale Koordinate ausgehend vom Trichterscheitel in m

μ_{heff} effektiver oder mobilisierter charakteristischer Wandreibungskoeffizient für den Trichter (dimensionslos); bei der Ermittlung des Wandreibungskoeffizienten μ_{heff} ist zu unterscheiden, ob der Trichter steil oder flach ist.

S Koeffizient zur Berücksichtigung der Trichterform (dimensionslos)

F charakteristischer Wert des Lastverhältnisses im Trichter (dimensionslos); bei der Ermittlung des Lastverhältnisses F ist zu unterscheiden, ob der Trichter steil oder flach ist.

β Trichterneigungswinkel bezogen auf die vertikale Trichterachse ($\beta = 90° - \alpha$) (in Grad)

p_{vft} mittlere Vertikallast im Schüttgut am Trichterübergang für den Lastfall Füllen

a Länge der langen Seite eines rechteckigen Trichterquerschnittes in m;

b Länge der kurzen Seite eines rechteckigen Trichterquerschnittes in m

Tab. 7.14 Bodenlastvergrößerungsfaktoren

Fall	Anforderungsklasse		
	ACC 1	ACC 2	ACC 3
allgemein	$C_b = 1{,}3$ [1]	$C_b = 1{,}0$	$C_b = 1{,}0$
Schüttgut mit Neigung zur Bildung dynamischer Belastungen [2]	$C_b = 1{,}6$	$C_b = 1{,}2$	$C_b = 1{,}2$

[1] Gilt für den Fall, dass die Mittelwerte der Schüttgutkennwerte K und μ verwendet werden
[2] Hiervon ist in folgenden Fällen auszugehen: 1. Schlanker Silo mit Schüttgütern, die nicht der Klasse von Schüttgütern mit geringer Kohäsion zugeordnet werden können (DIN EN 1991-4, Anhang C), 2. Schüttgutpartikel neigen zur mechanischen Verzahnung untereinander (wie z. B. Zementklinker)

Tab. 7.15 Fülllasten und Entleerungslasten bei steilen Trichtern

Kenngröße	Fülllasten	Entleerungslasten
a) Wandreibungskoeffizient für mobilisierte Wandreibung	$\mu_{\text{heff}} = \mu_h$	
b) Wandnormallasten	$p_{nf} = F_f \cdot p_v$	$p_{ne} = F_e \cdot p_v$
c) Wandreibungslasten	$p_{tf} = \mu_h \cdot F_f \cdot p_v$	$p_{te} = \mu_h \cdot F_e \cdot p_v$
	mit: $$F_f = 1 - \frac{b}{\left(1 + \dfrac{\tan\beta}{\mu_h}\right)}$$ p_v n. Tab. 7.13, wobei der Parameter n in der Gleichung für p_v sich mit folgender Gleichung berechnet: $$n = S \cdot (1 - b) \cdot \mu_h \cdot \cot\beta$$ mit $b = 0{,}2$	mit: $$F_e = \frac{1 + \sin\phi_i \cdot \cos\varepsilon}{1 - \sin\phi_i \cdot \cos(2\beta + \varepsilon)}$$ $$\varepsilon = \phi_{wh} + \arcsin\left\{\frac{\sin\phi_{wh}}{\sin\phi_i}\right\}$$ $$\phi_{wh} = \arctan\mu_h$$

In den Gleichungen bedeuten:

μ_h unterer charakteristischer Wert des Wandreibungskoeffizienten des Trichters (dimensionslos)

β Trichterneigungswinkel bezogen auf die vertikale Achse des Silos in Grad

ϕ_i oberer charakteristischer Wert des Winkels der inneren Reibung des Schüttgutes in Grad (es gilt: $\phi_{wh} \le \phi_i$)

p_v mittlere Vertikallast an der Stelle x nach Tab. 7.13

7.3.9 Flüssigkeitsbehälter

Für die Berechnung von Lasten auf Flüssigkeitsbehälter sind hydrostatische Lastansätze zu verwenden. Der hydrostatische Druck wirkt immer senkrecht auf die Behälteroberflächen, eine tangentiale Lastkomponente existiert nicht. Dies gilt uneingeschränkt auch für gekrümmte Flächen. Der charakteristische Wert der Last p (hydrostatischer Druck) infolge

Tab. 7.16 Fülllasten und Entleerungslasten bei flach geneigten Trichtern

Kenngröße	Fülllasten	Entleerungslasten
a) Wandreibungskoeffizient für nicht vollständig mobilisierte Wandreibung	$\mu_{eff} = \dfrac{(1-K)}{2 \cdot \tan\beta}$	
b) Wandnormallasten	$p_{nf} = F_f \cdot p_v$	$p_{ne} = F_e \cdot p_v$
c) Wandreibungslasten	$p_{tf} = \mu_{heff} \cdot F_f \cdot p_v$	$p_{te} = \mu_{heff} \cdot F_e \cdot p_v$
	mit: $$F_f = 1 - \left\{ \frac{b}{1 + (\tan\beta/\mu_{heff})} \right\}$$	mit: $F_e = F_f$
	p_v n. Tab. 7.13, wobei der Parameter n in der Gleichung für p_v sich mit folgender Gleichung berechnet: $n = S \cdot (1-b) \cdot \mu_{heff} \cdot \cot\beta$ mit $b = 0,2$	

In den Gleichungen bedeuten:

K unterer charakteristischer Wert des Horizontallastverhältnisses im vertikalen Siloschaft (der zur maximalen Trichterlast führt) (dimensionslos);

β Trichterneigungswinkel bezogen auf die vertikale Achse des Silos in Grad

μ_{heff} Wandreibungskoeffizient für nicht vollständig mobilisierte Wandreibung (dimensionslos)

ϕ_i oberer charakteristischer Wert des Winkels der inneren Reibung des Schüttgutes in Grad (es gilt: $\phi_{wh} \le \phi_i$)

p_v mittlere Vertikallast an der Stelle x nach Tab. 7.13

Abb. 7.11 Hydrostatischer Druck bei einem Flüssigkeitsbehälter

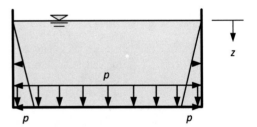

einer Flüssigkeit berechnet sich für die Tiefe z unterhalb des Flüssigkeitsspiegels mit folgender Gleichung (Abb. 7.11):

$$p(z) = \gamma \cdot z \tag{7.1}$$

Darin bedeuten:

γ Wichte der Flüssigkeit in kN/m^3 (es sollten die Werte nach DIN EN 1991-1-1 [6] in Verbindung mit dem Nationalen Anhang DIN EN 1991-1-1/NA [7] verwendet werden

z Tiefe unterhalb des Flüssigkeitsspiegels in m.

7.4 Beispiele

7.4.1 Beispiel 1 – Dickwandiger schlanker Silo (AAC 2)

(Kategorie B)
Gegeben:
Dickwandiger schlanker Silo mit kreisförmigem Querschnitt (Anforderungsklasse 2, AAC 2) (Abb. 7.12).

Abmessungen:

- $h_c = 30$ m, $d_c = 12,5$ m
- $h_c/d_c = 30/12,5 = 2,4 > 2 =>$ Es handelt sich um einen **schlanken** Silo.
- $t = 30$ cm $= 0,3$ m (Stahlbeton, Wandtyp D3, d. h. raue Oberfläche, Tab. 7.4)
- $d_c/t = 12,5/0,3 = 41,7 < 200 =>$ Es handelt sich um einen **dickwandigen** Silo.

Schüttgut: Mais
Fassungsvermögen (nur Siloschaft): ca. 2945 t bei einer angenommenen Wichte von 8 kN/m³ (Mais, oberer Wert n. Tab. 7.5) und einem Volumen von 3681 m³ ($= \pi/4 \, d_c^2 \, h_c$).

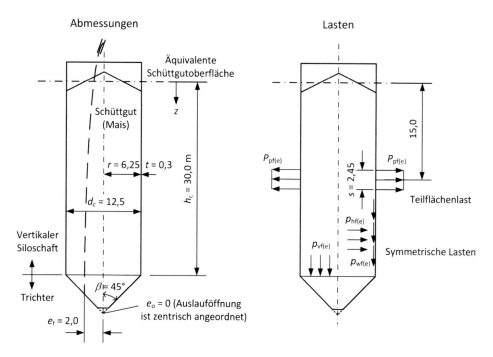

Abb. 7.12 Beispiel 1 – Dickwandiger schlanker und kreisförmiger Silo (AAC 2): Geometrie, Abmessungen und Lasten

Der Silo wird in Anforderungsklasse 2 (ACC 2) eingestuft, da das Fassungsvermögen mehr als 100 t und weniger als 10.000 t beträgt (Tab. 7.1).

Gesucht:

Für den dickwandigen, schlanken kreisförmigen Silo sind folgende Daten zu berechnen:

a) Die für die Ermittlung der Lasten erforderlichen Schüttgutkennwerte.
b) Die symmetrischen Fülllasten (Horizontallasten, Wandreibungslasten und Vertikallasten) für den gefüllten Zustand.
c) Die Teilflächenlasten für den Lastfall Füllen.
d) Die symmetrischen Entleerungslasten (Horizontallasten, Wandreibungslasten und Vertikallasten).
e) Die Teilflächenlasten für den Lastfall Entleeren.

Lösung
a) Schüttgutkennwerte (Mais)

Die Schüttkennwerte für Mais werden aus der Tab. 7.5 entnommen:

Wichte: $\gamma_i = 7{,}0$ kN/m^3 (unterer Wert), $\gamma_u = 8{,}0$ kN/m^3 (oberer Wert)
Für die nachfolgenden Berechnungen wird der obere Wert verwendet.

Böschungswinkel: $\phi_r = 35°$

Winkel der inneren Reibung: $\phi_{im} = 31°$ (Mittelwert), $a_\phi = 1{,}14$ (Umrechnungsfaktor)

unterer Wert: $\phi_i = \phi_{im}/a_\phi = 31/1{,}14 = 27{,}2°$
oberer Wert: $\phi_i = \phi_{im} \times a_\phi = 31 \times 1{,}14 = 35{,}3°$

Horizontallastverhältnis: $K_m = 0{,}53$ (Mittelwert), $a_k = 1{,}14$ (Umrechnungsfaktor)

unterer Wert: $K = K_m/a_k = 0{,}53/1{,}14 = 0{,}4649$
oberer Wert: $K = K_m \times a_k = 0{,}53 \times 1{,}14 = 0{,}6042$

Wandreibungskoeffizient (Wandtyp D3, Stahlbeton mit rauer Oberfläche):

$\mu_m = 0{,}53$, $a_u = 1{,}24$
unterer Wert: $\mu = \mu_m/a_\mu = 0{,}53/1{,}24 = 0{,}4274$
oberer Wert: $\mu = \mu_m \times a_\mu = 0{,}53 \times 1{,}24 = 0{,}6572$

Kennwert für die Teilflächenlast: $C_{op} = 0{,}9$

b) Symmetrische Fülllasten
b1) Horizontallasten:

Die Horizontallasten p_{hf} berechnen sich nach Tab. 7.6. Für die Ermittlung der maximalen Horizontallasten p_{hf} sind folgende Grenzwerte der Schüttgutkennwerte anzusetzen:

Wandreibungskoeffizient: unterer Wert: $\mu = 0{,}4274$
Horizontallastverhältnis: oberer Wert: $K = 0{,}6042$

   Verhältnis A/U:
   $A/U = r/2 = 6{,}25/2 = 3{,}125$ m
   Charakteristische Tiefe z_o:

$$z_o = \frac{1}{K \cdot \mu} \cdot \frac{A}{U} = \frac{1}{0{,}6042 \cdot 0{,}4274} \cdot 3{,}125 = 12{,}10 \text{ m}$$

Wert p_{ho}:

$$p_{ho} = \gamma \cdot K \cdot z_o = 8{,}0 \cdot 0{,}6042 \cdot 12{,}10 = 58{,}49 \text{ kN/m}^2$$

Der Wert $Y_J(z)$ wird exemplarisch für eine Tiefe $z = 30$ m (maximale Tiefe, d. h. am Trichterübergang) berechnet; weitere Werte werden tabellarisch ermittelt:

$$Y_J(z = 30) = 1 - e^{-z/z_o} = 1 - e^{-30{,}0/12{,}11} = 0{,}916$$

Die Horizontallasten an der vertikalen Silowand $p_{hf}(z)$ werden exemplarisch für eine Tiefe $z = 30$ m berechnet; weitere Werte werden tabellarisch ermittelt (siehe unten):

$$p_{hf}(z = 30) = p_{ho} \cdot Y_J(z = 30) = 58{,}49 \cdot 0{,}916 = 53{,}55 \text{ kN/m}^2$$

Zwischenwerte für $Y_J(z)$ und die Horizontallast $p_{hf}(z)$ für Tiefen von $z = 0$ bis $z = 30$ m ergeben sich wie folgt (Hinweis: die Werte wurden mit Excel berechnet; bei einer Nachrechnung mit dem Taschenrechner kann es geringe Abweichungen geben):

Tiefe z in m	Wert $Y_J(z)$ (-)	Horizontallast $p_{hf}(z)$ in kN/m²
0	0	0
6,0	0,390	22,81
12,0	0,628	36,73
15,0 (halbe Silohöhe)	0,709	41,48
18,0	0,773	45,22
24,0	0,862	50,39
30,0	0,916	53,55

Der Verlauf der Horizontallasten p_{hf} ist in Abb. 7.13 dargestellt.

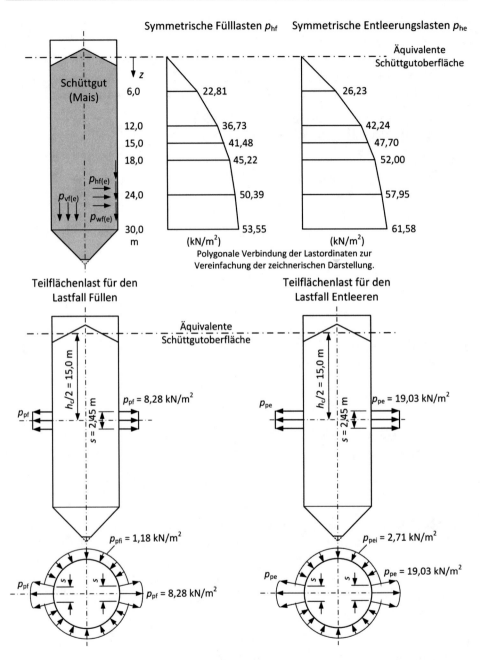

Abb. 7.13 Beispiel 1 – Dickwandiger kreisförmiger Silo (ACC 2): Lastbilder für die Lastfälle Füllen (symmetrische Fülllasten und Teilflächenlast) und Entleeren (symmetrische Entleerungslasten und Teilflächenlast)

b2) *Wandreibungslasten:*

Die Wandreibungslasten p_{wf} berechnen sich nach Tab. 7.6. Für die Ermittlung der maximalen Wandreibungslasten p_{wf} sind folgende Grenzwerte der Schüttgutkennwerte anzusetzen:

Wandreibungskoeffizient:　oberer Wert: $\mu = 0{,}6572$
Horizontallastverhältnis:　oberer Wert: $K = 0{,}6042$
Verhältnis A/U, wie vor:　$A/U = r/2 = 3{,}125$ m

Charakteristische Tiefe z_o:

$$z_o = \frac{1}{K \cdot \mu} \cdot \frac{A}{U} = \frac{1}{0{,}6042 \cdot 0{,}6572} \cdot 3{,}125 = 7{,}87 \text{ m}$$

Wert p_{ho}:

$$p_{ho} = \gamma \cdot K \cdot z_o = 8{,}0 \cdot 0{,}6042 \cdot 7{,}87 = 38{,}04 \text{ kN/m}^2$$

Der Wert $Y_J(z)$ wird exemplarisch für eine Tiefe $z = 30$ m (maximale Tiefe, d. h. am Trichterübergang) berechnet; weitere Werte werden tabellarisch ermittelt (siehe unten):

$$Y_J(z = 30) = 1 - e^{-z/z_o} = 1 - e^{-30{,}0/7{,}87} = 0{,}978$$

Die Wandreibungslasten an der vertikalen Silowand $p_{wf}(z)$ werden exemplarisch für eine Tiefe $z = 30$ m berechnet; weitere Werte werden tabellarisch ermittelt (siehe unten):

$$p_{wf}(z = 30) = \mu \cdot p_{ho} \cdot Y_J(z = 30) = 0{,}6572 \cdot 38{,}04 \cdot 0{,}978 = 24{,}44 \text{ kN/m}^2$$

Zwischenwerte für $Y_J(z)$ und die Wandreibungslast $p_{wf}(z)$ für Tiefen von $z = 0$ bis $z = 30$ m ergeben sich wie folgt:

Tiefe z in m	Wert $Y_J(z)$ (-)	Wandreibungslast $p_{wf}(z)$ in kN/m^2
0	0	0
6,0	0,532	13,31
12,0	0,781	19,53
15,0 (halbe Silohöhe)	0,850	21,24
18,0	0,898	22,44
24,0	0,952	23,80
30,0	0,978	24,44

b3) Vertikallasten

Die Vertikallasten p_{vf} berechnen sich nach Tab. 7.6. Für die Ermittlung der maximalen Vertikallasten p_{vf} sind folgende Grenzwerte der Schüttgutkennwerte anzusetzen:

Wandreibungskoeffizient: unterer Wert: $\mu = 0{,}4274$
Horizontallastverhältnis: unterer Wert: $K = 0{,}4649$
Verhältnis A/U, wie vor: $A/U = r/2 = 3{,}125$ m

Charakteristische Tiefe z_o:

$$z_o = \frac{1}{K \cdot \mu} \cdot \frac{A}{U} = \frac{1}{0{,}4649 \cdot 0{,}4274} \cdot 3{,}125 = 15{,}73 \text{ m}$$

Wert p_{ho}:

$$p_{ho} = \gamma \cdot K \cdot z_o = 8{,}0 \cdot 0{,}4649 \cdot 15{,}73 = 58{,}49 \text{ kN}/\text{m}^2$$

Es sollen nur die Vertikallasten an der Stelle $z = 30$ m berechnet werden.
Wert $Y_J(z = 30)$:

$$Y_J(z = 30) = 1 - e^{-z/z_o} = 1 - e^{-30{,}0/15{,}73} = 0{,}851$$

Vertikallast p_{vf} an der Stelle $z = 30$ m:

$$p_{vf}(z = 30) = \frac{p_{ho}}{K} \cdot Y_J(z = 30) = \frac{58{,}49}{0{,}4649} \cdot 0{,}851 = 107{,}03 \text{ kN}/\text{m}^2$$

c) Teilflächenlasten für den Lastfall Füllen

Die Teilflächenlast für den Lastfall Füllen ist abhängig vom Verhältnis d_c/t, d. h. es ist zu unterscheiden, ob es sich um einen dickwandigen oder dünnwandigen Silo handelt.

Hier: $d_c/t = 12{,}5/0{,}3 = 41{,}7 < 200$: => **dickwandiger** Silo

Es wird eine Exzentrizität beim Befüllen von $e_f = 2{,}0$ m angenommen. Damit brauchen keine Entleerungslasten für Silos mit großen Exzentrizitäten als gesonderter Lastfall angesetzt zu werden, da $e_f = 2{,}0$ m $< 0{,}25\, d_c = 0{,}25 \times 12{,}5 = 3{,}125$ m ist und keine Exzentrizität der Auslauföffnung vorliegt ($e_o = 0$).

Die Teilflächenlast für den Lastfall Füllen p_{pf} berechnet sich nach Tab. 7.7. Die Teilflächenlast soll in halber Höhe des Siloschaftes angesetzt werden, d. h. bei $z = 30/2 = 15{,}0$ m. Für diese Höhe ist auch der lokale Fülldruck (Horizontallast) p_{hf} zu berechnen. Es ergibt sich:

Wert E n. Tab. 7.7:

$$E = 2 \cdot e_{\mathrm{f}}/d_{\mathrm{c}} = 2 \cdot 2{,}0/12{,}5 = 0{,}32$$

Wert C_{pf} n. Tab. 7.7:

$$
\begin{aligned}
C_{\mathrm{pf}} &= 0{,}21 \cdot C_{\mathrm{op}} \cdot \left(1 + 2 \cdot E^2\right)\left(1 - e^{\{-1{,}5 \cdot [(h_{\mathrm{c}}/d_{\mathrm{c}})-1]\}}\right) \\
&= 0{,}21 \cdot 0{,}9 \cdot \left(1 + 2 \cdot 0{,}32^2\right)\left(1 - e^{\{-1{,}5 \cdot [(30{,}0/12{,}5)-1]\}}\right) \\
&= 0{,}21 \cdot 0{,}9 \cdot 1{,}2048 \cdot 0{,}8768 \\
&= 0{,}1996 \geq 0
\end{aligned}
$$

mit:

$C_{\mathrm{op}} = 0{,}9$ (Kennwert für Teilflächenlast bei Mais n. Tab. 7.5)

Lokaler Wert des Fülldruckes (Horizontallast) p_{hf} n. Tab. 7.6 an der Stelle $z = 15{,}0$ m (dort soll die Teilflächenlast angesetzt werden):

$$p_{\mathrm{hf}}(z = 15{,}0) = p_{\mathrm{ho}} \cdot Y_{\mathrm{J}}(z = 15{,}0) = 58{,}49 \cdot 0{,}709 = 41{,}48 \ \mathrm{kN/m^2}$$

mit:

$$
\begin{aligned}
p_{\mathrm{ho}} &= 58{,}49 \ \mathrm{kN/m^2} \ \text{(s.o.)} \\
z_{\mathrm{o}} &= 12{,}10 \ \mathrm{m} \ \text{(s.o.)} \\
Y_{\mathrm{J}}(z = 15{,}0) &= 1 - e^{-z/zo} = 1 - e^{-15{,}0/12{,}1} = 0{,}709
\end{aligned}
$$

Grundwert der Teilflächenlast für den Lastfall Füllen p_{pf} n. Tab. 7.7:

$$p_{\mathrm{pf}} = C_{\mathrm{pf}} \cdot p_{\mathrm{hf}} = 0{,}1996 \cdot 41{,}49 = 8{,}28 \ \mathrm{kN/m^2}$$

Die Teilflächenlast p_{pf} wird auf einer quadratischen Fläche mit der Seitenlänge s n. Tab. 7.7, nach außen wirkend und jeweils gegenüberliegend, angesetzt:

$$s = \pi \cdot d_{\mathrm{c}}/16 = \pi \cdot 12{,}5/16 = 2{,}45 \ \mathrm{m}$$

Im übrigen Bereich des Siloumfangs (Höhe s) wird eine nach innen gerichtete Last p_{pfi} angesetzt (Tab. 7.7):

$$p_{\mathrm{pfi}} = p_{\mathrm{pf}}/7 = 8{,}28/7 = 1{,}18 \ \mathrm{kN/m^2}$$

Die Teilflächenlast für den Lastfall Füllen ist in Abb. 7.13 dargestellt.

d) Symmetrische Entleerungslasten

Die symmetrischen Entleerungslasten berechnen sich mit den Angaben in Tab. 7.8. Dabei ist in Horizontallasten und Wandreibungslasten zu unterscheiden.

d1) Horizontallasten

Die Horizontallasten p_{he} werden nachfolgend exemplarisch für eine Tiefe von $z = 30$ m berechnet; Werte für weitere Tiefen werden tabellarisch ermittelt.

Entleerungsfaktor für Horizontallasten: $C_h = 1{,}15$ n. Tab. 7.9 für Anforderungsklasse 2 (ACC 2).

Horizontallast p_{he}:

$$p_{he}(z = 30) = C_h \cdot p_{hf} = 1{,}15 \cdot 53{,}55 = 61{,}58 \text{ kN/m}^2$$

mit:

$$p_{hf} = p_{hf}(z = 30) = 53{,}55 \text{ kN/m}^2 (\text{s.o.})$$

Zwischenwerte die Horizontallast $p_{he}(z)$ für Tiefen von $z = 0$ bis $z = 30$ m ergeben sich wie folgt:

Tiefe z in m	Symmetrische Fülllasten $p_{hf}(z)$ in kN/m^2	Symmetrische Entleerungslasten $p_{he}(z) = C_h \cdot p_{hf}$ in kN/m^2
0	0	0
6,0	22,81	26,23
12,0	36,73	42,24
15,0 (halbe Silohöhe)	41,48	47,70
18,0	45,22	52,00
24,0	50,39	57,95
30,0	53,55	61,58

d2) Wandreibungslasten:

Die Wandreibungslasten p_{we} berechnen sich nach Tab. 7.8. Nachfolgend wird nur der Wert für eine Tiefe von $z = 30$ m berechnet.

Entleerungsfaktor für Wandreibungslasten: $C_w = 1{,}1$ n. Tab. 7.9 für Anforderungsklasse 2 (ACC 2).

Wandreibungslast p_{we}:

$$p_{we}(z = 30) = C_w \cdot p_{wf} = 1,1 \cdot 24,44 = 26,89 \text{ kN/m}^2$$

mit:

$$p_{wf} = p_{wf}(z = 30) = 24,44 \text{ kN/m}^2 (\text{s.o.})$$

Für den Verlauf der Horizontallasten beim Lastfall Entleeren (symmetrische Entleerungslasten) siehe Abb. 7.13.

e) Teilflächenlasten für den Lastfall Entleeren

Da der Silo der Anforderungsklasse 2 (ACC 2) zugeordnet ist, ist eine Teilflächenlast anzusetzen, um unsymmetrische Belastungen beim Entleeren zu berücksichtigen (Tab. 7.10). Eine große Exzentrizität beim Befüllen e_f liegt nicht vor ($e_f = 2,0$ m $< 0,25$ $d_c = 3,125$ m), so dass kein zusätzlicher Lastfall für Silos mit großen Exzentrizitäten angesetzt werden muss. Ein Ansatz der Teilflächenlasten ist ausreichend.

Der Grundwert der Teilflächenlast p_{pe} berechnet sich nach Tab. 7.11. Die Teilflächenlast soll in halber Höhe des Siloschaftes angesetzt werden, d. h. bei $z = 15,0$ m. Für diese Höhe ist auch der lokale Wert des horizontalen Entleerungsdruckes p_{he} n. Tab. 7.8 zu berechnen. Es ergibt sich:

Wert E n. Tab. 7.11:

$$E = 2 \cdot e/d_c = 2 \cdot 2,0/12,5 = 0,32$$

mit :

$$e = \max \begin{cases} e_f = 2,0 \, m \\ e_o = 0 \text{ (Trichteröffnung ist zentrisch angeordnet)} \end{cases}$$

Wert C_{pe} n. Tab. 7.11 für $h_c/d_c = 30,0/12,5 = 2,4 > 1,2$:

$$\begin{aligned} C_{pe} &= 0,42 \cdot C_{op} \cdot \left(1 + 2 \cdot E^2\right)\left(1 - e^{\{-1,5 \cdot [(h_c/d_c)-1]\}}\right) \\ &= 0,42 \cdot 0,9 \cdot \left(1 + 2 \cdot 0,32^2\right)\left(1 - e^{\{-1,5 \cdot [(30,0/12,5)-1]\}}\right) \\ &= 0,42 \cdot 0,9 \cdot 1,205 \cdot 0,876 \\ &= 0,399 \end{aligned}$$

mit:

$C_{op} = 0,9$ (Kennwert für Teilflächenlast bei Mais n. Tab. 7.5)

Lokaler Wert des Entleerungsdruckes p_{he} n. Tab. 7.8 an der Stelle $z = 15{,}0$ m (dort soll die Teilflächenlast angesetzt werden):

$$p_{he}(z = 15{,}0) = C_h \cdot p_{hf}(z = 15{,}0) = 1{,}15 \cdot 41{,}48 = 47{,}70\,\text{kN/m}^2$$

mit:

$$p_{hf}(z = 12{,}5) = 41{,}48\,\text{kN/m}^2\ (\text{s.o.})$$
$$C_h = 1{,}15\ (\text{s.o.})$$

Grundwert der Teilflächenlast für den Lastfall Entleeren p_{pe} n. Tab. 7.11:

$$p_{pe} = C_{pe} \cdot p_{he} = 0{,}399 \cdot 47{,}70 = 19{,}03\,\text{kN/m}^2$$

Die Teilflächenlast p_{pe} wird auf einer quadratischen Fläche mit der Seitenlänge s n. Tab. 7.11, nach außen wirkend und jeweils gegenüberliegend, angesetzt:

$$s = \pi \cdot d_c/16 = \pi \cdot 12{,}5/16 = 2{,}45\,\text{m}\ (\text{s.o.})$$

Im übrigen Bereich des Siloumfangs (Höhe s) wird eine nach innen gerichtete Last p_{pfi} n. Tab. 7.11 angesetzt:

$$p_{pei} = p_{pe}/7 = 19{,}03/7 = 2{,}71\,\text{kN/m}^2$$

Die Teilflächenlast für den Lastfall Entleeren ist in Abb. 7.13 dargestellt.

7.4.2 Beispiel 2 – Dünnwandiger schlanker Silo (ACC 2)

(Kategorie B)
Gegeben:
   Der Silo aus Beispiel 1 soll als dünnwandiger Silo aus Stahl hergestellt werden. Weitere Angaben (Abb. 7.14):

Abmessungen:

- $h_c = 30$ m, $d_c = 12{,}5$ m (wie Beispiel 1)
- $h_c/d_c = 30{,}0/12{,}5 = 2{,}4 > 2$ => Es handelt sich um einen schlanken Silo.
- $t = 30$ mm $= 0{,}030$ m (Stahl, Wandtyp D1, d. h. glatte Oberfläche, Tab. 7.4)
- $d_c/t = 12{,}5/0{,}030 = 416{,}7 > 200$ => Es handelt sich um einen **dünnwandigen** Silo.

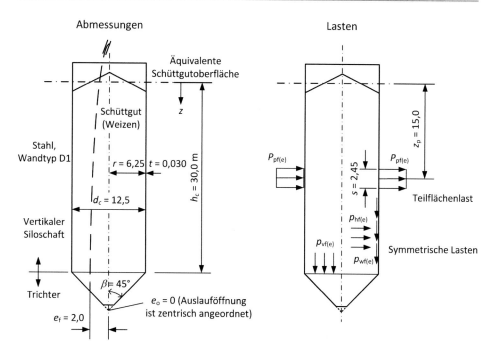

Abbildung labels:
Abmessungen

Lasten

Äquivalente
Schüttgutoberfläche

Schüttgut
(Weizen)

z

Stahl,
Wandtyp D1

$r = 6{,}25$ $t = 0{,}030$ m

$h_c = 30{,}0$ m

$d_c = 12{,}5$

Vertikaler
Siloschaft

$\beta = 45°$

Trichter

$e_f = 2{,}0$

$e_o = 0$ (Auslauföffnung
ist zentrisch angeordnet)

$z_p = 15{,}0$

$s = 2{,}45$

$P_{pf(e)}$ $P_{pf(e)}$

Teilflächenlast

$p_{hf(e)}$

$p_{vf(e)}$

$p_{wf(e)}$

Symmetrische Lasten

Abb. 7.14 Beispiel 2 – Dünnwandiger kreisförmiger Silo (Anforderungsklasse 2, ACC 2): Geometrie, Abmessungen und Lasten

Schüttgut: Weizen

Fassungsvermögen (nur Siloschaft, ohne Trichter): ca. 3313 t bei einer angenommenen Wichte von 9 kN/m^3 (Weizen, oberer Wert n. Tab. 7.5) und einem Volumen von 3682 m^3 ($= \pi/4 \; d_c^2 \; h_c$).

Der Silo wird in Anforderungsklasse 2 (AAC 2) eingestuft, da das Fassungsvermögen mehr als 100 t und weniger als 10.000 t beträgt (Tab. 7.1).

Gesucht

Für den dünnwandigen, schlanken kreisförmigen Silo sind zu berechnen:

a) Die für die Ermittlung der Lasten erforderlichen Schüttgutkennwerte.
b) Die symmetrischen Fülllasten (Horizontallasten, Wandreibungslasten und Vertikallasten) für den gefüllten Zustand.
c) Die Teilflächenlasten für den Lastfall Füllen.
d) Die symmetrischen Entleerungslasten (Horizontallasten, Wandreibungslasten und Vertikallasten).
e) Die Teilflächenlasten für den Lastfall Entleeren.

Lösung

a) Schüttgutkennwerte (Weizen)

Die Schüttkennwerte für Weizen werden aus der Tab. 7.5 entnommen:
   Wichte: $\gamma_i = 7{,}5$ kN/m^3 (unterer Wert), $\gamma_u = 9{,}0$ kN/m^3 (oberer Wert)

   Für die nachfolgenden Berechnungen wird der obere Wert verwendet.

Böschungswinkel: $\phi_r = 34°$

Winkel der inneren Reibung: $\phi_{im} = 30°$ (Mittelwert), $a_\phi = 1{,}12$ (Umrechnungsfaktor)

unterer Wert: $\phi_i = \phi_{im}/a_\phi = 30/1{,}12 = 26{,}78°$
oberer Wert: $\phi_i = \phi_{im} \times a_\phi = 30 \times 1{,}12 = 33{,}60°$

Horizontallastverhältnis: $K_m = 0{,}54$ (Mittelwert), $a_k = 1{,}11$ (Umrechnungsfaktor)

unterer Wert: $K = K_m/a_k = 0{,}54/1{,}11 = 0{,}4865$
oberer Wert: $K = K_m \times a_k = 0{,}54 \times 1{,}11 = 0{,}5994$

Wandreibungskoeffizient (Wandtyp D1, Stahl mit glatter Oberfläche):

$\mu_m = 0{,}24$, $a_u = 1{,}16$
unterer Wert: $\mu = \mu_m/a_\mu = 0{,}24/1{,}16 = 0{,}2069$
oberer Wert: $\mu = \mu_m \times a_\mu = 0{,}24 \times 1{,}16 = 0{,}2784$

Kennwert für die Teilflächenlast: $C_{op} = 0{,}5$

b) Symmetrische Fülllasten
b1) Horizontallasten:

Die Horizontallasten p_{hf} berechnen sich nach Tab. 7.6. Für die Ermittlung der maximalen Horizontallasten p_{hf} sind folgende Grenzwerte der Schüttgutkennwerte anzusetzen:

Wandreibungskoeffizient: unterer Wert: $\mu = 0{,}2069$
Horizontallastverhältnis: oberer Wert: $K = 0{,}5994$

   Verhältnis A/U:

$$A/U = r/2 = 5{,}0/2 = 2{,}5 \text{ m}$$

Charakteristische Tiefe z_0:

$$z_0 = \frac{1}{K \cdot \mu} \cdot \frac{A}{U} = \frac{1}{0,5994 \cdot 0,2069} \cdot 3,125 = 25,20 \text{ m}$$

Wert p_{ho}:

$$p_{ho} = \gamma \cdot K \cdot z_0 = 9,0 \cdot 0,5994 \cdot 25,20 = 135,94 \text{ kN/m}^2$$

Der Wert $Y_J(z)$ wird exemplarisch für eine Tiefe $z = 30$ m (maximale Tiefe, d. h. am Trichterübergang) berechnet; weitere Werte werden tabellarisch ermittelt:

$$Y_J(z = 30) = 1 - e^{-z/z_0} = 1 - e^{-30,0/25,20} = 0,695$$

Die Horizontallasten an der vertikalen Silowand $p_{hf}(z)$ werden exemplarisch für eine Tiefe $z = 30$ m berechnet; weitere Werte werden tabellarisch ermittelt (siehe unten):

$$p_{hf}(z = 30) = p_{ho} \cdot Y_J(z = 30) = 135,94 \cdot 0,695 = 94,45 \text{ kN/m}^2$$

Zwischenwerte für $Y_J(z)$ und die Horizontallast $p_{hf}(z)$ für Tiefen von $z = 0$ bis $z = 30$ m ergeben sich wie folgt (Hinweis: die Werte wurden mit Excel berechnet; bei einer Nachrechnung mit dem Taschenrechner kann es geringe Abweichungen geben):

Tiefe z in m	Wert $Y_J(z)$ (-)	Horizontallast $p_{hf}(z)$ in kN/m^2
0	0	0
6,0	0,211	28,72
12,0	0,378	51,38
15,0 (halbe Silohöhe)	0,448	60,84
18,0	0,509	69,25
24,0	0,613	83,34
30,0	0,695	94,45

Der Verlauf der Horizontallasten p_{hf} ist in Abb. 7.15 dargestellt.

b2) Wandreibungslasten:

Die Wandreibungslasten p_{wf} berechnen sich nach Tab. 7.6. Für die Ermittlung der maximalen Wandreibungslasten p_{wf} sind folgende Grenzwerte der Schüttgutkennwerte anzusetzen:

Wandreibungskoeffizient: oberer Wert: $\mu = 0,2784$
Horizontallastverhältnis: oberer Wert: $K = 0,5994$

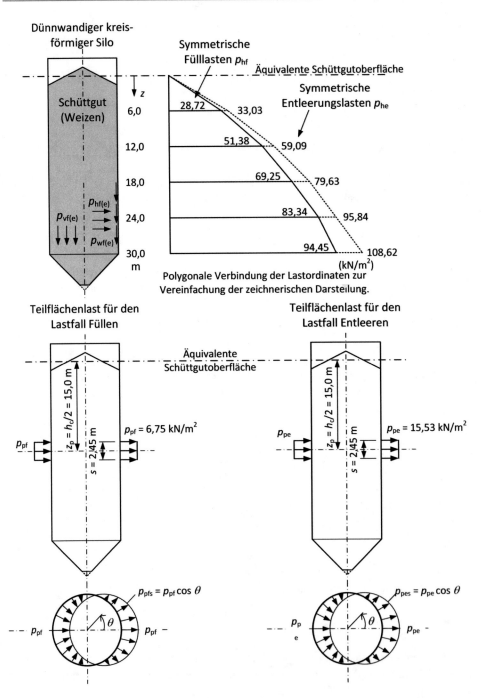

Abb. 7.15 Beispiel 2 – Dünnwandiger kreisförmiger Silo (Anforderungsklasse 2, ACC 2): Lastbilder für die Lastfälle Füllen (symmetrische Füllasten und teilflächenlast) und Entleeren (symmetrische Entleerungslasten und Teilflächenlast)

Verhältnis A/U, wie vor: $A/U = r/2 = 3,125$ m

Charakteristische Tiefe z_0:

$$z_0 = \frac{1}{K \cdot \mu} \cdot \frac{A}{U} = \frac{1}{0,5994 \cdot 0,2784} \cdot 3,125 = 18,73 \text{ m}$$

Wert p_{ho}:

$$p_{ho} = \gamma \cdot K \cdot z_0 = 9,0 \cdot 0,5994 \cdot 18,73 = 101,02 \text{ kN/m}^2$$

Der Wert $Y_J(z)$ wird exemplarisch für eine Tiefe $z = 30$ m (maximale Tiefe, d. h. am Trichterübergang) berechnet; weitere Werte werden tabellarisch ermittelt (siehe unten):

$$Y_J(z = 30) = 1 - e^{-z/z_0} = 1 - e^{-30,0/18,73} = 0,798$$

Die Wandreibungslasten an der vertikalen Silowand $p_{wf}(z)$ werden exemplarisch für eine Tiefe $z = 30$ m berechnet; weitere Werte werden tabellarisch ermittelt (siehe unten):

$$p_{hf}(z = 30) = \mu \cdot p_{ho} \cdot Y_J(z = 30) = 0,2784 \cdot 101,02 \cdot 0,798 = 22,43 \text{ kN/m}^2$$

Zwischenwerte für $Y_J(z)$ und die Wandreibungslast $p_{wf}(z)$ für Tiefen von $z = 0$ bis $z = 30$ m ergeben sich wie folgt (Hinweis: Excel-Berechnung):

Tiefe z in m	Wert $Y_J(z)$ (-)	Wandreibungslast $p_{wf}(z)$ in kN/m^2
0	0	0
6,0	0,273	7,69
12,0	0,472	13,28
15,0 (halbe Silohöhe)	0,550	15,47
18,0	0,616	17,34
24,0	0,721	20,69
30,0	0,798	22,43

b3) Vertikallasten:

Die Vertikallasten p_{vf} berechnen sich nach Tab. 7.6. Für die Ermittlung der maximalen Vertikallasten p_{vf} sind folgende Grenzwerte der Schüttgutkennwerte anzusetzen:

Wandreibungskoeffizient: unterer Wert: $\mu = 0,2069$
Horizontallastverhältnis: unterer Wert: $K = 0,4865$
Verhältnis A/U, wie vor: $A/U = r/2 = 3,125$ m

Charakteristische Tiefe z_o:

$$z_o = \frac{1}{K \cdot \mu} \cdot \frac{A}{U} = \frac{1}{0{,}4865 \cdot 0{,}2069} \cdot 3{,}125 = 31{,}05 \text{ m}$$

Wert p_{ho}:

$$p_{ho} = \gamma \cdot K \cdot z_o = 9{,}0 \cdot 0{,}4865 \cdot 31{,}05 = 135{,}94 \text{ kN/m}^2$$

Es sollen nur die Vertikallasten an der Stelle $z = 30$ m berechnet werden.
Wert $Y_J(z = 30)$:

$$Y_J(z = 30) = 1 - e^{-z/z_o} = 1 - e^{-30{,}0/31{,}05} = 0{,}618$$

Vertikallast p_{vf} an der Stelle $z = 30$ m:

$$p_{vf}(z = 30) = \frac{p_{ho}}{K} \cdot Y_J(z = 30) = \frac{135{,}94}{0{,}4865} \cdot 0{,}618 = 172{,}79 \text{ kN/m}^2$$

c) Teilflächenlasten für den Lastfall Füllen

Es wird eine Exzentrizität beim Befüllen von $e_f = 2{,}0$ m angenommen. Damit brauchen keine Entleerungslasten für Silos mit großen Exzentrizitäten als gesonderter Lastfall angesetzt zu werden, da $e_f = 2{,}0$ m $< 0{,}25 \, d_c = 0{,}25 \times 12{,}5 = 3{,}125$ m ist und keine Exzentrizität der Auslauföffnung vorliegt ($e_o = 0$).

Der Grundwert der Teilflächenlast für den Lastfall Füllen p_{pf} berechnet sich nach Tab. 7.7. Die Teilflächenlast wird in einer Tiefe z_p unterhalb der Schüttgutoberfläche angesetzt, da es sich um einen Silo (ACC 2) mit Schweißverbindungen handelt, siehe Tab. 7.7:

$$z_p = \min \begin{cases} z_o = 25{,}20 \text{ m} \\ 0{,}5 \cdot h_c = 0{,}5 \cdot 30{,}0 = 15{,}0 \text{ m (maßgebend)} \end{cases}$$

Für diese Höhe ist auch der lokale Fülldruck (Horizontallast) p_{hf} zu berechnen. Es ergibt sich:
Wert E:

$$E = 2 \cdot e_f / d_c = 2 \cdot 2{,}0 / 12{,}5 = 0{,}32$$

Wert C_{pf}:

$$
\begin{aligned}
C_{pf} &= 0{,}21 \cdot C_{op} \cdot \left(1 + 2 \cdot E^2\right)\left(1 - e^{\{-1{,}5 \cdot [(h_c/d_c)-1]\}}\right) \\
&= 0{,}21 \cdot 0{,}5 \cdot \left(1 + 2 \cdot 0{,}32^2\right)\left(1 - e^{\{-1{,}5 \cdot [(30{,}0/12{,}5)-1]\}}\right) \\
&= 0{,}21 \cdot 0{,}5 \cdot 1{,}2048 \cdot 0{,}8768 \\
&= 0{,}1109 \geq 0
\end{aligned}
$$

mit:

$C_{op} = 0{,}5$ (Kennwert für Teilflächenlast bei Weizen n. Tab. 7.5, s. o.)

Lokaler Wert des Fülldruckes (Horizontallast) p_{hf} n. Tab. 7.6 an der Stelle $z_p = 15{,}0$ m (dort soll die Teilflächenlast angesetzt werden, s. o.):

$$
p_{hf}(z = 15{,}0) = p_{ho} \cdot Y_J(z = 15{,}0) = 135{,}94 \cdot 0{,}448 = 60{,}84 \text{ kN/m}^2
$$

mit:

$$
\begin{aligned}
p_{ho} &= 135{,}94 \text{ kN/m}^2 \text{ (s.o.)} \\
z_o &= 25{,}20 \text{ m (s.o.)} \\
Y_J(z = 15{,}0) &= 1 - e^{-z/z_o} = 1 - e^{-15{,}0/25{,}20} = 0{,}448
\end{aligned}
$$

Grundwert der Teilflächenlast für den Lastfall Füllen p_{pf} n. Tab. 7.7:

$$
p_{pf} = C_{pf} \cdot p_{hf} = 0{,}1109 \cdot 60{,}84 = 6{,}75 \text{ kN/m}^2
$$

Die Teilflächenlast p_{pfs} ergibt sich zu:

$$
p_{pfs} = p_{pf} \cdot \cos\theta = 6{,}75 \cdot \cos\theta
$$

Die Auswertung für verschiedene Winkel auf dem Siloumfang erfolgt tabellarisch:

Winkel θ	p_{pfs} in kN/m^2	Winkel θ	p_{pfs} in kN/m^2
0	6,75		
30	5,85	210	-5,85
60	3,38	240	-3,38
90	0	270	0
120	-3,38	300	3,38
150	-5,85	330	5,85
180	-6,75	360	6,75

Die Höhe des Bereichs, auf dem Teilflächenlast angesetzt wird, berechnet sich nach Tab. 7.7:

$$s = \pi \cdot d_c/16 = \pi \cdot 12{,}5/16 = 2{,}45 \text{ m}$$

Die Teilflächenlast für den Lastfall Füllen ist in Abb. 7.15 dargestellt.

d) Symmetrische Entleerungslasten
d1) Horizontallasten:

Die Horizontallasten p_{he} berechnen sich nach Tab. 7.8. Nachfolgend wird exemplarisch der Wert für eine Tiefe von $z = 30$ m berechnet; Werte für weitere Tiefen werden tabellarisch ermittelt.

Entleerungsfaktor für Horizontallasten: $C_h = 1{,}15$ nach Tab. 7.9 für Anforderungsklasse 2 (ACC 2).

Horizontallast p_{he}:

$$p_{he}(z = 30) = C_h \cdot p_{hf} = 1{,}15 \cdot 94{,}45 = 108{,}62 \text{ kN/m}^2$$

mit:

$$p_{hf} = p_{hf}(z = 30) = 94{,}45 \text{ kN/m}^2 (\text{s. o.})$$

Zwischenwerte die Horizontallast $p_{he}(z)$ für Tiefen von $z = 0$ bis $z = 30$ m ergeben sich wie folgt:

Tiefe z in m	Symmetrische Fülllasten $p_{hf}(z)$ in kN/m^2	Symmetrische Entleerungslasten $p_{he}(z) = C_h \cdot p_{hf}$ in kN/m^2
0	0	0
6,0	28,72	33,03
12,0	51,38	59,09
15,0 (halbe Silohöhe)	60,84	69,97
18,0	69,25	79,63
24,0	83,34	95,84
30,0	94,45	108,62

d2) Wandreibungslasten:

Die Wandreibungslasten p_{we} berechnen sich nach Tab. 7.8. Nachfolgend wird nur der Wert für eine Tiefe von $z = 30$ m berechnet.

Entleerungsfaktor für Wandreibungslasten: $C_w = 1,1$ n. Tab. 7.9 für Anforderungsklasse 2 (ACC 2).

Wandreibungslast p_{we}:

$$p_{we}(z = 30) = C_w \cdot p_{wf} = 1,1 \cdot 22,43 = 24,67 \text{ kN/m}^2$$

mit:

$$p_{wf} = p_{wf}(z = 30) = 22,43 \text{ kN/m}^2 (\text{s. o.})$$

Für den Verlauf der Horizontallasten beim Lastfall Entleeren (symmetrische Entleerungslasten) siehe Abb. 7.15.

e) Teilflächenlasten für den Lastfall Entleeren

Da der Silo der Anforderungsklasse 2 (ACC 2) zugeordnet ist, ist eine Teilflächenlast anzusetzen, um unsymmetrische Belastungen beim Entleeren zu berücksichtigen (Tab. 7.10). Eine große Exzentrizität beim Befüllen e_f liegt nicht vor ($e_f = 2,0$ m $< 0,25$ $d_c = 3,125$ m), sodass kein zusätzlicher Lastfall für Silos mit großen Exzentrizitäten angesetzt werden muss. Ein Ansatz der Teilflächenlasten ist ausreichend.

Der Grundwert der Teilflächenlast p_{pe} berechnet sich nach Tab. 7.11. Die Teilflächenlast soll in halber Höhe des Siloschaftes angesetzt werden, d. h. bei $z_p = 15,0$ m. Für diese Höhe ist auch der lokale Wert des horizontalen Entleerungsdruckes p_{he} n. Tab. 7.8 zu berechnen. Es ergibt sich:

Wert E n. Tab. 7.11:

$$E = 2 \cdot e/d_c = 2 \cdot 2,0/12,5 = 0,32$$

$$\text{mit :}$$

$$e = \max \begin{cases} e_f = 2,0 m \\ e_o = 0 \text{ (Trichteröfffnung ist zentrisch angeordnet)} \end{cases}$$

Wert C_{pe} n. Tab. 7.11 für $h_c/d_c = 30,0/12,5 = 2,4 > 1,2$:

$$\begin{aligned} C_{pe} &= 0,42 \cdot C_{op} \cdot \left(1 + 2 \cdot E^2\right)\left(1 - e^{\{-1,5 \cdot [(h_c/d_c)-1]\}}\right) \\ &= 0,42 \cdot 0,5 \cdot \left(1 + 2 \cdot 0,32^2\right)\left(1 - e^{\{-1,5 \cdot [(30,0/12,5)-1]\}}\right) \\ &= 0,42 \cdot 0,5 \cdot 1,205 \cdot 0,876 \\ &= 0,222 \end{aligned}$$

mit:

$C_{op} = 0,5$ (Kennwert für Teilflächenlast bei Weizen n. Tab. 7.5, s. o.)

Lokaler Wert des Entleerungsdruckes p_{he} n. Tab. 7.8 an der Stelle $z_p = 15,0$ m (dort soll die Teilflächenlast angesetzt werden, s. o.):

$$p_{he}(z = 15,0) = C_h \cdot p_{hf}(z = 15,0) = 1,15 \cdot 60,84 = 69,97 \, \text{kN/m}^2$$

mit:

$$p_{hf}(z = 15,0) = 60,84 \, \text{kN/m}^2 \ (\text{s. o.})$$
$$C_h = 1,15 \ (\text{s. o.})$$

Grundwert der Teilflächenlast für den Lastfall Entleeren p_{pf} n. Tab. 7.11:

$$p_{pe} = C_{pe} \cdot p_{he} = 0,222 \cdot 69,97 = 15,53 \, \text{kN/m}^2$$

Die Teilflächenlast p_{pes} ergibt sich n. Tab. 7.11 zu:

$$p_{pes} = p_{pe} \cdot \cos\theta = 15,53 \cdot \cos\theta$$

Die Auswertung für verschiedene Winkel auf dem Siloumfang erfolgt tabellarisch:

Winkel θ	p_{pes} in kN/m^2	Winkel θ	p_{pes} in kN/m^2
0	15,53		
30	13,45	210	-13,45
60	7,77	240	-7,77
90	0	270	0
120	-7,77	300	7,77
150	-13,45	330	13,45
180	-15,53	360	15,53

Die Höhe des Bereichs, auf dem Teilflächenlast angesetzt wird, berechnet sich nach n. Tab. 7.11:

$$s = \pi \cdot d_c/16 = \pi \cdot 12,5/16 = 2,45 \, \text{m}$$

Die Teilflächenlast für den Lastfall Entleeren ist in Abb. 7.15 dargestellt.

7.4.3 Beispiel 3 – Dünnwandiger schlanker Silo (ACC 1)

(Kategorie A)
Gegeben:
Dünnwandiger, schlanker Silo mit kreisförmigem Querschnitt (Anforderungsklasse 1, ACC 1) aus Stahl (Wandtyp D1) (Abb. 7.16):

Abmessungen:

- $h_c = 10{,}0$ m, $d_c = 3{,}5$ m
- $h_c/d_c = 10{,}0/3{,}5 = 2{,}85 > 2 \Rightarrow$ Es handelt sich um einen schlanken Silo.
- $t = 15$ mm $= 0{,}015$ m (Stahl, Wandtyp D1, d. h. glatte Oberfläche, Tab. 7.4)
- $d_c/t = 3{,}5/0{,}015 = 233{,}3 > 200 \Rightarrow$ Es handelt sich um einen dünnwandigen Silo.

Schüttgut: Kraftfutterpellets n. Tab. 7.5.

Fassungsvermögen (nur Siloschaft): ca. 77 t bei einer angenommenen Wichte von 8,0 kN/m^3 (Kraftfutterpellets, oberer Wert n. Tab. 7.5) und einem Volumen von 96,2 m^3 ($= \pi/4\, d_c^2\, h_c$).

Der Silo wird in Anforderungsklasse 1 (AAC 1) eingestuft, da das Fassungsvermögen weniger als 100 t beträgt (Tab. 7.1).

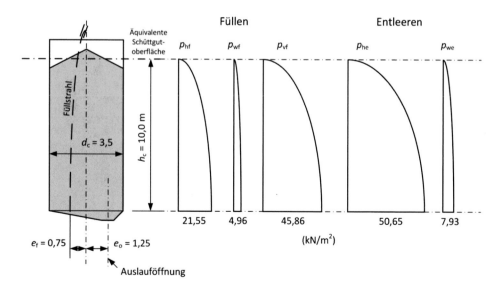

Abb. 7.16 Beispiel 3 – Dünnwandiger schlanker kreisförmiger Silo (Anforderungsklasse 1, ACC 1): Geometrie sowie Lastbilder für die Lastfälle Füllen und Entleeren

Gesucht

a) Die für die Ermittlung der Lasten erforderlichen Schüttgutkennwerte.

b) Die maximalen Werte der symmetrischen Fülllasten (Horizontallasten, Wandreibungslasten und Vertikallasten) für den gefüllten Zustand.

c) Die maximalen Werte der symmetrischen Entleerungslasten (Horizontallasten, Wandreibungslasten).

d) Überprüfung, ob die Teilflächenlasten für den Lastfall Füllen und Entleeren
erforderlich sind.

Lösung

a) Schüttgutkennwerte

Bei Silos der Anforderungsklasse 1 (ACC 1) dürfen die Mittelwerte der Schüttgutkennwerte (Horizontallastverhältnis, Wandreibungskoeffizient) verwendet werden.

Aus Tab. 7.5 ergibt sich:

- Schüttgutwichte: $\gamma = 8{,}0$ kN/m^3 (oberer Wert), nachfolgend wird mit dem oberen Wert
  gerechnet.
- Horizontallastverhältnis: $K_m = 0{,}47$ (Mittelwert)
- Wandreibungskoeffizient: $\mu_m = 0{,}23$ (Mittelwert)
- Kennwert für Teilflächenlast: $C_{op} = 0{,}7$

Weitere Werte werden nicht benötigt.

b) Symmetrische Fülllasten:

Berechnung nach Tab. 7.6.

b1) Horizontallasten

Verhältnis $A/U = r/2 = d_c/4 = 3{,}5/4 = 0{,}875$ m

$$z_0 = \frac{1}{K_m \cdot \mu_m} \cdot \frac{A}{U} = \frac{1}{0{,}47 \cdot 0{,}23} \cdot 0{,}875 = 8{,}094 \text{ m}$$
$$p_{ho} = \gamma \cdot K_m \cdot z_0 = 8{,}0 \cdot 0{,}47 \cdot 8{,}094 = 30{,}43 \text{ kN/m}^2$$
$$Y_J(z = 10{,}0) = 1 - e^{-z/z_0} = 1 - e^{-10{,}0/8{,}094} = 0{,}708$$
$$p_{hf}(z = 10{,}0) = p_{ho} \cdot Y_J(z = 10{,}0) = 30{,}43 \cdot 0{,}708 = 21{,}55 \text{ kN/m}^2$$

b2) Wandreibungslasten

Die Werte A/U, z_o, p_{ho} und Y_J bleiben unverändert, da die gleichen Schüttgutkennwerte verwendet werden.

$$p_{wf}(z = 10,0) = \mu_m \cdot p_{ho} \cdot Y_J(z = 10,0) = 0,23 \cdot 30,43 \cdot 0,708 = 4,96 \text{ kN/m}^2$$

b3) Vertikallasten

Die Werte A/U, z_o, p_{ho} und Y_J bleiben unverändert, da die gleichen Schüttgutkennwerte verwendet werden.

$$p_{vf}(z = 10,0) = \frac{p_{ho}}{K_m} \cdot Y_J(z) = \frac{30,43}{0,47} \cdot 0,708 = 45,86 \text{ kN/m}^2$$

c) Symmetrische Entleerungslasten

Berechnung nach Tab. 7.8.

c1) Horizontallasten

Für Silos der Anforderungsklasse 1 (ACC 1) gilt folgender Entleerungsfaktor (Tab. 7.9):

$$\begin{aligned} C_h &= 1,15 + 1,5 \cdot (1 + 0,4 \cdot e/d_c) \cdot C_{op} \\ &= 1,15 + 1,5 \cdot (1 + 0,4 \cdot 1,25/3,5) \cdot 0,7 \\ &= 2,35 \end{aligned}$$

mit:

$$e = \max \begin{cases} e_f = 0,75 \text{ m (sei gegeben)} \\ e_o = 1,25 \text{ m (Auslauföffnung sei exzentrisch angeordnet)} \end{cases}$$

Horizontallasten:

$$p_{he} = C_h \cdot p_{hf} = 2,35 \cdot 21,55 = 50,65 \text{ kN/m}^2$$

c2) Wandreibungslasten

Entleerungsfaktor (Tab. 7.9):

$$
\begin{aligned}
C_{\mathrm{w}} &= 1,4 \cdot (1 + 0,4 \cdot e/d_{\mathrm{c}}) \\
&= 1,4 \cdot (1 + 0,4 \cdot 1,25/3,5) \\
&= 1,6
\end{aligned}
$$

Wandreibungslasten:

$$
p_{\mathrm{we}} = C_{\mathrm{w}} \cdot p_{\mathrm{wf}} = 1,6 \cdot 4,96 = 7,93 \ \mathrm{kN/m^2}
$$

d) Teilflächenlasten

Teilflächenlasten für die Lastfälle Füllen und Entleeren brauchen nicht angesetzt zu werden, da es sich um einen Silo der Anforderungsklasse 1 (ACC 1) handelt.

7.4.4   Beispiel 4 – Trichterlasten bei einem steilen Trichter

(Kategorie B)
Gegeben:
   Kreisförmiger Silo (ACC 2) mit steilem Trichter und folgenden Randbedingungen (Abb. 7.17):

- $h_{\mathrm{c}} = 15{,}0$ m, $d_{\mathrm{c}} = 5{,}0$ m
- $h_{\mathrm{c}}/d_{\mathrm{c}} = 15{,}0/5{,}0 = 3{,}0 > 2 \Rightarrow$ schlanker Silo
- Wandtyp D1 (für Siloschaft und Trichter)
- Trichter: konisch geformt, $h_{\mathrm{h}} = 2{,}5$ m, $\beta = 45°$

Schüttgut: Kraftfuttermischung n. Tab. 7.5
   Wichte: $\gamma = 6{,}0 \ \mathrm{kN/m^3}$ (oberer Wert, dieser wird den Berechnungen zugrunde gelegt)
   Böschungswinkel: $\phi_{\mathrm{r}} = 39°$
   Winkel der inneren Reibung: $\phi_{\mathrm{im}} = 36°$, $a_{\phi} = 1{,}08$

- unterer Wert: $\phi_{\mathrm{i}} = 36/1{,}08 = 33{,}3°$
- oberer Wert: $\phi_{\mathrm{i}} = 36 \times 1{,}08 = 38{,}9°$

Horizontallastverhältnis: $K_{\mathrm{m}} = 0{,}45$, $a_{\mathrm{k}} = 1{,}10$

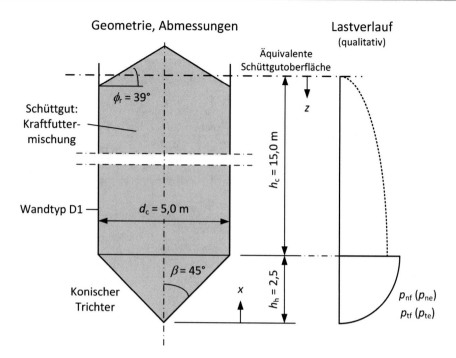

Abb. 7.17 Beispiel 4 – Trichterlasten bei einem steilen Trichter

- unterer Wert: $K = 0{,}45/1{,}10 = 0{,}4091$
- oberer Wert: $K = 0{,}45 \times 1{,}10 = 0{,}4950$

Wandreibungskoeffizient (Wandtyp D1): $\mu_m = 0{,}22$, $a_\mu = 1{,}28$

- unterer Wert: $\mu = 0{,}22/1{,}28 = 0{,}1719$
- oberer Wert: $\mu = 0{,}22 \times 1{,}28 = 0{,}2816$

Weitere Werte werden nicht benötigt.

Gesucht

a) Überprüfung, welche Trichterart vorliegt.
b) Fülllasten (Wandnormallasten, Wandreibungslasten).
c) Entleerungslasten (Wandnormallasten, Wandreibungslasten).

Lösung

a) *Trichterart*

Siehe hierzu Tab. 7.12.

$$\alpha > 5° => \text{kein waagerechter Siloboden}$$
$$\tan\beta = \tan 45° = 1 < \frac{1-K}{2\cdot\mu_h} = \frac{1-0,4091}{2\cdot 0,1719} = 1,719$$

mit:

$K = 0,41$ (unterer Wert des Horizontallastverhältnisses)
$\mu_h = \mu = 0,17$ (unterer Wert des Wandreibungskoeffizienten)

=> Es liegt ein **steiler** Trichter vor.

b) *Fülllasten*

Wandnormallasten p_{nf} (Tab. 7.15):

$$p_{nf}(x) = F_f \cdot p_v(x)$$

Wandreibungslasten p_{tf} (Tab. 7.15):

$$p_{tf}(x) = \mu_h \cdot F_f \cdot p_v(x)$$

Die Berechnung erfolgt tabellarisch für verschiedene Werte *x*, siehe weiter unten. Hinweis: Alle Werte wurden mit Excel berechnet (d. h. unendlich viele Nachkommastellen), daher sind Abweichungen bei Nachrechnungen mit dem Taschenrechner möglich.

Die maximalen Trichterlasten im Füllzustand sind mit folgenden Schüttgutkennwerten zu berechnen (Tab. 7.2):

- Wandreibungskoeffizient: $\mu = 0,1719$ (unterer Wert)
- Horizontallastverhältnis: $K = 0,4091$ (unterer Wert)
- Winkel der inneren Reibung: $\phi_i = 33,3°$ (unterer Wert)

Charakteristischer Wert des Lastverhältnisses im Trichter im Füllzustand:

$$F_f = 1 - \frac{b}{\left(1 + \frac{\tan\beta}{\mu_h}\right)} = 1 - \frac{0,2}{\left(1 + \frac{\tan 45°}{0,1719}\right)} = 0,971$$

$b = 0,2$ (empirischer Koeffizient)

$\beta = 45°$

$\mu_h = 0,1719$ (Wandreibungskoeffizient, unterer Wert)

Mittlere Vertikallast im Trichter p_v in der Höhe x (Trichterspitze: $x = 0$; Tab. 7.13):

$$p_v(x) = \left(\frac{\gamma \cdot h_h}{n - 1}\right) \cdot \left\{\left(\frac{x}{h_h}\right) - \left(\frac{x}{h_h}\right)^n\right\} + p_{vft} \cdot \left(\frac{x}{h_h}\right)^n$$

$$= \left(\frac{6,0 \cdot 2,5}{0,275 - 1}\right) \cdot \left\{\left(\frac{x}{2,5}\right) - \left(\frac{x}{2,5}\right)^{0,275}\right\} + 72,81 \cdot \left(\frac{x}{2,5}\right)^{0,275}$$

mit:

$\gamma = 6,0$ kN/m³ (Wichte)

$h_h = 2,5$ m (Höhe des Trichters)

$n = S \cdot (1 - b) \cdot \mu_h \cdot \cot\beta = 2 \cdot (1 - 0,2) \cdot 0,1719 \cdot \cot 45° = 0,275$

$S = 2$ (für konische Trichter), $b = 0,2$ (empirischer Koeffizient), $\mu_h = \mu_{heff} = 0,1719$
(unterer Wert des Wandreibungswinkels), $\beta = 45°$ (halber Scheitelwinkel des Trichters)

Mittlere Vertikallast am Trichterübergang ($z = 15$ m):

$$p_{vft} = C_b \cdot p_{vf} = 1,2 \cdot 60,67 = 72,81 \text{ kN/m}^2$$

mit:

$C_b = 1,2$ (Bodenlastvergrößerungsfaktor n. Tab. 7.14 für ACC 2; es wird angenommen,
dass dynamische Belastungen zu erwarten sind)

$$p_{vf} = \frac{p_{ho}}{K} \cdot Y_J = \frac{43,64}{0,4091} \cdot 0,569 = 60,67 \text{ kN/m}^2$$

für schlanke Silos (hier: $h_c/d_c = 15,0/5,0 = 3 > 2$) gilt Tab. 7.6:

$$Y_{\mathrm{J}}(z = 15) = 1 - e^{-z/z_0} = 1 - e^{-15,0/17,78} = 0,569$$

$$p_{\mathrm{ho}} = \gamma \cdot K \cdot z_0 = 6,0 \cdot 0,4091 \cdot 17,78 = 43,64 \ \mathrm{kN/m^2}$$

$$z_0 = \frac{1}{K \cdot \mu} \cdot \frac{A}{U} = \frac{1}{0,4091 \cdot 0,1719} \cdot 1,25 = 17,78 \ \mathrm{m}$$

$$A/U = r/2 = d_{\mathrm{c}}/4 = 5,0/4 = 1,25 \ \mathrm{m}$$

Wandnormallast am Trichterübergang:

$$p_{\mathrm{nf}} = F_{\mathrm{f}} \cdot p_{\mathrm{v}} = 0,971 \cdot 72,81 = 70,67 \ \mathrm{kN/m^2}$$

Wandreibungslast am Trichterübergang:

$$p_{\mathrm{tf}} = \mu_{\mathrm{h}} \cdot F_{\mathrm{f}} \cdot p_{\mathrm{v}} = 0,1719 \cdot 0,971 \cdot 72,81 = 12,15 \ \mathrm{kN/m^2}$$

Die Berechnung der Trichterlasten für den Füllzustand erfolgt tabellarisch:

Trichterlasten beim Füllen			
	Vertikallast	Wandnormallast	Wandreibungslast
Höhe x	p_{v}	p_{nf}	p_{tf}
(m)	(kN/m^2)	(kN/m^2)	(kN/m^2)
0 (Trichterspitze)	0	0	0
0,5	55,92	54,28	9,33
1,0	64,39	62,51	10,74
1,5	68,83	66,81	11,48
2,0	71,38	69,29	11,91
2,5 (Trichterübergang)	72,81	70,67	12,15

c) *Entleerungslasten*

Wandnormallasten p_{ne}:

$$p_{\mathrm{ne}}(x) = F_{\mathrm{e}} \cdot p_{\mathrm{v}}(x) \qquad \text{n. Tab.7.15}$$

Wandreibungslasten p_{te}:

$$p_{\mathrm{te}}(x) = \mu_{\mathrm{h}} \cdot F_{\mathrm{e}} \cdot p_{\mathrm{v}}(x) \qquad \text{n. Tab.7.15}$$

Die Berechnung erfolgt tabellarisch für verschiedene Werte x, siehe weiter unten.

Die maximalen Trichterlasten beim Entleeren (Entleerungslasten) sind mit folgenden Schüttgutkennwerten zu berechnen (Tab. 7.2):

- Wandreibungskoeffizient: $\mu = 0{,}1719$ (unterer Wert)
- Horizontallastverhältnis: $K = 0{,}4950$ (oberer Wert)
- Winkel der inneren Reibung: $\phi_i = 38{,}9°$ (oberer Wert)

Charakteristischer Wert des Lastverhältnisses im Trichter beim Entleeren (Tab. 7.15):

$$
\begin{aligned}
F_e &= \frac{1 + \sin\phi_i \cdot \cos\varepsilon}{1 - \sin\phi_i \cdot \cos(2\beta + \varepsilon)} \\
&= \frac{1 + \sin 38{,}9° \cdot \cos 25{,}40°}{1 - \sin 38{,}9° \cdot \cos(2 \cdot 45° + 25{,}40°)} \\
&= 1{,}234
\end{aligned}
$$

$$
\varepsilon = \phi_{wh} + \arcsin\left\{\frac{\sin\phi_{wh}}{\sin\phi_i}\right\} = 9{,}75° + \arcsin\left\{\frac{\sin 9{,}75°}{\sin 38{,}9°}\right\} = 25{,}40°
$$

$$
\phi_{wh} = \arctan\mu_h = \arctan 0{,}1719 = 9{,}75°
$$

$\phi_i = 38{,}9°$ (Winkel der inneren Reibung, oberer Wert)
Die Bedingung $\phi_{wh}\ 9{,}75° < \phi_i = 38{,}9°$ ist erfüllt.
$\mu_h = 0{,}1719$ (Wandreibungskoeffizient, unterer Wert)

Mittlere Vertikallast im Trichter p_v in der Höhe x:

$$
\begin{aligned}
p_v(x) &= \left(\frac{\gamma \cdot h_h}{n-1}\right) \cdot \left\{\left(\frac{x}{h_h}\right) - \left(\frac{x}{h_h}\right)^n\right\} + p_{vft} \cdot \left(\frac{x}{h_h}\right)^n \\
&= \left(\frac{6{,}0 \cdot 2{,}5}{0{,}893 - 1}\right) \cdot \left\{\left(\frac{x}{2{,}5}\right) - \left(\frac{x}{2{,}5}\right)^{0{,}893}\right\} + 67{,}56 \cdot \left(\frac{x}{2{,}5}\right)^{0{,}893}
\end{aligned}
$$

mit:

$\gamma = 6{,}0\ \text{kN/m}^3$ (Wichte, oberer Wert)
$h_h = 2{,}5\ \text{m}$ (Höhe des Trichters)
$n = S \cdot (F \cdot \mu_{heff} \cdot \cot\beta + F) - 2$
$\quad = 2 \cdot (1{,}235 \cdot 0{,}1719 \cdot \cot 45° + 1{,}235) - 2 = 0{,}893$
$S = 2$ (für konische Trichter), $\mu_h = \mu_{heff} = 0{,}1719$ (unterer Wert des Wandreibungs-winkels), $\beta = 45°$ (halber Scheitelwinkel des Trichters), $F = F_e = 1{,}2354$ (s. o.)

Mittlere Vertikallast am Trichterübergang p_{vft}:

$$p_{\text{vft}} = C_b \cdot p_{\text{vf}} = 1,2 \cdot 56,30 = 67,56 \, \text{kN/m}^2$$

mit:

$C_b = 1,2$ (Bodenlastvergrößerungsfaktor n. Tab. 7.14 für ACC 2; hier: Annahme, dass dynamische Belastungen durch das Schüttgut zu erwarten sind)
Berechnung p_{vf} nach Tab. 7.6:

$$p_{\text{vf}} = \frac{p_{\text{ho}}}{K} \cdot Y_J = \frac{43,63}{0,495} \cdot 0,639 = 56,30 \, \text{kN/m}^2$$

$$Y_J(z = 15) = 1 - e^{-z/z_o} = 1 - e^{-15,0/14,69} = 0,639$$

$$p_{\text{ho}} = \gamma \cdot K \cdot z_o = 6,0 \cdot 0,495 \cdot 14,69 = 43,64 \, \text{kN/m}^2$$

$$z_o = \frac{1}{K \cdot \mu} \cdot \frac{A}{U} = \frac{1}{0,4950 \cdot 0,1719} \cdot 1,25 = 14,69 \, \text{m}$$

$$A/U = r/2 = d_c/4 = 5,0/4 = 1,25 \, \text{m}$$

Die Berechnung der Trichterlasten beim Entleeren erfolgt tabellarisch:

Trichterlasten beim Entleeren			
Höhe x (m)	Vertikallast p_v (kN/m^2)	Wandnormallast p_{ne} (kN/m^2)	Wandreibungslast p_{te} (kN/m^2)
0 (Trichterspitze)	0	0	0
0,5	21,31	26,31	4,52
1,0	35,57	43,91	7,55
1,5	47,53	58,67	10,08
2,0	58,06	71,67	12,32
2,5 (Trichterübergang)	67,56	83,40	14,33

7.4.5 Beispiel 5 – Lasten bei einem flach geneigten Trichter

(Kategorie B)
Gegeben:
    Kreisförmiger Silo (ACC 2) mit flach geneigtem Trichter und folgenden Randbedingungen (Abb. 7.18):

- $h_c = 15,0$ m, $d_c = 5,0$ m
- $h_c/d_c = 15,0/5,0 = 3,0 > 2 \Rightarrow$ schlanker Silo
- Wandttyp D1 (für Siloschaft und Trichter)

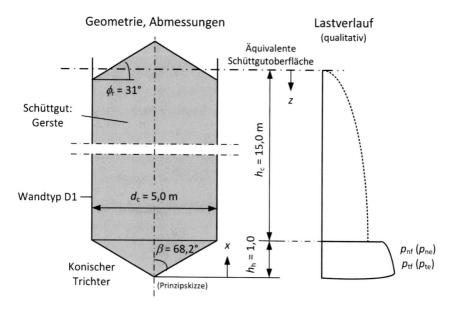

Abb. 7.18 Beispiel 5 – Trichterlasten bei einem flach geneigten Trichter

- Trichter: konisch geformt, $h_h = 1,0$ m, $\beta = 68,2°$

Schüttgut: Gerste n. Tab. 7.5
Wichte: $\gamma = 8,0$ kN/m³ (oberer Wert, dieser wird den Berechnungen zugrunde gelegt)
Böschungswinkel: $\phi_r = 31°$
Winkel der inneren Reibung: $\phi_{im} = 28°$, $a_\phi = 1,14$

- unterer Wert: $\phi_i = 28/1,14 = 24,6°$
- oberer Wert: $\phi_i = 28 \times 1,14 = 31,9°$

Horizontallastverhältnis: $K_m = 0,59$, $a_k = 1,11$

- unterer Wert: $K = 0,59/1,11 = 0,5315$
- oberer Wert: $K = 0,59 \times 1,11 = 0,6549$

Wandreibungskoeffizient (Wandtyp D1): $\mu_m = 0,24$, $a_\mu = 1,16$

- unterer Wert: $\mu = 0,24/1,16 = 0,2069$
- oberer Wert: $\mu = 0,24 \times 1,16 = 0,2784$

Weitere Werte werden nicht benötigt.

Gesucht

a) Überprüfung, welche Trichterart vorliegt.
b) Fülllasten (Wandnormallasten und Wandreibungslasten)
c) Entleerungslasten (Wandnormallasten und Wandreibungslasten)

Lösung

a) *Trichterart*

Siehe hierzu Tab. 7.12.

$$\alpha > 5° => \text{kein waagerechter Siloboden}$$

$$\tan\beta = \tan 68,2° = 2,5 > \frac{1-K}{2\cdot\mu_h} = \frac{1-0,5315}{2\cdot 0,2069} = 1,132$$

mit:

$K = 0,5315$ (unterer Wert des Horizontallastverhältnisses)
$\mu_h = \mu = 0,2069$ (unterer Wert des Wandreibungskoeffizienten)

=> Es liegt ein **flach geneigter** Trichter vor.

b) *Fülllasten*

Wandnormallasten p_{nf} (Tab. 7.16):

$$p_{nf}(x) = F_f \cdot p_v(x)$$

Wandreibungslasten p_{tf} (Tab. 7.16):

$$p_{tf}(x) = \mu_{heff} \cdot F_f \cdot p_v(x)$$

Bei einem flach geneigten Trichter wird eine nicht vollständig mobilisierte Wandreibung angesetzt. Der Wandreibungskoeffizient für nicht vollständig mobilisierte Wandreibung ergibt sich zu:

$$\mu_{heff} = \frac{1-K}{2\cdot\tan\beta} = \frac{1-0,5315}{2\cdot\tan 68,2°} = 0,0937$$

mit:

K Horizontallastverhältnis (unterer Wert nach Tab. 7.2 für maximale Trichterlasten im Füllzustand)

Die Berechnung erfolgt tabellarisch für verschiedene Werte x, siehe weiter unten. Hinweis: Alle Werte wurden mit Excel berechnet (d. h. unendlich viele Nachkommastellen), daher sind Abweichungen bei Nachrechnungen mit dem Taschenrechner möglich.
Charakteristischer Wert des Lastverhältnisses im Trichter im Füllzustand:

$$F_f = 1 - \frac{b}{\left(1 + \frac{\tan\beta}{\mu_{heff}}\right)} = 1 - \frac{0{,}2}{\left(1 + \frac{\tan 68{,}2°}{0{,}0937}\right)} = 0{,}9928$$

mit:

$b = 0{,}2$ (empirischer Koeffizient)
$\beta = 68{,}2°$ (s. o.)
$\mu_{heff} = 0{,}0937$ (Wandreibungskoeffizient für nicht vollständig mobilisierte Reibung)

Mittlere Vertikallast im Trichter p_v in der Höhe x (Trichterspitze: $x = 0$; Tab. 7.13):

$$p_v(x) = \left(\frac{\gamma \cdot h_h}{n - 1}\right) \cdot \left\{\left(\frac{x}{h_h}\right) - \left(\frac{x}{h_h}\right)^n\right\} + p_{vft} \cdot \left(\frac{x}{h_h}\right)^n$$

$$= \left(\frac{8{,}0 \cdot 2{,}5}{0{,}060 - 1}\right) \cdot \left\{\left(\frac{x}{1{,}0}\right) - \left(\frac{x}{1{,}0}\right)^{0{,}060}\right\} + 66{,}53 \cdot \left(\frac{x}{1{,}0}\right)^{0{,}060}$$

mit:

$\gamma = 8{,}0$ kN/m³ (Wichte, oberer Wert)
$h_h = 1{,}0$ m (Höhe des Trichters)
$n = S \cdot (1 - b) \cdot \mu_{heff} \cdot \cot\beta = 2 \cdot (1 - 0{,}2) \cdot 0{,}0937 \cdot \cot 68{,}2° = 0{,}0600$
$S = 2$ (für konische Trichter), $b = 0{,}2$ (empirischer Koeffizient), $\mu_{heff} = 0{,}0937$ (Wandreibungskoeffizient für nicht vollständig mobilisierte Reibung), $\beta = 68{,}2°$ (halber Scheitelwinkel des Trichters)

Mittlere Vertikallast am Trichterübergang ($z = 15$ m):

$$p_{vft} = C_b \cdot p_{vf} = 1{,}0 \cdot 66{,}53 = 66{,}53 \text{ kN/m}^2$$

mit:

$C_b = 1{,}0$ (Bodenlastvergrößerungsfaktor für ACC 2; es wird angenommen, dass keine dynamischen Belastungen zu erwarten sind; Tab. 7.14)

Berechnung p_{vf} nach Tab. 7.6 (mit K: unterer Wert, μ: unterer Wert Tab. 7.2)

$$p_{vf} = \frac{p_{ho}}{K} \cdot Y_J = \frac{48{,}33}{0{,}5315} \cdot 0{,}732 = 66{,}53 \text{ kN/m}^2$$

für schlanke Silos (hier: $h_c/d_c = 15{,}0/5{,}0 = 3 > 2$)

$$Y_J(z = 15) = 1 - e^{-z/z_0} = 1 - e^{-15{,}0/11{,}36} = 0{,}732$$
$$p_{ho} = \gamma \cdot K \cdot z_0 = 8{,}0 \cdot 0{,}5315 \cdot 11{,}36 = 48{,}33 \text{ kN/m}^2$$
$$z_0 = \frac{1}{K \cdot \mu} \cdot \frac{A}{U} = \frac{1}{0{,}5315 \cdot 0{,}2069} \cdot 1{,}25 = 11{,}36 \text{ m}$$
$$A/U = r/2 = d_c/4 = 5{,}0/4 = 1{,}25 \text{ m}$$

Wandnormallast am Trichterübergang:

$$p_{nf} = F_f \cdot p_v = 0{,}9928 \cdot 66{,}53 = 66{,}05 \text{ kN/m}^2$$

Wandreibungslast am Trichterübergang:

$$p_{tf} = \mu_{heff} \cdot F_f \cdot p_v = 0{,}0937 \cdot 0{,}9928 \cdot 66{,}53 = 6{,}19 \text{ kN/m}^2$$

Die Berechnung der Trichterlasten für den Füllzustand erfolgt tabellarisch:

Trichterlasten beim Füllen			
Höhe x (m)	Vertikallast p_v (kN/m^2)	Wandnormallast p_{nf} (kN/m^2)	Wandreibungslast p_{tf} (kN/m^2)
0 (Trichterspitze)	0	0	0
0,5	66,44	65,96	6,18
1,0	67,63	67,14	6,29
1,5	67,68	67,19	6,29
2,0	67,24	66,75	6,25
2,5 (Trichterübergang)	66,53	66,05	6,19

c) *Entleerungslasten*

Wandnormallasten p_{ne}:

$$p_{ne}(x) = F_e \cdot p_v(x) \qquad \text{n. Tab.7.16}$$

Wandreibungslasten p_{te}:

$$p_{te}(x) = \mu_{heff} \cdot F_e \cdot p_v(x) \qquad \text{n. Tab.7.16}$$

Die Berechnung erfolgt tabellarisch für verschiedene Werte x, siehe weiter unten.

Bei einem flach geneigten Trichter wird eine nicht vollständig mobilisierte Wandreibung angesetzt. Der Wandreibungskoeffizient für nicht vollständig mobilisierte Wandreibung ergibt sich zu:

$$\mu_{heff} = \frac{1 - K}{2 \cdot \tan\beta} = \frac{1 - 0{,}6549}{2 \cdot \tan 68{,}2°} = 0{,}069$$

mit:

K Horizontallastverhältnis (oberer Wert nach Tab. 7.2 für maximale Trichterlasten beim Entleeren)

Charakteristischer Wert des Lastverhältnisses im Trichter beim Entleeren (Tab. 7.16):

$$F_e = F_f = 0{,}9928 \text{ (s. o.)}$$

Mittlere Vertikallast im Trichter p_v in der Höhe x:

$$
\begin{aligned}
p_v(x) &= \left(\frac{\gamma \cdot h_h}{n-1}\right) \cdot \left\{\left(\frac{x}{h_h}\right) - \left(\frac{x}{h_h}\right)^n\right\} + p_{vft} \cdot \left(\frac{x}{h_h}\right)^n \\
&= \left(\frac{8{,}0 \cdot 2{,}5}{0{,}0404 - 1}\right) \cdot \left\{\left(\frac{x}{1{,}0}\right) - \left(\frac{x}{1{,}0}\right)^{0{,}0404}\right\} + 59{,}21 \cdot \left(\frac{x}{1{,}0}\right)^{0{,}0404}
\end{aligned}
$$

mit:

$\gamma = 8{,}0$ kN/m^3 (Wichte, oberer Wert)

$h_h = 1{,}0$ m (Höhe des Trichters)

$n = S \cdot (F \cdot \mu_{heff} \cdot \cot\beta + F) - 2$
$\quad = 2 \cdot (0{,}9928 \cdot 0{,}069 \cdot \cot 68{,}2° + 0{,}9928) - 2 = 0{,}0404$

$S = 2$ (für konische Trichter), $\mu_h = \mu_{heff} = 0{,}069$ (Wandreibungswinkel für nicht vollständig mobilisierte Wandreibung), $\beta = 68{,}2°$ (halber Scheitelwinkel des Trichters), $F = F_e = 0{,}9928$ (s. o.)

Mittlere Vertikallast am Trichterübergang p_{vft}:

$$p_{vft} = C_b \cdot p_{vf} = 1{,}0 \cdot 59{,}21 = 59{,}21 \text{ kN/m}^2$$

mit:

$C_b = 1{,}0$ (Bodenlastvergrößerungsfaktor n. Tab. 7.14 für ACC 2; hier: Annahme, dass keine dynamischen Belastungen durch das Schüttgut zu erwarten sind)

Berechnung p_{vF} nach Tab. 7.6 (mit K: oberer Wert, μ: unterer Wert nach Tab. 7.2):

$$p_{vf} = \frac{p_{ho}}{K} \cdot Y_J = \frac{48{,}33}{0{,}6549} \cdot 0{,}802 = 59{,}21 \text{ kN/m}^2$$

$$Y_J(z = 15) = 1 - e^{-z/z_o} = 1 - e^{-15{,}0/9{,}23} = 0{,}802$$

$$p_{ho} = \gamma \cdot K \cdot z_o = 8{,}0 \cdot 0{,}6549 \cdot 9{,}23 = 48{,}33 \text{ kN/m}^2$$

$$z_o = \frac{1}{K \cdot \mu} \cdot \frac{A}{U} = \frac{1}{0{,}6549 \cdot 0{,}2069} \cdot 1{,}25 = 9{,}23 \text{ m}$$

$$A/U = r/2 = d_c/4 = 5{,}0/4 = 1{,}25 \text{ m}$$

Wandnormallast am Trichterübergang:

$$p_{ne} = F_e \cdot p_v = 0{,}9928 \cdot 59{,}21 = 58{,}78 \text{ kN/m}^2$$

Wandreibungslast am Trichterübergang:

$$p_{te} = \mu_{heff} \cdot F_e \cdot p_v = 0{,}0690 \cdot 0{,}9928 \cdot 59{,}21 = 4{,}06 \text{ kN/m}^2$$

Die Berechnung der Trichterlasten beim Entleeren erfolgt tabellarisch:

Trichterlasten beim Entleeren

Höhe x (m)	Vertikallast p_v (kN/m²)	Wandnormallast p_{ne} (kN/m²)	Wandreibungslast p_{te} (kN/m²)
0 (Trichterspitze)	0	0	0
0,5	61,66	61,22	4,23
1,0	61,79	61,34	4,23
1,5	61,18	60,74	4,19
2,0	60,28	59,85	4,13
2,5 (Trichterübergang)	59,21	58,78	4,06

7.4.6 Beispiel 6 – Hydrostatischer Wasserdruck bei einem Schwimmbecken

(Kategorie A)

Für ein Schwimmbecken ist der hydrostatische Wasserdruck zu ermitteln (Abb. 7.19).

Gegeben

- Befüllung mit Wasser ($\gamma = 10\,\text{kN/m}^3$)
- Abmessungen und Wassertiefen siehe Abbildung

Geometrie

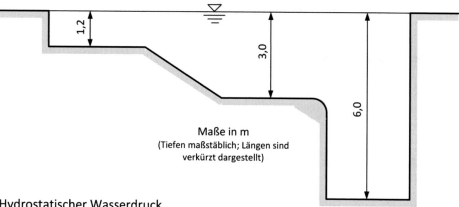

Hydrostatischer Wasserdruck

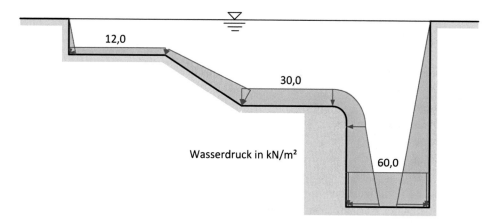

Abb. 7.19 Beispiel 6 – Hydrostatischer Wasserdruck bei einem Schwimmbecken

Lösung

Der Wasserdruck nimmt linear mit der Tiefe zu und wirkt grundsätzlich senkrecht zur Bauteiloberfläche. Dies gilt auch für geneigte und gekrümmte Flächen.

Die Berechnung des hydrostatischen Wasserdrucks erfolgt mit Gl. (7.1):

Wassertiefe Nichtschwimmerbereich: $h = 1,2$ m:

$$w(h = 1,2) = \gamma \cdot h = 10 \cdot 1,2 = 12 \text{ kN/m}^2$$

Wassertiefe Schwimmerbereich: $h = 3,0$ m:

$$w(h = 3,0) = \gamma \cdot h = 10 \cdot 3,0 = 30 \text{ kN/m}^2$$

Wassertiefe Sprunggrube: $h = 6,0$ m:

$$w(h = 6,0) = \gamma \cdot h = 10 \cdot 6,0 = 60 \text{ kN/m}^2$$

7.5   Aufgaben zum Selbststudium

In den nachfolgenden Abschnitten befinden sich einige Aufgaben zum Selbststudium. Es werden jeweils nur die Lösungen, ggfs. mit wichtigen Zwischenergebnissen angegeben.

7.5.1   Aufgabe 1

Für den abgebildeten Silo sind die Lasten auf die Silowände zu ermitteln (Abb. 7.20).

Randbedingungen
Abmessungen und Geometrie:

- $h_c = 50$ m, $d_c = 10$ m
- $t = 25$ mm (Edelstahl, Wandtyp D1)
- Maximale Exzentrizität des Aufschüttkegels: $e_f = 1,5$ m
- Exzentrizität der Auslauföffnung: $e_0 = 0$ m

Schüttgut: Weizen

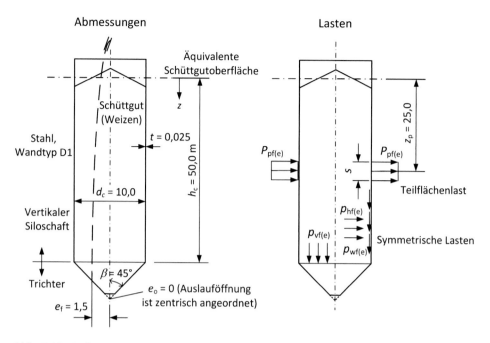

Abb. 7.20 Aufgabe 1 – Lasten auf die Silowände bei einem schlanken Silo (ACC 2)

Gesucht

a) Schlankheit, Siloart, Fassungsvermögen und Anforderungsklasse.

b) Die für die Ermittlung der Lasten erforderlichen Schüttgutkennwerte.

c) Die symmetrischen Fülllasten (Horizontallasten, Wandreibungslasten und Vertikallasten) für den gefüllten Zustand.

d) Die Teilflächenlasten für den Lastfall Füllen.

e) Die symmetrischen Entleerungslasten (Horizontallasten, Wandreibungslasten).

f) Die Teilflächenlasten für den Lastfall Entleeren.

Lösung

a) **Schlankheit, Siloart, Fassungsvermögen, Anforderungsklasse:**

- $h_c/d_c = 50/10,0 = 5 > 2 \Rightarrow$ Es handelt sich um einen **schlanken** Silo.
- $d_c/t = 10,0/0,25 = 400 > 200 \Rightarrow$ Es handelt sich um einen **dünnwandigen** Silo.

Fassungsvermögen (nur Siloschaft): ca. 3927 t bei einer angenommenen Wichte von 9 kN/m³ (Weizen, oberer Wert) und einem Volumen von 3534 m³ ($= \pi/4 \, d_c^2 \, h_c$).

Anforderungsklasse: Der Silo wird in Anforderungsklasse 2 (ACC 2) eingestuft, da das Fassungsvermögen mehr als 100 t und weniger als 10.000 t beträgt.

b) **Schüttgutkennwerte:**

Die Schüttkennwerte für Weizen werden aus der Tab. 7.5 entnommen:
  Wichte: $\gamma_i = 7{,}5$ kN/m^3 (unterer Wert), $\gamma_u = 9{,}0$ kN/m^3 (oberer Wert)
  Für die nachfolgenden Berechnungen wird der obere Wert verwendet.

Böschungswinkel: $\phi_r = 34°$

Winkel der inneren Reibung: $\phi_{im} = 30°$ (Mittelwert), $a_\phi = 1{,}12$ (Umrechnungsfaktor)

unterer Wert: $\phi_i = \phi_{im}/a_\phi = 30/1{,}12 = 26{,}78°$
oberer Wert: $\phi_i = \phi_{im} \times a_\phi = 30 \times 1{,}12 = 33{,}60°$

Horizontallastverhältnis: $K_m = 0{,}54$ (Mittelwert), $a_k = 1{,}11$ (Umrechnungsfaktor)

unterer Wert: $K = K_m/a_k = 0{,}54/1{,}11 = 0{,}4865$
oberer Wert: $K = K_m \times a_k = 0{,}54 \times 1{,}11 = 0{,}5994$

Wandreibungskoeffizient (Wandtyp D1, Stahl mit glatter Oberfläche):

$\mu_m = 0{,}24$, $a_u = 1{,}16$
unterer Wert: $\mu = \mu_m/a_\mu = 0{,}24/1{,}16 = 0{,}2069$
oberer Wert: $\mu = \mu_m \times a_\mu = 0{,}24 \times 1{,}16 = 0{,}2784$

Kennwert für die Teilflächenlast: $C_{op} = 0{,}5$

c) **Symmetrische Fülllasten:**

Horizontallasten:

$p_{ho} = 108{,}75$ kN/m^2 mit $z_o = 20{,}16$ m
max $p_{hf} = 99{,}58$ kN/m^2

Wandreibungslasten:

$p_{ho} = 80{,}82$ kN/m^2 mit $z_o = 14{,}98$ m
max $p_{wf} = 21{,}69$ kN/m^2

Vertikallasten:

$p_{ho} = 108,75$ kN/m^2 mit $z_o = 20,16$ m
max $p_{vf} = 193,50$ kN/m^2

d) Teilflächenlasten beim Lastfall Füllen:

Grundwert der Teilflächenlast an der Stelle $z = 25$ m (halbe Silohöhe):

$C_{pf} = 0,1236$
$p_{pf} = 9,54$ kN/m^2

Teilflächenlast:

max $p_{pfi} = 9,54$ kN/m^2

Seitenlänge:

$s = 1,96$ m

e) Symmetrische Entleerungslasten:

Entleerungsfaktoren:

$C_h = 1,15$
$C_w = 1,1$

Horizontallasten:

max $p_{he} = 114,51$ kN/m^2

Wandreibungslasten:

max $p_{we} = 23,86$ kN/m^2

f) Teilflächenlasten für den Lastfall Entleeren:

Teilflächenlasten für den Lastfall Entleeren sind anzusetzen, da der Silo der ACC 2 entspricht. Eine große Exzentrizität beim Befüllen liegt nicht vor ($e_f = 1,5$ m $< 0,25$

$d_c = 2{,}5$ m), sodass kein zusätzlicher Lastfall für Silos mit großen Exzentrizitäten angesetzt werden muss. Ein Ansatz der Teilflächenlast ist ausreichend.

Grundwert der Teilflächenlast an der Stelle $z = 25$ m (halbe Silohöhe):

$C_{pe} = 0{,}247$
$p_{pe} = 21{,}93$ kN/m^2

Teilflächenlast:

max $p_{pes} = 21{,}93$ kN/m^2

Seitenlänge:

$s = 1{,}96$ m

7.5.2 Aufgabe 2

Für den Trichter des Silos in Aufgabe 1 sind die Trichterlasten zu bestimmen.

Randbedingungen
- Abmessungen und Geometrie siehe Aufgabe 1.
- Bodenlastvergrößerungsfaktor: $C_b = 1{,}2$ (Annahme)

Gesucht
a) Überprüfung, welche Trichterart vorliegt.
b) Fülllasten (Wandnormallasten, Wandreibungslasten).
c) Entleerungslasten (Wandnormallasten, Wandreibungslasten).

Lösung
a) **Trichterart:**

Es liegt ein steiler Trichter vor (tan ß $= 1 < 1{,}719$).

b) **Fülllasten:**
   $F_f = 0{,}9657$
   max $p_{vf} = 193{,}50$ kN/m^2 (mittlere Vertikallast am Trichterübergang)
   max $p_{vft} = 232{,}2$ kN/m^2 ($= C_b$ x max p_{vf})

max $p_{nf} = 224{,}24$ kN/m² (max. Wandnormallast
max $p_{tf} = 46{,}39$ kN/m² (max. Wandreibungslast)

c) **Entleerungslasten:**

$F_e = 0{,}1{,}1232$

max $p_{vf} = 166{,}13$ kN/m² (mittlere Vertikallast am Trichterübergang)
max $p_{vft} = 199{,}35$ kN/m² $(= C_b \times$ max $p_{vf})$
max $p_{nf} = 223{,}91$ kN/m² (max. Wandnormallast
max $p_{tf} = 46{,}33$ kN/m² (max. Wandreibungslast)

7.5.3 Aufgabe 3

Für den abgebildeten Silo sind die Lasten auf die Silowände zu ermitteln (Abb. 7.21).

Randbedingungen
Abmessungen und Geometrie:

- $h_c = 6$ m, $d_c = 1{,}5$ m
- $t = 5$ mm (Wandtyp D2)
- Maximale Exzentrizität des Aufschüttkegels: $e_f = 0{,}5$ m
- Exzentrizität der Auslauföffnung: $e_0 = 0{,}25$ m

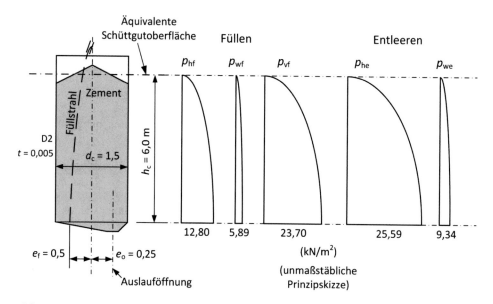

Abb. 7.21 Aufgabe 3 – Lasten auf die Silowände bei einem schlanken Silo (ACC 1)

Schüttgut: Zement

Gesucht

a) Schlankheit, Siloart, Fassungsvermögen und Anforderungsklasse.
b) Die für die Ermittlung der Lasten erforderlichen Schüttgutkennwerte.
c) Die symmetrischen Fülllasten (Horizontallasten, Wandreibungslasten und Vertikallasten) für den gefüllten Zustand.
d) Die symmetrischen Entleerungslasten (Horizontallasten, Wandreibungslasten).
e) Überprüfung, ob Teilflächenlasten für den Lastfall Füllen und Entleeren anzusetzen sind.

Lösung

a) **Schlankheit, Siloart, Fassungsvermögen, Anforderungsklasse:**
 • $h_c/d_c = 6{,}0/1{,}5 = 4 > 2 =>$ Es handelt sich um einen **schlanken** Silo.
 • $d_c/t = 1{,}5/0{,}005 = 300 > 200 =>$ Es handelt sich um einen **dünnwandigen** Silo.

Fassungsvermögen (nur Siloschaft): ca. 17 t bei einer angenommenen Wichte von 16 kN/m^3 (Zement, oberer Wert) und einem Volumen von 10,6 m^3 ($= \pi/4\ d_c^2\ h_c$).
 Anforderungsklasse: Der Silo wird in Anforderungsklasse 1 (ACC 1) eingestuft, da das Fassungsvermögen weniger als 100 t beträgt.

b) **Schüttgutkennwerte:**

Die Schüttkennwerte für Zement werden aus der Tab. 7.5 entnommen:
 Wichte: $\gamma_i = 13{,}0$ kN/m^3 (unterer Wert), $\gamma_u = 16{,}0$ kN/m^3 (oberer Wert)
 Für die nachfolgenden Berechnungen wird der obere Wert verwendet.

Böschungswinkel: $\phi_r = 36°$

Winkel der inneren Reibung: $\phi_{im} = 30°$ (Mittelwert), $a_\phi = 1{,}22$ (Umrechnungsfaktor)

unterer Wert: $\phi_i = \phi_{im}/a_\phi = 30/1{,}22 = 24{,}59°$
oberer Wert: $\phi_i = \phi_{im} \times a_\phi = 30 \times 1{,}22 = 36{,}60°$

Horizontallastverhältnis: $K_m = 0{,}54$ (Mittelwert), $a_k = 1{,}20$ (Umrechnungsfaktor)

unterer Wert: $K = K_m/a_k = 0{,}54/1{,}20 = 0{,}4500$
oberer Wert: $K = K_m \times a_k = 0{,}54 \times 1{,}20 = 0{,}6480$

Wandreibungskoeffizient (Wandtyp D2):

$\mu_m = 0{,}46$, $a_u = 1{,}07$
unterer Wert: $\mu = \mu_m/a_\mu = 0{,}46/1{,}07 = 0{,}4299$
oberer Wert: $\mu = \mu_m \times a_\mu = 0{,}46 \times 1{,}07 = 0{,}4922$

Kennwert für die Teilflächenlast: $C_{op} = 0{,}5$

c) **Symmetrische Fülllasten:**

Horizontallasten:

$p_{ho} = 13{,}04$ kN/m^2 mit $z_o = 1{,}51$ m
max $p_{hf} = 12{,}80$ kN/m^2

Wandreibungslasten:

$p_{ho} = 13{,}04$ kN/m^2 mit $z_o = 1{,}51$ m
max $p_{wf} = 5{,}89$ kN/m^2

Vertikallasten:

$p_{ho} = 13{,}04$ kN/m^2 mit $z_o = 1{,}51$ m
max $p_{vf} = 23{,}70$ kN/m^2

d) **Symmetrische Entleerungslasten:**

Entleerungsfaktoren:

$C_h = 2{,}0$
$C_w = 1{,}59$

Horizontallasten:

max $p_{he} = 25{,}59$ kN/m^2

Wandreibungslasten:

max $p_{we} = 9{,}34$ kN/m^2

e) **Überprüfung, ob Teilflächenlasten anzusetzen sind:**

Teilflächenlasten für die Lastfälle Füllen und Entleeren brauchen nicht angesetzt zu werden, da der Silo der Anforderungsklasse 1 (ACC 1) zugeordnet ist.

7.5.4 Aufgabe 4

Für einen dickwandigen Silo sind die Lasten auf die Silowände sowie die Trichterlasten zu ermitteln.

Randbedingungen
Abmessungen und Geometrie:

- $h_c = 30$ m, $d_c = 5$ m
- $t = 20$ cm (Wandtyp D3)
- Maximale Exzentrizität des Aufschüttkegels: $e_f = 1,5$ m
- Exzentrizität der Auslauföffnung: $e_0 = 0$ m (zentrisch)

Schüttgut: Betonkies

Gesucht
a) Schlankheit, Siloart, Fassungsvermögen und Anforderungsklasse.
b) Schüttgutkennwerte
c) Symmetrische Fülllasten und Entleerungslasten
d) Teilflächenlasten für die Lastfälle Füllen und Entleeren.
e) Trichterart und Trichterlasten.

Lösung
a) **Schlankheit, Siloart, Fassungsvermögen und Anforderungsklasse:**
- $h_c/d_c = 30,0/5,0 = 6 > 2$ => Es handelt sich um einen **schlanken** Silo.
- $d_c/t = 5,0/0,2 = 25 < 200$ => Es handelt sich um einen **dickwandigen** Silo.

Fassungsvermögen (nur Siloschaft): ca. 1060 t bei einer angenommenen Wichte von 18 kN/m^3 (Betonkies, oberer Wert) und einem Volumen von 589 m^3 ($= \pi/4\ d_c^2\ h_c$).

Anforderungsklasse: Der Silo wird in Anforderungsklasse 2 (ACC 2) eingestuft, da das Fassungsvermögen weniger als 100 t beträgt.

b) **Schüttgutkennwerte:**

Die Schüttkennwerte für Betonkies werden aus der Tab. 7.5 entnommen:
  Wichte: $\gamma_i = 17{,}0$ kN/m^3 (unterer Wert), $\gamma_u = 18{,}0$ kN/m^3 (oberer Wert)
  Für die nachfolgenden Berechnungen wird der obere Wert verwendet.

Böschungswinkel: $\phi_r = 36°$

Winkel der inneren Reibung: $\phi_{im} = 31°$ (Mittelwert), $a_\phi = 1{,}16$ (Umrechnungsfaktor)

unterer Wert: $\phi_i = \phi_{im}/a_\phi = 31/1{,}16 = 26{,}72°$
oberer Wert: $\phi_i = \phi_{im} \times a_\phi = 31 \times 1{,}16 = 35{,}96°$

Horizontallastverhältnis: $K_m = 0{,}52$ (Mittelwert), $a_k = 1{,}15$ (Umrechnungsfaktor)

unterer Wert: $K = K_m/a_k = 0{,}52/1{,}15 = 0{,}4522$
oberer Wert: $K = K_m \times a_k = 0{,}52 \times 1{,}15 = 0{,}5980$

Wandreibungskoeffizient (Wandtyp D3):

$\mu_m = 0{,}59$, $a_u = 1{,}12$
unterer Wert: $\mu = \mu_m/a_\mu = 0{,}59/1{,}12 = 0{,}5268$
oberer Wert: $\mu = \mu_m \times a_\mu = 0{,}59 \times 1{,}12 = 0{,}6608$

Kennwert für die Teilflächenlast: $C_{op} = 0{,}4$

c) **Symmetrische Füllasten und Entleerungslasten:**

Symmetrische Füllasten:

max $p_{ho} = 42{,}69$ kN/m$^2 (z_o = 3{,}97$ m)
max $p_{wf} = 22{,}50$ kN/m^2
max $p_{vf} = 94{,}14$ kN/m^2

Symmetrische Entleerungslasten:

max $p_{he} = 49{,}09$ kN/m$^2 (C_h = 1{,}15)$
max $p_{we} = 24{,}75$ kN/m$^2 (C_w = 1{,}1)$

d) **Teilflächenlasten für die Lastfälle Füllen und Entleeren:**

Silotyp: dickwandig

Teilflächenlasten sind anzusetzen, da ACC 2 vorliegt.

Füllen (für $z = h_c/2$):

$p_{pf} = 6{,}03 \text{ kN/m}^2$ (Grundwert Teilflächenlast)

$p_{pfi} = 0{,}86 \text{ kN/m}^2$ (Teilflächenlast

Entleeren (für $z = h_c/2$):

$p_{pe} = 13{,}86 \text{ kN/m}^2$ (Grundwert Teilflächenlast)

$p_{pfi} = 0{,}57 \text{ kN/m}^2$ (Teilflächenlast)

Seitenlänge:

$s = 0{,}98 \text{ m}$

Literatur

1. DIN EN 1991-4:2010-12: Eurocode 1: Einwirkungen auf Tragwerke – Teil 4: Lasten auf Silos und Flüssigkeitsbehälter; Beuth Verlag, Berlin
2. DIN EN 1991-4/NA:2010-12: Nationaler Anhang – National festgelegte Parameter – Eurocode 1: Einwirkungen auf Tragwerke – Teil 4: Lasten auf Silos und Flüssigkeitsbehälter; Beuth Verlag, Berlin
3. Schmidt, Peter: Lastannahmen – Einwirkungen auf Tragwerke; 1. Aufl. 2019; Springer Vieweg; Wiesbaden
4. Auslegungen des NA 005-51-02 AA zu DIN 1055-6:2005-03; Stand: 20122019; Deutsches Institut für Normung e. V. (DIN), Berlin; Hinweis: Bei technischer Gleichwertigkeit dürfen die Auslegungen zu DIN 1055-6 auch bei DIN EN 1991-4 angewendet werden
5. Martens, Peter (Hrsg.): Silo-Handbuch; 1988, unveränderter Nachdruck 2017; Verlag Wilhelm Ernst & Sohn Verlag für Architektur und technische Wissenschaften, Berlin
6. DIN EN 1991-1-1:2010-12: Eurocode 1: Einwirkungen auf Tragwerke – Teil 1-1: Allgemeine Einwirkungen auf Tragwerke – Wichten, Eigengewicht und Nutzlasten im Hochbau; Beuth Verlag, Berlin
7. DIN EN 1991-1-1/NA:2010-12: Nationaler Anhang – National festgelegte Parameter – Eurocode 1: Einwirkungen auf Tragwerke – Teil 1-1: Allgemeine Einwirkungen auf Tragwerke – Wichten, Eigengewicht und Nutzlasten im Hochbau; Beuth Verlag, Berlin

Verkehrslasten auf Brücken

8

8.1 Allgemeines

Verkehrslasten auf Brücken sind in DIN EN 1991-2 [1] sowie dem zugehörige Nationalen Anhang DIN EN 1991-2/NA [2] geregelt. Die wesentlichen Regeln der vorgenannten Normen sowie weiterführende Hintergrundinformationen sind im Lehrbuch „*Lastannahmen – Einwirkungen auf Tragwerke*" [3], Kap. 13 – Verkehrslasten und Windlasten auf Brücken, angegeben.

Nachfolgend wird die Ermittlung der Verkehrslasten für eine Straßenbrücke sowie für eine Fußgängerbrücke an Beispielen exemplarisch erläutert.

8.2 Beispiel 1 – Verkehrslasten bei einer Straßenbrücke

Für die in Abb. 8.1 dargestellte zweifeldrige Straßenbrücke im Zuge einer Überführung einer Bundesstraße über eine Bundesautobahn sind folgende Lasten zu ermitteln:

a) Vertikallasten
b) Horizontallasten aus Bremsen und Anfahren
c) Horizontallasten aus Fliehkraft

Randbedingungen
- Die Brücke überführt eine Bundessstraße, Regelquerschnitt RQ 10,5 (Fahrbahnbreite zwischen den Schrammborden = 7,5 m), über eine Autobahn.
- Auf einer Seite der Fahrbahn ist ein kombinierter Fuß- und Radweg angeordnet (Breite 2,0 m). Fuß- und Radweg sind dauerhaft durch eine Schutzeinrichtung von der

© Springer Fachmedien Wiesbaden GmbH, ein Teil von Springer Nature 2022
P. Schmidt, *Lastannahmen – Beispiele*,
https://doi.org/10.1007/978-3-658-29528-8_8

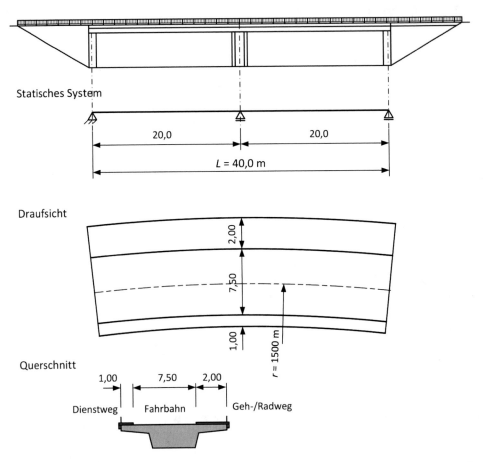

Abb. 8.1 Beispiel 1 – Vertikallasten und Horizontallasten bei einer Straßenbrücke; Ansicht, Draufsicht, Querschnitt, statisches System

Fahrbahn getrennt. Auf der anderen Seite befindet sich ein Dienstweg (Breite 1,0 m), der ebenfalls dauerhaft durch eine Schutzeinrichtung von der Fahrbahn getrennt ist.

- Größere Menschenansammlungen auf der Brücke sind nicht zu erwarten.
- Die Stützweiten betragen jeweils 20,0 m, die Länge des Überbaus beträgt 40,0 m.
- Die Brücke liegt im Bogen mit einem Radius von $r = 1500$ m (Fahrbahnmittellinie).

a) **Vertikallasten:**

Vertikallasten auf der Fahrbahn zwischen den Schrammborden
Auf der Fahrbahnfläche zwischen den Schrammborden ist das Lastmodell 1 (LM 1), bestehend aus einer Doppelachse (TS-System) und einer gleichmäßig verteilten Belastung

(UDL-System), anzusetzen. Hierzu ist die Fahrbahn in rechnerische Fahrstreifen einzuteilen:

- Anzahl der rechnerischen Fahrstreifen: $w = 7,5$ m $> 6,0$ m, $n_1 = \text{Int}(w/3) = \text{Int}(7,5/3) = 2$
- Breite der vorhandenen Restfläche: $w - 2 \times n_1 = 7,50 - 3 \times 2 = 1,50$ m

Die rechnerischen Fahrstreifen werden nummeriert, wobei der Fahrstreifen mit der größten Belastung die Nummer 1 und der Fahrstreifen mit der zweitgrößten Belastung die Nummer 2 erhält. Ein dritter Fahrstreifen ist hier nicht anzusetzen, da die Fahrbahn nicht breit genug ist.

Die Vertikallasten beim Lastmodell 1 ergeben sich bei zwei rechnerischen Fahrstreifen wie folgt:

Fahrstreifen 1: $\alpha_{Q1} \times Q_{1k} = 1,0 \times 300 = 300$ kN Achslast

$$\alpha_{q1} \times q_{1k} = 1,33 \times 9,0 = 12,0 \text{ kN/m}^2$$

Fahrstreifen 2: $\alpha_{Q2} \times Q_{2k} = 1,0 \times 200 = 200$ kN Achslast

$$\alpha_{q2} \times q_{2k} = 2,4 \times 2,5 = 6,0 \text{ kN/m}^2$$

Restfläche: $\alpha_{qr} \times q_{rk} = 1,2 \times 2,5 = 3,0 \text{ kN/m}^2$

Die Doppelachsen stehen in den beiden Fahrstreifen nebeneinander (gekoppelte Doppelachsen) und sind an ungünstigster Stelle der Brücke in Längs- und Querrichtung anzuordnen.

Das Lastmodell 4 (Menschenansammlungen) ist nicht anzusetzen, da keine größeren Menschenansammlungen erwartet werden. Die Lastmodelle 2 (Einzelachse) und 3 (Sonderfahrzeuge) sind in Deutschland nicht anzuwenden (Standort der Straßenbrücke sei in Deutschland).

Vertikallasten auf dem Fuß-/Radweg sowie Dienstweg
Auf dem kombinierten Fuß- und Radweg sowie auf dem Dienstweg ist eine gleichmäßig verteilte Last von $q_{fk} = 5 \text{ kN/m}^2$ an den ungünstig wirkenden Stellen der Einflusslinie anzusetzen.

Zusammenstellung der Vertikallasten siehe Abb. 8.2.

b) Horizontallasten aus Bremsen und Anfahren:

Die Horizontallasten aus Bremsen und Anfahren sind von der Achslast und der Flächenlast im Fahrstreifen 1 sowie von der Länge des Überbaus L abhängig. Es gelten die Angaben in Tab. 8.1.

Querschnitt

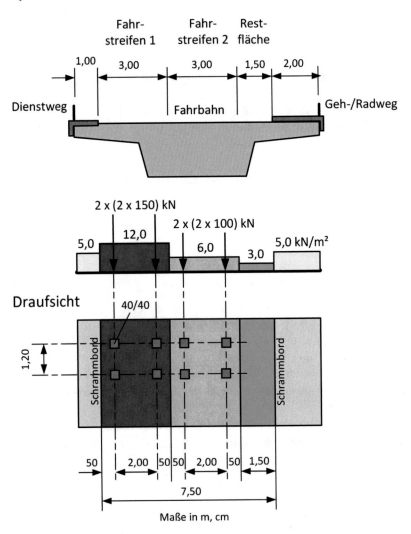

Abb. 8.2 Beispiel 1: Straßenbrücke – Einteilung in rechnerische Fahrstreifen, Lastmodell 1, Vertikallasten

Hier ergibt sich:

Länge des Überbaus: $L = 40{,}0$ m

Der charakteristische Wert der Brems- und Anfahrlast Q_{lk} berechnet sich zu:

Tab. 8.1 Charakteristische Werte der Horizontallasten aus Bremsen und Anfahren

Charakteristischer Wert der Brems- bzw. Anfahrlast: $Q_{lk} = 0{,}6 \cdot \alpha_{Q1} \cdot (2 \cdot Q_{1k}) + 0{,}10 \cdot \alpha_{Q1} \cdot q_{1k} \cdot w_1 \cdot L$	Q_{lk} Brems- bzw. Anfahrlast in kN α_{Q1} Anpassungsfaktor für TS in Fahrstreifen 1: $\alpha_{Q1} = 1{,}0$ Q_{1k} Achslast in Fahrstreifen 1: $Q_{1k} = 300$ kN α_{q1} Anpassungsfaktor für UDL in Fahrstreifen 1: $\alpha_{q1} = 1{,}33$ q_{1k} gleichmäßig verteilte Belastung in Fahrstreifen 1: $q_{1k} = 9{,}0$ kN/m^2 w_1 Breite des rechnerischen Fahrstreifens 1: $w_1 = 3{,}0$ m L Länge des Überbaus in m

Weiterhin ist zu beachten, dass Q_{lk} auf maximal 900 kN für die gesamte Brückenbreite begrenzt ist. Als Mindestwert sind 180 kN anzusetzen

$$Q_{lk} = 0{,}6 \cdot \alpha_{Q1} \cdot (2 \cdot Q_{1k}) + 0{,}10 \cdot \alpha_{Q1} \cdot q_{1k} \cdot w_1 \cdot L$$

$$= 0{,}6 \cdot 1{,}0 \cdot (2 \cdot 300) + 0{,}10 \cdot 1{,}33 \cdot 9{,}0 \cdot 3{,}0 \cdot 40{,}0$$

$$= 504 \text{ kN} > 180 \text{ kN und} < 900 \text{ kN}$$

Die Horizontallast aus Bremsen und Anfahren Q_{lk} wirkt in Höhe der Oberfläche des fertigen Fahrbahnbelages und ist entlang der Mittellinie der beiden Fahrstreifen anzusetzen, allerdings nicht gleichzeitig, sondern getrennt in jedem Fahrstreifen. Ist die horizontale Exzentrizität vernachlässigbar, darf die Horizontallast Q_{lk} auch in der Mitte der Fahrbahn angesetzt werden. Dies wird in diesem Beispiel angenommen. Die Horizontallast darf auf die gesamte Überbaulänge gleichmäßig verteilt werden. Damit ergibt sich folgende gleichmäßig verteilte horizontale Streckenlast q_{lk} infolge Bremsens und Anfahrens:

$$q_{lk} = Q_{lk}/L = 504/40{,}0 = 12{,}6 \text{ kN/m}$$

Q_{lk} bzw. q_{lk} ist in beide Richtungen anzusetzen, d. h. die Einwirkung wirkt sowohl positiv als auch negativ. Da sich das feste Auflager an einem Widerlager befindet, wird der Überbau durch Brems- und Anfahrlasten zusätzlich auf Druck und Zug beansprucht (Abb. 8.3).

c) Horizontallasten infolge von Fliehkräften:

Horizontallasten infolge von Fliehkräften sind anzusetzen, da die Brücke im Grundriss gekrümmt verläuft. Die Fliehkraft ist abhängig vom Kurvenradius r und von der

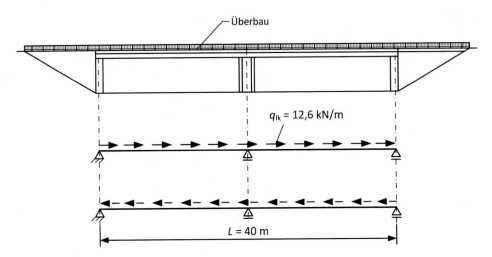

Abb. 8.3 Beispiel 1 – Horizontallasten aus Bremsen und Anfahren bei einer Straßenbrücke

Fliehkraft Q_{tk}	
kN	Radius der Fahrbahnmittellinie r
$Q_{tk} = 0{,}2 \cdot Q_v$	wenn $r < 200$ m
$Q_{tk} = 40 \cdot Q_v/r$	wenn $200 \leq r \leq 1500$ m
$Q_{tk} = 0$	wenn $r > 1500$ m

Tab. 8.2 Charakteristischer Wert der Fliehkraft bei Straßenbrücken

Gesamtlast der Doppelachsen des Lastmodells 1 ($\Sigma\alpha_{Qi} \times 2 \times Q_{ik}$). Es gelten die Angaben in Tab. 8.2.

Hier:

Die Straßenbrücke befindet sich in einem Bogen mit einem Radius von $r = 1500$ m (Fahrbahnmittellinie). Die Fahrbahn ist in zwei rechnerische Fahrstreifen eingeteilt (s. o.).

Gesamtlast der Doppelachsen Q_v des Lastmodells 1 bei zwei rechnerischen Fahrstreifen (Nummer 1: $2 \times 1{,}0 \times 300 = 600$ kN; Nummer 2: $2 \times 1{,}0 \times 200 = 400$ kN):

$$Q_v = 600 + 400 = 1000 \text{ kN}$$

Fliehkraft für $r = 1500$ m (Tab. 8.2):

$$Q_{tk} = 40 \cdot Q_v/r = 40 \cdot 1000/1500 = 26{,}7 \text{ kN}$$

Die Fliehkraft ist in Höhe der Oberfläche des Fahrbahnbelages in radialer Richtung nach außen anzunehmen und braucht im Regelfall nur in den Stützungsachsen der Brücke (Widerlager und Pfeiler) berücksichtigt zu werden.

8.3 Beispiel 2 – Verkehrslasten bei einer Fußgängerbrücke

Für eine Fußgängerbrücke sind folgende Lasten zu ermitteln:

a) Vertikallasten
b) Lasten aus einem Dienstfahrzeug

Randbedingungen
- Statisches System: Einfeldträger
- Stützweite: 15 m
- Es sind keine größeren Menschenansammlungen zu erwarten.
- Die Fußgängerbrücke kann von einem Dienstfahrzeug befahren werden.

a) **Vertikallasten:**

Gleichmäßig verteilte Belastung
Es ist eine gleichmäßig verteilte Belastung anzusetzen. Diese ist von der Stützweite L abhängig. Für Stützweiten über 10 m gilt:

$$q_{fk} = 2{,}0 + 120/(L + 30) = 2{,}0 + 120/(15 + 30) = 4{,}67 \text{ kN/m}^2$$

Die gleichmäßig verteilte Belastung ist auf der gesamten Brücke anzusetzen, da hier ein Einfeldträger vorliegt und sich hierbei die ungünstigste Beanspruchung (maximales Biegemoment, maximale Querkraft) ergibt.

Konzentrierte Einzellast
Eine konzentrierte Einzellast für lokale Nachweise braucht hier nicht angesetzt zu werden, da die Brücke für ein Dienstfahrzeug bemessen wird.

Hinweis: Falls kein Dienstfahrzeug angesetzt würde, müsste eine konzentrierte Einzellast in Höhe von 10 kN mit einer Aufstandsfläche von 10 cm x 10 cm an ungünstigster Stelle angesetzt werden.

b) **Dienstfahrzeug:**

Das Lastmodell für ein Dienstfahrzeug besteht aus zwei vertikalen Achslasten mit $Q_{SV1} = 80$ kN (zwei Radlasten je 40 kN) und $Q_{SV2} = 40$ kN (zwei Radlasten je 20 kN). Q_{SV1} und Q_{SV2} sind jeweils charakteristische Werte.

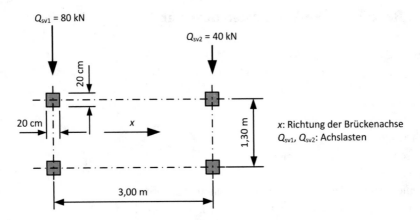

Abb. 8.4 Beispiel 2 – Lastmodell für ein Dienstfahrzeug

Der Achsabstand beträgt 3,0 m, der Radstand (Abstand von Radmitte bis Radmitte) beträgt 1,3 m. Die Räder besitzen eine quadratische Aufstandsfläche von 20 cm x 20 cm (Abb. 8.4).

Als Bremslast $Q_{serv,1}$ (charakteristischer Wert) sind 60 % der Vertikallast anzusetzen:

$$Q_{serv,1} = 0{,}6 \cdot (80 + 40) = 72 \text{ kN}$$

Die Bremslast wirkt in Höhe der Fahrbahnoberfläche.

Das Lastmodell für das Dienstfahrzeug ist an ungünstigster Stelle der Brücke in Längs- und Querrichtung anzusetzen.

Literatur

1. DIN EN 1991-2:2010-12: Eurocode 1: Einwirkungen auf Tragwerke – Teil 2: Verkehrslasten auf Brücken; Beuth Verlag, Berlin
2. DIN EN 1991-2/NA:2012-08: Nationaler Anhang – National festgelegte Parameter – Eurocode 1: Einwirkungen auf Tragwerke – Teil 2: Verkehrslasten auf Brücken; Beuth Verlage, Berlin
3. Schmidt, P.: Lastannahmen – Einwirkungen auf Tragwerke; 1. Aufl. 2019; Springer Vieweg; Wiesbaden

Anhang

9

9.1 Lastumrechnungen

Für Lastumrechnungen gelten die Formeln in Tab. 9.1. Für Lastumrechnungen bei geneigten Flächen und Trägern siehe Tab. 9.2.

9.2 Wichten und Flächenlasten für Baustoffe und Bauteile sowie Lagerstoffe

9.2.1 Beton und Mörtel

Charakteristische Werte der Wichten für Leichtbeton und Beton siehe Tab. 9.3, für Mörtel siehe Tab. 9.4.

9.2.2 Mauerwerk

Charakteristische Werte der Wichten für Mauerwerk sind in Tab. 9.5 (künstliche Mauersteine) und Tab. 9.6 (Natursteine) angegeben.

9.2.3 Bauplatten und Planbauplatten aus unbewehrtem Porenbeton, Dach-, Wand- und Deckenplatten aus bewehrtem Beton

Charakteristische Werte für Bauplatten und Planbauplatten aus unbewehrtem Porenbeton, Dach- Wand- und Deckenplatten aus bewehrtem Beton sind in Tab. 9.7 angegeben.

© Springer Fachmedien Wiesbaden GmbH, ein Teil von Springer Nature 2022
P. Schmidt, *Lastannahmen – Beispiele*,
https://doi.org/10.1007/978-3-658-29528-8_9

Tab. 9.1 Zusammenhänge zwischen Wichte-Flächenlast-Streckenlast-Einzellast und zugehörige Umrechnungsformeln

Gesuchte Lastart		Last		Abmessung
Flächenlast g (kN/m^2)	=	Wichte γ (kN/m^3)	x	Dicke d (m)
Streckenlast g' (kN/m)	=	Flächenlast g (kN/m^2)	x	Lasteinzugsbreite e (m)
	=	Wichte γ (kN/m^3)	x	Fläche A (m^2)
Einzellast G (kN)	=	Streckenlast g' (kN/m)	x	Lasteinzugsbreite e (m)
	=	Flächenlast g (kN/m^2)	x	Fläche A (m^2)
	=	Wichte γ (kN/m^3)	x	Volumen V (m^3)

9.2.4 Wandbauplatten aus Gips und Gipskartonplatten

Charakteristische Werte für Flächenlasten von Wandbauplatten aus Gips und Gipskartonplatten sind in Tab. 9.8 festgelegt.

9.2.5 Putze ohne und mit Putzträgern

Charakteristische Werte für Flächenlasten von Putzen sind in Tab. 9.9 angegeben.

9.2.6 Wichten für Metalle

Charakteristische Werte für Wichten von Metallen enthält Tab. 9.10.

9.2.7 Holz und Holzwerkstoffe

Charakteristische Werte für Wichten von Holz und Holzwerkstoffen sind in Tab. 9.11 (Nadel- und Laubholz), Tab. 9.12 (Brettschichtholz) und Tab. 9.13 (Holzwerkstoffe) angegeben.

9.2.8 Fußboden- und Wandbeläge

Charakteristische Werte für Flächenlasten von Fußboden- und Wandbelägen sind in Tab. 9.14 angegeben.

Tab. 9.2 Lastumrechnung bei geneigten Flächen und Trägern

Gegebene Belastung	Zerlegung in ⊥ und ∥ zur Dachfläche		Zerlegung in Gfl u. Afl		Umrechnung in Dfl
	⊥	∥	Gfl	Afl	
Eigenlast g	$g_⊥ = g \cdot \cos\alpha$	$g_∥ = g \cdot \sin\alpha$	$g_{Gfl} = g/\cos\alpha$	$g_{Afl} = 0$	$g_{Dfl} = g$
Schneelast s	$s_⊥ = s \cdot \cos^2\alpha$	$s_∥ = s \cdot \cos\alpha \cdot \sin\alpha$	$s_{Gfl} = s$	$s_{Afl} = 0$	$s_{Dfl} = s \cdot \frac{1}{\cos\alpha}$
Windlast w	$w_⊥ = w$	$w_∥ = 0$	$w_{Gfl} = w$	$w_{Afl} = w$	Umrechnung wird nicht benötigt

Gfl = Grundfläche; Dfl = Dachfläche; Afl = Aufrissfläche; α = Dachneigungswinkel

Tab. 9.3 Wichten für Leichtbeton und Beton (n. DIN EN 1991-1-1, Tab. A.1)

Leichtbeton		Beton	
Rohdichteklasse	Wichte [a) b)] in kN/m^3	Rohdichteklasse	Wichte [a)] in kN/m^3
LC 1,0	9,0 bis 10,0	Normalbeton	24,0
LC 1,2	10,0 bis 12,0	Stahlbeton	25,0
LC 1,4	12,0 bis 14,0	Schwerbeton	>26,0
LC 1,6	14,0 bis 16,0		
LC 1,8	16,0 bis 18,0		
LC 2,0	18,0 bis 20,0		

[a)] Bei Frischbeton sind die Werte um 1 kN/m^3 zu erhöhen
[b)] Bei bewehrtem Leichtbeton sind die Werte um 1 kN/m^3 zu erhöhen

Tab. 9.4 Wichten für Mörtel (n. DIN EN 1991-1-1, Tab. A.1)

Bezeichnung	Wichte in kN/m^3	Bezeichnung	Wichte in kN/m^3
Zementmörtel	19,0 bis 23,0	Kalkzementmörtel	18,0 bis 20,0
Gipsmörtel	12,0 bis 18,0	Kalkmörtel	12,0 bis 18,0

9.2.9 Sperr-, Dämm- und Füllstoffe

Charakteristische Werte für Flächenlasten von losen Stoffen sind in Tab. 9.15, für Flächenlasten von Platten, Matten und Bahnen in Tab. 9.16 angegeben.

9.2.10 Dachdeckungen

Charakteristische Werte für Flächenlasten von Dachdeckungen befinden sich in den Tab. 9.17, 9.18, 9.19, 9.20, 9.21 und 9.22. Die Werte gelten für 1 m^2 Dachfläche ohne Sparren, Pfetten, Dachbinder.

9.2.11 Dach- und Bauwerksabdichtungen

Charakteristische Werte für Flächenlasten von Dachabdichtungen und Bauwerksabdichtungen sind in Tab. 9.23 festgelegt.

9.2.12 Weitere Baustoffe

Charakteristische Werte für Wichten von weiteren Baustoffen sind in Tab. 9.24 enthalten.

Tab. 9.5 Wichten für Mauerwerk mit Normal-, Leicht- und Dünnbettmörtel nach DIN EN 1991-1-1/ NA, Tab. NA.A.13

Rohdichte g/cm³	Wichte [a] in kN/m³ für Mauerwerk mit	
	Normalmörtel	Leicht- oder Dünnbettmörtel
0,31 bis 0,35	5,5	4,5
0,36 bis 0,40	6,0	5,0
0,41 bis 0,45	6,5	5,5
0,46 bis 0,50	7,0	6,0
0,51 bis 0,55	7,5	6,5
0,56 bis 0,60	8,0	7,0
0,61 bis 0,65	8,5	7,5
0,66 bis 0,70	9,0	8,0
0,71 bis 0,75	9,5	8,5
0,76 bis 0,80	10	9,0
0,81 bis 0,90	11	10
0,91 bis 1,00	12	11
1,01 bis 1,20	14	13
1,21 bis 1,40	16	15
1,41 bis 1,60	16	16
1,61 bis 1,80	18	18
1,81 bis 2,00	20	20
2,01 bis 2,20	22	22
2,21 bis 2,40	24	24

[a] Die Werte schließen den Fugenmörtel und die übliche Feuchte ein

Tab. 9.6 Wichten für Natursteine und Mauerwerk aus Natursteinen nach DIN EN 1991-1-1, Tab. A.2 und DIN 1055-1: 2002–06, Tab. 6

Gegenstand	Wichte in kN/m³	Gegenstand	Wichte in kN/m³
Amphibolit	30[1]	Marmor	28[1]
Basalt	27 bis 31	Muschelkalk	28[1]
Diabas	29[1]	Porphyr	27 bis 30
Diorit	27 bis 31	Quarzit	27[1]
Dolomit	28[1]	Rhyolith	26[1]
Gabbro	27 bis 31	Sandstein	21 bis 27
Gneis	30	Schiefer	28
Granit	27 bis 30	Serpentin	27[1]
Granulit	30[1]	Syenit	27 bis 30
Grauwacke	21 bis 27	Trachyt	26
Kalkstein, dicht	20 bis 29	Travertin	26[1]
Kalkstein	20	Tuffstein	20[1]

[1] Hinweis: Werte aus DIN 1055-1:2002–06, Tab. 6 (nicht in DIN EN 1991-1-1+NA enthalten)

Tab. 9.7 Wichten für Bauplatten und Planbauplatten aus unbewehrtem Porenbeton (Zeile 1) nach DIN 4166 nach DIN EN 1991-1-1/NA, Tab. NA.A.14 sowie Dach-, Wand- und Deckenplatten aus bewehrtem Porenbeton (Zeile 2) nach DIN 4223 nach DIN EN 1991-1-1/NA, Tab. NA.A.15

Rohdichteklasse		0,35	0,40	0,45	0,50	0,55	0,60	0,65	0,70	0,80
1	**Wichte** [a]	4,5	5,0	5,5	6,0	6,5	7,0	7,5	8,0	9,0
2	in kN/m^3	–	5,2	5,7	6,2	6,7	7,2	7,8	8,4	9,5

[a]Die Werte schließen den Fugenmörtel u. die übliche Feuchte ein. Bei Verwendung von Leicht- u. Dünnbettmörtel dürfen die charakteristischen Werte um 0,5 kN/m^3 vermindert werden

Tab. 9.8 Flächenlasten für Gips-Wandbauplatten nach DIN EN 12859 und Gipskartonplatten nach DIN 18180 nach DIN EN 1991-1-1/NA:2010–12, Tab. NA.A.16

Art der Platten	Rohdichte-klasse	Flächenlast je cm Dicke in kN/m^2
Porengips – Wandbauplatten	0,7	0,07
Gips – Wandbauplatten	0,9	0,09
Gipskartonplatten	–	0,09

Tab. 9.9 Flächenlasten für Putze ohne und mit Putzträgern nach DIN EN 1991-1-1/NA:2010–12, Tab. NA.A.17

Gegenstand		Flächenlast in kN/m^2
Gipskalkputz	auf Putzträgern (z. B. Ziegeldrahtgewebe, Streckmetall) bei 30 mm Mörteldicke	0,50
	auf HWL [a] (Dicke 15 mm) und Mörtel (Dicke 20 mm)	0,35
	auf HWL [a] (Dicke 25 mm) und Mörtel (Dicke 20 mm)	0,45
Gipsputz, Dicke 15 mm		0,18
Kalk-, Kalkgips- und Gipssandmörtel, Dicke 20 mm		0,35
Kalkzementmörtel, Dicke 20 mm		0,40
Leichtputz nach DIN 18550-4:1993-08, Dicke 20 mm		0,30
Putz aus Putz- und Mauerbinder nach DIN 4211:1995-03, Dicke 20 mm		0,40
Rohrdeckenputz (Gips), Dicke 20 mm		0,30
Wärmedämmputzsystem (WDPS) Dämmputz	Dicke 20 mm	0,24
	Dicke 60 mm	0,32
	Dicke 100 mm	0,40
Wärmedämmbekleidung aus Kalkzementputz mit einer Dicke von 20 mm und Holzwolleleichtbauplatten (HWL)	Plattendicke 15 mm	0,49
	Plattendicke 50 mm	0,60
	Plattendicke 100 mm	0,80
Wärmedämmverbundsystem (WDVS) aus 15 mm dickem bewehrtem Oberputz und Schaumkunststoff nach DIN V 18164-1:2002-01 und DIN 18164-2:2001–09 oder Faserdämmstoff nach DIN V 18165-1:2002-01 und DIN 18165-2:2001–09		0,30
Zementmörtel, Dicke 20 mm		0,42

[a]HWL: Holzwolleleichtbauplatten

Tab. 9.10 Wichten für Metalle nach DIN EN 1991-1-1:2010–12, Tab. A.4

Metall	Wichte in kN/m^3	Metall	Wichte in kN/m^3
Aluminium	27,0	Magnesium	18,5 [a]
Aluminiumlegierung	28,0 [a]	Kupfer-Zink-Legierung	85,0 [a]
Blei	112,0 bis 114,0	Nickel	89,0 [a]
Kupfer-Zinn-Legierung	85,0 [a]	Schmiedeeisen	76,0
Gusseisen	71,0 bis 72,5	Stahl	77,0 bis 78,5
Kupfer	87,0 bis 89,0	Zink	71,0 bis 72,0
		Zinn	74,0 [a]

[a]Werte aus DIN 1055-1:2002–06, Tab. 8 (nicht in DIN EN 1991-1-1+NA enthalten)

Tab. 9.11 Wichten für Nadelholz und Laubholz nach DIN EN 1991-1-1:2010–12, Tab. A.3

Nadelholz (Festigkeitsklassen nach EN 338) [a]	Wichte in kN/m^3	Laubholz (Festigkeitsklassen nach EN 338) [b]	Wichte in kN/m^3
C14	3,5	D30	6,4
C16	3,7	D35	6,7
C18	3,8	D40	7,0
C22	4,1	D50	7,8
C24	4,2	D60	8,4
C27	4,5	D70	10,8
C30	4,6		
C35	4,8		
C40	5,0		

[a]Abkürzung „C" steht für „Coniferous tree" = Nadelholzbaum; die Zahl gibt den charakteristischen Wert der Biegefestigkeit $f_{m,k}$ in N/mm^2 an; Beispiel: C24: Nadelholz mit $f_{m,k} = 24$ N/mm^2
[b]Abkürzung „D" steht für „Decidous tree" = Laubholzbaum; die Zahl gibt den charakteristischen Wert der Biegefestigkeit $f_{m,k}$ in N/mm^2 an; Beispiel: D30: Laubholz mit $f_{m,k} = 30$ N/mm^2
Anmerkung: Die Wichte sollte bei feuchtem Nadelholz (z. B. Holz im Außenbereich) angemessen erhöht werden. In Anlehnung an frühere Normen (DIN 1055-1) wird eine Erhöhung um 1 kN/m^3 empfohlen

9.2.13 Baustoffe für Brücken

Charakteristische Werte für Baustoffe von Brücken sind in den Tab. 9.25 (Wichten) und 9.26 (Streckenlasten) festgelegt.

Tab. 9.12 Wichten für
Brettschichtholz nach
DIN EN 1991-1-1:2010–12,
Tab. A.3

Brettschichtholz (Festigkeitsklassen nach EN 1194) [a]		Wichte in kN/m³
Homogenes Brettschichtholz	GL24h	3,7
	GL28h	4,0
	GL32h	4,2
	GL36h	4,4
Kombiniertes Brettschichtholz	GL24c	3,5
	GL28c	3,7
	GL32c	4,0
	GL36c	4,2

[a] Abkürzung „GL" steht für: „Glued Laminated timber" = Brettschichtholz; die Zahl gibt den charakteristischen Wert der Biegefestigkeit $f_{m,k}$ in N/mm² an; der Buchstabe „h" kennzeichnet homogenes Brettschichtholz (alle Lamellen bestehen aus Nadelholz derselben Festigkeitsklasse); der Buchstabe „c" kennzeichnet kombiniertes („combined") Brettschichtholz (die Lamellen am oberen und unteren Rand bestehen aus Nadelholz einer höheren Festigkeitsklasse als die innenliegenden Lamellen); Beispiel: GL28c: kombiniertes Brettschichtholz mit $f_{m,k} = 28$ N/mm²

Tab. 9.13 Wichten für Holzwerkstoffe nach DIN EN 1991-1-1:2010–12, Tab. A.3

Holzwerkstoff		Wichte in kN/m³
Sperrholz	Weichholz-Sperrholz	5,0
	Birken-Sperrholz	7,0
	Laminate und Tischlerplatten	4,5
Spanplatten	Spanplatten	7,0 bis 8,0
	Zementgebundene Spanplatte	12,0
	Sandwichplatten	7,0
Holzfaserplatten	Hartfaserplatten	10,0
	Faserplatten mittlerer Dichte	8,0
	Leichtfaserplatten	4,0

9.2.14 Wichten und Böschungswinkel ausgewählter Lagerstoffe

Nachfolgend werden charakteristische Werte für Wichten von Schüttgütern und Lagerstoffen angegeben. Diese sind in DIN EN 1991-1-1 sowie im zugehörigen Nationalen Anhang festgelegt. Für Schüttgüter werden zusätzlich auch Werte für den Böschungswinkel angegeben. Der Böschungswinkel wird beispielsweise benötigt, wenn die natürliche Ausbreitung des Stoffes auf Lagerflächen von Interesse ist und ermittelt werden soll.

Tab. 9.14 Flächenlasten von Fußboden- und Wandbelägen nach DIN EN 1991-1-1/NA:2010–2, Tab. NA.A.18

Gegenstand	Flächenlast je cm Dicke in kN/m²/cm
Asphaltbeton	0,24
Asphaltmastix	0,18
Gussasphalt	0,23
Betonwerksteinplatten, Terrazzo, kunstharzgebundene Werksteinplatten	0,24
Estrich	
Calciumsulfatestrich (Anhydritestrich, Natur-, Kunst- und REA [a] – Gipsestrich)	0,22
Gipsestrich	0,20
Gussasphaltestrich	0,23
Industrieestrich	0,24
Kunstharzestrich	0,22
Magnesiaestrich n. DIN 272 mit begehbarer Nutzschicht bei ein- oder mehrschichtiger Ausführung	0,22
Unterschicht bei mehrschichtiger Ausführung	0,12
Zementestrich	0,22
Glasscheiben	0,25
Gummi	0,15
Keramische Wandfliesen (Steingut einschließlich Verlegemörtel)	0,19
Keramische Bodenfliesen (Steingut u. Spaltplatten, einschließlich Verlegemörtel)	0,22
Kunststoff-Fußbodenbelag	0,15
Linoleum	0,13
Natursteinplatten (einschließlich Verlegemörtel)	0,30
Teppichboden	0,03

[a]Rauchgasentschwefelungsanlage

9.2.15 Baustoffe als Lagerstoffe

Die Wichten (als charakteristische Werte) sowie die Böschungswinkel ausgewählter Lagerstoffe sind in Tab. 9.27 angegeben.

9.2.16 Gewerbliche und industrielle Lagerstoffe

Charakteristische Werte von Wichten sowie Böschungswinkel für gewerbliche und industrielle Lagerstoffe sind in den Tab. 9.28, 9.29, 9.30 und 9.31 angegeben (Tab. 9.32).

Tab. 9.15 Flächenlasten von Sperr- und Dämmstoffen sowie Füllstoffen – lose Stoffe nach DIN EN 1991-1-1/NA:2010–12, Tab. NA.A.19

Gegenstand	Flächenlast je cm Dicke in kN/m²/cm
Bimskies, geschüttet	0,07
Blähglimmer, geschüttet	0,02
Blähperlit	0,01
Blähschiefer und Blähton, geschüttet	0,15
Faserdämmstoffe n. DIN V 18165-1:2002-01 u. DIN 18165-2:2001–09 (z. B. Glas-, Schlacken- und Steinfaser)	0,01
Faserstoffe, bituminiert, als Schüttung	0,02
Gummischnitzel	0,03
Hanfscheben, bituminiert	0,02
Hochofenschlackensand	0,10
Kieselgur	0,03
Korkschrot, geschüttet	0,02
Magnesia, gebrannt	0,10
Schaumkunststoffe	0,01

Tab. 9.16 Flächenlasten von Sperr-, Dämm- und Füllstoffen – Platten, Matten und Bahnen nach DIN EN 1991-1-1/NA:2010–12, Tab. NA.A.20

Gegenstand		Flächenlast je cm Dicke in kN/m²/cm
Asphaltplatten		0,22
Holzwolle-Leichtbauplatten nach DIN 1101:2000–06	Plattendicke ≤ 100 mm	0,06
	Plattendicke > 100 mm	0,04
Kieselgurplatten		0,03
Korkschrotplatten aus imprägniertem Kork nach DIN 18161-1:1976-12, bitumiert		0,02
Mehrschicht-Leichtbauplatten nach DIN 1102:1989-11, unabhängig von der Dicke	Zweischichtplatten	0,05
	Dreischichtplatten	0,09
Korkschrotplatten aus Backkork nach DIN 18161-1:1976-12		0,01
Perliteplatten		0,02
Polyurethan-Ortschaum nach DIN 18159-1		0,01
Schaumglas (Rohdichte 0,07 g/cm³), Dicke 4 bis 6 cm mit Pappekaschierung und Verklebung		0,02
Schaumkunststoffplatten nach DIN V 18164-1:2002-01 und DIN 18164-2:2001–09		0,004

Tab. 9.17 Flächenlasten für Deckungen aus Dachziegeln, Dachsteinen und Glasdeckstoffen nach DIN EN 1991-1-1/NA:2010–12, Tab. NA.A.21

Gegenstand		Flächenlast [a] in kN/m²
Dachsteine aus Beton mit mehrfacher Fußverrippung und hoch liegendem Längsfalz	bis 10 Stück/m²	0,50
	über 10 Stück/m²	0,55
Dachsteine aus Beton mit mehrfacher Fußverrippung und tief liegendem Längsfalz	bis 10 Stück/m²	0,60
	über 10 Stück/m²	0,65
Biberschwanzziegel 155 mm x 375 mm und 180 mm x 380 mm und ebene Dachsteine aus Beton im Biberformat	Spließdach (einschl. Schindeln)	0,60
	Doppeldach und Kronendach	0,75
Falzziegel, Reformpfannen, Falzpfannen, Flachdachpfannen		0,55
Glasdeckstoffe (Flächenlast bei gleicher Dachdeckungsart wie in den Zeilen 1 bis 6)		
Großformatige Pfannen bis 10 Stück/m²		0,50
Kleinformatige Biberschwanzziegel und Sonderformate (Kirchen-, Turmbiber usw.)		0,95
Krempziegel, Hohlpfannen		0,45
Krempziegel, Hohlpfannen in Pappdocken verlegt		0,55
Mönch- und Nonnenziegel (mit Vermörtelung)		0,90
Strangfalzziegel		0,60

[a] Ohne Vermörtelung, aber einschließlich Lattung; Zuschlag bei Vermörtelung 0,1 kN/m²

Tab. 9.18 Flächenlasten von Schieferdeckung nach DIN EN 1991-1-1/NA:2010–12, Tab. NA.A.22

Gegenstand	Flächenlast in kN/m²
Altdeutsche Schieferdeckung und Schablonendeckung auf 24 mm Schalung, einschließlich Vordeckung und Schalung	
in Einfachdeckung	0,50
in Doppeldeckung	0,60
Schablonendeckung auf Lattung, einschließlich Lattung	0,45

9.3 Lotrechte Nutzlasten im Hochbau

Lotrechte Nutzlasten im Hochbau sind in Tab. 9.33 festgelegt. Werte für den Trennwandzuschlag für unbelastete leichte Trennwände siehe Tab. 9.34.

Tab. 9.19 Flächenlasten von Metalldeckungen nach DIN EN 1991-1-1/NA:2010–12, Tab. NA. A.23

Gegenstand		Flächenlast in kN/m^2
Aluminiumblechdach (Aluminium 0,7 mm dick, einschl. 24 mm Schalung)		0,25
Aluminiumblechdach aus Well-, Trapez- und Klemmrippenprofilen		0,05
Doppelstehfalzdach aus Titanzink oder Kupfer, 0,7 mm dick, einschließlich Vordeckung und 24 mm Schalung		0,35
Stahlpfannendach (verzinkte Pfannenbleche)	einschließlich Lattung	0,15
	einschl. Vordeckung und 24 mm Schalung	0,30
Stahlblechdach aus Trapezprofilen		$-$ [a]
Wellblechdach (verzinkte Stahlbleche, einschl. Befestigungsmaterial)		0,25

[a]Nach Angabe des Herstellers

Tab. 9.20 Flächenlasten von Faserzement-Dachplatten nach DIN EN 494 nach DIN EN 1991-1-1/NA:2010–12, Tab. NA.A.24

Gegenstand	Flächenlast in kN/m^2
Deutsche Deckung auf 24 mm Schalung, einschl. Vordeckung und Schalung	0,40
Doppeldeckung auf Lattung, einschließlich Lattung	0,38 [a]
Waagerechte Deckung auf Lattung, einschließlich Lattung	0,25 [a]

[a]Bei Verlegung auf Schalung sind 0,1 kN/m^2 zu addieren

Tab. 9.21 Flächenlasten von Faserzement-Wellplatten nach DIN EN 1991/NA:2010–12, Tab. NA.A.25

Gegenstand	Flächenlast in kN/m^2
Faserzement-Kurzwellplatten	0,24 [a]
Faserzement-Wellplatten	0,20 [a]

[a]Ohne Pfetten, jedoch einschließlich Befestigungsmaterial

Für die Anwendung der in Tab. 9.33 angegebenen lotrechten Nutzlasten gelten folgende Regelungen:

- Die angegebenen Lasten gelten als vorwiegend ruhend.
- Können Tragwerke durch Menschen zu Schwingungen angeregt werden, sind sie gegen die auftretenden Resonanzeffekte auszulegen. Als Resonanzeffekt wird das unkontrollierte Aufschaukeln der Amplituden einer Schwingung bezeichnet.
- Im Einzelfall sollten die charakteristischen Werte der Einwirkungen erhöht werden, wenn dies erforderlich sein sollte (z. B. bei Treppen und Balkonen in Abhängigkeit von ihrer Nutzung und den Abmessungen).

Tab. 9.22 Flächenlasten von sonstigen Deckungen nach DIN EN 1991-1-1/NA:2010–12, Tab. NA. A.26

Gegenstand		Flächenlast in kN/m²
Deckung mit Kunststoffwellplatten (Profilformen nach DIN EN 494), ohne Pfetten, einschließlich Befestigungsmaterial	aus faserverstärkten Polyesterharzen, (Rohdichte 1,4 g/cm³), Plattendicke 1 mm	0,03
	wie vor, jedoch mit Deckkappen	0,06
	aus glasartigem Kunststoff (Rohdichte 1,2 g/cm³), Plattendicke 3 mm	0,08
PVC-beschichtetes Polyestergewebe, ohne Tragwerk	Typ I (Reißfestigkeit 3,0 kN/5 cm Breite)	0,0075
	Typ II (Reißfestigkeit 4,7 kN/5 cm Breite)	0,0085
	Typ III (Reißfestigkeit 6,0 kN/5 cm Breite)	0,01
Rohr- oder Strohdach, einschließlich Lattung		0,70
Schindeldach, einschließlich Lattung		0,25
Sprossenlose Verglasung	Profilbauglas, einschalig	0,27
	Profilbauglas, zweischalig	0,54
Zeltleinwand, ohne Tragwerk		0,03

Tab. 9.23 Flächenlasten von Dach- und Bauwerksabdichtungen nach DIN EN 1991-1-1/NA:2010--12, Tab. NA.A.27

Gegenstand	Flächenlast in kN/m²
Bahnen im Lieferzustand	
Bitumen- u. Polymerbitumen-Dachdichtungsbahn	0,04
Bitumen- u. Polymerbitumen-Schweißbahn	0,07
Bitumen-Dichtungsbahn mit Metallbandeinlage	0,03
Nackte Bitumenbahn	0,01
Glasvlies-Bitumen-Dachbahn	0,03
Kunststoffbahnen, 1,5 mm Dicke	0,02
Bahnen in verlegtem Zustand	
Bitumen- u. Polymerbitumen-Dachdichtungsbahn, einschl. Klebemasse bzw. Bitumen- und Polymerbitumen-Schweißbahn, je Lage	0,07
Bitumen-Dichtungsbahn, einschließlich Klebemasse, je Lage	0,06
Nackte Bitumenbahn, einschließlich Klebemasse, je Lage	0,04
Glasvlies-Bitumen-Dachbahn, einschl. Klebemasse, je Lage	0,05
Dampfsperre, einschließlich Klebemasse bzw. Schweißbahn, je Lage	0,07
Ausgleichsschicht, lose verlegt	0,03
Dach- u. Bauwerksabdichtung aus Kunststoffbahnen, lose verlegt, je Lage	0,02
Schwerer Oberflächenschutz auf Dachabdichtungen	
Kiesschüttung, Dicke 5 cm	1,0

Tab. 9.24 Wichten für weitere Baustoffe nach DIN EN 1991-1-1:2010–12, Tab. A.5

Baustoff	Wichte in kN/m³
Glas, gekörnt	22,0
Glasscheiben	25,0
Acrylscheiben	12,0
Polystyrol, aufgeschäumt	0,3
Glasschaum	1,4

Tab. 9.25 Charakteristische Werte für Baustoffe von Brücken nach DIN EN 1991-1-1:2010–12, Tab. A.6

Baustoff	Wichte in kN/m³
Beläge von Straßenbrücken	
Gussasphalt und Asphaltbeton	24,0 bis 25,0
Asphaltmastix	18,0 bis 22,0
Heißgewalzter Asphalt	23,0
Schüttungen für Brücken	
Sand, trocken	15,0 bis 16,0 [a]
Schotter, Kies	15,0 bis 16,0 [a]
Gleisbettunterbau	18,5 bis 19,5
Splitt	13,5 bis 14,5 [a]
Bruchstein	20,5 bis 21,5
Lehm	18,5 bis 19,5
Beläge für Eisenbahnbrücken	
Betonschutzschicht	25,0
Normaler Schotter (z. B. Granit, Gneis usw.)	20,0
Basaltschotter	26,0

[a] Dieser Wert wird in anderen Tabellen als Lagerstoff geführt

- Die angegebene Einzellast Q_k ist nur für örtliche Nachweise anzusetzen und ohne Zusammenwirken mit der gleichmäßig verteilten Last q_k zu verwenden (siehe hierzu auch die Fußnote e)).
- Für Hochregale und Hebebühnen sollten die Einzellasten Q_k für den jeweiligen Einzelfall bestimmt werden, genauere Angaben befinden sich weiter unten.
- Die Einzellast Q_k ist an jedem Punkt des zu bemessenden Bauteils (Decke, Balkon, Treppe) anzusetzen. Als Aufstandsfläche darf in der Regel ein Quadrat mit einer Kantenlänge von 50 mm angesetzt werden.
- Bei Decken, die durch unterschiedliche Nutzungskategorien genutzt werden, ist für die Bemessung die jeweils ungünstigste Nutzungskategorie zu Grunde zu legen (Tab. 9.34).

Tab. 9.26 Charakteristische Werte für Baustoffe von Brücken nach DIN EN 1991-1-1:2010–12, Tab. A.6

Baustoff	Gewicht je Gleis und Länge [a),b)] g_k in kN/m
Gleise mit Schotterbett	
Zwei Schienen UIC 60	1,2
Vorgespannte Betonschwellen mit Schienenbefestigung	4,8
Holzschwellen mit Schienenbefestigung	1,9
Direkte Schienenbefestigung	
Zwei Schienen UIC 60 mit Schienenbefestigung	1,7
Zwei Schienen UIC 60 mit Schienenbefestigung, Brückenträger und Schutzgeländer	4,9

Anmerkung: Die Werte für Gleisgewichte sind auch außerhalb des Brückenbaus anwendbar
[a)]Ohne Schotterbett
[b)]Angenommener Abstand 600 mm

9.4 Aerodynamische Druckbeiwerte und Kraftbeiwerte

9.4.1 Allgemeines

Der Zusammenhang zwischen Lasteinzugsfläche und Außendruckbeiwert c_{pe} ist in Tab. 9.35 angegeben.

9.4.2 Vertikale Wände

Außendruckbeiwerte für vertikale Wände siehe Tab. 9.36; Einteilung der Wandflächen nach Abb. 9.1.

9.4.3 Flachdächer

Außendruckbeiwerte für Flachdächer siehe Tab. 9.37; Einteilung der Dachfläche in Bereiche nach Abb. 9.2.

Tab. 9.27 Wichten und Böschungswinkel für Baustoffe als Lagerstoffe nach DIN EN 1991-1-1, Tab. A.7

Stoffe		Wichte γ in kN/m^3	Böschungswinkel Φ [a]
Betonit, lose		8,0	40°
Betonit, gerüttelt		11,0	–
Blähton, Blähschiefer (n. DIN 1055-1:2002–06)		15,0 [b]	30°
Braunkohlenfilterasche		15,0	20°
Flugasche		10,0 bis 14,0	25°
Gesteinskörnung (siehe EN 206 [4.35])	für Leichtbeton	9,0 bis 20,0	30°
	für Normalbeton	20,0 bis 30,0	30°
	für Schwerbeton	>30,0	30°
Gips, gemahlen		15,0	25°
Glas	in Scheiben	25,0	–
	Drahtglas	26,0	–
	Acrylglas (n. DIN EN 1991-1-1, Tab. A.5)	12,0	–
	gekörnt (n. DIN EN 1991-1-1, Tab. A.5)	22,0	–
Hochofenschlacke	Stücke	17,0	40°
	gekörnt	12,0	30°
	Hüttenbims	9,0	35°
Kalk	Kalkstein	13,0	25°
	gemahlen	13,0	25° bis 27°
Kesselasche (n. DIN 1055-1:2002–06)		13,0	30°
Koksasche (n. DIN 1055-1:2002–06)		7,5	25°
Kies und Sand, Schüttung		15,0 bis 20,0	35°
Kunststoffe	Polyethylen, Polystyrol als Granulat	6,4	30°
	Polyvinylchlorid, gemahlen	5,9	40°
	Polyesterharze	11,8	–
	Leimharze	13,0	–
Magnesit, gemahlen		12,0	–
Sand		14,0 bis 19,0	30°
Süßwasser		10,0	–
Trass, gemahlen, lose geschüttet (n. DIN 1055-1:2002–06)		15,0	25°
Vermiculit	Blähglimmer als Zuschlag für Beton	1,0	–
	Glimmer	6,0 bis 9,0	–
Zement	geschüttet	16,0	28°
	in Säcken	15,0	–
Zementklinker (n. DIN 1055-1:2002–06)		18,0	26°
Ziegelsplitt, gemahlene oder gebrochene Ziegel		15,0	35°

[a] Die Böschungswinkel gelten für lose Schüttung. Für Lagerung in Silos siehe DIN EN 1991-4
[b] Höchstwert, der in der Regel unterschritten wird

Tab. 9.28 Wichten und Böschungswinkel von gewerblichen und industriellen Lagerstoffen nach DIN EN 1991-1-1+NA, Tab. A.12 und Tab. A.12DE

Stoffe		Wichte γ in kN/m^3	Böschungswinkel [a]
Bücher und Akten	Akten, Bücher	6,0	–
	dicht gelagert	8,5	–
Bitumen, Teer		14,0	–
Eis, in Stücken		8,5	–
Eisenerz	Raseneisenerz	14,0	40°
	Brasilerz	39,0	40°
Faser, Zellulose, in Ballen gepresst		12,0	0°
Faulschlamm	bis 30 % Volumenanteil an Wasser	12,5	20°
	über 50 % Volumenanteil an Wasser	11,0	0°
Fischmehl		8,0	45°
Gummi		10,0 bis 17,0	–
Holzspäne, lose geschüttet		2,0	45°
Holzmehl und Sägespäne	in Säcken, trocken	3,0	–
	lose, trocken	2,5	45°
	lose, feucht	5,0	45°
Holzwolle	lose	1,5	45°
	gepresst	4,5	–
Karbid in Stücken		9,0	30°
Kleidungsstücke und Stoffe, gebündelt		11,0	–
Kork, gepresst		3,0	–
Leder, gestapelt		10,0	–
Linoleum nach DIN EN 548, in Rollen		13,0	–
Papier	gestapelt	11,0	–
	in Rollen	15,0	–
Porzellan oder Steingut, gestapelt		11,0	–
PVC-Beläge nach DIN EN 649, in Rollen		15,0	–
Regale und Schränke		6,0	–
Soda	geglüht	25,0	45°
	kristallin	15,0	40°
Steinsalz		22,0	45°
Salz		12,0	40°
Wolle, Baumwolle, gepresst, luftgetrocknet		13,0	–

Tab. 9.29 Wichten von Flüssigkeiten nach DIN EN 1991-1-1, Tab. A.10

Stoffe		Wichte γ in kN/m³
Getränke	Bier	10,0
	Milch	10,0
	Süßwasser	10,0
	Wein	10,0
Pflanzenöle	Rizinusöl	9,3
	Glycerin	12,3
	Leinöl	9,2
	Olivenöl	8,8
Organische Flüssigkeiten und Säuren	Alkohol	7,8
	Äther	7,4
	Salzsäure 40 %-ig (Massenanteil)	11,8
	Brennspiritus	7,8
	Salpetersäure 91 %.ig (Massenanteil)	14,7
	Schwefelsäure 30 %-ig (Massenanteil)	13,7
	Schwefelsäure 87 %-ig (Massenanteil)	17,7
	Terpentin	8,3
Kohlenwasserstoffe	Anilin	9,8
	Benzol	8,8
	Steinkohleteer	10,8 bis 12,8
	Kreosot	10,8
	Naphtha	7,8
	Paraffin	8,3
	Leichtbenzin	6,9
	Erdöl	9,8 bis 12,8
	Dieselöl	8,3
	Heizöl	7,8 bis 9,8
	Schweröl	12,3
	Schmieröl	8,8
	Benzin, als Kraftstoff	7,4
	Butangas	5,7
	Propangas	5,0
Weitere Flüssigkeiten	Quecksilber	133
	Bleimennige	59
	Bleiweiß in Öl	38
	Schlamm (Volumenanteil über 50 % Wasser)	10,8

Tab. 9.30 Wichten und Böschungswinkel von festen Brennstoffen nach DIN EN 1991-1-1, Tab. A.11

Gegenstand		Wichte γ in kN/m^3	Böschungswinkel
Braunkohle	Briketts, geschüttet	7,8	–
	Briketts, gestapelt	12,8	30° bis 40°
	erdfeucht	9,8	35°
	trocken	7,8	25° bis 40°
	Staub	4,9	40°
	Braunkohlenschwelkoks	9,8	–
Brennholz		5,4	45°
Holzkohle	lufterfüllt	4,0	–
	luftfrei	15,0	–
Steinkohle	Pressbriketts, geschüttet	8,0	35°
	Pressbriketts, gestapelt	13,0	–
	Eierbriketts	8,3	30°
	Steinkohle als Rohkohle, grubenfeucht	10,0	35°
	Kohle gewaschen	12,0	–
	Steinkohle als Staubkohle	7,0	25°
	Koks	4,0 bis 6,5	35° bis 45°
	Mittelgut im Steinbruch	12,3	35°
	Waschberge im Zechenbetrieb	13,7	35°
	andere Kohlensorten	8,3	30° bis 35°
Torf	schwarz, getrocknet, dicht verpackt	6,0 bis 9,0	–
	schwarz, getrocknet, lose gekippt	3,0 bis 6,0	45°

9.4.4 Pultdächer

Außendruckbeiwerte für Pultdächer siehe Tab. 9.38 (Anströmrichtungen $\theta = 0°$ und $180°$) und Tab. 9.39 (Anströmrichtung $\theta = 90°$). Einteilung der Dachfläche in Bereiche nach Abb. 9.3.

9.4.5 Satteldächer

Außendruckbeiwerte für Satteldächer siehe Tab. 9.40 (Anströmrichtung $\theta = 0°$) und Tab. 9.41 (Anströmrichtung $\theta = 90°$). Einteilung der Dachfläche in Bereiche nach Abb. 9.4.

Tab. 9.31 Wichten und Böschungswinkel von landwirtschaftlichen Lagergütern nach DIN EN 1991-1-1, Tab. A.8

Stoffe		Wichte γ in kN/m^3	Böschungswinkel
Getreide (ungemahlen $\leq 14\,\%$ Feuchtigkeitsgehalt, falls nicht anders angegeben)	allgemein	7,8	30°
	Gerste	7,0	30°
	Braugerste (feucht)	8,8	–
	Grassamen	3,4	30°
	Mais, geschüttet	7,4	30°
	Mais, in Säcken	5,0	–
	Hafer	5,0	30°
	Rübsamen	6,4	25°
	Roggen	7,0	30°
	Weizen, geschüttet	7,8	30°
	Weizen in Säcken	7,5	–
Gras-Würfel		7,8	40°
Häute und Felle		8,0 bis 9,0	–
Heu	in Ballen	1,0 bis 3,0	–
	gewalzte Ballen	6,0 bis 7,0	–
Hopfen		1,0 bis 2,0	25°
Kunstdünger	NPK – Düngemittel, gekörnt	8,0 bis 12,0	25°
	Thomasmehl	13,7	35°
	Phosphat, gekörnt	10,0 bis 16,0	30°
	Kalisulfat	12,0 bis 16,0	28°
	Harnstoffe	7,0 bis 8,0	24°
Malz		4,0 bis 6,0	20°
Mehl	grob gemahlen	7,0	45°
	Würfel	7,0	40°
Naturdünger	Mist (mindestens 60 % Feststoffe)	7,8	–
	Mist (mit trockenem Stroh)	9,3	45°
	Trockener Geflügelmist	6,9	45°
	Jauche (maximal 20 % Feststoffe)	10,8	–
Silofutter		5,0 bis 10,0	–
Stroh	lose (trocken)	0,7	–
	in Ballen	1,5	–
Tabak, in Ballen		3,5 bis 5,0	–
Torf	trocken, lose, geschüttet	1,0	35°
	trocken, in Ballen komprimiert	5,0	–
	feucht	9,5	–
Trockenfutter, grün, lose gehäuft		3,5 bis 4,5	–
Wolle	lose	3,0	–
	in Ballen	7,0 bis 13,0	–

Tab. 9.32 Wichten und Böschungswinkel von Nahrungsmitteln nach DIN EN 1991-1-1, Tab. A.9

Stoffe		Wichte γ in kN/m^3	Böschungswinkel
Butter, verpackt, in Kartons (n. DIN 1055-1:2002–06)		8,0	–
Eier, in Behältern		4,0 bis 5,0	–
Fische, in Kisten (n. DIN 1055-1:2002–06)		8,0	–
Gefrierfleisch (n. DIN 1055-1:2002–06)		7,0	–
Getränke in Flaschen (n. DIN 1055-1:2002–06 [4.3])	gestapelt und in Kisten	9,0	–
	in Kästen	6,0	–
Kaffee in Säcken (n. DIN 1055-1:2002–06)		7,0	–
Kakao in Säcken (n. DIN 1055-1:2002–06)		6,0	–
Konserven aller Art (n. DIN 1055-1:2002–06)		8,0	–
Mehl	verpackt	5,0	–
	lose	6,0	25°
Obst und Früchte	Äpfel lose	8,3	30°
	Äpfel in Kisten	6,5	–
	Kirschen	7,8	–
	Birnen	5,9	–
	Himbeeren, in Schalen	2,0	–
	Erdbeeren, in Schalen	1,2	–
	Tomaten	6,8	–
Gemüse, grün	Kohl	4,0	–
	Salat	5,0	–
Hülsenfrüchte	Bohnen	8,1	35°
	allgemein	7,4	30°
	Sojabohnen	7,8	–
Wurzelgemüse	allgemein	8,8	–
	Rote Beete	7,4	40°
	Möhren	7,8	35°
	Zwiebeln	7,0	35°
	Rüben	7,0	35°
Kartoffeln	lose	7,6	35°
	in Kisten	4,4	–
Zuckerrüben	Trockenschnitzel	2,9	35°
	roh	7,6	–
	Nassschnitzel	10,0	–
Zucker	dicht, verpackt	16,0	–
	lose (geschüttet)	7,8 bis 10,0	35°

Tab. 9.33 Lotrechte Nutzlasten für Decken, Treppen und Balkone (n. DIN EN 1991-1-1/NA, Tab. 6.1DE)

Kategorie		Nutzung	Beispiele	q_k kN/m²	Q_k [e] kN
A	A1	Spitzböden	Für Wohnzwecke nicht geeigneter, aber zugänglicher Dachraum bis 1,80 m lichter Höhe	1,0	1,0
	A2	Wohn- und Aufenthaltsräume	Decken *mit ausreichender Querverteilung* der Lasten. Räume und Flure in Wohngebäuden, Bettenräume in Krankenhäusern, Hotelzimmer einschließlich zugehöriger Küchen und Bäder.	1,5	–
	A3		wie A2, aber *ohne ausreichende Querverteilung* der Lasten	2,0 [c]	1,0
B	B1	Büroflächen, Arbeitsflächen, Flure	Flure in Bürogebäuden, Büroflächen, Arztpraxen ohne schweres Gerät, Stationsräume, Aufenthaltsräume einschl. der Flure, Kleinviehställe	2,0	2,0
	B2		Flure und Küchen in Krankenhäusern, Hotels, Altenheimen, Internaten usw.; Behandlungsräume in Krankenhäusern einschließlich Operationsräume ohne schweres Gerät; Kellerräume in Wohngebäuden	3,0	3,0
	B3		Alle Beispiele von B1 und B2, jedoch mit schwerem Gerät	5,0	4,0
C	C1	Räume, Versammlungsräume und Flächen, die der Ansammlung von Personen dienen können (mit Ausnahme von unter A, B,	Flächen mit Tischen; z. B. Kindertagesstätten, Kinderkrippen, Schulräume, Cafés, Restaurants, Speisesäle, Lesesäle, Empfangsräume, Lehrerzimmer	3,0	4,0

(Fortsetzung)

Tab. 9.33 (Fortsetzung)

Kategorie	Nutzung	Beispiele	q_k kN/m^2	Q_k [e] kN
C2	D und E festgelegten Kategorien)	Flächen mit fester Bestuhlung; z. B. Flächen in Kirchen, Theatern oder Kinos, Kongresssäle, Hörsäle, Wartesäle	4,0	4,0
C3		Frei begehbare Flächen; z. B. Museumsflächen, Ausstellungsflächen, Eingangsbereiche in öffentlichen Gebäuden, Hotels, nicht befahrbare Hofkellerdecken sowie die zur Nutzungskategorie C1 bis C3 gehörigen Flure	5,0	4,0
C4		Sport- und Spielflächen; z. B. Tanzsäle, Tanzschulen, Sporthallen, Gymnastik- und Kraftsporträume, Bühnen	5,0	7,0
C5		Flächen für große Menschenansammlungen; z. B. in Gebäuden wie Konzertsäle, Terrassen und Eingangsbereiche sowie Tribünen mit fester Bestuhlung	5,0	4,0
C6		Flächen mit regelmäßiger Nutzung durch erhebliche Menschenansammlungen, Tribünen ohne feste Bestuhlung	7,5	10,0
D	D1	Verkaufsräume	Flächen von Verkaufsräumen bis 50 m^2 Grundfläche in Wohn-, Büro und vergleichbaren Gebäuden	2,0	2,0
	D2		Flächen in Einzelhandelsgeschäften und Warenhäusern	5,0	4,0
	D3		Flächen wie D2, jedoch mit erhöhten Einzellasten infolge hoher Lagerregale	5,0	7,0

(Fortsetzung)

Tab. 9.33 (Fortsetzung)

Kategorie		Nutzung	Beispiele	q_k kN/m^2	Q_k [e] kN
E	E1.1	Lager, Fabriken und Werkstätten, Ställe, Lagerräume und Zugänge,	Flächen in Fabriken[a] und Werkstätten[a] mit leichtem Betrieb und Flächen in Großviehställen	5,0	4,0
	E1.2		Allgemeine Lagerflächen, einschließlich Bibliotheken	6,0 [b]	7,0
	E2.1		Flächen in Fabriken [a] und Werkstätten [a] mit mittlerem oder schwerem Betrieb	7,5 [b]	10,0
T	T1	Treppen und Treppenpodeste	Treppen und Treppenpodeste in Wohngebäuden, Bürogebäuden und von Arztpraxen ohne schweres Gerät	3,0	2,0
	T2		Alle Treppen und Treppenpodeste, die nicht in T1 oder T3 eingeordnet werden können	5,0	2,0
	T3		Zugänge und Treppen von Tribünen ohne feste Sitzplätze, die als Fluchtwege dienen	7,5	3,0
Z [d]		Zugänge, Balkone und Ähnliches	Dachterrassen, Laubengänge, Loggien usw., Balkone, Ausstiegspodeste	4,0	2,0

[a]Nutzlasten in Fabriken und Werkstätten gelten als vorwiegend ruhend. Im Einzelfall sind sich häufig wiederholende Lasten je nach Gegebenheit als nicht vorwiegend ruhende Lasten einzuordnen

[b]Bei diesen Werten handelt es sich um Mindestwerte. In Fällen, in denen höhere Lasten vorherrschen, sind die höheren Lasten anzusetzen

[c]Für die Weiterleitung der Lasten in Räumen mit Decken ohne ausreichende Querverteilung auf stützende Bauteile darf der angegebene Wert um 0,5 kN/m^2 abgemindert werden

[d]Hinsichtlich der Einwirkungskombinationen sind die Einwirkungen der Nutzungskategorie des jeweiligen Gebäudes oder Gebäudeteils zuzuordnen

[e]Falls der Nachweis der örtlichen Mindesttragfähigkeit erforderlich ist (z. B. bei Bauteilen ohne ausreichende Querverteilung der Lasten), ist er mit den charakteristischen Werten für die Einzellast Q_k ohne Überlagerung mit der Flächenlast q_k zu führen. Die Aufstandsfläche für Q_k umfasst ein Quadrat mit einer Seitenlänge von 50 mm

Tab. 9.34 Trennwandzuschlag für unbelastete leichte Trennwände (n. DIN EN 1991-1-1/NA, 6.3.1.2)

Eigenlast der unbelasteten leichten Trennwand einschl. Putz g_k kN/m	Trennwandzuschlag Δq_k kN/m^2
$g_k \leq 3$	0,8
$3 < g_k \leq 5$	1,2
$g_k > 5$	Genauer Nachweis erforderlich!

Bei Nutzlasten $q_k \geq 5$ kN/m^2 ist kein Trennwandzuschlag erforderlich!
Der Trennwandzuschlag ist zur jeweiligen lotrechten Nutzlast zu addieren

Tab. 9.35 Einfluss der Lasteinzugsfläche auf den Außendruckbeiwert

Lasteinzugsfläche A	Außendruckbeiwert c_{pe}
$A \leq 1$ m^2	$c_{pe} = c_{pe,1}$
1 m$^2 < A \leq 10$ m^2	$c_{pe} = c_{pe,1} + (c_{pe,10} - c_{pe,1}) \cdot \log A$
$A > 10$ m^2	$c_{pe} = c_{pe,10}$

A Lasteinzugsfläche in m^2

Tab. 9.36 Außendruckbeiwerte für vertikale Wände von Gebäuden mit rechteckigem Grundriss (n. DIN EN 1991-1-4+NA, Tab. NA.1)

Vertikale Wände									
Bereich	A		B		C		D		E
h/d	$c_{pe,10}$	$c_{pe,1}$	$c_{pe,10}$	$c_{pe,1}$	$c_{pe,10}$	$c_{pe,1}$	$c_{pe,10}$	$c_{pe,1}$	$c_{pe,10}$	$c_{pe,1}$
5	−1,4	−1,7	−0,8	−1,1	−0,5	−0,7	+0,8	+1,0	−0,5	−0,7
1	−1,2	−1,4	−0,8	−1,1	−0,5		+0,8	+1,0	−0,5	
$\leq 0,25$	−1,2	−1,4	−0,8	−1,1	−0,5		+0,7	+1,0	−0,3	−0,5

Für einzeln im offenen Gelände stehende Gebäude können im Sogbereich auch größere Sogkräfte auftreten. Zwischenwerte dürfen linear interpoliert werden. Für Gebäude mit $h/d > 5$ ist die Gesamtwindlast mit Hilfe von Kraftbeiwerten zu ermitteln; siehe Norm

9.4.6 Walmdächer

Außendruckbeiwerte für Walmdächer siehe Tab. 9.41. Einteilung der Dachfläche in Bereiche nach Abb. 9.5 und Tab. 9.42.

9.4.7 Scheddächer

Bei Scheddächern werden die Außendruckbeiwerte aus den Werten für Pultdächer und Trogdächer abgeleitet und in Abhängigkeit von der Lage der Dachflächen angepasst. Dabei gelten folgende Regelungen (Abb. 9.6):

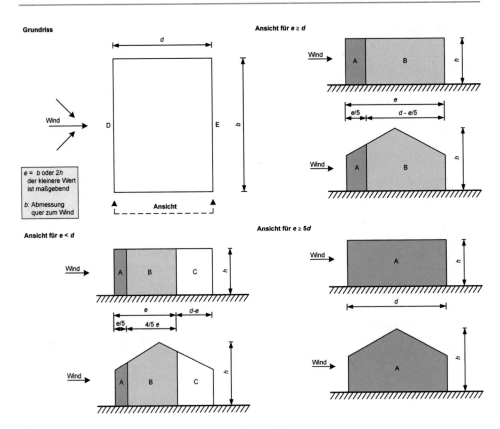

Abb. 9.1 Einteilung der Wandflächen bei vertikalen Wänden

- Für Sheddächer nach Abb. 9.6 (a) und (b) gilt: Es sind die Druckbeiwerte für Pultdächer zu verwenden. Bei einer Anströmrichtung parallel zu den Firsten gelten die für $\theta = 90°$ unverändert (Tab. 9.39). Bei den Anströmrichtungen $\theta = 0°$ und $\theta = 180°$ sind die Werte nach Tab. 9.38 mit den Faktoren in Abb. 9.6 (a) bzw. (b) abzumindern.
- Für Sheddächer nach Abb. 9.6 (c) und (d) sind die Druckbeiwerte für Trogdächer zu verwenden (Tab. 9.45 und 9.46). Bei einer Anströmrichtung parallel zu den Firsten gelten die Werte nach Tab. 9.46 für $\theta = 90°$ unverändert. Bei den Anströmrichtungen $\theta = 0°$ und $\theta = 180°$ sind die Werte nach Tab. 9.45 für $\theta = 0°$ mit den Faktoren in Abb. 9.6 (c) bzw. (d) abzumindern.
- Bereichseinteilung: Die Bereiche F, G und J sind nur auf der ersten luvseitigen Dachfläche anzuordnen. Auf den übrigen Dachflächen sind die Bereiche H und I zu verwenden.
- Bezugshöhe: Die Bezugshöhe z_e ist mit $z_e = h$ anzunehmen.
- Berücksichtigung der Rauigkeit: Bei Sheddächern ohne resultierende horizontale Kräfte sollte ein Rauigkeitsfaktor von mindestens 0,05 angesetzt werden. Dieser Wert gilt unabhängig von der tatsächlichen Rauigkeit des Bauwerks und ist senkrecht zu den Flächen des Sheddachs anzunehmen.

Tab. 9.37 Außendruckbeiwerte für Flachdächer (n. DIN EN 1991-1-4, Tab. 7.2)

Flachdächer

Ausbildung des Traufbereichs		Bereich							
		F		G		H		I	
		$c_{pe,10}$	$c_{pe,1}$	$c_{pe,10}$	$c_{pe,1}$	$c_{pe,10}$	$c_{pe,1}$	$c_{pe,10}$	$c_{pe,1}$
Scharfkantiger Traufbereich [1]		$-1{,}8$	$-2{,}5$	$-1{,}2$	$-2{,}0$	$-0{,}7$	$-1{,}2$	$+0{,}2$ $-0{,}6$	
mit Attika [1]	$h_p/h = 0{,}025$	$-1{,}6$	$-2{,}2$	$-1{,}1$	$-1{,}8$	$-0{,}7$	$-1{,}2$	$+0{,}2$ $-0{,}6$	
	$h_p/h = 0{,}05$	$-1{,}4$	$-2{,}0$	$-0{,}9$	$-1{,}6$	$-0{,}7$	$-1{,}2$	$+0{,}2$ $-0{,}6$	
	$h_p/h = 0{,}10$	$-1{,}2$	$-1{,}8$	$-0{,}8$	$-1{,}4$	$-0{,}7$	$-1{,}2$	$+0{,}2$ $-0{,}6$	
Abgerundeter Traufbereich	$r/h = 0{,}05$	$-1{,}0$	$-1{,}5$	$-1{,}2$	$-1{,}8$	$-0{,}4$		$\pm0{,}2$	
	$r/h = 0{,}10$	$-0{,}7$	$-1{,}2$	$-0{,}8$	$-1{,}4$	$-0{,}3$		$\pm0{,}2$	
	$r/h = 0{,}20$	$-0{,}5$	$-0{,}8$	$-0{,}5$	$-0{,}8$	$-0{,}3$		$\pm0{,}2$	
Abgeschrägter Traufbereich	$\alpha = 30°$	$-1{,}0$	$-1{,}5$	$-1{,}0$	$-1{,}5$	$-0{,}3$		$\pm0{,}2$	
	$\alpha = 45°$	$-1{,}2$	$-1{,}8$	$-1{,}3$	$-1{,}9$	$-0{,}4$		$\pm0{,}2$	
	$\alpha = 60°$	$-1{,}3$	$-1{,}9$	$-1{,}3$	$-1{,}9$	$-0{,}5$		$\pm0{,}2$	

Hinweise:

Bei Flachdächern mit Attika oder abgerundetem Traufbereich darf für Zwischenwerte h_p/h und r/h linear interpoliert werden.

Bei Flachdächern mit mansarddachartigem Traufbereich darf für Zwischenwerte von α zwischen $\alpha = 30°$, $45°$ und $60°$ linear interpoliert werden. Für $\alpha > 60°$ darf zwischen den Werten für $\alpha = 60°$ und den Werten für Flachdächer mit rechtwinkligem Traufbereich interpoliert werden.

Im Bereich I, für den positive und negative Werte angegeben werden, sollten beide Werte berücksichtigt werden.

Für die Schräge des mansarddachartigen Traufbereichs selbst werden die Außendruckbeiwerte im folgenden Abschnitt „Außendruckbeiwerte für Sattel- und Trogdächer" Anströmrichtung $\theta = 0°$, Bereiche F und G, in Abhängigkeit von dem Neigungswinkel des mansarddachartigen Traufenbereichs angegeben.

Für den abgerundeten Traufbereich selbst werden die Außendruckbeiwerte entlang der Krümmung durch lineare Interpolation entlang der Kurve zwischen dem Wert an der vertikalen Wand und auf dem Dach ermittelt.

Bei mansardenartigen abgeschrägten Traufbereichen mit einem horizontalen Maß weniger als $e/10$ sollten die Werte für scharfkantige Traufbereiche verwendet werden.

[1] Gemäß Nationalem Anhang ist bei den Dachtypen „scharfkantiger Traufbereich" und „mit Attika" im Bereich I der negative Druckbeiwert mit $-0{,}6$ anzunehmen

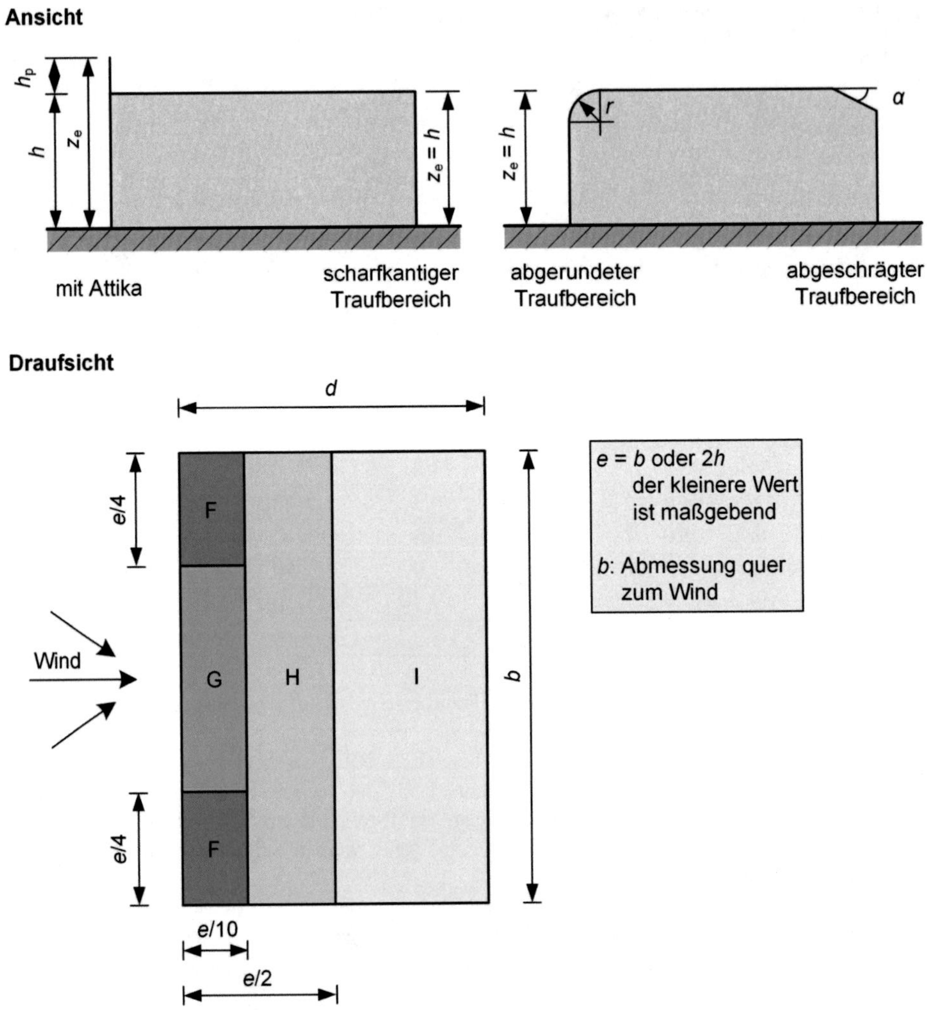
Ansicht
h_p
h
z_e
$z_e = h$
$z_e = h$
r
α
mit Attika
scharfkantiger Traufbereich
abgerundeter Traufbereich
abgeschrägter Traufbereich
Draufsicht
d
e/4
F
G
H
I
F
e/4
Wind
b
e = b oder 2h der kleinere Wert ist maßgebend
b: Abmessung quer zum Wind
e/10
e/2

Abb. 9.2 Einteilung der Dachfläche in Bereiche bei Flachdächern

- Die resultierende horizontale Kraft ergibt sich mit folgender Gleichung:

$$H = 0{,}05 \cdot q_{\mathrm{p.ze}} \cdot A_{\mathrm{Shed}} \tag{9.1}$$

Darin sind

0,05 Rauigkeitsfaktor
$q_{\mathrm{p,ze}}$ Böengeschwindigkeitsdruck für die Bezugshöhe z_e, in kN/m^2
A_{Shed} Grundfläche des Sheddaches, in m^2

Tab. 9.38 Außendruckbeiwerte für Pultdächer (Anströmrichtungen $\theta = 0°$ und $180°$) (n. DIN EN 1991-1-4, Tab. 7.3a)

Dachneigungswinkel α [1]	Anströmrichtung $\theta = 0°$ [2]						Anströmrichtung $\theta = 180°$					
	Bereich						Bereich					
	F		G		H		F		G		H	
	$c_{pe,10}$	$c_{pe,1}$	$c_{pe,10}$	$c_{pe,1}$	$c_{pe,10}$	$c_{pe,1}$	$c_{pe,10}$	$c_{pe,1}$	$c_{pe,10}$	$c_{pe,1}$	$c_{pe,10}$	$c_{pe,1}$
5°	−1,7 +0,0	−2,5	−1,2 +0,0	−2,0	−0,6 +0,0	−1,2	−2,3	−2,5	−1,3	−2,0	−0,8	−1,2
15°	−0,9 +0,2	−2,0	−0,8 +0,2	−1,5	−0,3 +0,2		−2,5	−2,8	−1,3	−2,0	−0,9	−1,2
30°	−0,5 +0,7	−1,5	−0,5 +0,7	−1,5	−0,2 +0,4		−1,1	−2,3	−0,8	−1,5	−0,8	
45°	−0,0 +0,7		−0,0 +0,7		−0,0 +0,6		−0,6	−1,3	−0,5		−0,7	
60°	+0,7		+0,7		+0,7		−0,5	−1,0	−0,5		−0,5	
75°	+0,8		+0,8		+0,8		−0,5	−1,0	−0,5		−0,5	

[1] Zwischenwerte dürfen linear interpoliert werden, soweit das Vorzeichen der Druckbeiwerte nicht wechselt. Der Wert Null (+0,0 bzw. −0,0) ist für Interpolationszwecke angegeben

[2] Bei Anströmrichtung $\theta = 0°$ und bei Neigungswinkeln $15° \leq \alpha \leq 30°$ ändert sich der Druck schnell zwischen positiven und negativen Werten. Für diesen Bereich wird daher sowohl der positive als auch der negative Wert angegeben. Bei solchen Dächern sind beide Fälle getrennt zu berücksichtigen

Tab. 9.39 Außendruckbeiwerte für Pultdächer (Anströmrichtung $\theta = 90°$) (n. DIN EN 1991-1-4, Tab. 7.3b)

Pultdächer – Anströmrichtung $\theta = 90°$

Dachneigungswinkel α [1]	Bereich									
	F_{hoch}		F_{tief}		G		H		I	
	$c_{pe,10}$	$c_{pe,1}$	$c_{pe,10}$	$c_{pe,1}$	$c_{pe,10}$	$c_{pe,1}$	$c_{pe,10}$	$c_{pe,1}$	$c_{pe,10}$	$c_{pe,1}$
5°	-2,1	-2,6	-2,1	-2,4	-1,8	-2,0	-0,6	-1,2	-0,5	
15°	-2,4	-2,9	-1,6	-2,4	-1,9	-2,5	-0,8	-1,2	-0,7	-1,2
30°	-2,1	-2,9	-1,3	-2,0	-1,5	-2,0	-1,0	-1,3	-0,8	-1,2
45°	-1,5	-2,4	-1,3	-2,0	-1,4	-2,0	-1,0	-1,3	-0,9	-1,2
60°	-1,2	-2,0	-1,2	-2,0	-1,2	-2,0	-1,0	-1,3	-0,7	-1,2
75°	-1,2	-2,0	-1,2	-2,0	-1,2	-2,0	-1,0	-1,3	-0,5	

[1]Zwischenwerte dürfen linear interpoliert werden

Ansicht

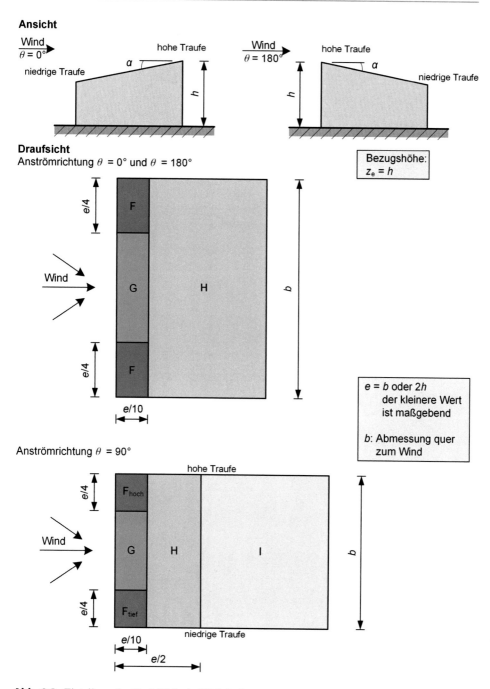

Draufsicht
Anströmrichtung θ = 0° und θ = 180°

Bezugshöhe:
$z_e = h$

$e = b$ oder $2h$
der kleinere Wert
ist maßgebend

b: Abmessung quer
zum Wind

Anströmrichtung θ = 90°

Abb. 9.3 Einteilung der Dachfläche bei Pultdächern

Tab. 9.40 Außendruckbeiwerte für Satteldächer bei Anströmrichtung $\theta = 0°$ (n. DIN EN 1991-1-4, Tab. 7.4a)

Satteldächer – Anströmrichtung $\theta = 0°$ [2]

Dachneigungs-winkel α [1]	Bereich										
	F		G		H		I		J		
	$c_{pe,10}$	$c_{pe,1}$	$c_{pe,10}$	$c_{pe,1}$	$c_{pe,10}$	$c_{pe,1}$	$c_{pe,10}$	$c_{pe,1}$	$c_{pe,10}$	$c_{pe,1}$
5°	−1,7	−2,5	−1,2	−2,0	−0,6	−1,2	−0,6		−0,6	
	+0,0		+0,0		+0,0				+0,2	
15°	−0,9	−2,0	−0,8	−1,5	−0,3		−0,4		−1,0	−1,5
	+0,2		+0,2		+0,2		+0,0		+0,0	+0,0
30°	−0,5	−1,5	−0,5	−1,5	−0,2		−0,4		−0,5	
	+0,7		+0,7		+0,4		+0,0		+0,0	
45°	−0,0		−0,0		−0,0		−0,2		−0,3	
	+0,7		+0,7		+0,6		+0,0		+0,0	
60°	+0,7		+0,7		+0,7		−0,2		−0,3	
75°	+0,8		+0,8		+0,8		−0,2		−0,3	

[1]Für Dachneigungswinkel zwischen den angegebenen Werten darf linear interpoliert werden, sofern das Vorzeichen der Druckbeiwerte nicht wechselt. Der Wert Null (+0,0 bzw. −0,0) ist für Interpolationszwecke angegeben. Für Dachneigungswinkel unter 5° sind die Druckbeiwerte für Flachdächer (6.11.2.5) zu verwenden

[2]Für die Anströmrichtung $\theta = 0°$ und Neigungswinkeln von 5° bis 45° ändert sich der Druck schnell zwischen positiven und negativen Werten. Daher werden sowohl der positive als auch der negative Druckbeiwert angegeben. Bei solchen Dächern sind vier Fälle zu berücksichtigen, bei denen jeweils der kleinste bzw. größte Wert für die Bereiche F, G und H mit den kleinsten bzw. größten Werten der Bereiche I und J kombiniert werden. Das Mischen von positiven und negativen Werten auf einer Dachfläche ist nicht zulässig

Tab. 9.41 Außendruckbeiwerte für Satteldächer bei Anströmrichtung $\theta = 90°$ (n. DIN EN 1991-1-4, Tab. 7.4b)

Satteldächer – Anströmrichtung $\theta = 90°$

Neigungswinkel $\alpha^{1)}$	Bereich							
	F		G		H		I	
	$c_{pe,10}$	$c_{pe,1}$	$c_{pe,10}$	$c_{pe,1}$	$c_{pe,10}$	$c_{pe,1}$	$c_{pe,10}$	$c_{pe,1}$
5°	−1,6	−2,2	−1,3	−2,0	−0,7	−1,2	−0,6	
15°	−1,3	−2,0	−1,3	−2,0	−0,6	−1,2	−0,5	
30°	−1,1	−1,5	−1,4	−2,0	−0,8	−1,2	−0,5	
45°	−1,1	−1,5	−1,4	−2,0	−0,9	−1,2	−0,5	
60°	−1,1	−1,5	−1,2	−2,0	−0,8	−1,0	−0,5	
75°	−1,1	−1,5	−1,2	−2,0	−0,8	−1,0	−0,5	

[1]Zwischenwerte dürfen linear interpoliert werden, sofern nicht das Vorzeichen der Druckbeiwerte wechselt

9.4.8 Trogdächer

Außendruckbeiwerte für Trogdächer siehe Tab. 9.43 (Anströmrichtung $\theta = 0°$) und Tab. 9.44. Einteilung der Dachfläche in Bereiche nach Abb. 9.7.

9.4.9 Gekrümmte Dächer

Druckbeiwerte und -verteilung für gekrümmte Dächer siehe Abb. 9.8. Die Druckverteilungen ist als Einhüllende zu verstehen, die nicht notwendigerweise gleichzeitig auftreten und darüber hinaus zur gleichen Windrichtung gehören müssen (DIN EN 1991-1-4/NA). Die tatsächliche momentane Winddruckverteilung kann je nach betrachteter Schnittgröße ungünstiger wirken. Es kann daher erforderlich sein, zusätzliche Winddruckverteilungen zu untersuchen, insbesondere wenn die Windlast das Bemessungsergebnis wesentlich bestimmt. Es gelten folgende Regelungen:

- Für $0 < h/d < 0,5$ ist der $c_{pe,10}$-Wert durch lineare Interpolation zu ermitteln.
- Für $0,2 \leq f/d \leq 0,3$ und $h/d \geq 0,5$ müssen zwei $c_{pe,10}$-Werte berücksichtigt werden.
- Das Diagramm gilt nicht für Flachdächer.

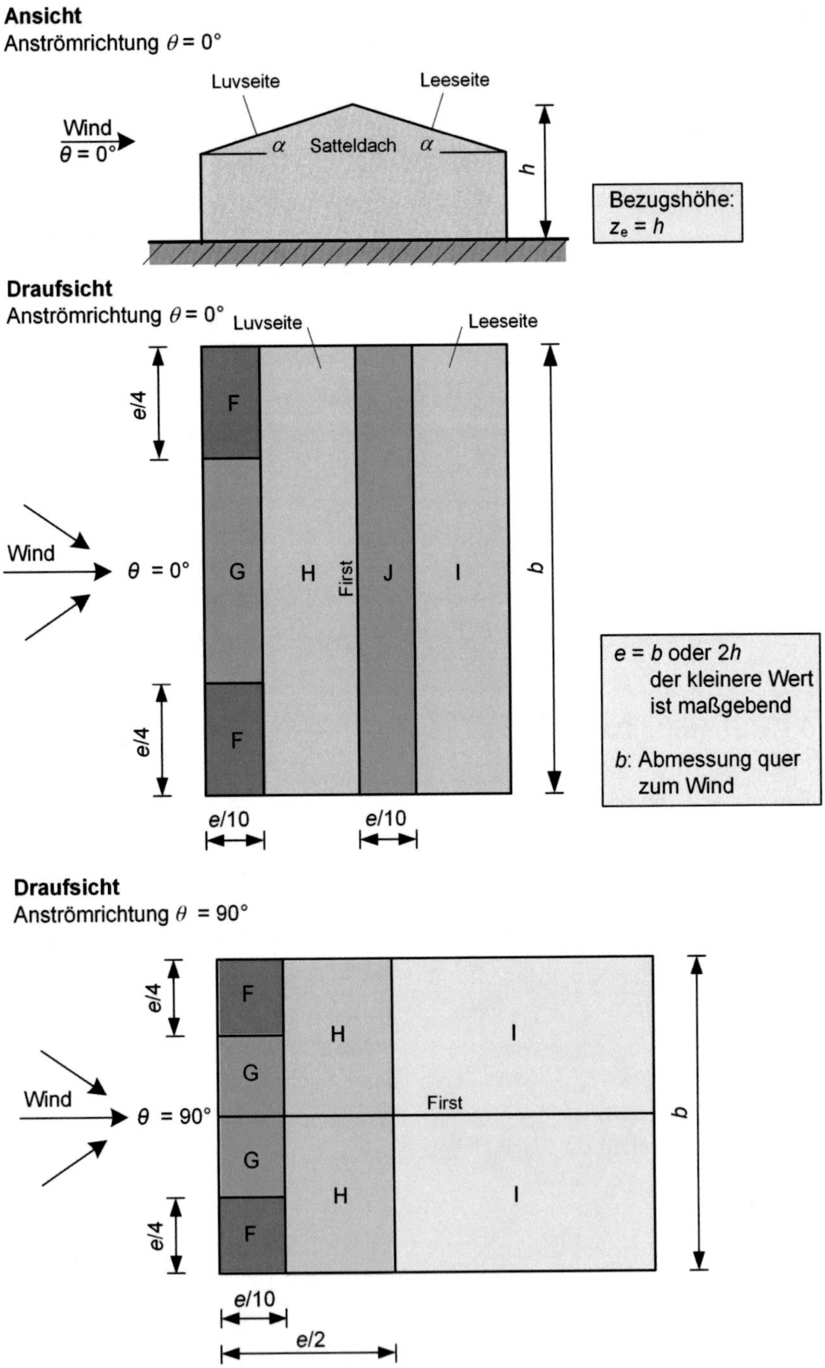
Ansicht
Anströmrichtung θ = 0°
Luvseite
Leeseite
Wind
θ = 0°
α
Satteldach
α
h
Bezugshöhe:
z_e = h
Draufsicht
Anströmrichtung θ = 0°
Luvseite
Leeseite
e/4
F
Wind
θ = 0°
G
H
First
J
I
b
e/4
F
e/10
e/10
e = b oder 2h
der kleinere Wert
ist maßgebend
b: Abmessung quer
zum Wind
Draufsicht
Anströmrichtung θ = 90°
e/4
F
H
I
G
Wind
θ = 90°
First
b
G
H
I
e/4
F
e/10
e/2

Abb. 9.4 Einteilung der Dachfläche bei Satteldächern

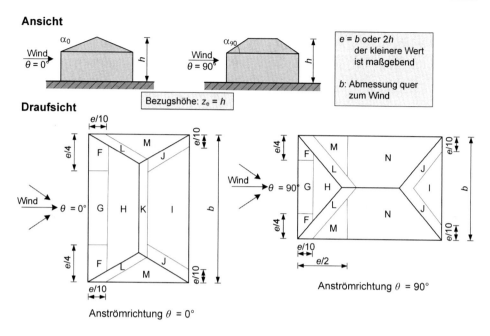

Abb. 9.5 Einteilung der Dachfläche in Bereich bei Walmdächern

9.4.10 Freistehende Dächer

Kraftbeiwerte c_f und Gesamtdruckbeiwerte $c_{p,net}$ für freistehende Sattel- und Trogdächer sind in Tab. 9.45 angegeben, für die zugehörigen Lastanordnungen siehe Abb. 9.9. Bereichseinteilung der Dachfläche für Winddrücke nach Abb. 9.10.

Der Kraftbeiwert c_f charakterisiert die resultierende Windkraft, der Gesamtdruckbeiwert $c_{p,net}$ den maximalen lokalen Druck für alle Anströmrichtungen. Die resultierende Windkraft wird für die Bemessung der Gesamtkonstruktion benötigt, während die Druckbeiwerte für die Bemessung von Dachelementen und Verankerungen zu verwenden ist. Die resultierende Windkraft ist jeweils in der Mitte einer geneigten Dachfläche anzunehmen, bei Sattel- und Trogdächern ist zusätzlich eine einseitige Belastung der Dachfläche infolge minimaler oder maximaler Windlast zu untersuchen.

Weiterhin gelten folgende Regelungen:

- Referenzhöhe $z_e = $ Höhe h (Höhe der Traufe).

Tab. 9.42   Außendruckbeiwerte für Walmdächer (n. DIN EN 1991-1-4, Tab. 7.5)

Walmdächer – Anströmrichtungen $\theta = 0°$ und $\theta = 90°$

Neigungswinkel α_0 für $\theta = 0°$, α_{90} für $\theta = 90°$	Bereich F $c_{pe,10}$	F $c_{pe,1}$	G $c_{pe,10}$	G $c_{pe,1}$	H $c_{pe,10}$	H $c_{pe,1}$	I $c_{pe,10}$	I $c_{pe,1}$	J $c_{pe,10}$	J $c_{pe,1}$	K $c_{pe,10}$	K $c_{pe,1}$	L $c_{pe,10}$	L $c_{pe,1}$	M $c_{pe,10}$	M $c_{pe,1}$	N $c_{pe,10}$	N $c_{pe,1}$
5°	−1,7	−2,5	−1,2	−2,0	−0,6	−1,2	−0,3		−0,6		−0,6		−1,2	−2,0	−0,6	−1,2	−0,4	
	+0,0		+0,0		+0,0													
15°	−0,9	−2,0	−0,8	−1,5	−0,3		−0,5		−1,0	−1,5	−1,2	−2,0	−1,4	−2,0	−0,6	−1,2	−0,3	
	+0,2		+0,2		+0,2													
30°	−0,5	−1,5	−0,5	−1,5	−0,2		−0,4		−0,7	−1,2	−0,5		−1,4	−2,0	−0,8	−1,2	−0,2	
	+0,5		+0,7		+0,4													
45°	−0,0		−0,0		−0,0		−0,3		−0,6		−0,3		−1,3	−2,0	−0,8	−1,2	−0,2	
	+0,7		+0,7		+0,6													
60°							−0,3		−0,6		−0,3		−1,2	−2,0	−0,4		−0,2	
	+0,7		+0,7		+0,7													
75°							−0,3		−0,6		−0,3		−1,2	−2,0	−0,4		−0,2	
	+0,8		+0,8		+0,8													

Für die Anströmrichtung von $\theta = 0°$ (Wind quer zur Firstrichtung) und Neigungswinkel zwischen 5° und 45° ändert sich der Druck auf der Luvseite schnell zwischen positiven und negativen Werten; aus diesem Grund werden sowohl positive als auch negative Druckbeiwerte angegeben. Außerdem sind bei solchen Dächern zwei Fälle separat zu berücksichtigen:

1. Ausschließlich positive Werte und
2. ausschließlich negative Werte.

Das Mischen von positiven und negativen Werten auf einer Dachfläche ist nicht zulässig.

Für Dachneigungen zwischen den angegebenen Werten darf linear interpoliert werden, sofern nicht das Vorzeichen der Druckbeiwerte wechselt. Der Wert Null ist für Interpolationszwecke angegeben.

Die luvseitige Dachneigung ist maßgebend für die Druckbeiwerte.

a) Sheddach: Anströmrichtung auf hohe Traufe
(Hinweis: es gelten die Druckbeiwerte für Pultdächer für $\theta = 0°$)

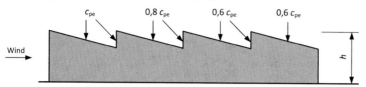

b) Sheddach: Anströmrichtung auf niedrige Traufe
(Hinweis: es gelten die Druckbeiwerte für Pultdächer für $\theta = 180°$)

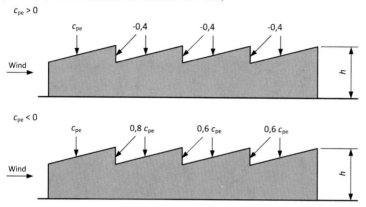

Hinweis: Bei einer Anströmrichtung parallel zu den Firsten sind die c_{pe}-Werte für Pultdächer für $\theta = 90°$ zu verwenden.

c) Gereihtes Satteldach: Anströmrichtung auf niedrige Traufe

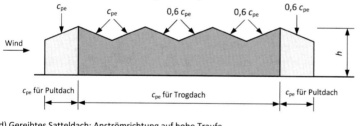

d) Gereihtes Satteldach: Anströmrichtung auf hohe Traufe

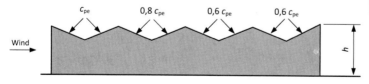

Hinweis: Bei einer Anströmrichtung parallel zu den Firsten sind die c_{pe}-Werte für Trogdächer für $\theta = 90°$ zu verwenden.

Anmerkung 1: Für die Konfiguration b müssen. Abhängig vom Vorzeichen des Druckbeiwertes c_{pe} der ersten Dachfläche, zwei Fälle untersucht werden.

Anmerkung 2: Für die Konfiguration c ist der erste c_{pe}-Wert der c_{pe}-Wert eines Pultdaches, die folgenden Werte sind jene eines Trogdaches

Abb. 9.6 Außendruckbeiwerte bei Sheddächern (n. DIN EN 1991-1-4, Abb. 7.10); Anmerkung 1: Für die Konfiguration (b) müssen, abhängig vom Vorzeichen des Druckbeiwertes c_{pe} der ersten Dachfläche, zwei Fälle untersucht werden; Anmerkung 2: Für die Konfiguration (c) ist der erste c_{pe}-Wert der c_{pe}-Wert eines Pultdaches, die folgenden c_{pe}-Werte sind jene eines Trogdaches

Tab. 9.43 Außendruckbeiwerte für Trogdächer bei Anströmrichtung $\theta = 0°$ (n. DIN EN 1991-1-4, Tab. 7.4a)

Trogdächer – Anströmrichtung $\theta = 0°$ [2]

Dachneigungs-winkel α [1]	Bereich									
	F		G		H		I		J	
	$c_{pe,10}$	$c_{pe,1}$	$c_{pe,10}$	$c_{pe,1}$	$c_{pe,10}$	$c_{pe,1}$	$c_{pe,10}$	$c_{pe,1}$	$c_{pe,10}$	$c_{pe,1}$
−5°	−2,3	−2,5	−1,2	−2,0	−0,8	−1,2	+0,2		+0,2	
							−0,6		−0,6	
−15°	−2,5	−2,8	−1,3	−2,0	−0,9	−1,2	−0,5		−0,7	−1,2
−30°	−1,1	−2,0	−0,8	−1,5	−0,8		−0,8		−0,8	−1,4
−45°	−0,6		−0,6		−0,8		−0,7		−1,0	−1,5

[1]Für Dachneigungswinkel zwischen den angegebenen Werten darf linear interpoliert werden, sofern das Vorzeichen der Druckbeiwerte nicht wechselt. Der Wert Null (+0,0 bzw. −0,0) ist für Interpolationszwecke angegeben. Für Dachneigungswinkel unter 5° sind die Druckbeiwerte für Flachdächer (6.10.3.5) zu verwenden

[2]Für die Anströmrichtung $\theta = 0°$ und Neigungswinkeln von −5° bis +45° ändert sich der Druck schnell zwischen positiven und negativen Werten. Daher werden sowohl der positive als auch der negative Druckbeiwert angegeben. Bei solchen Dächern sind vier Fälle zu berücksichtigen, bei denen jeweils der kleinste bzw. größte Wert für die Bereiche F, G und H mit den kleinsten bzw. größten Werte der Bereiche I und J kombiniert werden. Das Mischen von positiven und negativen Werten auf einer Dachfläche ist nicht zulässig

Tab. 9.44 Außendruckbeiwerte für Trogdächer bei Anströmrichtung $\theta = 90°$ (n. DIN EN 1991-1-4, Tab. 7.4b)

Trogdächer – Anströmrichtung $\theta = 90°$								
	Bereich							
	F		**G**		**H**		**I**	
Neigungswinkel α [1]	$c_{pe,10}$	$c_{pe,1}$	$c_{pe,10}$	$c_{pe,1}$	$c_{pe,10}$	$c_{pe,1}$	$c_{pe,10}$	$c_{pe,1}$
$-5°$	$-1{,}8$	$-2{,}5$	$-1{,}2$	$-2{,}0$	$-0{,}7$	$-1{,}2$	$-0{,}6$	$-1{,}2$
$-15°$	$-1{,}9$	$-2{,}5$	$-1{,}2$	$-2{,}0$	$-0{,}8$	$-1{,}2$	$-0{,}8$	$-1{,}2$
$-30°$	$-1{,}5$	$-2{,}1$	$-1{,}2$	$-2{,}0$	$-1{,}0$	$-1{,}3$	$-0{,}9$	$-1{,}2$
$-45°$	$-1{,}4$	$-2{,}0$	$-1{,}2$	$-2{,}0$	$-1{,}0$	$-1{,}3$	$-0{,}9$	$-1{,}2$

[1]Zwischenwerte dürfen linear interpoliert werden, sofern nicht das Vorzeichen der Druckbeiwerte wechselt

- Die Kraftbeiwerte c_f und Gesamtdruckbeiwerte berücksichtigen die resultierende Windbelastung auf Ober- und Unterseite des Daches für alle Anströmrichtungen. Zwischenwerte dürfen linear interpoliert werden.
- Auf der Leeseite der maximalen Versperrung sind $c_{p,net}$-Werte für $\varphi = 0$ anzusetzen.
- Bei der Bemessung sind ggfs. Reibungskräfte, die auf der Dachoberfläche wirken, zu berücksichtigen; siehe Norm.

Für freistehende Pultdächer wird auf die Norm verwiesen.

9.4.11 Vordächer

Aerodynamische Beiwerte für Vordächer siehe Tab. 9.46. Abmessungen und Einteilung der Flächen nach Abb. 9.11.

Weiterhin gelten folgende Regelungen:

- Die Druckbeiwerte gelten für ebene Vordächer, die an eine Gebäudewand angeschlossen sind und eine maximale Auskragung von 10 m sowie eine Dachneigung von bis zu $\pm 10°$ bezogen zur Horizontalen aufweisen.
- Die Werte $c_{p,net}$ sind Druckbeiwerte für die Resultierende der Winddrücke an der Ober- und der Unterseite.
- Der horizontale Abstand des Vordaches von der Gebäudeecke hat auf die Druckbeiwerte keinen Einfluss, sie gelten unabhängig vom Abstand.

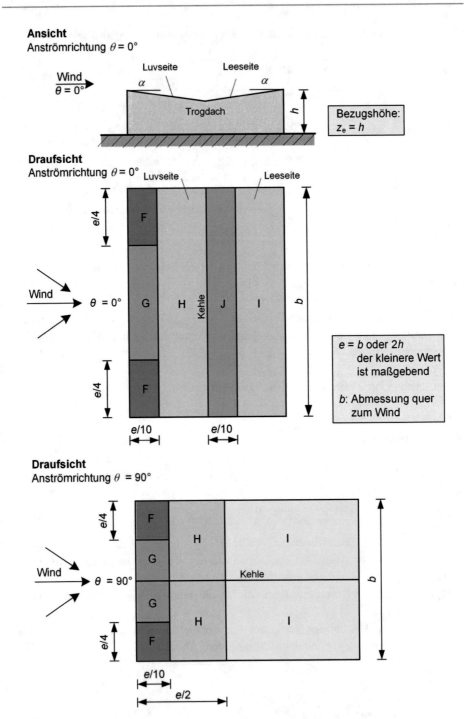

Abb. 9.7 Einteilung der Dachflächen bei Trogdächern (n. DIN EN 1991-1-4, Abb. 7.8)

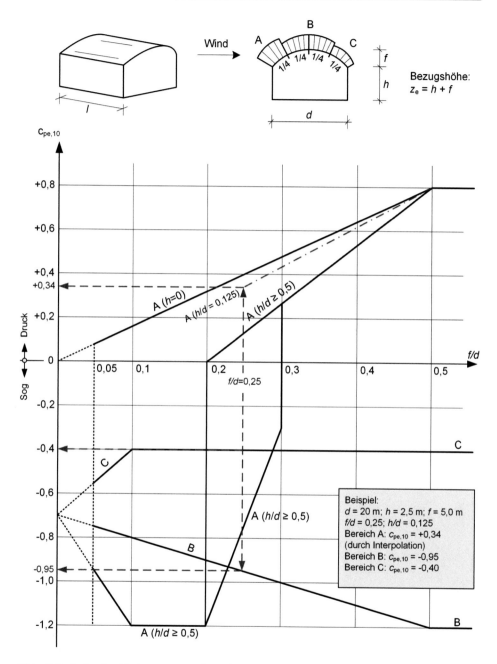

Abb. 9.8 Außendruckbeiwerte $c_{pe,10}$ für gekrümmte Dächer von Baukörpern mit rechteckigem Grundriss (n. DIN EN 1991-1-4, Abb. 7.11)

Tab. 9.45 Kraftbeiwerte und Gesamtdruckbeiwerte für freistehende Sattel- und Trogdächer (n. DIN EN 1991-1-4, Tab. 7.7)

Neigungswinkel α	Versperrungsgrad φ	Kraftbeiwert c_f	Gesamtdruckbeiwerte $c_{p,net}$			
			Bereich A	Bereich B	Bereich C	Bereich D
$-20°$	Maximum alle φ	+0,7	+0,8	+1,6	+0,6	+1,7
	Minimum $\varphi = 0$	−0,7	−0,9	−1,3	−1,6	−0,6
	Minimum $\varphi = 1$	−1,3	−1,5	−2,4	−2,4	−0,6
$-15°$	Maximum alle φ	+0,5	+0,6	+1,5	+0,7	+1,4
	Minimum $\varphi = 0$	−0,6	−0,8	−1,3	−1,6	−0,6
	Minimum $\varphi = 1$	−1,4	−1,6	−2,7	−2,6	−0,6
$-10°$	Maximum alle φ	+0,4	+0,6	+1,4	+0,8	+1,1
	Minimum $\varphi = 0$	−0,6	−0,8	−1,3	−1,5	−0,6
	Minimum $\varphi = 1$	−1,4	−1,6	−2,7	−2,6	−0,6
$-5°$	Maximum alle φ	+0,3	+0,5	+1,5	+0,8	+0,8
	Minimum $\varphi = 0$	−0,5	−0,7	−1,3	−1,6	−0,6
	Minimum $\varphi = 1$	−1,3	−1,5	−2,4	−2,4	−0,6
$+5°$	Maximum alle φ	+0,3	+0,6	+1,8	+1,3	+0,4
	Minimum $\varphi = 0$	−0,6	−0,6	−1,4	−1,4	−1,1
	Minimum $\varphi = 1$	−1,3	−1,3	−2,0	−1,8	−1,5

+10°	Maximum alle φ	+0,4	+0,7	+1,8	+1,4	+0,4
	Minimum $\varphi = 0$	−0,7	−0,7	−1,5	−1,4	−1,4
	Minimum $\varphi = 1$	−1,3	−1,3	−2,0	−1,8	−1,8
+15°	Maximum alle φ	+0,4	+0,9	+1,9	+1,4	+0,4
	Minimum $\varphi = 0$	−0,8	−0,9	−1,7	−1,4	−1,8
	Minimum $\varphi = 1$	−1,3	−1,3	−2,2	−1,6	−2,1
+20°	Maximum alle φ	+0,6	+1,1	+1,9	+1,5	+0,4
	Minimum $\varphi = 0$	−0,9	−1,2	−1,8	−1,4	−2,2
	Minimum $\varphi = 1$	−1,3	−1,4	−2,2	−1,6	−2,1
+25°	Maximum alle φ	+0,7	+1,2	+1,9	+1,6	+0,5
	Minimum $\varphi = 0$	−1,0	−1,4	−1,9	−1,4	−2,0
	Minimum $\varphi = 1$	−1,3	−1,4	−2,0	−1,5	−2,0

Positive Werte bedeuten eine nach unten gerichtete resultierende Windlast
Negative Werte bedeuten eine nach oben gerichtete resultierende Windlast
Der Versperrungsgrad φ ist das Verhältnis der versperrten Fläche zur Gesamtquerschnittsfläche

Satteldächer

Trogdächer

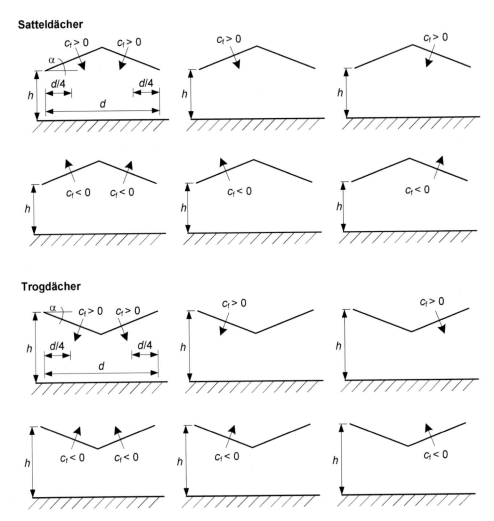

Abb. 9.9 Lastanordnungen bei freistehenden Sattel- und Trogdächern (n. DIN EN 1991-1-4, Abb. 7.17)

Abb. 9.10 Bereichseinteilung bei freistehenden Sattel- und Trogdächern (n. DIN EN 1991-1-4. Tab. 7.7)

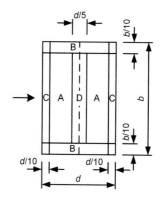

Tab. 9.46 Aerodynamische Beiwerte $c_{p,net}$ für den resultierenden Druck an Vordächern (n. DIN EN 1991-1-4/NA, Tab. NA.V.1)

Höhenverhältnis h_1/h	Bereich A			B		
		Aufwärtslast			Aufwärtslast	
	Abwärtslast	$h_1/d_1 \leq 1,0$	$h_1/d_1 \geq 3,5$	Abwärtslast	$h_1/d_1 \leq 1,0$	$h_1/d_1 \geq 3,5$
$\leq 0,1$	1,1	−0,9	−1,4	0,9	−0,2	−0,5
0,2	0,8	−0,9	−1,4	0,5	−0,2	−0,5
0,3	0,7	−0,9	−1,4	0,4	−0,2	−0,5
0,4	0,7	−1,0	−1,5	0,3	−0,2	−0,5
0,5	0,7	−1,0	−1,5	0,3	−0,2	−0,5
0,6	0,7	−1,1	−1,6	0,3	−0,4	−0,7
0,7	0,7	−1,2	−1,7	0,3	−0,7	−1,0
0,8	0,7	−1,4	−1,9	0,3	−1,0	−1,3
0,9	0,7	−1,7	−2,2	0,3	−1,3	−1,6
1,0	0,7	−2,0	−2,5	0,3	−1,6	−1,9

Für Zwischenwerte $1,0 < h_1/d_1 < 3,5$ ist linear zu interpolieren; Zwischenwerte h_1/h dürfen linear interpoliert werden

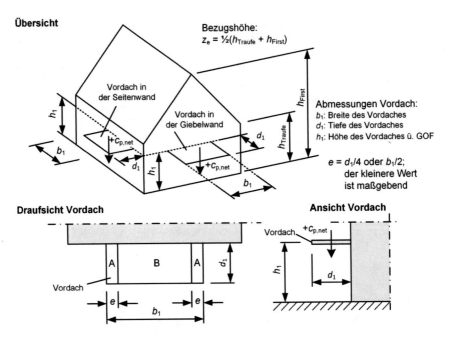

Abb. 9.11 Abmessungen und Einteilung der Flächen für Vordächer (in Anlehnung an DIN EN 1991-1-4/NA, Abb. NA.V.1)

9.4.12 Innendruck

Innendruckbeiwerte sind in Tab. 9.47 angegeben (Abb. 9.12).

Tab. 9.47 Innendruckbeiwerte (n. DIN EN 1991-1-4+NA, 7.2.9)

Gebäude, Bauteil			Innendruckbeiwert c_{pi}
Gebäude mit einer dominanten Seite [1]	Verhältnis Gesamtfläche der Öffnungen in der dominanten Seite zur Summe der Öffnungen in den restl. Seitenflächen [2]	≥3	$c_{pi} = 0{,}90 \times c_{pe}$ [3]
		2	$c_{pi} = 0{,}75 \times c_{pe}$ [3]
Gebäude ohne eine dominante Seite, d. h. gleichmäßig verteilte Öffnungen [4]			c_{pi} nach Abb. 9.12
Offene Silos und Schornsteine			$c_{pi} = -0{,}60$
Belüftete Tanks mit kleinen Öffnungen			$c_{pi} = -0{,}40$

Bezugshöhe:
- Als Bezugshöhe z_i für den Innendruck ist die Bezugshöhe z_e für den Außendruck der Sei-tenflächen mit Öffnungen anzusetzen, wobei der größte Wert maßgebend ist.
- Bei offenen Silos, Schornsteinen und belüfteten Tanks ist als Bezugshöhe z_i die Höhe des Bauwerks h anzunehmen.

Weitere Regeln:
- Bei Außenwänden mit einer Grundundichtigkeit von ≤1 % braucht der Innendruck nicht berücksichtigt zu werden, wenn die Öffnungen über die Außenwände gleichmäßig verteilt sind.
- Bei einer Öffnungsfläche größer als 30 % an mindestens zwei Seiten eines Gebäudes (Fassade oder Dach) gelten die Seiten als offen. Die Windlast ist dann wie für freistehende Dächer bzw. Wände zu berechnen.
- Fenster oder Türen dürfen als geschlossen angesehen werden, sofern sie nicht bei einem Sturm betriebsbedingt geöffnet werden müssen (z. B. Ausfahrtstore von Gebäuden mit Rettungsdiensten). Der Lastfall mit geöffneten Fenstern oder Türen gilt als außergewöhnliche Bemessungssituation; sie ist insbesondere bei Gebäuden mit großen Innenwänden, die bei Öffnungen in der Gebäudehülle die gesamte Windlast abtragen müssen, zu überprüfen.

Erläuterung der Fußnoten:
[1] Als dominante Seite wird die Gebäudeseite bezeichnet, bei der die Gesamtfläche der Öffnungen mindestens doppelt so groß ist wie die Summe der Öffnungen in den restlichen Seitenflächen (gilt auch für einzelne Innenräume)
[2] Zwischenwerte dürfen linear interpoliert werden
[3] c_{pe}-Wert = Außendruckbeiwert der dominanten Seite. Bei unterschiedlichen Außendruckbeiwerten auf der dominanten Seite ist ein mit den Öffnungsflächen gewichteter Mittelwert für c_{pe} zu ermitteln
[4] Bei Gebäuden ohne eine dominante Seite ist der Innendruckbeiwert abhängig von der Höhe h und der Tiefe d des Gebäudes sowie vom Flächenparameter μ
$\mu = A_1/A$
A_1 Gesamtfläche der Öffnungen in den leeseitigen und windparallelen Flächen mit $c_{pe} \leq 0$
A Gesamtfläche aller Öffnungen

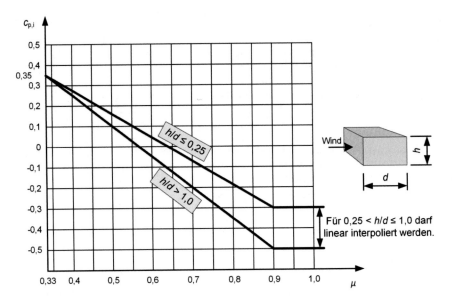

Abb. 9.12 Innendruckbeiwerte für Gebäude ohne eine dominante Seite, d. h. mit gleichmäßig verteilten Öffnungen (n. DIN EN 1991-1-4, Abb. 7.13)

9.4.13 Anzeigetafeln

Kraftbeiwerte c_f für Anzeigetafeln sind in Abhängigkeit vom Bodenabstand und Abmessungsverhältnis der Anzeigetafel in Tab. 9.48 angegeben (Abb. 9.13).

Tab. 9.48 Kraftbeiwerte für Anzeigetafeln

Bodenabstand z_g	Abmessungsverhältnis b/h	Kraftbeiwert c_f
$z_g \geq h/4$	keine Einschränkungen	1,80
$z_g < h/4$	$b/h \leq 1$	1,80
	$b/h > 1$	Berechnung wie freistehende Wand (siehe Norm)

Die resultierende Kraft senkrecht zur Anzeigetafel ist in Höhe des Flächenschwerpunktes der Anzeigetafel mit einer horizontalen Ausmitte von $\pm0{,}25b = b/4$ anzusetzen (Abb. 9.13).
Bezugshöhe: $z_e = z_g + h/2$
Bezugsfläche: $A_{ref} = b \cdot h$

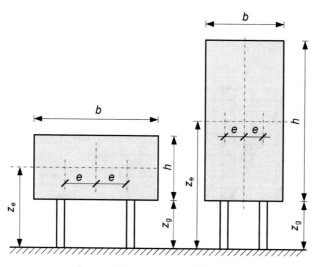

Bezugshöhe: $z_e = z_g + h/2$
Bezugsfläche: $A_{ref} = b \times h$
Ausmitte des Lastangriffs: $e = \pm b/4$

Abb. 9.13 Abmessungen bei Anzeigetafeln (n. DIN EN 1991-1-4, Abb. 7.21)

9.4.14 Bauteile mit rechteckigem Querschnitt

Kraftbeiwerte für Bauteile mit rechteckigem Querschnitt sind in Tab. 9.49 angegeben (Abb. 9.14 und 9.15).

Tab. 9.49 Kraftbeiwerte für Bauteile mit rechteckigem Querschnitt

Kraftbeiwert: $c_f = c_{f,0} \cdot \psi_f$ ψ_λ	$c_{f,0}$ Grundkraftbeiwert nach Abb. 9.14 Ψ_r Abminderungsfaktor für quadratische Querschnitte mit abgerundeten Ecken nach Abb. 9.15 Ψ_λ Abminderungsfaktor zur Berücksichtigung der Schlankheit nach 9.56
Bezugsfläche: $A_{ref} = l \cdot b$	l Länge des betrachteten Abschnittes b Breite bzw. Höhe des Abschnittes

Bezugshöhe:
Als Bezugshöhe z_e ist die maximale Höhe des betrachteten Abschnitts über Geländeoberkante anzusetzen.
Für plattenartige Querschnitte mit dem Verhältnis $d/b < 0{,}2$ kann es bei bestimmten Anströmrichtungen zu einem Ansteigen der Kraftbeiwerte um bis zu 25 % kommen. Ursache hierfür sind Auftriebskräfte.

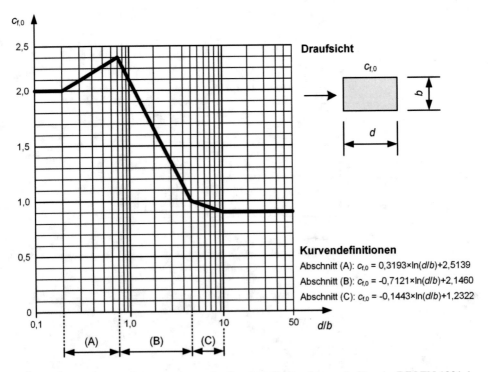

Abb. 9.14 Grundkraftbeiwerte $c_{f,0}$ von scharfkantigen Rechteckquerschnitten (n. DIN EN 1991-1-4, Abb. 7.23)

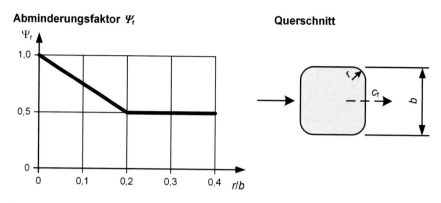

Abb. 9.15 Abminderungsfaktor Ψ_r (n. DIN EN 1991-1-4, Abb. 7.24)

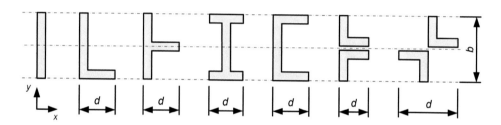

Abb. 9.16 Bauteile mit kantigem Querschnitt (n. DIN EN 1991-1-4, Abb. 7.25)

Tab. 9.50 Kraftbeiwerte für Bauteile mit kantigem Querschnitt

Kraftbeiwert: $c_f = c_{f,0} \cdot \psi_\lambda$	$c_{f,0}$ Grundkraftbeiwert für Bauteile nach Abb. 9.16 mit unendlicher Schlankheit. Auf der sicheren Seite liegend ist $c_{f,0} = 2{,}0$ anzunehmen (gilt für alle Antrömrichtungen; genauere Angaben siehe Norm (DIN EN 1991-1-4)) Ψ_λ Abminderungsfaktor zur Berücksichtigung der Schlankheit nach 9.56
Bezugsflächen: x-Richtung: $A_{\text{ref},x} = l \cdot b$ y-Richtung: $A_{\text{ref},y} = l \cdot d$	l Länge des betrachteten Abschnittes b und d siehe Abb. 9.16
Bezugshöhe: z_e ist die maximale Höhe des betrachteten Abschnitts über Geländeoberkante	

9.4.15 Bauteile mit kantigem Querschnitt

Kraftbeiwerte für Bauteile mit kantigem Querschnitt (Abb. 9.16) sind in Tab. 9.50 angegeben.

9.4.16 Fachwerke

Kraftbeiwerte für Fachwerke sind in Tab. 9.51 angegeben (Abb. 9.17).

Tab. 9.51 Kraftbeiwerte für Fachwerke

Kraftbeiwert:
$c_f = c_{f,0} \cdot \psi_\lambda$
	$c_{f,0}$ Grundkraftbeiwert für Fachwerke mit unendlicher Schlankheit nach
	  Abb. 9.17 in Abhängigkeit vom Völligkeitsgrad φ und der Reynoldszahl
	  Re (nur bei kreisförmigen Querschnitten)
	ψ_λ Abminderungsfaktor zur Berücksichtigung der Schlankheit nach 9.56

Völligkeitsgrad:
$\varphi = A/A_c$
	A Summe der projizierten Fläche der Stäbe und Knotenbleche der betrachteten
	  Seite
	A_c die von den Umrandungen der betrachteten Seite eingeschlossene senkrechte
	  Projektion der Fläche $A_c = b \cdot l$

Reynoldszahl: Re $= v \cdot b/\nu$	$v = \sqrt{(2\,q/\rho)}$ Anströmgeschwindigkeit, in m/s q Geschwindigkeitsdruck in kN/m² ρ Luftdichte (1,25 kg/m³) b Stabbreite des größten Gurtstabes in m ν kinematische Zähigkeit, $\nu = 15 \cdot 10^{-6}$ m²/s

Bezugsfläche: $A_{ref} = A$
Bezugshöhe: z_e ist gleich der Oberkante des betrachteten Abschnitts

Grundkraftbeiwert $c_{f,0}$

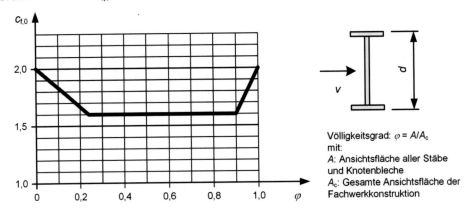

Abb. 9.17 Grundkraftbeiwert $c_{f,0}$ für ein ebenes Fachwerk aus abgewinkelten und scharfkantigen Profilen in Abhängigkeit vom Völligkeitsgrad φ (n. DIN EN 1991-1-4, Abb. 7.33; für räumliche Fachwerke wird auf die Norm verwiesen)

9.4.17 Flaggen

Kraftbeiwerte für Flaggen sind in Abhängigkeit von der Flaggenart sowie der Bezugsfläche der Flagge in Tab. 9.52 angegeben.

9.4.18 Freistehende Wände

Druckbeiwerte für freistehende Wände und Brüstungen sind in Tab. 9.53 angegeben. Bereichseinteilung der Wand nach Abb. 9.18.

Tab. 9.52   Kraftbeiwerte für Flaggen (n. DIN EN 1991-1-4, Tab. 7.15)

Art	Bezugsfläche A_{ref}		Kraftbeiwert c_f
Allseitig befestigte Flaggen	$h \cdot l$		1,8
Frei flatternde Flaggen	Rechteckige Flaggen:	$h \cdot l$	$0,02 + 0,7 \cdot \frac{m_f}{\rho \cdot h} \cdot \left(\frac{A_{ref}}{h^2} \right)^{-1,25}$
	Dreieckförmige Flaggen:	$0,5 \cdot h \cdot l$	
m_f Masse je Flächeneinheit der Flagge ρ Luftdichte ($\rho = 1,25$ kg/m^3) h Höhe der Flagge über Grund			Die Formeln schließen die dynamischen Kräfte auf Grund des Flatterns mit ein. Bezugshöhe z_e ist gleich der Höhe der Oberkante der Flagge über Geländeoberfläche.

Tab. 9.53   Druckbeiwerte $c_{p,net}$ für freistehende Wände und Brüstungen (n. DIN EN 1991-1-4, Tab. 7.9)

Völligkeitsgrad [3]	Bereich		A	B	C	D
$\varphi = 1$	gerade Wand	$l/h \leq 3$	2,3	1,4	1,2	1,2
		$l/h = 5$	2,9	1,8	1,4	1,2
		$l/h \geq 10$	3,4	2,1	1,7	1,2
	abgewinkelte Wand mit Schenkellänge $\geq h$ [1,2]		$\pm 2,1$	$\pm 1,8$	$\pm 1,4$	$\pm 1,2$
$\varphi = 0,8$			$\pm 1,2$	$\pm 1,2$	$\pm 1,2$	$\pm 1,2$

[1]Für Längen des abgewinkelten Wandstücks zwischen 0 und h darf linear interpoliert werden
[2]Das Mischen von positiven und negativen Werten ist nicht gestattet
[3]Völligkeitsgrad: $\varphi = 1$: vollkommen geschlossene Wand; $\varphi = 0,8$: Wand, die zu 20 % offen ist. Bezugsfläche ist gleich Gesamtfläche der Wand. Für Völligkeitsgrade zwischen 0,8 und 1 können die Beiwerte linear interpoliert werden. Für durchlässige Wände mit Völligkeitsgraden $\varphi < 0,8$ sind die Beiwerte wie für ebene Fachwerke zu ermitteln

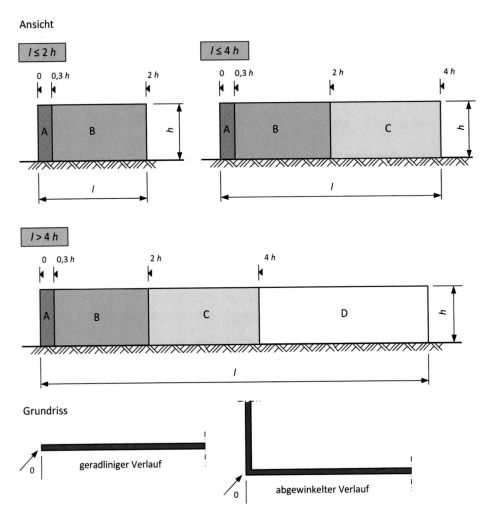

Abb. 9.18 Flächeneinteilung bei freistehenden Wänden und Brüstungen (n. DIN EN 1991-1-4, Abb. 7.19)

9.4.19 Kreiszylinder

Für Kreiszylinder werden Außendruckbeiwerte (für die Ermittlung von Winddrücken) und Kraftbeiwerte (für die Ermittlung von Windkräften) angegeben (Abb. 9.19).

Außendruckbeiwerte
Außendruckbeiwerte für Kreiszylinder und zylindrische Querschnitte sind von der Reynoldszahl abhängig. Die Berechnung erfolgt mit den Angaben in Tab. 9.54.

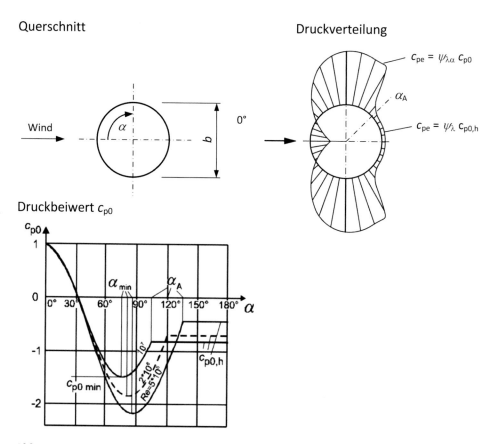

Abb. 9.19 Druckverteilung über einen unendlich schlanken, zylindrischen Kreisquerschnitt (n. DIN EN 1991-1-4, Abb. 7.27)

Tab. 9.54 Außendruckbeiwerte für Kreiszylinder

Außendruckbeiwert c_{pe}: $c_{pe} = c_{p,0} \cdot \Psi_{\lambda\alpha}$	$c_{p,0}$ Außendruckbeiwert eines Zylinders mit unendlicher Schlankheit λ (nach Abb. 9.19) $\psi_{\lambda\alpha}$ Abminderungsfaktor zur Berücksichtigung der Schlankheit, der die Umströmung der Enden eines Kreiszylinders berücksichtigt
Abminderungsfaktor $\psi_{\lambda\alpha}$: $\psi_{\lambda\alpha} = 1 \quad$ für $0° \leq \alpha \leq \alpha_{min}$ $\psi_{\lambda\alpha} = \psi_\lambda + (1 - \psi_\lambda) \cdot \cos\left(\frac{\pi}{2} \cdot \left(\frac{\alpha - \alpha_{min}}{\alpha_A - \alpha_{min}}\right)\right) \quad$ für $\alpha_{min} < \alpha < \alpha_A$ $\psi_{\lambda\alpha} = \psi_\lambda \quad$ für $\alpha_A \leq \alpha \leq 180°$ Darin bedeuten: α_A Lage der Strömungsablösung am Umfang ψ_λ Abminderungsfaktor zur Berücksichtigung der Schlankheit n. Tab. 9.58	
Reynoldszahl: $Re = b \cdot v(z_e)/\nu$	b Durchmesser ν kinematische Zähigkeit der Luft ($\nu = 15 \times 10^{-6}$ m²/s) $v(z_e)$ Böengeschwindigkeit in der Höhe z_e

Typische Werte für Re, α_{min}, $c_{p0,min}$, α_A und $c_{p0,h}$ für unendlich schlanke, kreisrunde, zylindrische Querschnitte siehe Tab. 9.55.

Als Bezugshöhe z_e ist die größte Höhe des betrachteten Bauteilabschnittes über Geländeoberkante anzunehmen.

Tab. 9.55 Typische Werte für Re, α_{min}, $c_{p0,min}$, α_A und $c_{p0,h}$ für unendlich schlanke, kreisrunde, zylindrische Querschnitte (n. DIN EN 1991-1-4, Tab. 7.12)

Reynoldszahl Re	Winkel α_{min}	Außendruckbeiwert $c_{p,0,min}$	Winkel α_A	Außendruckbeiwert $c_{p0,h}$
5×10^5	85°	−2,2	135°	−0,4
2×10^6	80	−1,9	120	−0,7
10^7	75	−1,5	105	−0,8

α_{min} Lage des minimalen Druckes; $c_{p,0,min}$ Wert des minimalen Außendruckbeiwertes; α_A Lage der Ablöselinie; $c_{p0,h}$ Außendruckbeiwert am Heck

Hinweise:

- Die Angaben in Abb. 9.19 und Tab. 9.55 beruhen auf einer Reynoldszahl bei einer Böengeschwindigkeit von $v = \sqrt{(2\,q_p/\rho)}$.

  Darin sind: q_p = Böengeschwindigkeitsdruck in kN/m², $\rho = 1,25$ kg/m³ Dichte der Luft
- Die Angaben in Abb. 9.19 beruhen auf einer äquivalenten Rauigkeit $k/b < 5 \times 10^{-4}$. Typische Werte für k/b sind in Tab. 9.57 angegeben.

Kraftbeiwerte

Kraftbeiwerte für Kreiszylinder sind von der Reynoldszahl und von der Rauigkeit der Oberfläche abhängig. Berechnung siehe Tab. 9.56 und Abb. 9.20.

Tab. 9.56 Kraftbeiwerte für Kreiszylinder

Kraftbeiwert: $c_f = c_{f,0} \cdot \Psi_\lambda$	$c_{f,0}$ Grundkraftbeiwert eines Zylinders mit unendlicher Schlankheit nach Abb. 9.20 ψ_λ Abminderungsfaktor zur Berücksichtigung der Schlankheit nach Tab. 9.58
	Hinweis: Für Drahtlitzenseile ist der Grundkraftbeiwert unabhängig von der Reynoldszahl mit $c_{f,0} = 1{,}2$ anzunehmen.
Reynoldszahl: $\mathrm{Re} = b \cdot v(z_e)/\nu$	b Durchmesser ν kinematische Zähigkeit der Luft ($\nu = 15 \times 10^{-6}\ \mathrm{m^2/s}$) $v(z_e)$ Böengeschwindigkeit in der Höhe z_e
	Typische Werte für Re, α_{min}, $c_{p0,min}$, α_A und $c_{p0,h}$ für unendlich schlanke, kreisrunde, zylindrische Querschnitte siehe Tab. 9.55.
Bezugsfläche A_{ref}: $A_{ref} = l \cdot b$	l Länge des Kreiszylinders bzw. Länge des betrachteten Kreiszylinderabschnittes b Breite des Kreiszylinders (d. h. Ansichtsbreite bzw. Außendurchmesser).
	Als Bezugshöhe z_e ist die größte Höhe des betrachteten Bauteilabschnittes über Geländeoberkante anzunehmen.

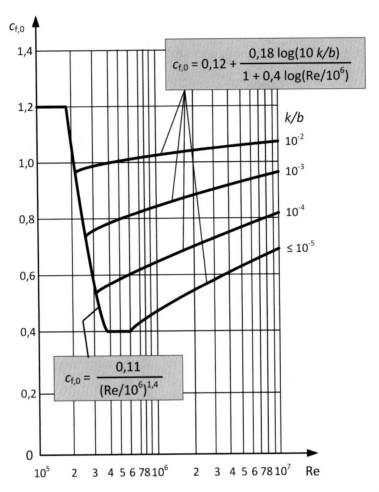

Abb. 9.20 Grundkraftbeiwert $c_{f,0}$ von kreisrunden Zylindern mit unendlicher Schlankheit für verschiedene bezogene Rauigkeiten (n. DIN EN 1991-1-4, Abb. 7.28)

Äquivalente Rauigkeit (Tab. 9.57)

Tab. 9.57 Äquivalente Rauigkeit (n. DIN EN 1991-1-4, Tab. 7.13)

Oberfläche (Neuzustand)	Äquivalente Rauigkeit k mm
Glas	0,0015
Poliertes Metall	0,002
Dünn aufgetragene Farbe	0,006
Sprühfarbe	0,02
Blanker Stahl	0,05
Gusseisen	0,2
Verzinkter Stahl	0,2
Glatter Beton	0,2
Gehobeltes Holz	0,5
Rauer Beton	1,0
Grob gesägtes Holz	2,0
Rost	2,0
Mauerwerk	3,0

Hinweis: Die Werte gelten für den neuen Zustand. Für gealterte Oberflächen dürfen entsprechende im Nationalen Anhang (NA) festgelegt werden. Im NA für Deutschland (DIN EN 1991-1-4/NA) wird von dieser Möglichkeit kein Gebrauch gemacht. Hier wird auf die Literatur verwiesen.

9.4.20 Abminderungsfaktor zur Berücksichtigung der Schlankheit

Der Abminderungsfaktor Ψ_λ zur Berücksichtigung der Schlankheit ist in Abhängigkeit von der effektiven Schlankheit λ und dem Völligkeitsgrad φ zu ermitteln, siehe Abb. 9.21. Die effektive Schlankheit λ ergibt sich für verschiedene Baukörper nach Tab. 9.58. Für die Definition des Völligkeitsgrades siehe Abb. 9.22.

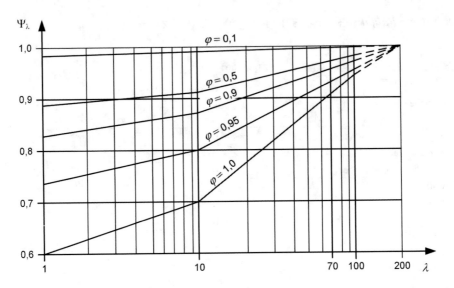

Abb. 9.21 Abminderungsfaktor Ψ_λ in Abhängigkeit von der effektiven Schlankheit λ für verschiedene Völligkeitsgrade φ (n. DIN EN 1991-1-4, Abb. 7.36)

Tab. 9.58 Effektive Schlankheit λ (n. DIN EN 1991-1-4, Tab. 7.16)

Zeilen-Nr.	Lage des Baukörpers, Anströmung senkrecht zur Blattebene	Effektive Schlankheit λ
0	$l > b$	$\lambda = l/b$ oder $\lambda = 2$, der größere Wert ist maßgebend
1	$b \leq l$	Für polygonale Querschnitte gilt: • für $l \geq 50$ m ist: $\lambda = 1{,}4 \cdot l/b$ oder $\lambda = 70$, der kleinere Wert ist maßgebend • für $l < 15$ m ist: $\lambda = 2 \cdot l/b$ oder $\lambda = 70$, der kleinere Wert ist maßgebend

(Fortsetzung)

Tab. 9.58 (Fortsetzung)

Zeilen-Nr.	Lage des Baukörpers, Anströmung senkrecht zur Blattebene	Effektive Schlankheit λ
2	$b \leq l$ $b_1 \leq 1{,}5b$ $b_1 \leq 1{,}5b$	Für Kreiszylinder gilt: • für $l \geq 50$ m ist: $\lambda = 0{,}7 \cdot l/b$ oder $\lambda = 70$, der kleinere Wert ist maßgebend • für $l < 15$ m ist: $\lambda = l/b$ oder $\lambda = 70$, der kleinere Wert ist maßgebend Zwischenwerte dürfen linear interpoliert werden.
3	$l/2$ $b/2$ b l	
4	b l $b \geq 2b$ $z_g \geq 2b$ $b_1 \geq 2{,}5b$ b	• für $l \geq 50$ m ist: $\lambda = 0{,}7 \cdot l/b$ oder $\lambda = 70$, der kleinere Wert ist maßgebend; • für $l < 15$ m ist: $\lambda = l/b$ oder $\lambda = 70$, der kleinere Wert ist maßgebend; Zwischenwerte dürfen linear interpoliert werden.

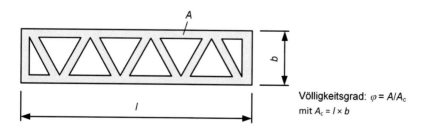

Völligkeitsgrad: $\varphi = A/A_c$
mit $A_c = l \times b$

Abb. 9.22 Definition des Völligkeitsgrades φ

9.5   Schneelast auf dem Boden

Charakteristische Werte der Schneelast auf dem Boden sind in Tab. 9.59 angegeben.

Tab. 9.59 Charakteristischer Wert der Schneelast auf dem Boden (n. DIN EN 1991-1-3/NA)

Zone	Charakteristische Schneelast auf dem Boden in kN/m²	Sockelbetrag (anzusetzender Mindestwert, falls der berechnete Wert nach der Gleichung links kleiner ist)
1	$s_k = 0,19 + 0,91 \cdot \left(\frac{A+140}{760}\right)^2$	min $s_k = 0,65$ kN/m² (bis ca. 400 m ü. NN maßgebend)
1a	$s_k = 1,25 \cdot \left[0,19 + 0,91 \cdot \left(\frac{A+140}{760}\right)^2\right]$	min $s_k = 1,25 \cdot 0,65 = 0,81$ kN/m²
2	$s_k = 0,25 + 1,91 \cdot \left(\frac{A+140}{760}\right)^2$	min $s_k = 0,85$ kN/m² (bis ca. 285 m ü. NN maßgebend)
2a	$s_k = 1,25 \cdot \left[0,25 + 1,91 \cdot \left(\frac{A+140}{760}\right)^2\right]$	min $s_k = 1,25 \cdot 0,85 = 1,06$ kN/m²
3	$s_k = 0,31 + 2,91 \cdot \left(\frac{A+140}{760}\right)^2$	min $s_k = 1,10$ kN/m² (bis ca. 255 m ü. NN maßgebend)

In den Gleichungen bedeutet:
A Höhe des Bauwerksstandortes über NN, in m ($A = Altitude$)

Hinweise: In Zone 3 können für bestimmte Lagen (z. B. Oberharz, Hochlagen des Fichtelgebirges, Reit im Winkl, Obernach/Walchensee) höhere Werte als nach der oben angegebenen Gleichung maßgebend sein. Angaben über die Schneelast in diesen Regionen sind bei den zuständigen Stellen einzuholen.
Regelungen für das Norddeutsche Tiefland siehe DIN EN 1991-1-3/NA.

9.6   Formbeiwerte für die Ermittlung von Schneelasten

Formbeiwerte für die Ermittlung der Schneelast auf dem Dach sind für Flach- und Pultdächer, Satteldächer sowie aneinandergereihte Satteldächer und Scheddächer in Tab. 9.60 angegeben. Weitere Formbeiwerte siehe Kap. 6 (Schneelasten) in diesem Werk.

Tab. 9.60 Formbeiwerte für Flach- und Pultdächer, Satteldächer sowie aneinandergereihte Satteldächer und Scheddächer

Dachart	Flach- und Pultdächer [1]	Satteldächer [1]	Innenfelder von aneinandergereihten Satteldächern und Scheddächern
Dachneigung	Formbeiwert μ_1	Formbeiwert μ_2	Formbeiwert μ_3
$0° \leq \alpha \leq 30°$	$\mu_1 = 0{,}8$	$\mu_2 = 0{,}8$	$\mu_3 = 0{,}8 + 0{,}8 \cdot \alpha/30°$
$30° < \alpha < 60°$	$\mu_1 = 0{,}8 \cdot (60° - \alpha)/30°$	$\mu_2 = 0{,}8 \cdot (60° - \alpha)/30°$	$\mu_3 = 1{,}6$
$\alpha \geq 60°$	$\mu_1 = 0$	$\mu_2 = 0$	$\mu_3 = 1{,}6$

[1]Sofern das Abrutschen des Schnees behindert wird (z. B. durch ein Schneefanggitter, Attika, Dachaufkantung o. Ä.) unabhängig vom Dachneigungswinkel für die Formbeiwerte μ_1 und μ_2 der Wert 0,8 anzusetzen.

Begrenzung des Formbeiwertes μ_3:
Der Formbeiwert μ_3 darf auf folgenden Wert begrenzt werden:
$\max \mu_3 = \gamma \cdot h/s_k + \mu_2$ bzw.
bei außergewöhnlichen Einwirkungen (Norddt. Tiefland) auf:
$\max \mu_3 = \gamma \cdot h/s_{Ad} + \mu_2$
γ Wichte des Schnees ($\gamma = 2$ kN/m³)
h Höhe des Firstes über der Traufe in m
s_k charakteristischer Wert der Schneelast auf dem Boden in kN/m²
s_{Ad} außergewöhnliche Schneelast im Norddeutschen Tiefland in kN/m²

Mittlerer Dachneigungswinkel α_m:
Für die Berechnung des Formbeiwertes der Innenfelder μ_3 ist der mittlere Dachneigungswinkel α_m anzusetzen.
Es gilt:
$\alpha_m = 0{,}5 \cdot (\alpha_1 + \alpha_2)$
mit: α_1, α_2 Dachneigungswinkel der aneinandergrenzenden Innenfelder

9.7 Schüttgutkennwerte für die Ermittlung von Silolasten

Schüttgutkennwerte für die Ermittlung von Silolasten sind in Tab. 9.61 angegeben.

Tab. 9.61 Schüttgutkennwerte (n. DIN EN 1991-4, Tab. E.1)

Art des Schüttgutes d), e)	Wichte b)		Böschungswinkel ϕ_r	Winkel der inneren Reibung ϕ_i		Horizontallastverhältnis K		Wandreibungskoeffizient c) μ (= tan ϕ_w) Wandtyp				Kennwert für Teilflächenlast
	γ_l unterer Wert	γ_u oberer Wert	ϕ_r	ϕ_{im} Mittelwert	a_ϕ Umrechnungsfaktor	K_m Mittelwert	a_K Umrechnungsfaktor	D1 Mittelwert	D2 Mittelwert	D3 Mittelwert	a_μ Umrechnungsfaktor	C_{op}
	kN/m³	kN/m³	Grad	Grad								
Allgemeines Schüttgut a)	6,0	22,0	40	35	1,3	0,50	1,5	0,32	0,39	0,50	1,40	1,0
Betonkies	17,0	18,0	36	31	1,16	0,52	1,15	0,39	0,49	0,59	1,12	0,4
Aluminium	10,0	12,0	36	30	1,22	0,54	1,20	0,41	0,46	0,51	1,07	0,5
Kraftfuttermischung	5,0	6,0	39	36	1,08	0,45	1,10	0,22	0,30	0,43	1,28	1,0
Kraftfutterpellets	6,5	8,0	37	35	1,06	0,47	1,07	0,23	0,28	0,37	1,20	0,7
Gerste (*)	7,0	8,0	31	28	1,14	0,59	1,11	0,24	0,33	0,48	1,16	0,5
Zement	13,0	16,0	36	30	1,22	0,54	1,20	0,41	0,46	0,51	1,07	0,5
Zementklinker (**)	15,0	18,0	47	40	1,20	0,38	1,31	0,46	0,56	0,62	1,07	0,7
Kohle (*)	7,0	10,0	36	31	1,16	0,52	1,15	0,44	0,49	0,59	1,12	0,6
Kohlestaub (*)	6,0	8,0	34	27	1,26	0,58	1,20	0,41	0,51	0,56	1,07	0,5
Koks	6,5	8,0	36	31	1,16	0,52	1,15	0,49	0,54	0,59	1,12	0,6
Flugasche	8,0	15,0	41	35	1,16	0,46	1,20	0,51	0,62	0,72	1,07	0,5
Mehl (*)	6,5	7,0	45	42	1,06	0,36	1,11	0,24	0,33	0,48	1,16	0,6
Eisenpellets	19,0	22,0	36	31	1,16	0,52	1,15	0,49	0,54	0,59	1,12	0,5
Kalkhydrat	6,0	8,0	34	27	1,26	0,58	1,20	0,36	0,41	0,51	1,07	0,6

Kalksteinmehl	11,0	13,0	36	30	1,22	0,54	1,20	0,41	0,51	0,56	1,07	0,5
Mais (*)	7,0	8,0	35	31	1,14	0,53	1,14	0,22	0,36	0,53	1,24	0,9
Phosphat	16,0	22,0	34	29	1,18	0,56	1,15	0,39	0,49	0,54	1,12	0,5
Kartoffeln	6,0	8,0	34	30	1,12	0,54	1,11	0,33	0,38	0,48	1,16	0,5
Sand	14,0	16,0	39	36	1,09	0,45	1,11	0,38	0,48	0,57	1,16	0,4
Schlackenklinker	10,5	12,0	39	36	1,09	0,45	1,11	0,48	0,57	0,67	1,16	0,6
Sojabohnen	7,0	8,0	29	25	1,16	0,63	1,11	0,24	0,38	0,48	1,16	0,5
Zucker (*)	8,0	9,5	38	32	1,19	0,50	1,20	0,46	0,51	0,56	1,07	0,4
Zuckerrübenpellets	6,5	7,0	36	31	1,16	0,52	1,15	0,35	0,44	0,54	1,12	0,5
Weizen (*)	7,5	9,0	34	30	1,12	0,54	1,11	0,24	0,38	0,57	1,16	0,5

Für Schüttgut, das in der Tabelle nicht aufgeführt ist, sollten Versuche zur Bestimmung der Kennwerte durchgeführt werden

a)Wenn sich die Durchführung von Versuchen z. B. aus Kostengründen nicht rechtfertigt, können die Kennwerte für „Allgemeines Schüttgut" verwendet werden. Diese Werte können bei kleinen Silos angemessen sein. Bei großen Silos führen diese Kennwerte i. d. R. zu einer unwirtschaftlichen Bemessung, d. h. hier sollten Versuche durchgeführt werden

b)Bei der Ermittlung der Silolasten ist immer der obere charakteristische Wert der Schüttgutwichte γ_u zu verwenden. Der untere charakteristische Wert γ_l ist für die Berechnung der Lagerkapazität des Silos heranzuziehen

c)Für den Wandtyp D4 (gewellte Wand) darf der Wandreibungskoeffizient mit den Verfahren nach DIN 1991-4, D.2 [9.6] abgeschätzt werden

d)Schüttgüter, die zur Staubexplosion neigen, werden mit dem Zeichen (*) gekennzeichnet

e)Schüttgüter, die zu Auslaufstörungen beim Entleeren infolge mechanischen Verzahnens neigen, sind mit dem Zeichen (**) genkennzeichnet

9.8   Bodenkenngrößen

Erfahrungswerte für Bodenkenngrößen sind in den folgenden Tab. 9.62, 9.63, 9.64 und 9.65 angegeben.

9.8.1   Nichtbindige Böden

Tab. 9.62 Erfahrungswerte der Wichte nichtbindiger Böden (n. DIN 1055-2, Tab. 1)

Bodenart	Kurzzeichen nach DIN 18196	Lagerungsdichte [a]	Wichte [b]		
			erd-feucht γ_k kN/m^3	gesättigt $\gamma_{r,k}$ kN/m^3	unter Auftrieb γ'_k kN/m^3
Kies, Sand eng gestuft	GE, SE mit $U < 6$	locker	16,0	18,5	8,5
		mitteldicht	17,0	19,5	9,5
		dicht	18,0	20,5	10,5
Kies, Sand weit oder intermittierend gestuft	GW, GI, SW, SI mit $6 \leq U \leq 15$	locker	16,5	19,0	9,0
		mitteldicht	18,0	20,5	10,5
		dicht	19,5	22,0	12,0
Kies, Sand weit oder intermittierend gestuft	GW, GI, SW, SI mit $U > 15$	locker	17,0	19,5	9,5
		mitteldicht	19,0	21,5	11,0
		dicht	21,0	22,5	12,5

[a]Die Werte gelten sowohl für gewachsene als auch für geschüttete nichtbindige Böden, wobei die Lagerung in beiden Fällen durch eine künstliche Verdichtung verbessert sein darf
[b]Die Werte sind charakteristische Mittelwerte mit einer möglichen Abweichung von $\Delta\gamma_k = \pm 1{,}0$ kN/m^3 bei erdfeuchtem bzw. über dem Grundwasser liegendem Boden und $\Delta\gamma_{r,k} = \Delta\gamma'_k = \pm 0{,}5$ kN/m^3 bei wassergesättigtem bzw. unter Auftrieb stehendem Boden. Werden nach DIN 1054 obere und untere Werte benötigt, dürfen diese aus den Tabellenwerten zuzüglich bzw. abzüglich der angegebenen möglichen Abweichung ermittelt werden

Tab. 9.63 Erfahrungswerte der Scherfestigkeit nichtbindiger Böden (n. DIN 1055-2, Tab. 2)
Reibungswinkel

Bodenart	Kurzzeichen nach DIN 18196	Lagerungs-dichte [a]	Spitzenwiderstand q_c in MN/m²	Reibungswinkel [b] φ'
Kies, Sand eng, weit oder intermittierend gestuft	GE, GW, GI SE, SW, SI	locker	$5{,}0 \leq q_c < 7{,}5$	30,0°
		mitteldicht	$7{,}5 \leq q_c < 15$	32,5°
		dicht	$q_c \geq 15$	35,0°

[a]Bestimmung der Lagerungsdichte des Bodens in Abhängigkeit vom Spitzenwiderstand von Drucksonden nach DIN 4094-1 oder in Abhängigkeit vom Eindringwiderstand von Rammsonden nach DIN 4094-2 bzw. DIN EN ISO 22476-2
[b]Die Werte für Reibungswinkel φ' sind vorsichtige Schätzwerte des Mittelwertes im Sinne von DIN 1054. Sie gelten für runde und abgerundete Kornformen. Bei kantigen Körnern dürfen die Werte um 2,5° erhöht werden

9.8.2 Bindige Böden

Tab. 9.64 Erfahrungswerte der Wichte bindiger Böden (n. DIN 1055, Tab. 3)

Bodenart	Kurzzeichen nach DIN 18196	Zustands-form	Wichte [a] erdfeucht γ kN/m³	gesättigt γ_r kN/m³	unter Auftrieb γ' kN/m³
Schluffböden					
leicht plastische Schluffe ($w_L < 35\ \%$)	UL	weich	17,5	19,0	9,0
		steif	18,5	20,0	10,0
		halbfest	19,5	21,0	11,0
mittelplastische Schluffe $35\ \% \leq w_L \leq 50\ \%$	UM	weich	16,5	18,5	8,5
		steif	18,0	19,5	9,5
		halbfest	19,5	20,5	10,5
Tonböden					
leicht plastische Tone ($w_L < 35\ \%$)	TL	weich	19,0	19,0	9,0
		steif	20,0	20,0	10,0
		halbfest	21,0	21,0	11,0
mittelplastische Tone $35\ \% \leq w_L \leq 50\ \%$	TM	weich	18,5	18,5	8,5
		steif	19,5	19,5	9,5
		halbfest	20,5	20,5	10,5

(Fortsetzung)

Tab. 9.64 (Fortsetzung)

Bodenart	Kurzzeichen nach DIN 18196	Zustands-form	Wichte [a]		
			erdfeucht γ kN/m^3	gesättigt γ_r kN/m^3	unter Auftrieb γ' kN/m^3
ausgeprägt plastische Tone ($w_L > 50$ %)	TA	weich	17,5	17,5	7,5
		steif	18,5	18,5	8,5
		halbfest	19,5	19,5	9,5

[a] Die Werte der Wichte, ggf. die nach Fußnote b) erhöhten Werte, sind charakteristische Mittelwerte mit einer möglichen Abweichung von $\Delta\gamma = \pm 1{,}0$ kN/m^3 bei erdfeuchtem bzw. über dem Grundwasser liegendem Boden und $\Delta\gamma_r = \Delta\gamma'_k = \pm 0{,}5$ kN/m^3 bei wassergesättigtem bzw. unter Auftrieb stehendem Boden. Werden nach DIN 1054 obere und untere Werte benötigt, dürfen diese aus den Tabellenwerten zuzüglich bzw. abzüglich der angegebenen möglichen Abweichung ermittelt werden
[b] Bei bindigen Böden mit besonders großer Ungleichförmigkeit, z. B. Geschiebemergel und Geschiebelehm, deren Korngrößen von Kies oder Sand bis zu Schluff oder Ton reichen (gemischtkörnige Böden der Bodengruppen GU, GT, SU und ST bzw. GU*, GT*, SU* und ST* nach DIN 18196), sind die oben angegebenen Erfahrungswerte der Wichte um 1,0 kN/m^3 zu erhöhen

Tab. 9.65 Erfahrungswerte der Scherfestigkeit bindiger Böden (n. DIN 1055-2, Tab. 4)

Bodenart	Kurzzeichen nach DIN 18196	Zustands-form	Scherfestigkeit [a]		
			Reibung φ'	Kohäsion c' kN/m^2	c_u kN/m^2
Schluffböden					
leicht plastische Schluffe ($w_L < 35$ %)	UL	weich	27,5°	0	0
		steif		2	15
		halbfest		5	40
mittelplastische Schluffe 35 % $\leq w_L \leq 50$ %	UM	weich	22,5°	0	5
		steif		5	25
		halbfest		10	60
Tonböden					
leicht plastische Tone ($w_L < 35$ %)	TL	weich	22,5°	0	0
		steif		5	15
		halbfest		10	40
mittelplastische Tone 35 % $\leq w_L \leq 50$ %	TM	weich	17,5°	5	5
		steif		10	25
		halbfest		15	60
ausgeprägt plastische Tone ($w_L > 50$ %)	TA	weich	15,0°	5	15
		steif		10	35
		halbfest		15	75

[a] Die Werte für die Scherfestigkeit sind vorsichtige Schätzwerte des Mittelwertes im Sinne von DIN 1054. Die Werte der Scherfestigkeit dürfen in bestimmten Fällen nicht angewendet werden; nähere Angaben siehe Text

Stichwortverzeichnis

A

Abminderungsbeiwert
    Lastweiterleitung von Nutzlasten 108
Abminderungsfaktor 482
    effektive Schlankheit 492
Achslast 112
Anforderungsklasse
    Silos 359
Anpralllast 43
Anzeigetafel 199, 481
Attika 157
Aufschaukeln 105
Aufstandsfläche 105
Ausbaulast 79
Außendruck 150
Außendruckbeiwert 152, 447
    Flachdächer 447
    Pultdächer 451
    Satteldächer 451
    Scheddächer 457
    Trogdächer 465
    vertikale Wände 447
    Walmdächer 457

B

Basisgeschwindigkeitsdruck 142
Basiswindgeschindigkeit 142
Basiswindgeschwindigkeit 142
Bauplatte 433
Baustoff für Brücken 439
Bauteil
    inhomogenes 71
    mit kantigem Querschnitt 483
    mit rechteckigem Querschnitt 482
Bauwerksabdichtung 436
Bauwerksantwort 157
Beanspruchung 18

Bemessungssituation 22, 23, 25
    Windlasten 139
Bemessungswert 17
    Baustoffeigenschaften 19
Besonderheit
    DIN EN 1990 26
Beton 433
Boden
    bindiger 499
    nichtbindiger 498
Bodenkenngröße 498
Bodenlastvergrößerungsfaktor 375
Bodenrauigkeit 150
Böengeschwindigkeitsdruck 147
Böengrundanteil 156
Böenresonanz 145
Böschungswinkel 441
Bremslast
    Dienstfahrzeug 432
Brennstoff, fester 451
Brettschichtholz 440
Brüstung 116
Brüstungen 485
Bürogebäude 202

D

Dach
    freistehendes 467
    gekrümmtes 465
Dachabdichtung 436
Dachdeckung 436
Dächer
    Nutzlasten für 109
Dachfläche 279
Dachquerschnitt 90
Dachstein 443

Dachüberstand 168
    Winddrücke 168
Dachziegel 443
Dämmstoff 442
Dämpfungsdekrement 145
Dauerhaftigkeit 16
Dienstfahrzeug 431
Doppelachse 426
Druckbeiwert 153, 447

E
Eigenlast 67
Einwirkung
    außergewöhnliche 17
    ständige 17
    veränderliche 17
Einwirkung 1, 16
    außergewöhnliche 1
    Bemessungswert 5
    charakteristische 17
    charakteristischer wert 5
    dynamische 5
    freie 5
    ortsfeste 5, 69
    quasi-ständige 100
    ständige 1
    statische 5
    veränderliche, freie 100
    veränderliche 1
Einzellast 9, 69
Entleerungslast 368
    symmetrische 368
    Trichter 401
Erdbeben 1
Erdbeben 17
Erdbeschleunigung 68
Ersatzlast 4
Eurocode
    Struktur 15

F
Fachwerk
    Kraftbeiwert 484
Fachwerkträger 86, 212
Fahrstreifen 427
Fahrzeugverkehr 110
Faserzement-Dachplatte 444
Faserzement-Wellplatte 444
Flachdach 83, 157
Flächenlast 9, 67, 69, 433
Flagge 228, 485
Fließvorgang 366
Flüssigkeit 450

Flüssigkeitsbehälter 375
Formbeiwert 277
Formbeiwert 274, 291, 494
Fraktilwert 17
Fülllast
    symmetrische 366
    Trichter 401
Fußboden- und Wandbelag 434
Fußgängerbrücke 431

G
Gabelstapler 112
Gaube 169
Gebäude
    seitlich offenes 266
Gebrauchstauglichkeit
    Grenzzustand 14
Gebrauchstauglichkeitskriterium 25
Gegengewichtsstapler 112
Geländekategorie 143
Geländer 116
Gesamtdruckbeiwert 467
Gesamtwindkraft 154
Geschossdecke 78
Gewichtskraft 7, 68
Gewölbewirkung 356
Gipskartonplatte 434
Glasdeckstoff 443
Grenzzustand 14
    der Gebrauchstauglichkeit 25
Größe
    geometrische 18
Grundfläche 279
Grundkraftbeiwert 214, 482, 483, 484
    Kreiszylinder 490

H
Halle, seitlich offene 217
Hofkellerdecke 112, 114
Höhensprung 306
Holz 434
Holzbalkendecke 81
Holztafelbauweise 94
Holzwerkstoff 434
Horizontallast
    aus Bremsen und Anfahren 427
    Fliehkräfte 429
Hubschrauberlandeplatz 112, 115

I
Innendruck 150, 153, 182, 268, 479
Integrallängenmaß 242

J
Jahreszeitenbeiwert 142
Janssen-Theorie 366

K
Karman'sche Wirbel 246
Kellerdecke 93
Kennwert, maßgebender 361
Kiesschüttung 85
Kombinationsbeiwert 19
Kombinationsregeln
    Grenzzustände der Tragfähigkeit 23
    Grenzzustände der Gebrauchstauglichkeit 25
Kopfpunktverschiebung 145
Kraft 7
    Einheiten von 8
    Umrechnung 9
Kraftbeiwert 154, 447, 467
Kraftgröße 1, 16
Kreiszylinder 187, 188, 487

L
Lagergut, landwirtschaftliches 452
Lagerstoff 448
Lagesicherheit 22
Lärmschutzwand 195
„Last
    ruhende 105
Lastannahme 2
Lastart 9
Lasteinflussfläche 152
Lasteinzugsfläche 447
Lastmodell 4
    1 426
    4 427
Lastumrechnung 71, 433
Lastvergrößerungsfaktor 359
Lastweiterleitung 106, 108
Laubholz 439
Leiteinwirkung 24
Lernziel 68
    Nutzlasten 99
    Schneelasten 271
    Sicherheitskonzept 13
    Silolasten 355
    Windlasten 137

M
Mauerwerk 433
Menschlast 10, 102
Metall 434

Metalldeckung 444
Mischprofil 143
Mörtel 433

N
Nadelholz 439
Nahrungsmittel 453
Naturstein 437
Newton 7
Norddeutsches Tiefland 28, 47, 273,
    277, 494
Norddeutsches Tiefland 279
Nutzlast
    horizontale 115
Nutzlasten 443
    für Decken, Treppen, Balkone 103, 454
    im Hochbau 99
    lotrechte 102
    nicht vorwiegend ruhende 112

O
Oberflächenschutz 83

P
Parkhaus 110
Planbauplatte 433
Plattenbalken 77
Pultdach 161
Putz 434

Q
Querschnittsform 357

R
Rauigkeit 491
Rechenablauf
    Bestimmung Eigenlast 74
Resonanz 105
Resonanzanteil 156
Reynoldszahl 187, 487, 488
Richtungsfaktor 142

S
Satteldach 169
Scheddach 297
Scherfestigkeit 500

Schieferdeckung 443
Schlankheit 194
   effektive 491
   Silos 356
Schneedecke 272
Schneefanggitter 329
Schneelast
   auf dem Dach 277
Schneelast 271
   auf dem Boden 274, 275, 494
   auf dem Dach 274
Schneelastverteilung 275
Schneelastzonenkarte 276
Schneeüberhang 327
Schornstein 244
Schrammbord 426
Schüttgutkennwert 360, 362
   oberer, unterer 362
   Silolasten 495
Schüttgutoberfläche 356
Schwingbeiwert 100, 112
Schwingungen 105
Schwingungsanfälligkeit 144
Scruton-Wendel 256
Sheddach 235
Sicherheitskonzept 13
Silo
   dickwandiges 377
   dünnwandiges 386, 397
   schlankes 366
   Windeinwirkungen 264
Siloboden
   waagerechter 372
Silolast 355
Silotrichter 359
Skelettbauweise 120
Solaranlage 301
Sparren 76
Spitzenbeiwert 157
Standardabweichung 157
Stoffe
   lose 436
Straßenbrücke 256, 425
Streckenlast 9, 69
Strukturbeiwert 144, 155, 240
Stützwand 85

T
Teilflächenlast
   Lastfall Entleeren 368
   Lastfall Füllen 368
Teilsicherheitsbeiwert 19

Temperaturkoeffizient 278
Tonnendach 209, 299
Träger
   Brettschichtholz 94
   geneigter 435
Tragfähigkeit
   Grenzzustand 14
Tragwerksplanung 13
Trennwand, unbelastete leichte 105
Trennwandzuschlag 69, 105
Treppe 95
Treppenlauf 88
Trichter
   flach geneigter 372, 406
   steiler 372
Trichterart 368, 401
Trichterlast 372
Trichterübergang 356
Trogdach 177
Turbulenzintensität 148, 157

U
Überschreitenswahrscheinlichkeit 6
Umgebungskoeffizient 278
Umrechnungsfaktor 19
Umrechnungsformel
   Wichte, Flächenlast 70
unveränderlich 69

V
Verformungsgröße 1, 16
Verkehrslast auf Brücken 425
Versagen
   des Baugrunds 24
   des Tragwerks 23
   durch Ermüdung 25
Verwehung 324
Volumenlast 9, 69
Vordach 202, 471
Vorzeichenregelung 140

W
Wand
   freistehende 485
Wandbauplatte 434
Wandreibungskoeffizient 362
Wärmedämmverbundsystem 80
Wasserdruck 413
Wichte 9, 67, 69, 433
Wind 138

Winddruck 139
Windkraft 140
Windlast 137
Windzone 141
Wohnungstrennwand 96

Z
Zähigkeit, kinematische 215, 488, 489
Zwischendecke
  Parkhaus 97